科学与工程计算
技术丛书

MATLAB MATHEMATICAL MODELING

MATLAB
数学建模

李昕◎编著
Li Xin

清华大学出版社
北京

内 容 简 介

本书是 MATLAB 数学建模应用系列书籍之一,以 MATLAB R2016a 软件版本为基础,根据数学建模的需要编写,包含了多种数学建模问题的 MATLAB 求解方法,是解决数学实验和数学建模的有力工具。

全书共 18 章,分为前后两个部分,第 1~10 章属于前部分,第 11~18 章属于后部分。前部分从 MATLAB 基础和数学建模基础知识介绍开始,详细介绍 MATLAB 程序设计、常用 MATLAB 建模函数、数学规划模型、智能优化算法、Simulink 简介、MATLAB 图像处理算法等内容;后部分介绍了水质评价与预测、投资收益与风险、旅行商问题、最优捕鱼策略、裁剪与复原、DNA 序列分类、卫星和飞船的跟踪测控、中国人口增长预测等 8 个典型建模问题的 MATLAB 求解方法,引导读者深入挖掘各种建模问题背后的数学问题和求解方法。最后,在附录中给出了 MATLAB 基本命令的介绍,便于读者使用和研究。

本书以 MATLAB 数学建模基础为主线,结合各种数学建模典型案例,目的是使读者易看懂、会应用。本书是一本简明的 MATLAB 数学建模综合性参考书。本书深入浅出,实例引导,讲解翔实,既可以作为高等院校数学建模和数学实验的参考教材,也可以作为广大科研工程技术人员的参考用书。

图书在版编目(CIP)数据

MATLAB 数学建模/李昕编著. —北京:清华大学出版社,2017(2022.2重印)
(科学与工程计算技术丛书)
ISBN 978-7-302-46719-9

Ⅰ.①M… Ⅱ.①李… Ⅲ.①Matlab 软件-应用-数学模型 Ⅳ.①O141.4

中国版本图书馆 CIP 数据核字(2017)第 038685 号

责任编辑:盛东亮
封面设计:李召霞
责任校对:时翠兰
责任印制:沈 露

出版发行:清华大学出版社
      网　　址:http://www.tup.com.cn,http://www.wqbook.com
      地　　址:北京清华大学学研大厦 A 座　　　　　邮　编:100084
      社 总 机:010-62770175　　　　　　　　　　 邮　购:010-83470235
      投稿与读者服务:010-62776969,c-service@tup.tsinghua.edu.cn
      质量反馈:010-62772015,zhiliang@tup.tsinghua.edu.cn
      课件下载:http://www.tup.com.cn,010-83470236
印 装 者:三河市君旺印务有限公司
经　　销:全国新华书店
开　　本:185mm×260mm　　　印　张:34.25　　　字　数:807 千字
版　　次:2017 年 12 月第 1 版　　　　　　　　　 印　次:2022 年 2 月第10次印刷
定　　价:99.00 元

产品编号:072498-01

致力于加快工程技术和科学研究的步伐——这句话总结了 MathWorks 坚持超过三十年的使命。

在这期间,MathWorks 有幸见证了工程师和科学家使用 MATLAB 和 Simulink 在多个应用领域中的无数变革和突破:汽车行业的电气化和不断提高的自动化;日益精确的气象建模和预测;航空航天领域持续提高的性能和安全指标;由神经学家破解的大脑和身体奥秘;无线通信技术的普及;电力网络的可靠性,等等。

与此同时,MATLAB 和 Simulink 也帮助了无数大学生在工程技术和科学研究课程里学习关键的技术理念并应用于实际问题中,培养他们成为栋梁之才,更好地投入科研、教学以及工业应用中,指引他们致力于学习、探索先进的技术,融合并应用于创新实践中。

如今,工程技术和科研创新的步伐令人惊叹。创新进程以大量的数据为驱动,结合相应的计算硬件和用于提取信息的机器学习算法。软件和算法几乎无处不在——从孩子的玩具到家用设备,从机器人和制造体系到每一种运输方式——让这些系统更具功能性、灵活性、自主性。最重要的是,工程师和科学家推动了这些进程,他们洞悉问题,创造技术,设计革新系统。

为了支持创新的步伐,MATLAB 发展成为一个广泛而统一的计算技术平台,将成熟的技术方法(比如控制设计和信号处理)融入令人激动的新兴领域,例如深度学习、机器人、物联网开发等。对于现在的智能连接系统,Simulink 平台可以让您实现模拟系统,优化设计,并自动生成嵌入式代码。

"科学与工程计算技术丛书"系列主题反映了 MATLAB 和 Simulink 汇集的领域——大规模编程、机器学习、科学计算、机器人等。我们高兴地看到"科学与工程计算技术丛书"支持 MathWorks 一直以来追求的目标:助您加速工程技术和科学研究。

期待着您的创新!

Jim Tung
MathWorks Fellow

PREFACE

To Accelerate the Pace of Engineering and Science. These eight words have summarized the MathWorks mission for over 30 years.

In that time, it has been an honor and a humbling experience to see engineers and scientists using MATLAB and Simulink to create transformational breakthroughs in an amazingly diverse range of applications: the electrification and increasing autonomy of automobiles; the dramatically more accurate models and forecasts of our weather and climates; the increased performance and safety of aircraft; the insights from neuroscientists about how our brains and bodies work; the pervasiveness of wireless communications; the reliability of power grids; and much more.

At the same time, MATLAB and Simulink have helped countless students in engineering and science courses to learn key technical concepts and apply them to real-world problems, preparing them better for roles in research, teaching, and industry. They are also equipped to become lifelong learners, exploring for new techniques, combining them, and applying them in novel ways.

Today, the pace of innovation in engineering and science is astonishing. That pace is fueled by huge volumes of data, matched with computing hardware and machine-learning algorithms for extracting information from it. It is embodied by software and algorithms in almost every type of system—from children's toys to household appliances to robots and manufacturing systems to almost every form of transportation—making those systems more functional, flexible, and autonomous. Most important, that pace is driven by the engineers and scientists who gain the insights, create the technologies, and design the innovative systems.

To support today's pace of innovation, MATLAB has evolved into a broad and unifying technical computing platform, spanning well-established methods, such as control design and signal processing, with exciting newer areas, such as deep learning, robotics, and IoT development. For today's smart connected systems, Simulink is the platform that enables you to simulate those systems, optimize the design, and automatically generate the embedded code.

The topics in this book series reflect the broad set of areas that MATLAB and Simulink bring together: large-scale programming, machine learning, scientific computing,

PREFACE

robotics, and more. We are delighted to collaborate on this series, in support of our ongoing goal: to enable you to accelerate the pace of your engineering and scientific work.

I look forward to the innovations that you will create!

Jim Tung
MathWorks Fellow

MATLAB 是美国 MathWorks 公司出品的商业数学软件,常用于算法开发、数据可视化、数据分析以及数值计算的高级技术计算语言和交互式环境。

数学建模是通过计算得到的结果来解释实际问题,并接受实际的检验,来建立数学模型的全过程。数学建模是一种数学的思考方法,是运用数学的语言和方法,通过抽象,简化建立能近似刻画并"解决"实际问题的一种强有力的数学手段。

在数学建模过程中,需要对所要建立模型的思路进行阐述,对所得的结果进行数学上的分析。最终利用获取的数据资料,对模型的所有参数做出计算。目前,MATLAB 已成为数学建模和求解的重要工具之一。

本书是利用 MATLAB 软件 R2016a 版本进行数学建模 MATLAB 设计和应用的最新书籍。

1. 本书特点

由浅入深,循序渐进:本书以有数学建模应用需求的读者为对象,首先从 MATLAB 和数学建模基础知识讲起,再以各种数学建模问题在 MATLAB 中的应用讲解,帮助读者尽快掌握 MATLAB 求解数学建模问题。

步骤详尽、内容新颖:本书结合作者多年的 MATLAB 数学建模使用经验与实际问题应用案例,将数学建模的分析和建模及其 MATLAB 的实现方法与技巧都详细地讲解给读者。本书在讲解过程中步骤详尽、内容新颖,讲解过程辅以相应的图片,使读者在阅读时一目了然,从而快速把握书中所讲内容。

实例典型,轻松易学:通过学习实际建模问题分析求解案例,是掌握 MATLAB 数学建模应用最好的方式。本书通过典型问题案例,透彻详尽地讲解了 MATLAB 在数学建模中的各种应用。

2. 本书内容

本书面向初中级读者,在介绍 MATLAB R2016a 环境基础上,详细讲解了 MATLAB 数学建模的基础知识和核心内容。本书中各章均提供有大量的针对性案例,并辅以图片和注释,供读者实战练习,快速掌握数学建模的 MATLAB 应用。

本书基于 MATLAB R2016a 版,详细讲解 MATLAB 数学建模的基础知识和经典案例。其中,基础知识包括第 1～10 章,经典问题案例部分包括第 11～18 章。具体内容安排如下。

第 1 部分为 MATLAB 数学建模基础知识部分。主要介绍了 MATLAB 各种基础运算、数据统计和分析、程序设计、曲线拟合函数、微分方程的求解、线性规划、经典算法、Simulink 的基本功能、MATLAB 数据图形绘制功能、图像处理算法等内容。具体的章节安排如下:

第 1 章　MATLAB 基础知识　　　　第 2 章　数学建模基础

第 3 章　MATLAB 程序设计　　　　第 4 章　常用建模函数

第 2 部分为经典问题案例部分。主要介绍了水质评价与预测、投资收益与风险的建模分析、旅行商问题的优化、求解最优捕鱼策略问题、解决人工复原效率低下的问题、DNA 序列分类、卫星和飞船的测控模型、人口预测模型等内容。具体的章节安排如下：

3. 读者对象

本书适合于 MATLAB 初学者和期望提高 MATLAB 数据分析及 Simulink 建模仿真工程应用能力的读者，具体说明如下：

- 初学 MATLAB 的技术人员
- 广大科研工作人员
- 大中专院校的教师和在校生
- 相关培训机构的教师和学员
- 参加工作实习的"菜鸟"
- MATLAB 爱好者

4. 读者服务

为了方便解决本书疑难问题，读者在学习过程中遇到与本书有关的技术问题，可以发邮件到邮箱 caxart@126.com，或者访问博客 http://blog.sina.com.cn/caxart，编者会尽快给予解答，我们将竭诚为您服务。

5. 本书作者

本书由李昕编著，另外付文利、王广、张岩、温正、林晓阳、任艳芳、唐家鹏、孙国强、高飞等也参与了本书的编写工作，在此一并表示感谢。

虽然作者在本书的编写过程中力求叙述准确、完善，但由于水平有限，书中欠妥之处在所难免，希望读者和同仁能够及时指出，共同促进本书质量的提高。

最后再次希望本书能为读者的学习和工作提供帮助！

编　者
2017 年 12 月

目录

目录

目录

目录

目录

目录

MATLAB 是目前在国际上被广泛接受和使用的科学与工程计算软件,在数学建模中有广泛的应用。本章主要介绍了 MATLAB 建模的基础知识,包括数组和变量、矩阵、符号运算、关系运算和逻辑运算。

学习目标:
- 熟悉 MATLAB 中的数组和变量、矩阵
- 熟悉 MATLAB 的符号运算、关系运算和逻辑运算

1.1 数组和变量

MATLAB 中数组可以说无处不在,任何变量在 MATLAB 中都是以数组形式存储和运算的。

1.1.1 数组的定义

所谓数组,就是相同数据类型的元素按一定顺序排列的集合,就是把有限个类型相同的变量用一个名字命名,然后用编号区分它们的变量的集合,这个名字称为数组名,编号称为下标。组成数组的各个变量称为数组的分量,也称为数组的元素,有时也称为下标变量。

数组是在程序设计中,为了处理方便,把具有相同类型的若干变量按有序的形式组织起来的一种形式。这些按序排列的同类数据元素的集合称为数组。

按照数组元素个数和排列方式,MATLAB 中的数组可以分为:
- 没有元素的空数组(empty array);
- 只有一个元素的标量(scalar),它实际上是一行一列的数组;
- 只有一行或者一列元素的向量(vector),分别叫作行向量和列向量,也统称为一维数组;
- 普通的具有多行多列元素的二维数组;
- 超过二维的多维数组(具有行、列、页等多个维度)。

按照数组的存储方式,MATLAB 中的数组可以分为普通数组和稀疏数组(常称为稀疏矩阵)。稀疏矩阵适用于那些大部分元素为 0,

只有少部分非零元素的数组的存储。主要是为了提高数据存储和运算的效率。

1.1.2 数组的创建

MATLAB中一般使用方括号([])、逗号(,)或空格,以及分号(;)来创建数组,方括号中给出数组的所有元素,同一行中的元素间用逗号或空格分隔,不同行之间用分号分隔。

1. 创建空数组

空数组是 MATLAB 中特殊的数组。它不含有任何元素。空数组可以用数组声明,数组清空,以及各种特殊的运算场合(如特殊的逻辑运算)。

创建空数组很简单,只需要把变量赋值为空的方括号即可。

【例 1-1】 创建空数组 A。

解 在命令窗口输入:

```
>> A = []
A =
     []
```

2. 创建一维数组

一维数组包括行向量和列向量,是所有元素排列在一行或一列中的数组。实际上,一维数组可以看作二维数组在某一方向(行或列)尺寸退化为 1 的特殊形式。

创建一维行向量,只要把所有用空格或逗号分隔的元素用方括号括起来即可;而创建一维列向量,则需要在方括号括起来的元素之间用分号分隔。不过,更常用的办法是用转置运算符(')把行向量转置为列向量。

【例 1-2】 创建行向量和列向量。

解 在命令窗口输入:

```
>> A = [1 2 3]
A =
     1     2     3
>> B = [1;2;3]
B =
     1
     2
     3
```

很多时候要创建的一维数组实际上是一个等差数列,这时可以通过冒号来创建。例如:

```
Var = start_var:step:stop_var
```

表示创建一个一维行向量 Var,它的第一个元素是 start_var,然后依次递增(step 为正)

或递减（step 为负），直到向量中的最后一个元素与 stop_var 差的绝对值小于等于 step 的绝对值为止，当不指定 step 时，默认 step 等于1。

和冒号功能类似的是 MATLAB 提供的 linspace 函数：

```
Var = linspace(start_var,stop_var,n)
```

表示创建一个一维行向量 Var，它的第一个元素是 start_var，最后一个元素是 stop_var，形成总共是 n 个元素的等差数列。不指定 n 时，默认 n 等于100。要注意，这和冒号是不同的，冒号创建等差的一维数组时，stop_var 可能取不到。

一维列向量可以通过一维行向量的转置（'）得到。

【例 1-3】 创建一维等差数组。

解 在命令窗口输入：

```
>> A = 1:4
A =
    1  2  3  4
>> B = 1:2:4
B =
    1  3
>> C = linspace(1,2,4)
C =
    1.0000  1.3333  1.6667  2.0000
```

类似 linspace 函数，MATLAB 中还有创建等比一维数组的 logspace 函数：

```
Var = logspace(start_var,stop_var,n)
```

表示产生从 10 start_var 到 10 stop_var 包含 n 个元素的等比一维数组 Var，不指定 n 时，默认 n 等于50。

【例 1-4】 创建一维等比数组。

解 在命令窗口输入：

```
>> A = logspace(0,log10(32),6)
A =
    1.0000  2.0000  4.0000  8.0000  16.0000  32.0000
```

创建一维数组可能用到方括号、逗号或空格、分号、冒号、函数 linspace 和 logspace 以及转置符号。

3. 创建二维数组

常规创建二维数组的方法实际上和创建一维数组的方法类似，就是综合运用方括号、逗号、空格，以及分号。

方括号把所有元素括起来，不同行元素之间用分号间隔。同一行元素之间用逗号或者空格间隔，按照逐行排列的方式顺序书写每个元素。

当然,在创建每一行或列元素的时候,可以利用冒号和函数的方法,只是要特别注意创建二维数组时,要保证每一行(或每一列)具有相同数目的元素。

【例 1-5】 创建二维数组。

解 在命令窗口输入:

```
>> A = [1 2 3;2 5 6;1 4 5]
A =
     1   2   3
     2   5   6
     1   4   5
>> B = [1:5;linspace(3,10,5);3 5 2 6 4]
B =
    1.0000   2.0000   3.0000   4.0000   5.0000
    3.0000   4.7500   6.5000   8.2500  10.0000
    3.0000   5.0000   2.0000   6.0000   4.0000
>> C = [[1:3];[linspace(2,3,3)];[3 5 6]]
C =
    1.0000   2.0000   3.0000
    2.0000   2.5000   3.0000
    3.0000   5.0000   6.0000
```

提示:创建二维数组,也可以通过函数拼接一维数组,或者利用 MATLAB 内部函数直接创建特殊的二维数组,这些在本章后续内容中会逐步介绍。

4. 创建三维数组

1) 使用下标创建三维数组

在 MATLAB 中,习惯将二维数组的第一维称为"行",第二维称为"列",而对于三维数组,其第三维则习惯性地称为"页"。

在 MATLAB 中,将三维或者三维以上的数组统称为高维数组。由于高维数组的形象思维比较困难,下面将主要以三维为例来介绍如何创建高维数组。

【例 1-6】 使用下标引用的方法创建三维数组。

解 在 MATLAB 的窗口中输入下面的程序代码:

```
>> A(2,2,2) = 1;
for i = 1:2
for j = 1:2
for k = 1:2
A(i,j,k) = i + j + k;
end
end
end
>> A(:,:,1)
ans =
     3   4   3
     4   5   6
     1   4   5
```

```
>> A(:,:,2)
ans =
     4  5  0
     5  6  0
     0  0  0
```

创建新的高维数组。在 MATLAB 的命令窗口中输入下面的程序代码：

```
>> B(3,4,:) = 2:5;
```

查看程序结果。在命令窗口输入变量名称，可以得到下面的程序结果：

```
>> B(:,:,1)
ans =
     0  0  0  0
     0  0  0  0
     0  0  0  2
>> B(:,:,2)
ans =
     0  0  0  0
     0  0  0  0
     0  0  0  3
```

从上面的结果中可以看出，当使用下标的方法来创建高维数组的时候，需要使用各自对应的维度数值，没有指定的数值则在默认情况下为 0。

2）使用低维数组创建三维数组

下面将介绍如何在 MATLAB 中使用低维数组创建三维数组。

【例 1-7】 使用低维数组来创建高维数组。

解 在 MATLAB 的命令窗口中输入下面的程序代码：

```
>> D2 = [1,2,3;4,5,6;7,8,9];
>> D3(:,:,1) = D2;
>> D3(:,:,2) = 2 * D2;
>> D3(:,:,3) = 3 * D2;
```

查看程序结果。在命令窗口输入变量名称，可以得到下面的程序结果：

```
>> D3
D3(:,:,1) =
     1   2   3
     4   5   6
     7   8   9
D3(:,:,2) =
     2   4   6
     8  10  12
    14  16  18
```

```
D3(:,:,3) =
      3    6    9
     12   15   18
     21   24   27
```

从上面的结果中可以看出,由于三维数组中"包含"二维数组,因此可以通过二维数组来创建各种三维数组。

3)使用创建函数创建三维数组

下面将介绍如何利用 MATLAB 的创建函数来创建三维数组。

【例 1-8】 使用函数命令来创建高维数组。

解 使用 cat 命令来创建高维数组。在 MATLAB 的命令窗口中输入下面的程序代码:

```
>> D2 = [1,2,3;4,5,6;7,8,9];
>> C = cat(3,D2,2 * D2,3 * D2);
```

查看程序结果。在命令窗口输入变量名称,可以得到下面的程序结果:

```
>> C
C(:,:,1) =
      1    2    3
      4    5    6
      7    8    9
C(:,:,2) =
      2    4    6
      8   10   12
     14   16   18
C(:,:,3) =
      3    6    9
     12   15   18
     21   24   27
```

cat 命令的功能是连接数组,其调用格式为 $C = cat(dim, A1, A2, A3, \cdots)$,其中,dim 表示创建数组的维度,A1,A2,A3 表示各维度上的数组。

使用 repmat 命令来创建数组。在 MATLAB 的命令窗口中输入下面的程序代码:

```
>> D2 = [1,2,3;4,5,6;7,8,9];
>> D3 = repmat(D2,2,3);
>> D4 = repmat(D2,[1 2 3]);
```

查看程序结果。在命令窗口输入变量名称,可以得到下面的程序结果:

```
>> D3
D3 =
     1   2   3   1   2   3   1   2   3
     4   5   6   4   5   6   4   5   6
     7   8   9   7   8   9   7   8   9
     1   2   3   1   2   3   1   2   3
     4   5   6   4   5   6   4   5   6
     7   8   9   7   8   9   7   8   9
```

```
>> D4
D4(:,:,1) =
      1   2   3   1   2   3
      4   5   6   4   5   6
      7   8   9   7   8   9
D4(:,:,2) =
      1   2   3   1   2   3
      4   5   6   4   5   6
      7   8   9   7   8   9
D4(:,:,3) =
      1   2   3   1   2   3
      4   5   6   4   5   6
      7   8   9   7   8   9
```

repmat 命令的功能在于复制并堆砌数组,其调用格式 B＝repmat(A,[m n p⋯]) 中,A 表示复制的数组模块,第二个输入参数则表示该数组模块在各个维度上的复制个数。

使用 reshape 命令来创建数组。在 MATLAB 的命令窗口中输入下面的程序代码:

```
>> D2 = [1,2,3,4;5,6,7,8;9,10,11,12];
>> D3 = reshape(D2,2,2,3);
>> D4 = reshape(D2,2,3,2);
>> D5 = reshape(D2,3,2,2);
```

查看程序结果。在命令窗口输入变量名称,可以得到下面的程序结果:

```
>> D3
D3(:,:,1) =
      1   9
      5   2
D3(:,:,2) =
      6   3
     10   7
D3(:,:,3) =
     11   8
      4  12
>> D4
D4(:,:,1) =
      1   9   6
      5   2  10
D4(:,:,2) =
      3  11   8
      7   4  12
>> D5
D5(:,:,1) =
      1   2
      5   6
      9  10
```

```
D5(:,:,2) =
      3    4
      7    8
     11   12
```

reshape命令的功能在于修改数组的大小,因此用户可以将二维数组通过该命令修改为三维数组,其调用格式为 B=reshape(A,[m n p …]),其中 A 就是待重组的矩阵,后面输入的参数表示数组各维的维度。

5. 创建低维标准数组

除了前面介绍的方法外,MATLAB还提供多种函数来生成一些标准数组,用户可以直接使用这些命令来创建一些特殊的数组。下面将使用一些简单的例子来说明如何创建标准数组。

【例 1-9】 使用标准数组命令创建低维数组。

解 在 MATLAB 的命令窗口中输入下面的程序代码:

```
>> A = zeros(3,2);
>> B = ones(2,4);
>> C = eye(4);
>> D = magic(5);
>> randn('state',0);
>> E = randn(1,2);
>> F = gallery(5);
```

查看程序结果。在命令窗口输入变量名称,可以得到下面的程序结果:

```
>> A
A =
     0    0
     0    0
     0    0
>> B
B =
     1    1    1    1
     1    1    1    1
>> C
C =
     1    0    0    0
     0    1    0    0
     0    0    1    0
     0    0    0    1
>> D
D =
    17   24    1    8   15
    23    5    7   14   16
     4    6   13   20   22
    10   12   19   21    3
    11   18   25    2    9
```

```
>> E
E =
    - 0.4326  - 1.6656
>> F
F =
         - 9         11        - 21         63        - 252
          70        - 69        141        - 421        1684
        - 575        575       - 1149       3451       - 13801
         3891       - 3891      7782       - 23345      93365
         1024       - 1024      2048       - 6144       24572
```

并不是所有的标准函数命令都可以创建多种矩阵,例如 eye、magic 等命令就不能创建高维数组。同时,对于每个标准函数,参数都有各自的要求,例如 gallery 命令中只能选择 3 或者 5。

6. 创建高维标准数组

下面将介绍如何使用标准数组函数来创建高维标准数组。

【例 1-10】 使用标准数组命令创建高维数组。

解 在 MATLAB 的命令窗口中输入下面的程序代码:

```
% 设置随机数据器的初始条件
>> rand('state',1111);
>> D1 = randn(2,3,5);
>> D2 = ones(2,3,4);
```

查看程序结果。在命令窗口输入变量名称,可以得到下面的程序结果:

```
>> D1
D1(:,:,1) =
    0.8156   1.2902    1.1908
    0.7119   0.6686   - 1.2025
D1(:,:,2) =
  - 0.0198  - 1.6041  - 1.0565
  - 0.1567    0.2573    1.4151
D1(:,:,3) =
  - 0.8051    0.2193  - 2.1707
    0.5287  - 0.9219  - 0.0592
D1(:,:,4) =
  - 1.0106   0.5077    0.5913
    0.6145   1.6924  - 0.6436
D1(:,:,5) =
    0.3803  - 0.0195    0.0000
  - 1.0091  - 0.0482  - 0.3179
>> D2
D2(:,:,1) =
    1   1   1
    1   1   1
```

```
D2(:,:,2) =
     1   1   1
     1   1   1
D2(:,:,3) =
     1   1   1
     1   1   1
D2(:,:,4) =
     1   1   1
     1   1   1
```

限于篇幅,在这里就不细讲各种命令的详细参数和使用方法,有需要的读者请自行阅读相应的帮助文件。

1.1.3　多维数组及其操作

MATLAB中把超过二维的数组称为多维数组,多维数组实际上是一般的二维数组的扩展。本节讲述 MATLAB 中多维数组的创建和操作。

1. 多维数组的属性

MATLAB中提供了多个函数,通过函数可以获得多维数组的尺寸、维度、占用内存和数据类型等多种属性,具体如表 1-1 所示。

表 1-1　MATLAB 中获取多维数组属性的函数

数 组 属 性	函 数 用 法	函 数 功 能
尺寸	size(A)	按照行-列-页的顺序,返回数组 A 每一维上的大小
维度	ndims(A)	返回数组 A 具有的维度值
内存占用/数据类型等	whos	返回当前工作区中的各个变量的详细信息

【例 1-11】　通过 MATLAB 函数获取多维数组的属性。

解　在命令窗口输入:

```
>> A = cat(4,[9 2;6 5],[7 1;8 4]);
>> size(A) % 获取数组 A 的尺寸属性
ans =
     2   2   1   2
>> ndims(A) % 获取数组 A 的维度属性
ans =
     4
>> whos
  Name     Size     Bytes  Class    Attributes
  A        4 - D      64    double
  ans      1x1        8     double
```

2. 多维数组的操作

和二维数组类似,MATLAB 中也有大量对多维数组进行索引、重排和计算的函数。

1）多维数组的索引

MATLAB 中索引多维数组的方法包括多下标索引和单下标索引。

对于 n 维数组可以用 n 个下标索引访问到一个特定位置的元素，而用数组或者冒号来代表其中某一维，则可以访问指定位置的多个元素。单下标索引方法则是只通过一个下标来定位多维数组中某个元素的位置。

只要注意到 MATLAB 中是按照行-列-页优先级逐渐降低的顺序把多维数组的所有元素线性存储起来，就可以知道一个特定的单下标对应的多维下标位置了。

【例 1-12】 多维数组的索引访问，其中 A 是一个随机生成的 $4 \times 5 \times 3$ 的多维数组。

解 在命令窗口输入：

```
>> A = randn(4,5,3)
A(:,:,1) =
    -1.3617     0.5528     0.6601    -0.3031     1.5270
     0.4550     1.0391    -0.0679     0.0230     0.4669
    -0.8487    -1.1176    -0.1952     0.0513    -0.2097
    -0.3349     1.2607    -0.2176     0.8261     0.6252
A(:,:,2) =
     0.1832     0.1352    -0.1623    -0.8757    -0.1922
    -1.0298     0.5152    -0.1461    -0.4838    -0.2741
     0.9492     0.2614    -0.5320    -0.7120     1.5301
     0.3071    -0.9415     1.6821    -1.1742    -0.2490
A(:,:,3) =
    -1.0642    -1.5062    -0.2612    -0.9480     0.0125
     1.6035    -0.4446     0.4434    -0.7411    -3.0292
     1.2347    -0.1559     0.3919    -0.5078    -0.4570
    -0.2296     0.2761    -1.2507    -0.3206     1.2424
>> A(3,2,2) % 访问 A 的第 3 行第 2 列第 2 页的元素
ans =
     0.2614
>> A(27) % 访问 A 第 27 个元素(即第 3 行第 2 列第 2 页的元素)
ans =
     0.2614
```

例 1-12 中，A(27)是通过单下标索引来访问多维数组 A 的元素。一维多维数组 A 有 3 页，每一页有 $4 \times 5 = 20$ 个元素，所以第 27 个元素在第 2 页上，而第 1 页行方向上有 4 个元素，根据行-列-页优先原则，第 27 个元素代表的就是第 2 页上第 2 列第 3 行的元素，即 A(27)相当于 A(3,2,2)。

2）多维数组的维度操作

多维数组的维度操作包括对多维数组的形状的重排和维度的重新排序。

reshape 函数可以改变多维数组的形状，但操作前后 MATLAB 按照行-列-页优先级对多维数组进行线性存储的方式不变，许多多维数组在某一维度上只有一个元素，可以利用函数 squeeze 来消除这种单值维度。

【例 1-13】 利用 reshape 函数改变多维数组的形状。

解 在命令窗口输入：

```
>> A = [1 4 7 10; 2 5 8 11;3 6 9 12]
>> B = reshape(A,2,6)
B =
    1  3  5  7   9  11
    2  4  6  8  10  12
>> B = reshape(A,2,[])
B =
    1  3  5  7   9  11
    2  4  6  8  10  12
```

permute 函数可以按照指定的顺序重新定义多维数组的维度顺序。需要注意的是，permute 重新定义后的多维数组是把原来在某一维度上的所有元素移动到新的维度上，这会改变多维数组线性存储的位置，和 reshape 是不同的。ipermute 可以被看作 permute 的逆函数，当 B＝permute(A,dims)时，ipermute(B,dims)刚好返回多维数组 A。

【例 1-14】 对多维数组维度的重新排序。

解 在命令窗口输入：

```
>> A = randn(3,3,2)
A(:,:,1) =
     0.4227   -1.2128   0.3271
    -1.6702    0.0662   1.0826
     0.4716    0.6524   1.0061
A(:,:,2) =
    -0.6509   -1.3218   -0.0549
     0.2571    0.9248    0.9111
    -0.9444    0.0000    0.5946
>> B = permute(A,[3 1 2])
B(:,:,1) =
     0.4227   -1.6702    0.4716
    -0.6509    0.2571   -0.9444
B(:,:,2) =
    -1.2128    0.0662   0.6524
    -1.3218    0.9248   0.0000
B(:,:,3) =
     0.3271    1.0826   1.0061
    -0.0549    0.9111   0.5946
>> ipermute(B,[3 1 2])
ans(:,:,1) =
     0.4227   -1.2128   0.3271
    -1.6702    0.0662   1.0826
     0.4716    0.6524   1.0061
ans(:,:,2) =
    -0.6509   -1.3218   -0.0549
     0.2571    0.9248    0.9111
    -0.9444    0.0000    0.5946
```

3）多维数组参与数学计算

多维数组参与数学计算，可以针对某一维度的向量，也可以针对单个元素，或者针对某一特定页面上的二维数组。

- sum、mean 等函数可以对多维数组中第 1 个不为 1 的维度上的向量进行计算；
- sin、cos 等函数则对多维数组中的每一个单独元素进行计算；
- eig 等针对二维数组的运算函数则需要用指定的页面上的二维数组作为输入函数。

【例 1-15】 多维数组参与的数学运算。

解 在命令窗口输入：

```
>> A = randn(2,5,2)
A(:,:,1) =
     0.3502   0.9298  - 0.6904    1.1921  - 0.0245
     1.2503   0.2398  - 0.6516  - 1.6118  - 1.9488
A(:,:,2) =
     1.0205    0.0012  - 2.4863  - 2.1924    0.0799
     0.8617  - 0.0708    0.5812  - 2.3193  - 0.9485
>> sum(A)
ans(:,:,1) =
     1.6005    1.1696  - 1.3419  - 0.4197  - 1.9733
ans(:,:,2) =
     1.8822  - 0.0697  - 1.9051  - 4.5117  - 0.8685
>> sin(A)
ans(:,:,1) =
     0.3431   0.8015  - 0.6368    0.9291  - 0.0245
     0.9491   0.2375  - 0.6064  - 0.9992  - 0.9294
ans(:,:,2) =
     0.8524    0.0012  - 0.6094  - 0.8129    0.0798
     0.7590  - 0.0708    0.5490  - 0.7327  - 0.8125
>> eig(A(:,[1 2],1))
ans =
     1.3746
  - 0.7846
```

1.1.4 变量的命名

常量是程序语句中取不变值的那些量，如表达式 y＝0.618 * x，其中就包含一个 0.618 这样的数值常数，它便是一数值常量。而另一表达式 s＝'Tomorrow and Tomorrow' 中，单引号内的英文字符串"Tomorrow and Tomorrow"则是一字符串常量。

在 MATLAB 中，有一类常量是由系统默认给定一个符号来表示的，如 pi，它代表圆周率 π 这个常数，即 3.1415926…，类似于 C 语言中的符号常量，这些常量如表 1-2 所示，有时又称为系统预定义的变量。

变量是在程序运行中其值可以改变的量，变量由变量名来表示。在 MATLAB 中变量名的命名有自己的规则，可以归纳成如下几条：

（1）变量名必须以字母开头，且只能由字母、数字或者下画线三类符号组成，不能含有空格和标点符号（如（）、％）等。

表 1-2　MATLAB 特殊常量

常　量　符　号	常　量　含　义
i 或 j	虚数单位,定义为 i2＝j2＝－1
Inf 或 inf	正无穷大,由零做除数引入此常量
NaN	不定时,表示非数值量,产生于 0/0、∞/∞、0＊∞等运算
pi	圆周率 π 的双精度表示
eps	容差变量,当某量的绝对值小于 eps 时,可以认为此量为 0,即为浮点数的最小分辨率,PC 上此值为 2^{-52}
Realmin 或 realmin	最小浮点数,2^{-1022}
Realmax 或 realmax	最大浮点数,2^{1023}

（2）变量名区分字母的大小写。例如,"a"和"A"是不同的变量。

（3）变量名不能超过 63 个字符,第 63 个字符后的字符被忽略,对于 MATLAB 6.5 版以前的变量名不能超过 31 个字符。

（4）关键字(如 if、while 等)不能作为变量名。

（5）最好不要用特殊常量符号作为变量名。

1.2　矩阵

在数学中,矩阵(matrix)是指纵横排列的二维数据表格,最早来自于方程组的系数及常数所构成的方阵。这一概念由 19 世纪英国数学家凯利首先提出。

矩阵的一个重要用途是解线性方程组。线性方程组中未知量的系数可以排成一个矩阵,加上常数项,则称为增广矩阵。另一个重要用途是表示线性变换。

MATLAB 的强大功能之一体现在能直接处理矩阵,而其首要任务就是输入待处理的矩阵。本节介绍几种基本的矩阵生成方式。

1.2.1　实数值矩阵输入

不管任何矩阵(向量),都可以直接按行方式输入每个元素:同一行中的元素用逗号(,)或者用空格符来分隔,且空格个数不限;不同的行用分号(;)分隔。所有元素处于一方括号([　])内;当矩阵是多维(三维以上),且方括号内的元素是维数较低的矩阵时,可以用多重方括号。例如:

```
>> A = [11 12 1 2 3 4 5 6 7 8 9 10]
A =
    11  12   1   2   3   4   5   6   7   8   9  10
>> B = [2.32 3.43;4.37 5.98]
B =
    2.3200   3.4300
    4.3700   5.9800
>> C = [1 2 3 4 5]
C =
     1   2   3   4   5
```

```
>> D = [1 2 3;2 3 4;3 4 5]
D =
     1   2   3
     2   3   4
     3   4   5
>> E = [ ]        %生成一个空矩阵
E =
     []
```

1.2.2 复数矩阵输入

复数矩阵有如下两种生成方式：矩阵单个元素生成和整体生成。

```
%%% 单个元素的生成 %%%
>> a = 2.7
a =
     2.7000
>> b = 13/25
b =
     0.5200
>> c = [1,3 * a + i * b,b * sqrt(a); sin(pi/6),3 * a + b,3]
c =
   1.0000 + 0.0000i   8.1000 + 0.5200i   0.8544 + 0.0000i
   0.5000 + 0.0000i   8.6200 + 0.0000i   3.0000 + 0.0000i


%%% 整体生成 %%%
>> A = [1 2 3;4 5 6]
A =
     1   2   3
     4   5   6
>> B = [11 12 13;14 15 16]
B =
     11   12   13
     14   15   16
>> C = A + i * B
C =
   1.0000 + 11.0000i   2.0000 + 12.0000i   3.0000 + 13.0000i
   4.0000 + 14.0000i   5.0000 + 15.0000i   6.0000 + 16.0000i
```

1.2.3 符号矩阵的生成

在 MATLAB 中输入符号向量或者矩阵的方法和输入数值类型的向量或者矩阵在形式上很相像，只不过要用到符号矩阵定义函数 sym，或者是用到符号定义函数 syms，先定义一些必要的符号变量，再像定义普通矩阵一样输入符号矩阵。

1. 用命令 sym 定义矩阵

这时的函数 sym 实际是在定义一个符号表达式,这时的符号矩阵中的元素可以是任何的符号或者表达式,而且长度没有限制,只是将方括号置于用于创建符号表达式的单引号中。

```
>> sym_matrix = sym('[a,b,c;Jack,HelpMe,NOWAY]')
sym_matrix =
[   a,   b,   c]
[ Jack, HelpMe, NOWAY]
>> sym_digits = sym('[1 2 3;a b c;sin(x) cos(y) tan(z)]')
sym_digits =
[    1,    2,    3]
[    a,    b,    c]
[sin(x), cos(y), tan(z)]
```

2. 用命令 syms 定义矩阵

先定义矩阵中的每一个元素为一个符号变量,而后像普通矩阵一样输入符号矩阵。

```
>> syms a b c
>> M1 = sym('Classical')
M1 =
Classical
>> M2 = sym('Jazz')
M2 =
Jazz
>> M3 = sym('Blues')
M3 =
Blues
>> syms_matrix = [a b c;M1,M2,M3;2 3 5]
syms_matrix =
[       a,   b,   c]
[Classical, Jazz, Blues]
[       2,   3,   5]
```

注意:无论矩阵是用分数形式还是浮点形式表示的,将矩阵转化成符号矩阵后,都将以最接近原值的有理数形式表示或者函数形式表示。

1.2.4 大矩阵的生成

对于大型矩阵,一般创建 M 文件,以便于修改。用 M 文件创建大矩阵的具体示例如下所示。

【例 1-16】 用 M 文件创建大矩阵,文件名为 test.m。

解 在 MATLAB 的 M 文件中输入:

```
tes = [ 456    468    873    2   579   55
21     687     54    488   8    13
65     4567    88     98   21   5
456    68     4589   654   5    987
5488   10      9      6    33   77]
```

然后在 MATLAB 命令窗口中输入：

```
>> test
tes =
        456       468       873         2       579        55
         21       687        54       488         8        13
         65      4567        88        98        21         5
        456        68      4589       654         5       987
       5488        10         9         6        33        77
>> size(tes)      % 显示 exm 的大小
ans =
        5         6      % 表示 exm 有 5 行 6 列
```

1.2.5 矩阵的数学函数

MATLAB 是以矩阵为基本的数据运算单位，它能够很好地与 C 语言进行混合编程，对于符号运算，其可以直接调用 maple 的命令，增加了它的适用范围。本节主要讨论一些常见的矩阵数学函数。

1. 三角函数

常用的三角函数如表 1-3 所示。

表 1-3　常用三角函数

序 号	函 数 名 称	公 式
1	正弦函数	$Y = \sin(X)$
2	双曲正弦函数	$Y = \sinh(X)$
3	余弦函数	$Y = \cos(X)$
4	双曲余弦函数	$Y = \cosh(X)$
5	反正弦函数	$Y = \operatorname{asin}(X)$
6	反双曲正弦函数	$Y = \operatorname{asinh}(X)$
7	反余弦函数	$Y = \operatorname{acos}(X)$
8	反双曲余弦函数	$Y = \operatorname{acosh}(X)$
9	正切函数	$Y = \tan(X)$
10	双曲正切函数	$Y = \tanh(X)$
11	反正切函数	$Y = \operatorname{atan}(X)$
12	反双曲正切函数	$Y = \operatorname{atanh}(X)$

以上函数简单应用示例如下所示：

```
>> x = magic(2)
x =
     1     3
     4     2

>> y = sin(x)              %计算矩阵正弦
y =
    0.8415   0.1411
  - 0.7568   0.9093

>> y = cos(x)              %计算矩阵余弦
y =
    0.5403  - 0.9900
  - 0.6536  - 0.4161

>> y = sinh(x)             %计算矩阵双曲正弦
y =
    1.1752   10.0179
   27.2899    3.6269

>> y = cosh(x)             %计算矩阵双曲余弦
y =
    1.5431   10.0677
   27.3082    3.7622

>> y = asin(x)             %计算矩阵反正弦
y =
   1.5708 + 0.0000i  1.5708 - 1.7627i
   1.5708 - 2.0634i  1.5708 - 1.3170i

>> y = acos(x)             %计算矩阵反余弦
y =
   0.0000 + 0.0000i  0.0000 + 1.7627i
   0.0000 + 2.0634i  0.0000 + 1.3170i

>> y = asinh(x)            %计算矩阵反双曲正弦
y =
    0.8814   1.8184
    2.0947   1.4436

>> y = acosh(x)            %计算矩阵反双曲余弦
y =
        0   1.7627
    2.0634   1.3170

>> y = tan(x)              %计算矩阵正切
y =
    1.5574  - 0.1425
    1.1578  - 2.1850
```

```
>> y = tanh(x)            %计算矩阵双面正切
y =
    0.7616   0.9951
    0.9993   0.9640

>> y = atan(x)            %计算矩阵反正切
y =
    0.7854   1.2490
    1.3258   1.1071

>> y = atanh(x)           %计算矩阵反双面正切
y =
       Inf + 0.0000i   0.3466 + 1.5708i
    0.2554 + 1.5708i   0.5493 + 1.5708i
```

2. 指数和对数函数

在矩阵中,常用的指数和对数函数包括 exp、expm 和 logm。其中,指数函数具体用法如下所示:

```
Y = exp(X)
Y = expm(X)
```

输入参数 X 必须为方阵,函数计算矩阵 X 的指数并返回 Y 值。

expm 函数计算的是矩阵指数,而 exp 函数则分别计算每一元素的指数。若输入矩阵是上三角矩阵或下三角矩阵,两函数计算结果中主对角线位置的元素是相等的,其余元素则不相等。expm 的输入参数必须为方阵,而 exp 函数则可以接受任意维度的数组作为输入。

【例 1-17】 对矩阵分别用 expm 和 exp 函数计算魔方矩阵 a 及其上三角矩阵的指数。

解 在 MATLAB 命令窗口输入以下命令:

```
>> a = magic(3)
a =
    8   1   6
    3   5   7
    4   9   2

>> b = expm(a)            %对矩阵 a 求指数
b =
  1.0e + 06 *

    1.0898   1.0896   1.0897
    1.0896   1.0897   1.0897
    1.0896   1.0897   1.0897

>> c = exp(a)            %对矩阵 a 的每一元素求指数
```

```
c =
   1.0e + 03 *

   2.9810   0.0027   0.4034
   0.0201   0.1484   1.0966
   0.0546   8.1031   0.0074

>> b = triu(a)              % 抽取矩阵 a 中的元素构成上三角矩阵
b =
   8   1   6
   0   5   7
   0   0   2

>> expm(b)                  % 求上三角矩阵的指数
ans =
   1.0e + 03 *

   2.9810   0.9442   4.0203
        0   0.1484   0.3291
        0        0   0.0074

>> exp(b)                   % 求上三角矩阵每一元素的指数
ans =
   1.0e + 03 *

   2.9810   0.0027   0.4034
   0.0010   0.1484   1.0966
   0.0010   0.0010   0.0074
```

对上三角矩阵 b 分别用 expm 和 exp 计算,主对角线位置元素相等,其余元素则不相等。

矩阵对数函数的使用格式如下所示:

```
L = logm(A)
```

输入参数 A 必须为方阵,函数计算矩阵 A 的对数并返回 L 值。

如果矩阵 A 是奇异的或者有特征值的负实数轴,那么 A 的主要对数是未定义的,函数将计算非主要对数并打印警告信息。logm 函数是 expm 函数的逆运算。

```
[L, exitflag] = logm(A)
```

exitflag 是一个标量值,用于描述函数 logm 的退出状态。exitflag 为 0 时,表示函数成功完成计算;exitflag 为 1 时,需要计算太多的矩阵平方根,但此时返回的结果依然是准确的。

【例 1-18】 先对方阵计算指数,再对结果计算对数,得到原矩阵。

解 在 MATLAB 命令窗口输入以下命令:

```
>> x = [1,0,1;1,0, - 2; - 1,0,1];
>> y = expm(x)        % 对矩阵计算指数
y =

    1.4687         0      2.2874
    3.1967    1.0000   - 1.8467
  - 2.2874         0      1.4687

>> xx = logm(y)      % 对所得结果计算对数,得到的矩阵 xx 等于矩阵 x
xx =

    1.0000   - 0.0000     1.0000
    1.0000     0.0000   - 2.0000
  - 1.0000     0.0000     1.0000
```

logm 函数是 expm 函数的逆运算,因此得到的结果与原矩阵相等。

3. 复数函数

复数函数包括复数的创建、复数的模、复数的共轭函数等。

1) 复数的创建函数 complex

函数使用方法如下所示:

```
c = complex(a,b)
```

用两个实数 a 和 b 创建复数 c,c=a+bi。c 与 a、b 是同型的数组或矩阵。如果 b 是全 0 的,c 也依然是一个复数,例如,c=complex(1,0)返回复数 1,isreal(c)等于 false,而 1+0i 则返回实数 1。

```
c = complex(a)
```

输入参数 a 作为复数 c 的实部,c 的虚部为 0,但 isreal(a)返回 false,表示 c 是一个复数。

【例 1-19】 创建复数 3+2i 和 3+0i。

解 在 MATLAB命令窗口输入以下命令:

```
>> a = complex(3,2)        % 创建复数 3 + 2i
a =
   3.0000 + 2.0000i

>> b = complex(3,0)        % 用 complex 创建复数 3 + 0i
b =
   3.0000 + 0.0000i

>> c = 3 + 0i              % 直接创建复数 3 + 0i
c =
     3
```

```
>> b == c              %b的值与c相等
ans =
     1

>> isreal(b)          %b是复数
ans =
     0

>> isreal(c)          %c是实数
ans =
     1
```

虽然 b 与 c 相等,但 b 是由 complex 创建的,属于复数,c 则是实数。

2)求矩阵的模 abs

函数使用方法如下所示:

```
Y = abs(X)
```

Y 是与 X 同型的数组,如果 X 中的元素是实数,函数返回其绝对值,如果 X 中的元素是复数,函数返回复数模值,即 sqrt(real(X).^2＋imag(X).^2)。

【例 1-20】 求复数 3＋2i 的幅值。

解 在 MATLAB 命令窗口输入以下命令:

```
>> a = abs(3 + 2i)        %求复数 3 + 2i 的幅值
a =
    3.6056
```

abs 函数是 MATLAB 中十分常用的数值计算函数。

3)求复数的共轭 conj

函数使用方法如下所示:

```
Y = conj(Z)
```

返回 Z 中元素的复共轭值,conj(Z) ＝ real(Z) － i * imag(Z)。

【例 1-21】 求复数 3＋2i 的共轭值。

解 在 MATLAB 命令窗口输入以下命令:

```
>> z = 3 + 2i;
>> conj(z)            %求 3 + 2i 的共轭值
ans =
   3.0000 - 2.0000i
```

复数 Z 的共轭,其实部与 Z 的实部相等,虚部是 Z 的虚部的相反数。

1.3 符号运算的基本内容

除符号对象的加减乘除、乘方开方基本运算外,本节重点介绍几个在符号运算中非常重要的函数。

1.3.1 符号变量代换及其函数

使用函数 subs()实现符号变量代换。其函数调用格式为：

```
subs (S, old, new)
```

这种格式的功能是将符号表达式 S 中的 old 变量替换为 new。old 一定是符号表达式 S 中的符号变量，而 new 可以是符号变量、符号常量、双精度数值与数值数组等。

```
subs (S, new)
```

这种格式的功能是用 new 置换符号表达式 S 中的自变量。其他同上。

【例 1-22】 已知 $f = axn + by + k$，试对其进行符号变量替换：$a = \sin t$、$b = \ln w$、$k = ce^{-dt}$；符号常量替换 $n = 5$、$k = pi$ 与数值数组替换 $k = 1{:}4$。

解 用以下 MATLAB 程序进行符号变量、符号常量与数值数组替换：

```
syms a b c d k n x y w t;
f = a * x^n + b * y + k
f1 = subs(f,[a b],[sin(t) log(w)])
f2 = subs(f,[a b k],[sin(t) log(w) c * exp( - d * t)])
f3 = subs(f,[n k],[5 pi])
f4 = subs(f1,k,1:4)
```

程序运行结果如下：

```
f =
    a * x^n + b * y + k
f1 =
    sin(t) * x^n + log(w) * y + k
f2 =
    sin(t) * x^n + log(w) * y + c * exp( - d * t)
f3 =
    a * x^5 + b * y + pi
f4 =
    [sin(t) * x^n + log(w) * y + 1, sin(t) * x^n + log(w) * y + 2,
    sin(t) * x^n + log(w) * y + 3, sin(t) * x^n + log(w) * y + 4]
```

若要对符号表达式进行两个变量的数值数组替换，则可以用循环程序来实现，不必使用函数 subs()。这样既简单，又明了而高效。

【例 1-23】 已知 $f = a\sin x + k$，试求当 $a = 1{:}2$ 与 ppx$= 3{:}60$ 时函数 f 的值。

解 用以下 MATLAB 程序进行求值：

```
syms a k;
f = a * sin(x) + k;
for a = 1:2;
```

```
    for x = 0:pi/6:pi/3;
        f1 = a * sin(x) + k
    end
end
```

程序运行第一组(当 $a = 1$ 时)结果:

```
f1 =
    k
f1 =
    1/2 + k
f1 =
    1/2 * 3 ^ (1/2) + k
```

程序运行第二组(当 $a = 2$ 时)结果:

```
f1 =
    k
f1 =
    1 + k
f1 =
    3 ^ (1/2) + k
```

1.3.2 符号对象转换为数值对象的函数

大多数 MATLAB 符号运算的目的是计算表达式的数值解,于是需要将符号表达式的解析解转换为数值解。当要得到双精度数值解时,可使用函数 double() ;当要得到指定精度的精确数值解时,可联合使用以下 digits() 与 vpa() 两个函数来实现解析解的数值转换。

1. 函数 double()

```
double(C)
```

这种格式的功能是将符号常量 C 转换为双精度数值。

2. 函数 digits()

要得到指定精度的数值解时,使用函数 digits()设置精度。其函数调用格式为:

```
digits(D)
```

这种格式的功能是设置有效数字个数为 D 的近似解精度。

3. 函数 vpa()

使用函数 vpa()精确计算表达式的值。其函数调用格式有两种:

```
R = vpa ( E )
```

这种格式必须与函数 digits(D)连用,在其设置下,求得符号表达式 E 的设定精度的数值解。注意,返回的数值解则为符号对象类型。

```
R = vpa ( E, D )
```

这种格式的功能是求得符号表达式 E 的 D 位精度的数值解,返回的数值解也是符号对象类型。

4. 函数 numeric()

使用函数 numeric()将符号对象转换为数值形式。其函数调用格式为:

```
N = numeric (E)
```

这种格式的功能是将不含变量的符号表达式 E 转换为 double 双精度浮点数值形式,其效果与 N=double(sym(E))相同。

【例 1-24】 计算以下三个符号常量的值: $c_1 = \sqrt{2}\ln7$ 、 $c_2 = \pi\sin\dfrac{\pi}{5}e^{1.3}$ 、 $c_3 = e^{\sqrt{8}\pi}$,并将结果转换为双精度型数值。

解 用以下 MATLAB 程序进行双精度数值转换:

```
syms c1 c2 c3;
c1 = sym('sqrt(2) * log(7)');
c2 = sym('pi * sin(pi/5) * exp(1.3)');
c3 = sym('exp(pi * sqrt(8))');
ans1 = double(c1)
ans2 = double(c2)
ans3 = double(c3)
class(ans1)
class(ans2)
class(ans3)
```

程序运行结果如下:

```
ans1 =
    2.7519
ans2 =
    6.7757
ans3 =
    7.2283e + 003
ans =
    double
ans =
    double
ans =
    double
```

即 $c_1 = \sqrt{2}\ln 7 = 2.7519$、$c_2 = \pi\sin\dfrac{\pi}{5}e^{1.3} = 6.7757$、$c_3 = e^{\sqrt{8}\pi} = 7.2283e + 003$，并且它们都是双精度型数值。

【例 1-25】 计算以下符号常量的值：$c_1 = e^{\sqrt{79}\pi}$，并将结果转换为指定精度 8 位与 18 位的精确数值解。

解 用以下 MATLAB 程序进行数值转换：

```
c = sym('exp(pi * sqrt(79))');
c1 = double(c)
ans1 = class(c1)
c2 = vpa(c1,8)
ans2 = class(c2)
digits 18
c3 = vpa(c1)
ans3 = class(c3)
```

程序运行结果如下：

```
c1 =
     1.3392e + 012
ans1 =
     double
c2 =
     .13391903e13
ans2 =
     sym
c3 =
     1339190288739.15527
ans3 =
     sym
```

1.3.3 符号表达式的化简

在 MATLAB 中，提供了多个对符号表达式进行化简的函数，诸如因式分解、同类项合并、符号表达式的展开、符号表达式的化简与通分等，它们都是表达式的恒等变换。

1. 函数 factor()

符号表达式因式分解的函数命令 factor()，其调用格式为：

```
factor(E)
```

这是一种恒等变换，格式的功能是对符号表达式 E 进行因式分解，如果 E 包含的所有元素为整数，则计算其最佳因式分解式。对于大于 252 的整数的分解，可使用语句 factor(sym('N'))。

【例 1-26】 已知 $f=x^3+x^2-x-1$，试对其进行因式分解。

解 用以下 MATLAB 语句进行因式分解：

```
syms x;
f = x^3 + x^2 - x - 1;
f1 = factor(f)
```

语句执行结果如下：

```
f1 =
[ x - 1, x + 1, x + 1]
```

即 $f=x^3+x^2-x-1=(x-1) \cdot (x+1)^2$。

2．函数 expand()

符号表达式展开的函数 expand()，其调用格式为：

```
expand(E )
```

该函数功能是将符号表达式 E 展开，这种恒等变换常用在多项式表示式、三角函数、指数函数与对数函数的展开中。

【例 1-27】 已知 $f=(x+y)^3$，试将其展开。

解 用以下 MATLAB 语句进行展开：

```
syms x y;
f = (x + y)^3;
f1 = expand(f)
```

语句执行结果如下：

```
f1 =
x^3 + 3*x^2*y + 3*x*y^2 + y^3
```

即 $f=(x+y)^3=x^3+3x^2y+3xy^2+y^3$。

3．函数 collect()

符号表达式同类项合并的函数 collect()，其调用格式有两种：

```
collect (E, v)
```

这是一种恒等变换，格式的功能是将符号表达式 E 中的 v 的同幂项系数合并。

```
collect ( E)
```

这种格式的功能是将符号表达式 E 中由函数 findsym()确定的默认变量的系数合并。

【例 1-28】 已知 $f=-axe^{-cx}+be^{-cx}$。试对其同类项进行合并。

解 用以下 MATLAB 程序对同类项进行合并：

```
syms a b c x;
f = - a * x * exp( - c * x) + b * exp( - c * x);
f1 = collect(f,exp( - c * x))
```

语句执行结果如下：

```
f1 =
(b - a * x) * exp( - c * x)
```

即 $f=-axe^{-cx}+be^{-cx}=(b-ax)e^{-cx}$。

4. 函数 simplify( )与 simple( )

符号表达式化简的函数 simplify( )与 simple( )，函数命令 simplify( )调用格式为：

```
simplify(E)
```

这种格式的功能是将符号表达式 E 运用多种恒等式变换进行综合化简。

【例 1-29】 试对 $e_1=\sin^2 x+\cos^2 x$ 与 $e_2=e^{c \cdot \ln(\alpha+\beta)}$ 进行综合化简。

解 用以下 MATLAB 语句进行综合化简：

```
syms x n c alph beta;
e10 = sin(x)^2 + cos(x)^2;
e1 = simplify(e10)
e20 = exp(c * log(alph + beta));
e2 = simplify(e20)
```

语句执行结果如下：

```
e1 =
1

e2 =
(alph + beta)^c
```

即 $e_1=\sin^2 x+\cos^2 x=1$ 和 $e_2=e^{c \cdot \ln(\alpha+\beta)}=(\alpha+\beta)^c$。

函数命令 simple( )调用格式为：

```
simple(E)
```

这种格式的功能是对符号表达式 E 尝试多种不同(包括 simplify)的简化算法，以得到符号表达式 E 的长度最短的简化形式。若 E 为一符号矩阵，则结果为全矩阵的最短形，而可能不是每个元素的最短形。

```
[R, HOW] = simple(E)
```

这种格式的功能是对符号表达式 E 尝试多种不同(包括 simplify)的简化算法,返回参数 R 为表达式的简化型,HOW 为简化过程中使用的简化方法。

【例 1-30】 试对 $e_1 = \ln x + \ln y$、$e_2 = 2\cos^2 x - \sin^2 x$、$e_3 = \cos x + \mathrm{j}\sin x$、$e_4 = x^3 + 3x^2 + 3x + 1$、$e_5 = \cos^2 x - \sin^2 x$ 进行化简,并返回使用的简化方法。

解 用以下 MATLAB 语句进行化简:

```
syms x y;
e1 = log(x) + log(y);
[R1,HOW1] = simple(e1)
e2 = 2 * cos(x)^2 - sin(x)^2;
[R2,HOW2] = simple(e2)
e3 = cos(x) + j * sin(x);
[R3,HOW3] = simple(e3)
e4 = x^3 + 3 * x^2 + 3 * x + 1;
[R4,HOW4] = simple(e4)
e5 = cos(x)^2 - sin(x)^2;
[R5,HOW5] = simple(e5)
```

语句执行结果如下:

```
R1 =
log(x) + log(y)

HOW1 =
    ''

R2 =
2 - 3 * sin(x)^2

HOW2 =
simplify

R3 =
exp(x * i)

HOW3 =
rewrite(exp)

R4 =
(x + 1)^3

HOW4 =
simplify

R5 =
cos(2 * x)

HOW5 =
simplify
```

由计算的结果可以列出表 1-4。由此而知 simple()函数所使用的方法非常多,当然函数的应用也就十分广泛。

表 1-4　符号函数简化示例表

S	R	HOW
cos(x)^2＋sin(x)^2	1	combine(trig)
2＊cos(x)^2－sin(x)^2	3＊cos(x)^2－1	simplify
cos(x)^2－sin(x)^2	cos(2＊x)	combine(trig)
cos(x)＋(－sin(x)^2)^(1/2)	cos(x)＋i＊sin(x)	radsimp
cos(x)＋i＊sin(x)	exp(i＊x)	convert(exp)
(x+1)＊x＊(x－1)	x^3－x	collect(x)
x^3＋3＊x^2＋3＊x+1	(x+1)^3	factor
cos(3＊acos(x))	4＊x^3－3＊x	expand
log(x) ＋ log(y)	log(x＊y)	collect

5. 函数 numden()

符号表达式通分的函数 numden(),其调用格式为:

```
[N, D] = numden(E)
```

这是一种恒等变换,格式的功能是将符号表达式 E 通分,分别返回 E 通分后的分子 N 与分母 D,并转换成的分子与分母都是整系数的最佳多项式形式。只需要再计算 N/D 即求得符号表达式 E 通分的结果。若无等号左边的输出参数,则仅返回 E 通分后的分子 N。

【例 1-31】 已知

$$f = \frac{x}{ky} + \frac{y}{px}$$

试对其进行通分。

解　用以下 MATLAB 语句对同类项进合并:

```
syms k p x y;
f = x/(k＊y) + y/(p＊x);
[n,d] = numden(f)
f1 = n/d
numden(f)
```

语句执行结果如下:

```
n =
p＊x^2 + k＊y^2

d =
k＊p＊x＊y
```

```
f1 =
(p * x^2 + k * y^2)/(k * p * x * y)

ans =
p * x^2 + k * y^2
```

即

$$f = \frac{x}{ky} + \frac{y}{px} = \frac{px^2 + ky^2}{kpxy}$$

当无等号左边的输出参数时,仅返回通分后的分子 N。

6. 函数 horner()

对符号表达式进行嵌套型分解的函数 horner(),其调用格式为:

```
horner(E)
```

这是一种恒等变换,格式的功能是将符号表达式 E 转换成嵌套形式表达式。

【例 1-32】 已知

$$f = -ax^4 + bx^3 - cx^2 + x + d$$

试将其转换成嵌套形式表达式。

解 用以下 MATLAB 语句将其转换成嵌套形式表达式:

```
syms a b c d x;
f = -a * x^4 + b * x^3 - c * x^2 + x + d;
f1 = horner(f)
```

语句执行结果如下:

```
f1 =
 d - x * (x * (c - x * (b - a * x)) - 1)
```

即 $f = -ax^4 + bx^3 - cx^2 + x + d = d - x * (x * (c - x * (b - a * x)) - 1)$。

1.3.4 符号运算的其他函数

1. 函数 char()

将数值对象、符号对象转换为字符对象的函数 char(),其调用格式为:

```
char(S)
```

这种格式的功能是将数值对象或符号对象 S 转换为字符对象。

【例 1-33】 试将数值对象 c = 123456 与符号对象 f = x + y + z 转换成字符对象。

解 用以下 MATLAB 语句进行转换:

```
syms a b c x y;
c = 123456;
ans1 = class(c)
c1 = char(sym(c))
ans2 = class(c1)
f = sym('x + y + z');
ans3 = class(f)
f1 = char(f)
ans4 = class(f1)
```

语句执行结果如下：

```
ans1 =
double

c1 =
123456

ans2 =
char

ans3 =
sym

f1 =
x + y + z

ans4 =
char
```

即原数值对象与符号对象均都转换成字符对象。

2. 函数 pretty()

以习惯的方式显示符号表达式的函数 pretty()，其调用格式为：

```
pretty(E)
```

以习惯的"书写"方式显示符号表达式 E(包括符号矩阵)。

【**例 1-34**】 试将 MATLAB 符号表达式 $f = a * x/b + c/(d * y)$ 与 $f1 = sqrt(b \wedge 2 - 4 * a * c)$ 以习惯的"书写"方式显示。

解 用以下 MATLAB 语句进行"书写"显示：

```
syms a b c d x y;
f = a * x/b + c/(d * y);
f1 = sqrt(b^2 - 4 * a * c);
pretty(f)
pretty(f1)
```

语句执行结果如下：

```
  c    a x
 --- + ---
```

```
d y  b


     2
sqrt(b - 4 a c)
```

即 $f=\dfrac{ax}{b}+\dfrac{c}{dy}$ 与 $f_1=\sqrt{b^2-4ac}$ 。

3. 函数 clear

清除 MATLAB 工作空间的命令 clear,其调用格式为:

```
clear
```

这是一个不带输入参数的命令,其功能是清除 MATLAB 工作空间中保存的变量与函数。通常置于程序之首,以免原来 MATLAB 工作空间中保存的变量与函数影响新的程序。

1.3.5 两种特定的符号运算函数

MATLAB 两种特定的符号函数运算是指复合函数运算与反函数运算。

1. 复合函数的运算与函数命令 compose()

设 z 是 y(自变量)的函数 z =f(y),而 y 又是 x(自变量)的函数 y=j(x),则 z 对 x 的函数:z =f(j(x))叫作 z 对 x 的复合函数。求 z 对 x 的复合函数 z=f(j(x))的过程叫作复合函数运算。

MATLAB 求复合函数的函数命令为 compose()。其函数调用格式有以下 6 种:
1) 格式 1

```
compose(f, g)
```

这种格式的功能是当 f=f(x)与 g=g(y)时返回复合函数 f(g(y)),即用 g=g(y)代入 f(x)中的 x,且 x 为函数命令 findsym()确定的 f 的自变量,y 为 findsym()确定的 g 的自变量。

2) 格式 2

```
compose(f,g,z)
```

这种格式的功能是当 f = f(x)与 g = g(y)时返回以 z 为自变量的复合函数 f(g(z)),即用 g = g(y)代入 f(x)中的 x,且 g(y)中的自变量 y 改换为 z。

3) 格式 3

```
compose(f,g,x,z)
```

这种格式的功能同格式 2 的功能。

33

4）格式 4

```
compose(f,g,t,z)
```

这种格式的功能是当 f＝f(t)与 g＝g(y)时返回以 z 为自变量的复合函数 f(g(z))，即用 g＝g(y)代入 f(t)中的 t,且 g(y)中的自变量 y 改换为 z。

5）格式 5

```
compose(f,h,x,y,z)
```

这种格式的功能同格式 2 与格式 3 的功能。

6）格式 6

```
compose( f, g, t, u, z )
```

这种格式的功能是当 f＝f(t)与 g＝g(u)时返回以 z 为自变量的复合函数 f(g(z))，即用 g＝g(u)代入 f(t)中的 t,且 g(u)中的自变量 u 改换为 z。

【例 1-35】 已知 $f=\ln\left(\dfrac{x}{t}\right)$ 与 $g=u\times\cos y$,求其复合函数 $f(\varphi(x))$ 与 $f(g(z))$。

解 用以下 MATLAB 程序计算其复合函数：

```
syms f g t u x y z;
f = log(x/t);
g = u * cos(y);
cfg = compose(f,g)
cfgt = compose(f,g,z)
cfgxz = compose(f,g,x,z)
cfgtz = compose(f,g,t,z)
cfgxyz = compose(f,g,x,y,z)
cfgxyz = compose(f,g,t,u,z)
```

程序运行结果如下：

```
cfg =
log((u * cos(y))/t)

cfgt =
log((u * cos(z))/t)

cfgxz =
log((u * cos(z))/t)

cfgtz =
log(x/(u * cos(z)))

cfgxyz =
log((u * cos(z))/t)

cfgxyz =
log(x/(z * cos(y)))
```

2. 反函数的运算与函数命令 finverse()

设 y 是 x(自变量)的函数 y＝f(x)，若将 y 当作自变量，x 当作函数，则上式所确定的函数 x＝j(y)叫作函数 f(x)的反函数，而 f(x)叫作直接函数。在同一坐标系中，直接函数 y＝f(x)与反函数 x＝j(y)表示同一图形。通常把 x 当作自变量，而把 y 当作函数，故反函数 x＝j(y)写为 y＝j(x)。

MATLAB 提供的求反函数的函数命令为 finverse()。其函数调用格式有以下两种：

1）格式 1

```
g = finverse (f, v)
```

这种格式的功能是求符号函数 f 的自变量为 v 的反函数 g。

2）格式 2

```
g = finverse (f)
```

这种格式的功能是求符号函数 f 的反函数 g，符号函数表达式 f 有单变量 x，函数 g 也是符号函数，并且有 g(f(x))＝x。

【例 1-36】 求函数 $y=ax+b$ 的反函数。

解 由 y＝ax+b 恒等变换得到 $x=\dfrac{-(b-y)}{a}$。求 $y=ax+b$ 反函数的 MATLAB 代码如下所示：

```
syms a b x y;
y = a * x + b
g = finverse(y)
compose(y,g)
```

语句执行结果为：

```
y =
b + a * x

g =
 - (b - x)/a

ans =
x
```

即反函数为 $y=\dfrac{-(b-y)}{a}$，且 $g(f(x))=x$。

本章小结

数组、变量和矩阵是 MATLAB 语言中必不可少的要件，其中数组是 MATLAB 中各种变量存储和运算的通用数据结构。MATLAB 把数组、变量、矩阵当成了基本的运算量，除了传统的数学运算，MATLAB 支持关系和逻辑运算。

第 2 章 数学建模基础

数学是研究现实世界数量关系和空间形式的科学,在它产生和发展的历史长河中,一直是和各种各样的应用问题紧密相关的。数学的特点不仅在于概念的抽象性、逻辑的严密性、结论的明确性和体系的完整性,而且在于它应用的广泛性。

本章主要介绍了数学建模的定义及方法,并对 MATLAB 的数据导入、文件的存储、数据分析、回归模型等做了详细介绍。

学习目标:
- 了解数学建模的定义和方法
- 掌握 MATLAB 数据的导入和导出
- 熟悉统计回归模型

2.1　数学建模的概念

当需要从定量的角度分析和研究一个实际问题时,就要在深入调查研究、了解对象信息、做出简化假设、分析内在规律等工作的基础上,用数学的符号和语言进行表述来建立数学模型。数学建模就是通过计算得到的结果来解释实际问题,并接受实际的检验,来建立数学模型的全过程。

1. 数学模型的定义

现在数学模型还没有一个统一的准确的定义,因为站在不同的角度可以有不同的定义。通常数学模型的定义为:关于部分现实世界和为一种特殊目的而做的一个抽象的、简化的结构。

具体来说,数学模型就是为了某种目的,用字母、数学及其他数学符号建立起来的等式或不等式以及图表、图像、框图等描述客观事物的特征及其内在联系的数学结构表达式。一般来说,数学建模过程可用图 2-1 来表明。

数学是在实际应用的需求中产生的,要解决实际问题就必须建立数学模型,从此意义上讲数学建模和数学一样有古老历史。例如,欧几里德几何就是一个古老的数学模型,牛顿万有引力定律也是数学建

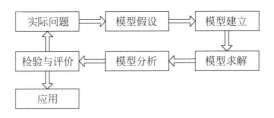

图 2-1　数学建模过程

模的一个光辉典范。

数学以空前的广度和深度向其他科学技术领域渗透,以往较少应用数学的领域现在也迅速走向定量化、数量化,需建立大量的数学模型。特别是新技术、新工艺蓬勃兴起,计算机的普及和广泛应用,数学在许多高新技术上起着十分关键的作用。因此数学建模被时代赋予更为重要的意义。

2. 建立数学模型的方法和步骤

1）模型准备

要了解问题的实际背景,明确建模目的,搜集必需的各种信息,尽量弄清对象的特征。

2）模型假设

根据对象的特征和建模目的,对问题进行必要的、合理的简化,用精确的语言做出假设,是建模至关重要的一步。

如果对问题的所有因素一概考虑,无疑是一种有勇气但方法欠佳的行为,所以高超的建模者能充分发挥想象力、洞察力和判断力,善于辨别主次,而且为了使处理方法简单,应尽量使问题线性化、均匀化。

3）模型构成

根据所作的假设分析对象的因果关系,利用对象的内在规律和适当的数学工具,构造各个量间的等式关系或其他数学结构。

4）模型求解

可以采用解方程、画图形、证明定理、逻辑运算、数值运算等各种传统的和近代的数学方法,特别是计算机技术。一道实际问题的解决往往需要纷繁的计算,许多时候还得将系统运行情况用计算机模拟出来,因此编程和熟悉数学软件包能力便举足轻重。

5）模型分析

对模型解答进行数学上的分析。"横看成岭侧成峰,远近高低各不同",能否对模型结果做出细致精当的分析,决定了你的模型能否达到更高的档次。还要记住,不论哪种情况都需进行误差分析、数据稳定性分析。

2.2　数据的导入和保存

使用 MATLAB 编写程序时,需要经常从外部导入数据,或者将程序运行得到的数据导出到指定的目录下。MATLAB 使用多种格式导入和导出数据,本节介绍基本的数据操作,包括数据的导入和保存,并对文件的打开也做了简单介绍。

1. 数据导入

MATLAB中导入数据通常由函数load实现。该函数的用法如下：

- load——如果matlab.mat文件存在，导入matlab.mat中的所有变量，如果不存在，则返回error。
- load filename——将filename中的全部变量导入到工作区中。
- load filename X Y Z …——将filename中的变量X、Y、Z等导入到工作区中，如果是MAT文件，在指定变量时可以使用通配符"*"。
- load filename-regexp expr1 expr2 …——通过正则表达式指定需要导入的变量。
- load-ascii filename——无论输入文件名是否包含有扩展名，将其以ASCII格式导入；如果指定的文件不是数字文本，则返回error。
- load-mat filename——无论输入文件名是否包含有扩展名，将其以mat格式导入；如果指定的文件不是MAT文件，则返回error。

【例2-1】 将文件matlab.mat中的变量导入到工作区中。

解 首先应用命令whos-file查看该文件中的内容：

```
>> whos - file matlab.mat
  Name      Size      Bytes   Class   Attributes

  a         2x4         64    double
  b         2x4         64    double
  c         2x4         64    double
```

该文件中的变量导入到工作区中：

```
>> load matlab.mat
```

该命令执行后，可以在工作区中看见这些变量，如图2-2所示。

图2-2　工作区的变量

直接在MATLAB命令窗口可以访问这些变量：

```
>> a

a =

    1  2  3  4
    2  3  4  5
```

```
>> b

b =

    2   4   6   8
    4   6   8  10

>> c

c =

   -1   0   1   2
    0   1   2   3
```

MATLAB 中,另一个导入数据的常用函数为 importdata。该函数的用法如下:

- importdata('filename')——将 filename 中的数据导入到工作区中;
- A = importdata('filename')——将 filename 中的数据导入到工作区中,并保存为变量 A;
- importdata('filename','delimiter')——将 filename 中的数据导入到工作区中,以 delimiter 指定的符号作为分隔符。

【例 2-2】　从文件中导入数据。

解　在 MATLAB 命令窗口输入以下命令:

```
>> imported_data = importdata('matlab.mat')

imported_data =

    a: [2x4 double]
    b: [2x4 double]
    c: [2x4 double]
```

与 load 函数不同,importdata 将文件中的数据以结构体的方式导入到工作区中。

2. 文件的存储

MATLAB 支持工作区的保存。用户可以将工作区中的变量以文件的形式保存。保存工作区可以通过菜单进行,也可以通过命令窗口进行。

1) 保存整个工作区

选择主页菜单中的"保存工作区" 按钮,或者单击工作区浏览器工具栏中的 按钮,选择"保存"选项,出现如图 2-3 所示的保存窗口,可以将工作区中的变量保存为 MAT 文件。

2) 保存工作区中的变量

在工作区浏览器中,右击需要保存的变量名,从弹出的快捷菜单中选择 Save As 命令,可以将该变量保存为 MAT 文件。

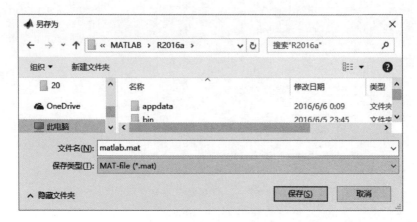

图 2-3　工作区保存窗口

3）利用 save 命令保存

该命令可以保存工作区,或工作区中任何指定文件。该命令的调用格式如下:

- save——将工作区中的所有变量保存在当前工作区的文件中,文件名为 matlab.mat,MAT 文件可以通过 load 函数再次导入工作区,MAT 函数可以被不同的机器导入,甚至可以通过其他的程序调用。
- save('filename')——将工作区中的所有变量保存为文件,文件名由 filename 指定。如果 filename 中包含路径,则将文件保存在相应目录下,否则默认路径为当前路径。
- save('filename', 'var1', 'var2', …)——保存指定的变量在 filename 指定的文件中。
- save('filename', '-struct', 's')——保存结构体 s 中全部域作为单独的变量。
- save('filename', '-struct', 's', 'f1', 'f2', …)——保存结构体 s 中的指定变量。
- save('-regexp', expr1, expr2, …)——通过正则表达式指定待保存的变量需满足的条件。
- save('…', 'format')——指定保存文件的格式,格式可以为 MAT 文件、ASCII 文件等。

3. 文件的打开

MATLAB 中可以使用 open 命令打开各种格式的文件,MATLAB 自动根据文件的扩展名选择相应的编辑器。

需要注意的是 open('filename.mat')和 load('filename.mat')的不同,前者将 filename.mat 以结构体的方式打开在工作区中,后者将文件中的变量导入到工作区中,如果需要访问其中的内容,需要以不同的格式进行。

【例 2-3】　比较命令 open 与 load 的不同。

解　在 MATLAB 命令窗口输入以下命令:

```
>> clear all
>> a = rand(4);
```

```
>> b = magic(4);
>> save

Saving to: C:\Users\Administrator\Documents\MATLAB\mathematical modeling\2\matlab.mat

>> clear
>> load('matlab.mat')
>> a

a =

    0.8147    0.6324    0.9575    0.9572
    0.9058    0.0975    0.9649    0.4854
    0.1270    0.2785    0.1576    0.8003
    0.9134    0.5469    0.9706    0.1419

>> b

b =

    16     2     3    13
     5    11    10     8
     9     7     6    12
     4    14    15     1

>> clear
>> open('matlab.mat')

ans =

    a: [4x4 double]
    b: [4x4 double]

>> struc1 = ans;
>> struc1.a

ans =

    0.8147    0.6324    0.9575    0.9572
    0.9058    0.0975    0.9649    0.4854
    0.1270    0.2785    0.1576    0.8003
    0.9134    0.5469    0.9706    0.1419

>> struc1.b

ans =

    16     2     3    13
     5    11    10     8
     9     7     6    12
     4    14    15     1
```

2.3 数据统计和分析

统计研究的对象是受随机因素影响的数据,它是以概率论为基础的一门应用学科。

统计推断的基础是描述性统计。描述性统计就是搜集、整理、加工和分析统计数据,使之系统化、条理化,以显示出数据资料的趋势、特征和数量关系。数据样本少则几个,多则成千上万,人们希望能用少数几个包含其最多相关信息的数值来体现数据样本总体的规律。

只有掌握参数估计和假设检验这两个数理统计的最基本方法,才能有效地对数据进行描述与分析。

2.3.1 常用统计量

统计量是统计理论中用来对数据进行分析、检验的变量。宏观量是大量微观量的统计平均值,具有统计平均的意义,对于单个微观粒子,宏观量是没有意义的。

相对于微观量的统计平均性质的宏观量也叫统计量。需要注意的是,描写宏观世界的物理量例如速度、动能等实际上也可以说是宏观量,但宏观量并不都具有统计平均的性质,因而宏观量并不都是统计量。

1. 表示位置的统计量——平均值和中位数

平均值(或均值、数学期望):

$$\overline{X} = \frac{1}{n}\sum_{i=1}^{n} X_i$$

式中,X 表示统计中的样本。

中位数:将数据由小到大排序后位于中间位置的那个数值。

当 X 为向量时,算术平均值的数学含义为 $\overline{x} = \frac{1}{n}\sum_{i=1}^{n} x_i$,即样本均值。在 MATLAB 中,可以利用 mean 求 X 的算术平均值。函数 mean 的调用格式如下:

- mean(X)——X 为向量,返回 X 中各元素的平均值。
- mean(A)——A 为矩阵,返回 A 中各列元素的平均值构成的向量。
- mean(A,dim)——在给出的维数内的平均值。

例如,需要定义一个 4×3 的向量,并求取其算术平均值。可以在 MATLAB 命令窗口输入:

```
>> A = [2 3 4 7;1 5 4 5;3 3 2 5]

A =

    2   3   4   7
    1   5   4   5
    3   3   2   5
```

```
>> mean(A)

ans =

    2.0000   3.6667   3.3333   5.6667

>> mean(A,1)

ans =

2.0000   3.6667   3.3333   5.6667
```

除此之外，在 MATLAB 中，还可以使用 nanmean 函数忽略 NaN 计算算术平均值。函数 nanmean 的调用格式如下：

■ nanmean(X)——X 为向量，返回 X 中除 NaN 外元素的算术平均值。

■ nanmean(A)——A 为矩阵，返回 A 中各列除 NaN 外元素的算术平均值向量。

例如，需要定义一个含有 NaN 的 3×3 的向量，并求取其算术平均值。可以在 MATLAB 命令窗口输入：

```
>> A = [1 2 3;nan 5 2;3 7 nan]

A =

    1   2   3
  NaN   5   2
    3   7  NaN

>> nanmean(A)

ans =

2.0000   4.6667   2.5000
```

在 MATLAB 中，可以使用 median 计算中值（中位数）。函数 median 的调用格式如下：

■ median(X)——X 为向量，返回 X 中各元素的中位数。

■ median(A)——A 为矩阵，返回 A 中各列元素的中位数构成的向量。

■ median(A,dim)——求给出的维数内的中位数。

例如，需要定义一个 3×4 的向量，并求取其中值。可以在 MATLAB 命令窗口输入：

```
>> A = [2 6 3 5;2 5 4 6;3 4 2 5]

A =

    2   6   3   5
    2   5   4   6
    3   4   2   5
```

```
>> median(A)

ans =

     2   5   3   5
```

与 nanmean 类似,在 MATLAB 中,nanmedian 函数可以忽略 NaN 计算中位数。其调用格式如下:

- nanmedian(X)——X 为向量,返回 X 中除 NaN 外元素的中位数。
- nanmedian(A)——A 为矩阵,返回 A 中各列除 NaN 外元素的中位数向量。

例如,需要定义一个 $4×4$ 的向量,并求取其中值。可以在 MATLAB 命令窗口输入:

```
>> A = [4 1 2 3;nan 5 2 3;6 3 5 nan]

A =

     4   1   2    3
   NaN   5   2    3
     6   3   5  NaN

>> nanmedian(A)

ans =

     5   3   2   3
```

2. 表示变异程度的统计量——标准差、方差和极差

标准差是各个数据与均值偏离程度的度量,其定义为

$$s = \left[\frac{1}{n-1} \sum_{i=1}^{n} (X_i - \overline{X})^2 \right]^{\frac{1}{2}}$$

式中,X 表示统计中的样本。

方差:标准差的平方。

极差:样本中最大值与最小值之差。

MATLAB 提供了包括求解样本方差和标准差的函数,分别是 var 和 std,它们的调用格式如下:

- D=var(X)——若 X 为向量,则返回向量的样本方差。
- D=var(A)——A 为矩阵,则 D 为 A 的列向量的样本方差构成的行向量。
- D=var(X, 1)——返回向量(矩阵)X 的简单方差(即置前因子为 $1/n$ 的方差)。
- D=var(X, w)——返回向量(矩阵)X 的以 w 为权重的方差。
- std(X)——返回向量(矩阵)X 的样本标准差。
- std(X,1)——返回向量(矩阵)X 的标准差(置前因子为 $1/n$)。
- std(X, 0)——与 std(X)相同。

- std(X，flag，dim)——返回向量(矩阵)中维数为 dim 的标准差值，其中 flag＝0时，置前因子为 $1/(n-1)$；否则置前因子为 $1/n$。

【例 2-4】　求下列样本的样本方差和样本标准差、方差和标准差。

15.60　13.41　17.20　14.42　16.61

解　编写 MATLAB 代码如下所示：

```
clear all
clc
X = [15.60  13.41  17.20  14.42  16.61];
DX = var(X,1)                %求解方差
sigma = std(X,1)            %求解标准差
DX1 = var(X)                %求解样本方差
sigma1 = std(X)            %求解样本标准差
```

运行上述程序，得到结果如下：

```
DX =
    1.9306


sigma =
    1.3895


DX1 =
    2.4133


sigma1 =
    1.5535
```

除了上述求解标准差函数，MATLAB 还提供了求解忽略 NaN 的标准差函数 nanstd。其调用格式如下所示：

y ＝ nanstd(X)——若 X 为含有元素 NaN 的向量，则返回除 NaN 外的元素的标准差，若 X 为含元素 NaN 的矩阵，则返回各列除 NaN 外的标准差构成的向量。

【例 2-5】　在 MATLAB 中生成一个 4 阶魔方阵，并将其第 1、5、9 个元素替换为 NaN，求替换后的各列向量标准差。

解　根据题意，编写代码如下所示：

```
clear all
clc
M = magic(4)                %生成魔方阵
M([1 5 9]) = [NaN NaN NaN]  %替换
y = nanstd(M)              %求解忽略 NaN 后的标准差
```

运行后得到结果如下：

```
M =

   16    2    3   13
    5   11   10    8
    9    7    6   12
    4   14   15    1


M =

  NaN  NaN  NaN   13
    5   11   10    8
    9    7    6   12
    4   14   15    1


y =

   2.6458   3.5119   4.5092   5.4467
```

3. 表示分布形状的统计量——偏度和峰度

偏度：

$$g_1 = \frac{1}{s^3} \sum_{i=1}^{n} (X_i - \overline{X})^3$$

峰度：

$$g_2 = \frac{1}{s^4} \sum_{i=1}^{n} (X_i - \overline{X})^4$$

偏度反映分布的对称性，$g_1 > 0$ 称为右偏态，此时数据位于均值右边的比位于左边的多；$g_1 < 0$ 称为左偏态，情况相反；而 g_1 接近 0 则可认为分布是对称的。

峰度是分布形状的另一种度量，正态分布的峰度为 3，若 g_2 比 3 大很多，表示分布有沉重的尾巴，说明样本中含有较多远离均值的数据，因而峰度可用作衡量偏离正态分布的尺度之一。

峰度-偏度检验又称为 Jarque-Bera 检验，该检验基于数据样本的偏度和峰度，评价给定数据是否服从未知均值和方差的正态分布的假设。对于正态分布数据，样本偏度接近于 0，样本峰度接近于 3。

Jarque-Bera 检验可以确定样本偏度和峰度是否与它们的期望值相差较远。

在 MATLAB 中，使用 jbtest 函数进行 Jarque-Bera 检验，测试数据对正态分布的似合程度。其调用格式为：

- h＝jbtest(X)——对输入数据矢量 X 进行 Jarque-Bera 检验，返回检验结果 h。若 $h = 1$，则在显著性水平 0.05 下拒绝 X 服从正态分布的假设；若 $h = 0$，则可认为 X 服从正态分布。
- h＝jbtest(X,alpha)——在显著性水平 alpha 下进行 Jarque-Bera 检验。

- [H,P,JBSTAT,CV]=jbtest(X,alpha)——还返回 3 个其他输出。P 为检验的 p 值,JBSTAT 为检验统计量,CV 为确定是否拒绝零假设的临界值。

【例 2-6】 试检验这些数据是否处于正态分布。

5200 5056 561 6016 635 669 686 692 704 7007 711

7013 7104 719 727 735 740 744 745 750 7076 777

7086 7806 791 7904 821 822 826 834 837 8051 862

8703 879 889 9000 904 922 926 952 963 1056 10074

解 根据题意,进行峰度-偏度检验,编写 MATLAB 代码如下:

```
clear all
clc
x1 = [5200 5056 561 6016 635 669 686 692 704 7007 711];
x2 = [7013 7104 719 727 735 740 744 745 750 7076 777];
x3 = [7086 7806 791 7904 821 822 826 834 837 8051 862];
x4 = [8703 879 889 9000 904 922 926 952 963 1056 10074];
x = [x1 x2 x3 x4];
[H,P,JBSTAT,CV] = jbtest(x)
```

运行后,得到结果如下:

```
H =

     1


P =

   0.021806188315314


JBSTAT =

   8.022626680925750


CV =

   4.846568648885889
```

由于 $H=1$ 时,$P<0.05$,因此有充分理由认为上述数据不是处于正态分布的。

2.3.2 随机数

随机数是专门的随机试验的结果。在统计学的不同技术中需要使用随机数,比如在从统计总体中抽取有代表性的样本的时候,或者在将实验动物分配到不同的试验组的过程中,或者在进行蒙特卡罗模拟法计算的时候等。

产生随机数有多种不同的方法。这些方法被称为随机数发生器。随机数最重要的特性是：它所产生的后面的那个数与前面的那个数毫无关系。本小节将重点讲解几种常见的随机数产生方法。

1. 二项分布随机数

在概率论和统计学中，二项分布是 n 个独立的是/非试验中成功的次数的离散概率分布，其中每次试验的成功概率为 p。这样的单次成功/失败试验又称为伯努利试验。实际上，当 $n = 1$ 时，二项分布就是伯努利分布，二项分布是显著性差异的二项试验的基础。

在 MATLAB 中，可以使用 binornd 函数产生二项分布随机数。其使用方法如下：

- R = binornd(N,P)——N、P 为二项分布的两个参数，返回服从参数为 N、P 的二项分布的随机数，且 N、P、R 的形式相同。
- R = binornd(N,P,m)——m 是一个 1×2 向量，它为指定随机数的个数。其中 N、P 分别代表返回值 R 中行与列的维数。
- R = binornd(N,P,m,n)——m、n 分别表示 R 的行数和列数。

【例 2-7】 某射击手进行射击比赛，假设每枪射击命中率为 0.45，每轮射击 10 次，共进行 10 万轮。用直方图表示这 10 万轮每轮命中成绩的可能情况。

解 在 MATLAB 中编写代码如下：

```
clear all
clc
x = binornd(10,0.45,100000,1);
hist(x,11);
```

运行程序，得到结果如图 2-4 所示。

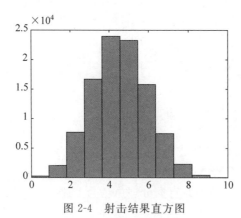

图 2-4　射击结果直方图

从图 2-4 中可以看出，该射击员每轮最有可能命中 4 环。

2. 泊松分布随机数

泊松分布是一种统计与概率学里常见到的离散概率分布，由法国数学家西莫恩·德尼·泊松（Siméon-Denis Poisson）在 1838 年时发表。

泊松分布表达式为

$$f(x \mid \lambda) = \frac{\lambda^x}{x!} e^{-\lambda}, \quad x = 0, 1, \cdots, \infty$$

在 MATLAB 中,可以使用 poisspdf 函数获取泊松分布随机数。该函数调用格式如下:

y＝poisspdf(x,Lambda)——求取参数为 Lambda 的泊松分布的概率密度函数值。

【例 2-8】 取不同的 Lambda 值,使用 poisspdf 函数绘制泊松分布概率密度图像。

解 在 MATLAB 中编写以下代码:

```
clear all
clc
x = 0:20;
y1 = poisspdf(x,2.5);
y2 = poisspdf(x,5);
y3 = poisspdf(x,10);
hold on
plot(x,y1,':r * ')
plot(x,y2,':b * ')
plot(x,y3,':g * ')
hold off
```

运行后,得到不同 Lambda 值所得到的泊松分布概率密度图像如图 2-5 所示。

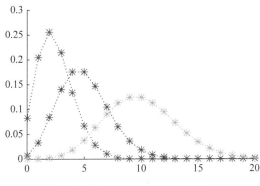

图 2-5 泊松分布概率密度图

3. 均匀分布随机数

MATLAB 中提供均匀分布函数为 unifrnd,其使用方法如下:

- R＝unifrnd(A,B)——生成被 A 和 B 指定上下端点[A,B]的连续均匀分布的随机数组 R。如果 A 和 B 是数组,R(i,j)是生成的被 A 和 B 对应元素指定连续均匀分布的随机数。如果 N 或 P 是标量,则被扩展为和另一个输入有相同维数的数组。
- R＝unifrnd(A,B,m,n,…)或 R＝unifrnd(A,B,[m,n,…])——返回 m＊n＊…数组。如果 A 和 B 是标量,R 中所有元素是相同分布产生的随机数。如果 A 或 B 是数组,则必须是 m＊n＊…数组。

例如,在 MATLAB 命令窗口输入以下代码:

```
>> a = 0;
b = 1:5;
r1 = unifrnd(a,b)
```

运行后得到一个均匀分布随机数。

```
r1 =

    0.7098   0.6766   0.1397   3.0542   3.6924
```

4. 正态分布随机数

MATLAB 中提供正态分布函数为 normrnd,其使用方法如下:

- R = normrnd(mu,sigma)——返回均值为 mu,标准差为 sigma 的正态分布的随机数据,R 可以是向量或矩阵。
- R = normrnd(mu,sigma,m,n,...)——m,n 分别表示 R 的行数和列数。

例如,如果需要得到 mu 为 10、sigma 为 0.4 的 2 行 4 列个正态随机数,则可以在 MATLAB 命令窗口输入以下代码:

```
>> R = normrnd(10,0.4,[2,4])
```

运行后得到结果为:

```
R =

   10.7351   9.6786   10.0997   9.9343
    9.5435   9.9385    9.5000   9.8592
```

5. 其他常见分布随机数

常见分布随机数的函数调用形式如表 2-1 所示。

表 2-1　常见分布随机数的函数调用形式

函数名	调 用 形 式	注　　释
unidrnd	R=unidrnd(N) R=unidrnd(N,m) R=unidrnd(N,m,n)	均匀分布(离散)随机数
exprnd	R=exprnd(Lambda) R=exprnd(Lambda,m) R=exprnd(Lambda,m,n)	参数为 Lambda 的指数分布随机数
normrnd	R=normrnd(MU,SIGMA) R=normrnd(MU,SIGMA,m) R=normrnd(MU,SIGMA,m,n)	参数为 MU、SIGMA 的正态分布随机数
chi2rnd	R=chi2rnd(N) R=chi2rnd(N,m) R=chi2rnd(N,m,n)	自由度为 N 的卡方分布随机数

函数名	调 用 形 式	注　　释
trnd	R＝trnd(N) R＝trnd(N,m) R＝trnd(N,m,n)	自由度为 N 的 t 分布随机数
frnd	R＝frnd(N_1, N_2) R＝frnd(N_1, N_2,m) R＝frnd(N_1, N_2,m,n)	第一自由度为 N_1,第二自由度为 N_2 的 F 分布随机数
gamrnd	R＝gamrnd(A, B) R＝gamrnd(A, B,m) R＝gamrnd(A, B,m,n)	参数为 A、B 的 γ 分布随机数
betarnd	R＝betarnd(A, B) R＝betarnd(A, B,m) R＝betarnd(A, B,m,n)	参数为 A、B 的 β 分布随机数
lognrnd	R＝lognrnd(MU, SIGMA) R＝lognrnd(MU, SIGMA,m) R＝lognrnd(MU, SIGMA,m,n)	参数为 MU、SIGMA 的对数正态分布随机数
nbinrnd	R＝nbinrnd(R, P) R＝nbinrnd(R, P,m) R＝nbinrnd(R, P,m,n)	参数为 R、P 的负二项式分布随机数
ncfrnd	R＝ncfrnd(N_1, N_2, delta) R＝ncfrnd(N_1, N_2, delta,m) R＝ncfrnd(N_1, N_2, delta,m,n)	参数为 N_1、N_2、delta 的非中心 F 分布随机数
nctrnd	R＝nctrnd(N, delta) R＝nctrnd(N, delta,m) R＝nctrnd(N, delta,m,n)	参数为 N、delta 的非中心 t 分布随机数
ncx2rnd	R＝ncx2rnd(N, delta) R＝ncx2rnd(N, delta,m) R＝ncx2rnd(N, delta,m,n)	参数为 N、delta 的非中心卡方分布随机数
raylrnd	R＝raylrnd(B) R＝raylrnd(B,m) R＝raylrnd(B,m,n)	参数为 B 的瑞利分布随机数
weibrnd	R＝weibrnd(A, B) R＝weibrnd(A, B,m) R＝weibrnd(A, B,m,n)	参数为 A、B 的韦伯分布随机数
binornd	R＝binornd(N,P) R＝binornd(N,P,m) R＝binornd(N,P,m,n)	参数为 N、P 的二项分布随机数
geornd	R＝geornd(P) R＝geornd(P,m) R＝geornd(P,m,n)	参数为 P 的几何分布随机数
hygernd	R＝hygernd(M,K,N) R＝hygernd(M,K,N,m) R＝hygernd(M,K,N,m,n)	参数为 M、K、N 的超几何分布随机数
poissrnd	R＝poissrnd(Lambda) R＝poissrnd(Lambda,m) R＝poissrnd(Lambda,m,n)	参数为 Lambda 的泊松分布随机数
random	Y＝random('name',A1,A2,A3,m,n)	服从指定分布的随机数

2.3.3 参数估计

参数估计的内容包括点估计和区间估计。MATLAB统计工具箱提供了很多参数估计相关的函数,例如计算待估参数及其置信区间、估计服从不同分布的函数的参数。具体介绍见 4.2 节。

2.3.4 假设检验

在总体分布函数完全未知或部分未知时,为了推断总体的某些性质,需要提出关于总体的假设。对于提出的假设是否合理,需要进行检验。

1. 方差已知时的均值假设检验

在给定方差的条件下,可以使用 ztest 函数来检验单样本数据是否服从给定均值的正态分布。函数 ztest 的调用格式为:

- h=ztest(x,m,sigma)——在 0.05 的显著性水平下进行 z 检验,以确定服从正态分布的样本的均值是否为 m,其中 sigma 为标准差。
- h=ztest(x,m, sigma,alpha)——给出显著性水平的控制参数 alpha。若 alpha=0.01,则当结果 h=1 时,可以在 0.01 的显著性水平上拒绝零假设;若 h=0,则不能在该水平上拒绝零假设。
- [h,sig,ci,zval]=ztest(x,m,sigma,alpha,tail)——允许指定是进行单侧检验还是进行双侧检验。tail=0 或'both'时表示指定备择假设均值不等于 m;tail=1 或'right'时表示指定备择假设均值大于 m;tail=-1 或'left'时表示指定备择假设均值小于 m。sig 为能够利用统计量 z 的观测值做出拒绝原假设的最小显著性水平,ci 为均值真值的 1-alpha 置信区间,zval 是统计量 $z = \dfrac{\bar{x} - m}{\sigma/\sqrt{n}}$ 的值。

【例 2-9】 某工厂随机选取的 20 只零部件的装配时间如下所示:

11.8 10.5 10.6 9.6 10.7 9.8 10.9 11.1 10.6 10.3;

10.2 10.6 9.8 12.2 10.6 9.8 10.6 10.1 9.5 9.9

假设装配时间的总体服从正态分布,标准差为 0.4,请检测装配时间的均值。

解 根据题意编写 MATLAB 代码如下所示:

```
clear all
clc
x1 = [11.8 10.5 10.6 9.6 10.7 9.8 10.9 11.1 10.6 10.3];
x2 = [10.2 10.6 9.8 12.2 10.6 9.8 10.6 10.1 9.5 9.9];
x = [x1 x2]';
m = 10;sigma = 0.4;a = 0.05;
[h,sig,muci] = ztest(x,m,sigma,a,1)
```

运行后得到的结果为:

```
h =
     1
sig =
     1.352242394316856e-07
muci =
   10.312879819083976
                    Inf
```

由以上结果可知,在 0.05 的水平下,可以判断装配时间的均值不小于 10。

2. 正态总体均值假设检验

在数理统计中,正态总计均值检测包括方差未知时单个正态总体均值的假设检验和两个正态总体均值的假设检验,其具体使用如下所示。

1) 方差未知时单个正态总体均值的假设检验

t 检验的特点是在均方差不知道的情况下,用小样本检验总体参数,可以检验样本平均数的显著性。

在 MATLAB 中可以使用 ttest 进行样本均值的 t 检验,其调用格式如下:

- h=ttest(x,m)——在 0.05 的显著性水平下进行 t 检验,以确定在标准差未知的情况下取自正态分布的样本的均值是否为 m。
- h=ttest(x,m,alpha)——给定显著性水平的控制参数 alpha。例如,当 alpha = 0.01 时,如果 h=1,则在 0.01 的显著性水平上拒绝零假设;若 h=0,则不能在该水平上拒绝零假设。
- [h,sig,ci]=ttest(x,m,alpha,tail)——允许指定是进行单侧检验还是进行双侧检验。tail=0 或'both'时表示指定备择假设均值不等于 m;tail=1 或'right'时表示指定备择假设均值大于 m;tail=-1 或'left'时表示指定备择假设均值小于 m。sig 为能够利用 T 的观测值做出拒绝原假设的最小显著性水平。ci 为均值真值的 1-alpha 置信区间。

【例 2-10】 假如某种电子元件的寿命 X 服从正态分布,且 μ 和 σ^2 均未知。现在获得 16 只元件的寿命如下:

169　180　131　182　234　274　188　254　232　172　165　249　249　180
465　192

请判断元件的平均寿命是否大于 180 小时。

解 根据题意,编写以下 MATLAB 代码:

```
clear all
clc
x = [169 180 131 182 234 274 188 254 232 172 165 249 249 180 465 192];
m = 225;
a = 0.05;
[h,sig,muci] = ttest(x,m,a,1)
```

运行后,得到结果为:

```
h =
    1
sig =
    0.028015688607804
muci =
    1.0e + 02  *
    1.861014401323129              Inf
```

由于 h＝1 且 sig＝0.028015688607804＞0.01,因此有充分的理由认为元件的平均寿命大于 180 小时。

2) 方差未知时两个正态总体均值的假设检验

在比较两个独立正态总体的均值时,可以根据方差齐不齐的情况,应用不同的统计量进行检验。下面仅对方差齐的情况进行讲解。

用 ttest2 函数对两个样本的均值差异进行 t 检验,其调用格式为:

- h＝ttest2(x,y)——假设 x 和 y 为取自服从正态分布的两个样本。在它们标准差未知但相等时检验它们的均值是否相等。当 h＝1 时,可以在 0.05 的水平下拒绝零假设;当 h＝0 时,则不能在该水平下拒绝零假设。

- [h,significance,ci]＝ttest2(x,y,alpha)——给定显著性水平的控制参数 alpha。例如,当 alpha＝0.01 时,如果 h＝1,则在 0.01 的显著性水平下拒绝零假设;若 h＝0,则不能在该水平下拒绝零假设。此处,significance 参数是与 t 统计量相关的 p 值。即为能够利用 T 的观测值做出拒绝原假设的最小显著性水平。ci 为均值差异真值的 1-alpha 置信区间。

- ttest2(x,y,alpha,tail)——允许指定是进行单侧检验或双侧检验。tail＝0 或 'both'时表示指定备择假设 $\mu_x \neq \mu_y$;tail＝1 或 'right'时表示指定备择假设 $\mu_x > \mu_y$;tail＝-1 或 'left'时表示指定备择假设 $\mu_x < \mu_y$。

【例 2-11】 某厂铸造车间进行技术升级,将铜合金铸件更换为镍合金铸件,现在对镍合金铸件和铜合金铸件进行硬度测试,得到硬度数据为:

镍合金 82.45 86.21 83.58 79.69 75.29 80.73 72.75 82.35

铜合金 83.56 64.27 73.34 74.37 79.77 67.12 77.27 78.07 72.62

假设硬度服从正态分布,且方差保持不变,请在显著性水平 0.05 下判断镍合金的硬度是否有明显提高。

解 根据题意,编写以下 MATLAB 代码:

```
clear all
clc
x = [82.45 86.21 83.58 79.69 75.29 80.73 72.75 82.35]';
y = [83.56 64.27 73.34 74.37 79.77 67.12 77.27 78.07 72.62]';
a = 0.05;
[h,sig,ci] = ttest2(x,y,a,1)
```

运行后,得到结果为:

```
h =
    1
```

```
sig =
    0.019504179277914
ci =
    1.325223048786295
                  Inf
```

因此，在显著性水平 0.05 下，可以判断镍合金的硬度有明显提高。

2.3.5 方差分析

事件的发生总是与多个因素有关，而各个因素对事件发生的影响很可能不一样，且同一因素的不同水平对事件发生的影响也会有所不同。通过方差分析，便可以研究不同因素或相同因素的不同水平对事件发生的影响程度。

根据自变量个数的不同，可将方差分析分为单因子方差分析和多因子方差分析。这里只介绍单因子方差分析。

在 MATLAB 中，anoval 函数可以用于进行单因子方差分析。其调用格式如下所示：

- p＝anoval(X)——比较样本 $m \times n$ 的矩阵 X 中两列或多列数据的均值。其中，每一列包含一个具有 m 个相互独立观测值的样本，返回 X 中所有样本取自同一群体（或取自均值相等的不同群体）的零假设成立的概率 p。若 p 值接近 0，则认为零假设可疑并认为列均值存在差异。为了确定结果是否"统计上显著"，需要确定 p 值。该值由自己确定。一般地，当 p 值小于 0.05 或 0.01 时，认为结果是显著的。
- anoval(X,group)——当 X 为矩阵时，利用 group 变量（字符数组或单元数组）作为 X 中样本的箱形图的标签。变量 group 中的每一行包含 X 中对应列中的数据的标签，所以变量的长度必须等于 X 的列数。当 X 为矢量时，anoval 函数对 X 中的样本进行单因素方差分析，通过输入变量 group 来标识 X 矢量中的每个元素的水平，所以，group 与 X 的长度必须相等。group 中包含的标签同样用于箱形图的标注。anoval 函数的矢量输入形式不需要每个样本中的观测值个数相同，所以它适用于不平衡数据。
- p＝anoval(X,group,'displayopt')——当'displayopt'参数设置为'on'（默认设置）时，激活 ANOVA 表和箱形图的显示；当'displayopt'参数设置为'off'时，不予显示。

2.4 统计图表的绘制

因为图表的直观性，在概率和统计方法中，经常需要绘制图表。MATLAB 提供了多种类型图表绘制函数。下面介绍几种常用的统计图表绘制函数。

1. 正整数的频率表

绘制正整数频率表的函数是 tabulate，其调用格式如下所示：

table ＝ tabulate(X)——X 为正整数构成的向量，返回 3 列。第 1 列中包含 X 的值，第 2 列为这些值的个数,第 3 列为这些值的频率。

在 MATLAB 中,绘制正整数的频率表的示例如下所示:

```
clear all
clc
A = [1 2 2 5 6 3 8]
tabulate(A)
```

运行后得到正整数的频率表为:

```
Value   Count   Percent
  1       1      14.29 %
  2       2      28.57 %
  3       1      14.29 %
  4       0       0.00 %
  5       1      14.29 %
  6       1      14.29 %
  7       0       0.00 %
  8       1      14.29 %
```

2. 经验累积分布函数图形

绘制经验累积分布函数图形的函数是 cdfplot,其调用格式如下所示:

- cdfplot(X)——作样本 X(向量)的累积分布函数图形。
- h = cdfplot(X)——h 表示曲线的环柄。
- [h, stats] = cdfplot(X) stats——表示样本的一些特征。

在 MATLAB 中,绘制经验累积分布函数图形的示例如下所示:

```
clear all
clc
X = normrnd (0,1,50,1);
[h, stats] = cdfplot(X)
```

运行后得到结果为:

```
h =
  Line with properties:
              Color: [0 0.447000000000000 0.741000000000000]
          LineStyle: ' - '
          LineWidth: 0.500000000000000
             Marker: 'none'
         MarkerSize: 6
    MarkerFaceColor: 'none'
              XData: [1x102 double]
              YData: [1x102 double]
              ZData: [1x0 double]
  Show all properties
stats =
        min: - 2.486283920703279      % 样本最小值
        max: 1.250251228304996        % 样本最大值
```

```
       mean: - 0.150362576169752          % 样本平均值
     median: 0.040547896890977            % 样本中间值
        std: 1.022383919836042            % 样本标准差
```

经验累积分布函数图形如图 2-6 所示。

3. 最小二乘拟合直线

绘制最小二乘拟合直线的函数是 lsline,其调用格式如下所示:

h = lsline——h 为直线的句柄。

在 MATLAB 中,绘制最小二乘拟合直线的示例如下所示:

```
clear all
clc
A = [1 2 2 5 6 3 8]
tabulate(A)
```

运行后得到最小二乘拟合直线如图 2-7 所示。

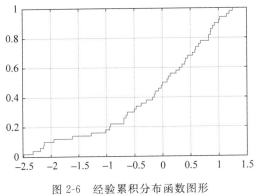

图 2-6 经验累积分布函数图形

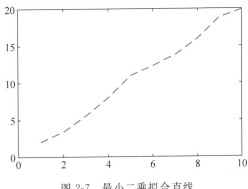

图 2-7 最小二乘拟合直线

4. 绘制正态分布概率图形

绘制正态分布概率图形的函数是 normplot,其调用格式如下所示:

■ normplot(X)——若 X 为向量,则显示正态分布概率图形;若 X 为矩阵,则显示每一列的正态分布概率图形。

■ h = normplot(X)——返回绘图直线的句柄。

在 MATLAB 中,绘制正态分布概率图形的示例如下所示:

```
clear all
clc
A = [1 2 2 5 6 3 8]
tabulate(A)
```

运行后得到正态分布概率图形如图 2-8 所示。

5. 绘制威布尔概率图形

绘制威布尔概率图形的函数是 weibplot,其调用格式如下所示:

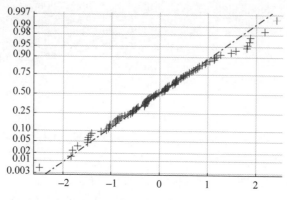

图 2-8　正态分布概率图形

- weibplot(X)——若 X 为向量,则显示威布尔(Weibull)概率图形;若 X 为矩阵,则显示每一列的威布尔概率图形。
- h = weibplot(X)——返回绘图直线的句柄。

在 MATLAB 中,绘制威布尔概率图形的示例如下所示:

```
clear all
clc
A = [1 2 2 5 6 3 8]
tabulate(A)
```

运行后得到威布尔概率图形如图 2-9 所示。

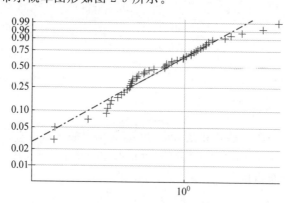

图 2-9　威布尔概率图形

6. 样本数据的盒图

绘制样本数据的盒图的函数是 boxplot,其调用格式如下所示:

- boxplot(X)——产生矩阵 X 的每一列的盒图和"须"图,"须"是从盒的尾部延伸出来,并表示盒外数据长度的线,如果"须"的外面没有数据,则在"须"的底部有一个点。
- boxplot(X,notch)——当 notch=1 时,产生一凹盒图;当 notch=0 时,产生一矩箱图。

- boxplot(X,notch,'sym')——sym 表示图形符号,默认值为"+"。
- boxplot(X,notch,'sym',vert)——当 vert＝0 时,生成水平盒图;当 vert＝1 时,生成竖直盒图(默认值 vert＝1)。
- boxplot(X,notch,'sym',vert,whis)——whis 定义"须"图的长度,默认值为 1.5,若 whis＝0,则 boxplot 函数通过绘制 sym 符号图来显示盒外的所有数据值。

在 MATLAB 中,绘制样本数据的盒图的示例如下所示:

```
clear all
clc
x1 = normrnd(5,1,100,1);
x2 = normrnd(6,1,100,1);
x = [x1 x2];
boxplot(x,1,'g-- ',1,0)
```

运行后得到样本数据的盒图如图 2-10 所示。

7. 增加参考线

给当前图形加一条参考线的函数是 refline,其调用格式如下所示:

- refline(slope,intercept)——slope 表示直线斜率,intercept 表示截距。
- refline(slope)——slope＝[a b],图中加一条直线 $y＝b+ax$。

在 MATLAB 中,给当前图形加一条参考线的示例如下所示:

```
clear all
clc
y = [4.2 3.6 3.1 4.4 2.4 3.9 3.0 3.4 3.3 2.2 2.7]';
plot(y,' + ')
refline(0,4)
```

运行后得到给当前图形加一条参考线的图形如图 2-11 所示。

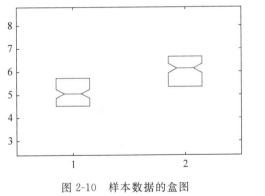

图 2-10　样本数据的盒图

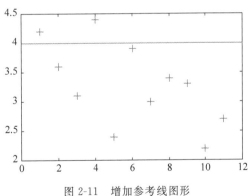

图 2-11　增加参考线图形

8. 增加多项式曲线

在当前图形中加入一条多项式曲线的函数是 refcurve,其调用格式如下所示:

h = refcurve(p)——在图中加入一条多项式曲线,h 为曲线的环柄,p 为多项式系数向量,p＝[p1,p2, p3,…,pn],其中 p1 为最高幂项系数。

在 MATLAB 中,绘制增加多项式曲线的示例如下所示:

```
clear all
clc
h = [95 172 220 269 349 281 423 437 432 478 556 430 410 356];
plot(h,'--')
refcurve([-5.9 120 0])
```

运行后得到增加多项式曲线的图形如图 2-12 所示。

9. 样本概率图形

绘制样本概率图形的函数是 capaplot,其调用格式如下所示:

p = capaplot(data,specs)——返回来自于估计分布的随机变量落在指定范围内的概率。data 为所给样本数据,specs 指定范围,p 表示在指定范围内的概率。

在 MATLAB 中,绘制样本概率图形的示例如下所示:

```
clear all
clc
A = [1 2 2 5 6 3 8]
tabulate(A)
```

运行后得到样本概率图形如图 2-13 所示。

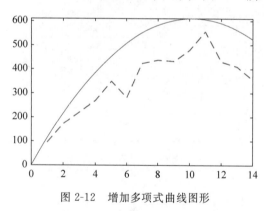

图 2-12　增加多项式曲线图形

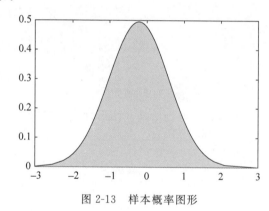

图 2-13　样本概率图形

10. 附加有正态密度曲线的直方图

绘制附加有正态密度曲线的直方图的函数是 histfit,其调用格式如下所示:

- histfit(data)——data 为向量,返回直方图和正态曲线。
- histfit(data,nbins)——nbins 指定 bar 的个数。

在 MATLAB 中,绘制附加有正态密度曲线的直方图的示例如下所示:

```
clear all
clc
r = normrnd (10,1,100,1);
histfit(r)
```

运行后得到附加有正态密度曲线的直方图如图 2-14 所示。

11. 在指定的界线之间画正态密度曲线

在指定的界线之间画正态密度曲线的函数是 normspec,其调用格式如下所示:

p = normspec(specs,mu,sigma)——specs 指定界线,mu、sigma 为正态分布的参数,p 为样本落在上、下界之间的概率。

在 MATLAB 中,在指定的界线之间画正态密度曲线的示例如下所示:

```
clear all
clc
normspec([10 Inf],11,1.2)
```

运行后得到在指定的界线之间画正态密度曲线如图 2-15 所示。

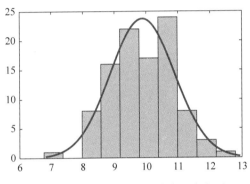

图 2-14　附加有正态密度曲线的直方图

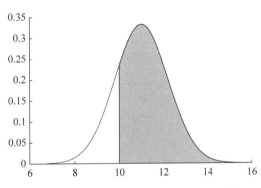

图 2-15　在指定的界线之间画正态密度曲线

2.5　回归模型

回归分析(regression analysis)是确定两种或两种以上变量间相互依赖的定量关系的一种统计分析方法。

回归分析运用十分广泛,回归分析按照自变量的多少,可分为一元回归分析和多元回归分析;按照自变量和因变量之间的关系类型,可分为线性回归分析和非线性回归分析。

2.5.1　回归分析的定义

回归分析是应用极其广泛的数据分析方法之一。它基于观测数据建立变量间适当的依赖关系,以分析数据内在规律,并可用于预报、控制等问题。

如果在回归分析中,只包括一个自变量和一个因变量,且二者的关系可用一条直线近似表示,这种回归分析称为一元线性回归分析。如果回归分析中包括两个或两个以上的自变量,且因变量和自变量之间是线性关系,则称为多元线性回归分析。

相关分析和回归分析都是研究变量间关系的统计学课题。在应用中,两种分析方法经常相互结合和渗透,但它们研究的侧重点和应用面不同。

在回归分析中,变量 y 称为因变量,处于被解释的特殊地位;而在相关分析中,变量 y 与变量 x 处于平等的地位,研究变量 y 与变量 x 的密切程度和研究变量 x 与变量 y 的密切程度是一样的。

在回归分析中,因变量 y 是随机变量,自变量 x 可以是随机变量,也可以是非随机的确定变量;而在相关分析中,变量 x 和变量 y 都是随机变量。

相关分析是测定变量之间的关系密切程度,所使用的工具是相关系数;而回归分析则是侧重于考察变量之间的数量变化规律,并通过一定的数学表达式来描述变量之间的关系,进而确定一个或者几个变量的变化对另一个特定变量的影响程度。

具体地说,回归分析主要解决以下几方面的问题:

- 通过分析大量的样本数据,确定变量之间的数学关系式。
- 对所确定的数学关系式的可信程度进行各种统计检验,并区分出对某一特定变量影响较为显著的变量和影响不显著的变量。
- 利用所确定的数学关系式,根据一个或几个变量的值来预测或控制另一个特定变量的取值,并给出这种预测或控制的精确度。

在实际中,根据变量的个数、变量的类型以及变量之间的相关关系,回归分析通常分为一元线性回归分析、多元线性回归分析、非线性回归分析、曲线估计、时间序列的曲线估计、含虚拟自变量的回归分析和逻辑回归分析等类型。

2.5.2　回归分析

回归分析的主要任务之一是确定回归函数 $f(x)$,当 $f(x)$ 是一元线性函数时,称为一元线性回归;当 $f(x)$ 是多元线性函数时,称为多元线性回归;当 $f(x)$ 是非线性函数时,称为非线性回归。

1. 一元线性回归

设 $y=\beta_0+\beta_1x+\varepsilon$,取定一组不完全相同的值 $x_1,x_2,\cdots,x_n$,做独立实验得到 n 对观察结果 $(x_1,y_1),(x_2,y_2),\cdots,(x_n,y_n)$,其中,$y_i$ 是 $x=x_i$ 处对随机变量 y 观察的结果。

将数据点 $(x_i,y_i)(i=1,2,\cdots,n)$ 代入公式 $y=\beta_0+\beta_1x+\varepsilon$,可以得到 $y_i=\beta_0+\beta_1x_i+\varepsilon_i(i=1,2,\cdots,n)$。

回归分析的首要任务是通过观察结果来确定回归系数 β_0、β_1 的估计 $\hat{\beta}_0$、$\hat{\beta}_1$,一般情况下用最小二乘法确定回归直线方程 $y=\beta_0+\beta_1x$ 中的未知参数,使回归直线与所有数据点都比较接近。即要使残差和 $\sum\limits_{i=1}^{n}|y_i-\hat{y}_i|$ 或 $\sum\limits_{i=1}^{n}(y_i-\hat{y}_i)^2$ 最小。其中,$\hat{y}_i=\hat{\beta}_0+\hat{\beta}_1x_i$。

在某些非线性回归方程中,为了确定其中的未知参数,往往可以通过变量代换,把非线性回归化为线性回归,然后用线性回归的方法确定这些参数。

【例 2-12】 表 2-2 所示是美国旧轿车价格的调查资料,以 x 表示轿车的使用年数,y 表示相应的平均价格,根据表中的数据建立一个数学模型,分析旧轿车平均价格与其使用年数之间的关系,即求 y 关于 x 的回归方程。

表 2-2　美国旧轿车价格的调查资料

使用年数 x	1	2	3	4	5	6	7	8	9	10
平均价格 y	2650	1942	1493	1086	766	539	485	291	224	202

解　在 MATLAB 中输入以下程序：

```
clear all
clc
x = 1:10;
y = [2650,1942,1493,1086,766,539,485,291,224,202];
for i = 1:10
plot(x(i),y(i),'ok');
hold on
end
xlabel('x');
ylabel('y');
```

做 x 和 y 的散点图如图 2-16 所示。

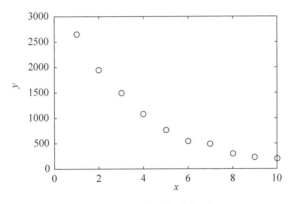

图 2-16　x 和 y 的散点图

看起来 y 与 x 呈指数相关关系，于是令 $z = \ln y$，记作 $z_i = \ln y_i$。在 MATLAB 中做 (x_i, z_i) 的散点图。

```
x = 1:10;
y = [2650,1942,1493,1086,766,539,485,291,224,202];
z = zeros(size(y));
N = length(y);
for i = 1:N
z(i) = log(y(i));
plot(x(i),z(i),'ok');
hold on
end
xlabel('x');
zlabel('z');
```

做 x 和 z 的散点图如图 2-17 所示。

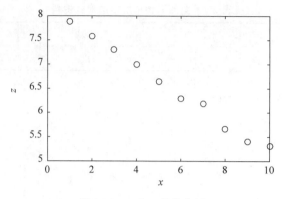

图 2-17　x 和 z 的散点图

可见各点基本上处于一条直线附近,故可认为

$$z = \beta_0 + \beta_1 x + \varepsilon$$

运用 MATLAB 编写如下代码:

```
x = 1:10;
y = [2650,1942,1493,1086,766,539,485,291,224,202];
z = zeros(size(y));
N = length(y);
for i = 1:N
z(i) = log(y(i));
end
[p,s] = polyfit(x,z,1)
```

运行后得到结果为:

```
p =

  - 0.2984 8.1671


s =

      R: [2x2 double]
     df: 8
  normr: 0.2316
```

即

$$\beta_0 = 8.1671, \quad \beta_1 = -0.2984$$

从而有

$$z = 8.1671 - 0.2984x$$

2. 多元线性回归

在回归分析中,如果有两个或两个以上的自变量,就称为多元回归。事实上,一种现象常常是与多个因素相联系的,由多个自变量的最优组合共同来预测或估计因变量,比

只用一个自变量进行预测或估计更有效,更符合实际。因此,多元线性回归比一元线性回归的实用意义更大。

多元线性回归的基本原理和基本计算过程与一元线性回归相同,但由于自变量个数多,计算相当麻烦,一般在实际中应用时都要借助统计软件。

在 MATLAB 中使用函数 regress(),可以实现多元线性回归。函数 regress 的调用格式为:

```
[b,bint,r,rint,stats] = regress(y,x,alpha)
```

其中,因变量数据向量 **y** 和自变量数据矩阵 **x** 按以下排列方式输入:

$$
\boldsymbol{x} = \begin{bmatrix} 1 & x_{11} & x_{12} & \cdots & x_{1k} \\ 1 & x_{21} & x_{22} & \cdots & x_{2k} \\ \cdots & \cdots & \cdots & \cdots & \cdots \\ 1 & x_{n1} & x_{n2} & \cdots & x_{nk} \end{bmatrix}, \quad \boldsymbol{y} = \begin{bmatrix} y_1 \\ y_2 \\ \vdots \\ y_n \end{bmatrix}
$$

对一元线性回归,取 $k=1$ 即可。

alpha 为显著性水平(缺省时设定为 0.05),b 为输出向量,bint 为回归系数估计值和它们的置信区间,r 为残差,rint 为置信区间,stats 是用于检验回归模型的统计量。

【例 2-13】 已知 8 年来洞庭湖湖水中污染物实测值 Y 与影响因素湖区工业产值 x_1、总人口数 x_2、捕鱼量 x_3、降水量 x_4 资料(如表 2-3 所示),建立污染物 Y 的水质分析模型。

表 2-3   洞庭湖 8 年来污染物和工业产值、总人口数、捕鱼量、降水量

x_1	1.376	1.375	1.387	1.401	1.412	1.428	1.445	1.477
x_2	0.450	0.475	0.485	0.5	0.535	0.545	0.55	0.575
x_3	2.17	2.554	2.676	2.713	2.823	3.088	3.122	3.262
x_4	0.8922	1.161	0.5346	0.9589	1.0239	1.0499	1.1065	1.1387
Y	5.19	5.3	5.6	5.82	6	6.06	6.45	6.95

解   在 MATLAB 中输入以下命令:

```
clear all
clc
x1 = [1.376, 1.375, 1.387, 1.401, 1.412, 1.428, 1.445, 1.477];
x2 = [0.450,0.475,0.485,0.500,0.535,0.545,0.550,0.575];
x3 = [2.170,2.554,2.676,2.713,2.823,3.088,3.122,3.262];
x4 = [0.8922, 1.1610,0.5346,0.9589, 1.0239,1.0499,1.1065, 1.1387];
y = [5.19, 5.30,5.60,5.82,6.00,6.06,6.45,6.95];
save data x1 x2 x3 x4 y
load data        %取出数据
Y = [y'];
x = [ones(size(x1')),x1',x2',x3',x4'];
[b,bint,r,rint,stats] = regress(Y,x)
```

得到结果:

```
b =

   - 13.9849
    13.1920
     2.4228
     0.0754
   - 0.1897


bint =

   - 26.0019  - 1.9679
     1.4130   24.9711
   - 14.2808   19.1264
   - 1.4859    1.6366
   - 0.9638    0.5844


r =
   - 0.0618
     0.0228
     0.0123
     0.0890
     0.0431
   - 0.1473
     0.0145
     0.0274

rint =
   - 0.1130   - 0.0107
   - 0.1641     0.2098
   - 0.1051     0.1297
   - 0.2542     0.4321
   - 0.0292     0.1153
   - 0.2860   - 0.0085
   - 0.3478     0.3769
   - 0.1938     0.2486

stats =
     0.9846   47.9654   0.0047   0.0123
```

即污染物 Y 的水质分析模型为

$$Y = -13.9849 + 13.192 * x_1 + 2.4228 * x_2 + 0.0754 * x_3 - 0.1897 * x_4$$

本章小结

应用数学去解决各类实际问题时,建立数学模型是十分关键的一步,同时也是十分困难的一步。建立数学模型的过程,是把错综复杂的实际问题简化、抽象为合理的数学结构的过程。本章介绍了数学建模的基础知识,主要包括数学建模的概念、数据的导入和保存、数据统计和分析、统计图表的绘制,最后对回归模型也做了简单介绍。

第**3**章 MATLAB 程序设计

MATLAB 是一个高级的矩阵、阵列语言,它包含控制语句、函数、数据结构、输入和输出与面向对象编程特点。用户可以在命令窗口中将输入语句与执行命令同步,也可以先编写好一个较大的复杂的应用程序(M 文件)后再一起运行。

MATLAB 语言体系是 MATLAB 的重要组成部分,MATLAB 为用户提供了具有调节控制、数据输入/输出等特性的、完备的编程语言。本章介绍了 MATLAB 程序设计的相关知识,并列举了几个经典的算法案例。

学习目标:
- 了解 MATLAB 的程序设计方法
- 熟练掌握 MATLAB 的符号运算
- 熟练掌握 MATLAB 程序的分支结构和循环结构
- 了解 MATLAB 程序的调试和优化

3.1 自顶向下的程序设计方法

自顶向下的程序设计方法就是将复杂、大的问题划分为小问题,找出问题的关键、重点所在,然后用精确的思维定性、定量地去描述问题。

对要完成的任务进行分解,先对最高层次中的问题进行定义、设计、编程和测试,而将其中未解决的问题作为一个子任务放到下一层次中去解决。这样逐层、逐个地进行定义、设计、编程和测试,直到所有层次上的问题均由实用程序来解决,就能设计出具有层次结构的程序。

按自顶向下的方法设计时,设计师首先对所设计的系统要有一个全面的理解。然后从顶层开始,连续地逐层向下分解,直到系统的所有模块都小到便于掌握为止。

自顶向下的编写程序应符合软件工程化思想,如果编写程序不遵守正确的规律,就会给系统的开发、维护带来不可逾越的障碍。

程序设计的思想即利用工程化的方法进行软件开发,通过建立软件工程环境来提高软件开发效率。自顶向下的模块化程序设计符合软件工程化思想。

一般在以下两个阶段使用自顶向下的方法：

- 系统分析阶段；
- 系统设计阶段。

使用该方法后，每个系统都是由功能模块构成的层次结构。底层的模块一般规模较小，功能较简单，完成系统某一方面的处理功能。

自顶向下方法的优点：起始阶段可以从总体上理解和把握整个系统，而后对于组成系统的各功能模块逐步求精，从而使整个程序保持良好的结构，提高软件开发的效率。

在自顶向下模块化程序设计中应注意：

- 模块应该具有独立性——在系统中模块之间应尽可能地相互独立，减少模块间的耦合，即信息交叉，以便于将模块作为一个独立子系统开发。
- 模块大小划分要适当——模块中包含的子模块数要合适，既便于模块的单独开发，又便于系统重构。
- 模块功能要简单——底层模块一般应完成一项独立的处理任务。
- 共享的功能模块应集中——对于可供各模块共享的处理功能，应集中在一个上层模块中，供各模块引用。

【例 3-1】 列主元 Gauss 消去法解方程组

$$\begin{cases} 2x_1 - 3x_2 + 5x_3 - x_4 = 3 \\ x_1 + 4x_2 + 2x_3 - 3x_4 = 7 \\ -2x_1 + 4x_2 - 3x_3 - 7x_4 = -1 \\ 8x_1 - 2x_3 + x_4 = 8 \end{cases}$$

解 列主元 Gauss 消去法是指在解方程组时，未知数顺序消去，在要消去的那个未知数的系数中找按模最大者作为主元。完成消元后，系数矩阵化为上三角形，然后再逐步回代求解未知数。

列主元 Gauss 消去法是在综合考虑运算量与误差控制的情况下一种较为理想的算法，其算法描述如下：

(1) 输入系数矩阵 A 和右端项 b。

(2) 测 A 的阶数 n，对 $k=1,2,\cdots,n-1$ 循环。

① 按列主元

$$\alpha = \max_{k \leqslant i \leqslant n} |a_{i_k}|$$

保存主元所在行的指标 i_k。

② 若 $\alpha=0$，则系数矩阵奇异，返回出错信息，计算停止；否则，顺序进行。

③ 若 $i_k=k$，则转向④；否则换行

$$a_{i_k j} \leftrightarrow a_{kj}, j=k+1,\cdots,n, b_{i_k} \leftrightarrow b_k$$

④ 计算乘子：

$$m_{ik} = a_{ik}/a_{kk}, \quad i=k+1,\cdots,n$$

⑤ 消元：

$$a_{ij} = a_{ij} - m_{ik}a_{ik}, \quad i=k+1,\cdots,n, j=k+1,\cdots,n$$

$$b_i = b_i - m_{ik}b_k, \quad i = k+1, \cdots, n$$

（3）回代

$$b_i = \left(b_i - \sum_{j=i-1}^{n} a_{ij}b_j\right)/a_{ii}, \quad i = n, n-1, \cdots, 1$$

方程组的解 X 存放在右端项 b 中。

在 MATLAB 中编写列主元 Gauss 消去法程序如下：

```
%列主元高斯消去法解方程组:A为系数矩阵,b为右端项
function s = LZYgauss(A,b)
%测量A一行的长度,得出n
n = length(A(:,1));
%循环,消元
for k = 1:n-1
    %寻找最大值(记为a)
    [a,t] = max(abs(A(k:n,k)));
    %最大值所在的行记为p
    p = t + k - 1;
    %若a = 0,则A为奇异阵,返回出错信息
    if a == 0
        error('A is a bizarre matrix');
    else
    %若a不等于0,换行
    t1 = A(k,:);
    A(k,:) = A(p,:);
    A(p,:) = t1;
    t2 = b(k);b(k) = b(p);b(p) = t2;
    A,b
    for j = k+1:n        %消元过程
        m = A(j,k)/A(k,k);
        A(j,:) = A(j,:) - m.*A(k,:);
        b(j) = b(j) - m*b(k);
    end
end
end
A,b
b(n) = b(n)/A(n,n);       %回代过程
for i = 1:n-1
    q = (b(n-i) - sum(A(n-i,n-i+1:n).*b(n-i+1:n)))/A(n-i,n-i);
    b(n-i) = q;
end
s = b;               %解放在s中
```

解方程组的程序编写如下所示：

```
clear all
clc
a = [2 -3 5 -1;1 4 2 -3; -2 4 -3 -7;8 0 -2 1];
b = [3 7 -1 8];
%使用列主元Gauss消去法%
s = LZYgauss(a,b)
```

运行后,得到结果如下:

```
A =
    8     0    -2     1
    1     4     2    -3
   -2     4    -3    -7
    2    -3     5    -1
b =
    8     7    -1     3
A =
    8.0000        0   -2.0000    1.0000
         0   4.0000    2.2500   -3.1250
         0   4.0000   -3.5000   -6.7500
         0  -3.0000    5.5000   -1.2500
b =
    8     6     1     1
A =
    8.0000        0   -2.0000    1.0000
         0   4.0000    2.2500   -3.1250
         0        0    7.1875   -3.5938
         0        0   -5.7500   -3.6250
b =
    8.0000   6.0000    5.5000   -5.0000
A =
    8.0000        0   -2.0000    1.0000
         0   4.0000    2.2500   -3.1250
         0        0    7.1875   -3.5938
         0        0        0    -6.5000
b =
    8.0000   6.0000    5.5000   -0.6000
s =
    1.1913   1.1157    0.8114    0.0923
```

即方程组的解为

$$\begin{cases} x_1 = 1.1913 \\ x_2 = 1.1157 \\ x_3 = 0.8114 \\ x_4 = 0.0923 \end{cases}$$

3.2 符号运算

    MATLAB数值运算的操作对象是数值,而MATLAB符号运算的操作对象则是非数值的符号对象。它与数值运算一样,都是科学计算研究的重要内容。

    通过MATLAB的符号运算功能,可以求解科学计算中符号数学问题的符号解析表达精确解,这在自然科学与工程计算的理论分析中有着极其重要的作用与实用价值。

3.2.1 符号对象

符号对象（symbolic object）是 Symbolic Math Toolbox 定义的一种新的数据类型（sym 类型），用来存储代表非数值的字符符号（通常是大写或小写的英文字母及其字符串）。符号对象可以是符号常量（符号形式的数）、符号变量、符号函数以及各种符号表达式（符号数学表达式、符号方程与符号矩阵）等。

在 MATLAB 中，符号对象可利用函数命令 sym()、syms() 来建立，而利用函数命令 class() 来测试建立的操作对象为何种操作对象类型、是否为符号对象类型（即 sym 类型）。下面介绍函数命令 sym()、syms() 与 class() 的调用格式、功能及其使用说明。

【例 3-2】 符号常数形成中的差异。

解 在 MATLAB 命令窗口输入以下命令：

```
>> a1 = [1/3,pi/7,sqrt(5),pi + sqrt(5)]
a2 = sym([1/3,pi/7,sqrt(5),pi + sqrt(5)])
a3 = sym([1/3,pi/7,sqrt(5),pi + sqrt(5)],'e')
a4 = sym('[1/3,pi/7,sqrt(5),pi + sqrt(5)]')
```

得到

```
a1 =
    0.3333 0.4488 2.2361 5.3777

a2 =
[ 1/3, pi/7, 5 ^ (1/2), 189209612611719/35184372088832]

a3 =
[ 1/3 - eps/12, pi/7 - (13 * eps)/165, (137 * eps)/280 + 5 ^ (1/2), 189209612611719/
35184372088832]

a4 =
[ 1/3, pi/7, 5 ^ (1/2), pi + 5 ^ (1/2)]
```

【例 3-3】 把字符表达式转换为符号变量。

解 在 MATLAB 命令窗口输入以下内容：

```
>> y = sym('2 * sin(x) * cos(x)')
 y =
 2 * cos(x) * sin(x)
>> y = simple(y)
y =
 sin(2 * x)
```

【例 3-4】 用符号计算验证三角等式 $\sin\varphi_1\cos\varphi_2 - \cos\varphi_1\sin\varphi_2 = \sin(\varphi_1 - \varphi_2)$。

解 在 MATLAB 命令窗口输入以下内容：

```
>> syms fai1 fai2
>> y = simple(sin(fai1) * cos(fai2) − cos(fai1) * sin(fai2))


y =
 sin(fai1 − fai2)
```

【例 3-5】 求矩阵

$$A = \begin{bmatrix} a_{11} & a_{12} \\ a_{21} & a_{22} \end{bmatrix}$$

的行列式值、逆和特征根。

解 在 MATLAB 命令窗口输入以下内容：

```
syms a11 a12 a21 a22;A = [a11,a12;a21,a22]
DA = det(A),IA = inv(A),EA = eig(A)
>> syms a11 a12 a21 a22
>> A = [a11,a12;a21,a22]

A =
[ a11, a12]
[ a21, a22]

>> DA = det(A)

DA =
a11 * a22 − a12 * a21

>> IA = inv(A)

IA =
[ a22/(a11 * a22 − a12 * a21), − a12/(a11 * a22 − a12 * a21)]
[ − a21/(a11 * a22 − a12 * a21), a11/(a11 * a22 − a12 * a21)]

>> EA = eig(A)

EA =
   a11/2 + a22/2 − (a11^2 − 2 * a11 * a22 + a22^2 + 4 * a12 * a21)^(1/2)/2
a11/2 + a22/2 + (a11^2 − 2 * a11 * a22 + a22^2 + 4 * a12 * a21)^(1/2)/2
```

【例 3-6】 验证积分 $\displaystyle\int_{-\tau/2}^{\tau/2} A\mathrm{e}^{-i\omega t}\,\mathrm{d}t = A\tau \cdot \dfrac{\sin\dfrac{\omega\tau}{2}}{\dfrac{\omega\tau}{2}}$。

解 在 MATLAB 命令窗口输入以下内容：

```
>> syms A t tao w
>> yf = int(A * exp( − i * w * t),t, − tao/2,tao/2)
```

```
yf =
(2 * A * sin((tao * w)/2))/w

Yf =
(2 * A * sin((tao * w)/2))/w
```

3.2.2　创建符号对象

在一个 MATLAB 程序中,作为符号对象的符号常量、符号变量、符号函数以及符号表达式,首先得用函数命令 sym()、syms()加以规定即创建。

1. 函数命令 sym()的调用格式

S＝sym(A):由 A 来建立一个符号对象 S,其类型为 sym 类型。

S＝sym('A'):如果 A(不带单引号)是一个数字(值)或数值矩阵或数值表达式,则输出是将数值对象转换成的符号对象。如果 A(带单引号)是一个字符串,输出则是将字符串转换成的符号对象。

S＝sym(A,flag):命令功能同 S＝sym(A)。只不过转换成的符号对象应符合 flag格式。flag 可取以下选项:
- 'd'——最接近的十进制浮点精确表示;
- 'e'——带(数值计算时 0)估计误差的有理表示;
- 'f'——十六进制浮点表示;
- 'r'——为默认设置,是最接近有理表示的形式。这种形式是指用两个正整数 p、q 构成的 p/q、p * pi/q、sqrt(p)、2 ^ p、10 ^ q 表示的形式之一。

S＝sym('A',flag):命令功能同 S＝sym('A')。只不过转换成的符号对象应按 flag指定的要求。flag 可取以下"限定性"选项:
- 'positive'——限定 A 为正的实型符号变量;
- 'real'——限定 A 为实型符号变量;
- 'unreal'——限定 A 为非实型符号变量。

2. 函数命令 syms()的调用格式

syms s1 s2 s3 flag:建立 3 个或多个符号对象 s1、s2、s3。指定的要求即按 flag 取的"限定性"选项同上。

3. 函数命令 class()的调用格式

str＝class(object):返回指代数据对象类型的字符串。数据对象类型如表 3-1 所示。

符号常量是一种符号对象。数值常量如果作为函数命令 sym()的输入参量,这就建立了一个符号对象——符号常量,即看上去的一个数值量,但它已是一个符号对象。创建的这个符号对象可以用 class()函数来检测其数据类型。请看以下示例。

表 3-1　数据对象类型

cell	CELL 数组	cell	CELL 数组
char	字符数组	unint8	8 位不带符号整型数组
double	双精度浮点数值类型	unint16	16 位不带符号整型数组
int8	8 位带符号整型数组	unint32	32 位不带符号整型数组
int16	16 位带符号整型数组	< class_name >	用户定义的对象类型
int32	32 位带符号整型数组	< java_class >	java 对象的 java 类型
sparse	实（或复）稀疏矩阵	sym	符号对象类型
struct	结构数组		

【例 3-7】 对数值量 1/4 创建符号对象并检测数据的类型。

解　用以下 MATLAB 语句来创建符号对象并检测数据的类型：

```
a = 1/4;
b = '1/4';
c = sym(1/4);
d = sym('1/4');
classa = class(a)
classb = class(b)
classc = class(c)
classd = class(d)
```

语句执行结果：

```
classa =
double

classb =
char

classc =
sym

classd =
sym
```

即 a 是双精度浮点数值类型；b 是字符类型；c 与 d 都是符号对象类型。

符号变量通常是指一个或几个特定的字符，不是指符号表达式，虽然可以将一个符号表达式赋值给一个符号变量。

符号变量有时也叫作自由变量。符号变量与 MATLAB 数值运算的数值变量名称的命名规则相同：

- 变量名可以由英文字母、数字和下画线组成；
- 变量名应以英文字母开头；
- 组成变量名的字符长度不大于 31 个；
- MATLAB 区分大小写英文字母。

在 MATLAB 中,可以用函数命令 sym()或 syms()来建立符号变量。

【例 3-8】 用函数命令 sym()与 syms ()建立符号变量 α、β、γ。

解 用函数命令 sym()来创建符号对象并检测数据的类型:

```
>> a = sym('alpha')
b = sym('beta')
c = sym('gama')
classa = class(a)
classb = class(b)
classc = class(c)
```

语句执行,检测数据对象 α、β、γ 均为符号对象类型。

```
a =
 alpha

 b =
 beta

c =
 gama

classa =
sym

classb =
sym

classc =
sym
```

用函数命令 syms()来创建符号对象并检测数据的类型:

```
>> syms alpha beta gama;
classa = class(alpha)
classb = class(beta)
classg = class(gama)
```

语句执行,检测数据对象 α、β、γ 也是符号对象类型:

```
classa =
sym

classb =
sym

classg =
sym
```

3.2.3 符号表达式及函数

表达式也是程序设计语言的基本元素之一。MATLAB 数值运算中,数值表达式是由常量、数值变量、数值函数或数值矩阵用运算符连接而成的数学关系式。而 MATLAB 符号运算中,符号表达式是由符号常量、符号变量、符号函数用运算符或专用函数连接而成的符号对象。

符号表达式有两类:符号函数与符号方程。符号函数不带等号,而符号方程是带等号的。在 MATLAB 中,同样用命令 sym() 来建立符号表达式。

1. 符号表达式的建立

【例 3-9】 用函数命令 sym () 与 syms()建立符号函数 f1、f2、f3、f4 并检测符号对象的类型。

解 用函数命令 syms () 与 sym () 来创建符号函数并检测数据的类型:

```
syms n x T wc p;
f1 = n * x ^ n/x;
classf1 = class(f1)
f2 = sym(log(T)^2 * T + p);
classf2 = class(f2)
f3 = sym('w + sin(a * z)');
classf3 = class(f3)
f4 = pi + atan(T * wc);
classf4 = class(f4)
```

语句执行,检测符号函数均为符号对象类型:

```
classf1 =
    sym

classf2 =
    sym

classf3 =
    sym

classf4 =
    sym
```

【例 3-10】 用函数命令 sym()建立符号方程 e1、e2、e3、e4 并检测符号对象的类型。

解 用函数命令 sym()来创建符号方程并检测数据的类型:

```
e1 = sym('a * x^2 + b * x + c = 0')
classe1 = class(e1)
e2 = sym('log(t)^2 * t = p')
```

```
classe2 = class(e2)
e3 = sym('sin(x)^2 + cos(x) = 0')
classe3 = class(e3)
e4 = sym('Dy - y = x')
classe4 = class(e4)
```

语句执行,检测符号方程均为符号对象类型:

```
classe1 =
    sym

classe2 =
    sym

classe3 =
    sym

classe4 =
    sym
```

2. 符号函数和符号方程的操作

【例 3-11】　按不同的方式合并同幂项。

解　在 MATLAB 命令窗口输入以下代码:

```
>> EXPR = sym('(x^2 + x * exp( - t) + 1) * (x + exp( - t))')
EXPR =
(x + exp( - t)) * (x^2 + exp( - t) * x + 1)

>> expr1 = collect(EXPR)
expr1 =
x^3 + 2 * exp( - t) * x^2 + (exp( - 2 * t) + 1) * x + exp( - t)

>> expr2 = collect(EXPR,'exp( - t)')
expr2 =
x * exp( - 2 * t) + (2 * x^2 + 1) * exp( - t) + x * (x^2 + 1)
```

【例 3-12】　factor 指令的使用。

解　在 MATLAB 命令窗口输入以下代码:

```
>> syms a x
>> f1 = x^4 - 5 * x^3 + 5 * x^2 + 5 * x - 6;factor(f1)
ans =
[ x - 1, x - 2, x - 3, x + 1]

>> f2 = x^2 - a^2;factor(f2)
ans =
[ - 1, a - x, a + x]
```

```
>> factor(1025)
ans =
     5     5    41
```

【例 3-13】 对多项式进行嵌套型分解。

解 在 MATLAB 命令窗口输入以下代码:

```
>> syms a x
>> f1 = x^4 - 5 * x^3 + 5 * x^2 + 5 * x - 6
f1 =
x^4 - 5 * x^3 + 5 * x^2 + 5 * x - 6

>> horner(f1)
ans =
x * (x * (x * (x - 5) + 5) + 5) - 6
```

【例 3-14】 写出矩阵

$$\begin{bmatrix} \dfrac{3}{2} & \dfrac{x^2+3}{2x-1} + \dfrac{3x}{x-1} \\ \dfrac{4}{x^2} & 3x+4 \end{bmatrix}$$

各元素的分子、分母多项式。

解 在 MATLAB 命令窗口输入以下代码:

```
>> syms x
>> A = [3/2,(x^2 + 3)/(2 * x - 1) + 3 * x/(x - 1);4/x^2,3 * x + 4]
A =
[ 3/2, (3 * x)/(x - 1) + (x^2 + 3)/(2 * x - 1)]
[ 4/x^2,                              3 * x + 4]

>> [n,d] = numden(A)
n =
[ 3, x^3 + 5 * x^2 - 3]
[ 4,          3 * x + 4]

d =
[   2, (2 * x - 1) * (x - 1)]
[ x^2,                     1]

>> pretty(simplify(A))
/                      2      \
| 3 3 x            x + 3 |
| -, ----- + ------- |
| 2 x - 1 2 x - 1 |
|                      |
| 4                    |
| --,     3 x + 4   |
| 2                    |
\ x                     /
```

```
>> pretty(simplify(n./d))
/        3      2        \
| 3 x + 5 x - 3           |
| -, ------------------- |
| 2 (2 x - 1) (x - 1)   |
|                         |
| 4                       |
| --,    3 x + 4        |
| 2                       |
\ x                       /
```

【例 3-15】 简化公式

$$f = \sqrt[3]{\frac{1}{x^3} + \frac{6}{x^2} + \frac{12}{x} + 8}$$

解 在 MATLAB 命令窗口输入以下代码:

```
>> syms x
>> f = (1/x^3 + 6/x^2 + 12/x + 8)^(1/3)
f =
(12/x + 6/x^2 + 1/x^3 + 8)^(1/3)

>> sfy1 = simplify(f)
sfy1 =
((2 * x + 1)^3/x^3)^(1/3)

>> sfy2 = simplify(sfy1)
sfy2 =
((2 * x + 1)^3/x^3)^(1/3)

>> g1 = simple(f)
g1 =
((2 * x + 1)^3/x^3)^(1/3)

>> g2 = simple(g1)
g2 =
((2 * x + 1)^3/x^3)^(1/3)
```

【例 3-16】 简化 $ff = \cos x + \sqrt{-\sin^2 x}$。

解 在 MATLAB 命令窗口输入以下代码:

```
>> syms x
>> ff = cos(x) + sqrt( - sin(x)^2)
ff =
cos(x) + ( - sin(x)^2)^(1/2)

>> ssfy1 = simplify(ff),ssfy2 = simplify(ssfy1)
ssfy1 =
cos(x) + ( - sin(x)^2)^(1/2)
```

```
ssfy2 =
cos(x) + ( - sin(x)^2)^(1/2)

>> gg1 = simple(ff)
gg1 =
cos(x) + ( - sin(x)^2)^(1/2)

>> gg2 = simple(gg1)
gg2 =
cos(x) + ( - sin(x)^2)^(1/2)
```

3. 符号函数的求反和复合

【例 3-17】 求

$$f = x^2$$

的反函数。

解 在 MATLAB 命令窗口输入以下代码：

```
>> syms x
>> f = x^2
f =
x^2

>> g = finverse(f)
g =
x^(1/2)

>> fg = simple(compose(g,f))  % 验算 g(f(x))是否等于 x
fg =
(x^2)^(1/2)
```

【例 3-18】 求

$$f = \frac{x}{1+u^2}, g = \cos(y + fai)$$

的复合函数。

解 在 MATLAB 命令窗口输入以下代码：

```
>> syms x y u fai t
>> f = x/(1 + u^2)
f =
x/(u^2 + 1)

>> g = cos(y + fai)
g =
cos(fai + y)

>> fg1 = compose(f,g)
```

```
fg1 =
cos(fai + y)/(u^2 + 1)

>> fg2 = compose(f,g,u,fai,t)
fg2 =
x/(cos(t + y)^2 + 1)
```

在微积分、函数表达式化简、解方程中,确定自变量是必不可少的。在不指定自变量的情况下,按照数学常规,自变量通常都是小写英文字母,并且为字母表末尾的几个,如 t、w、x、y、z 等。

在 MATLAB 中,可以用函数 findsym()按这种数学习惯来确定一个符号表达式中的自变量,这对于按照特定要求进行某种计算是非常有实用价值的。

函数命令 findsym()的调用格式为:

- findsym (f,n)——这种格式的功能是按数学习惯确定符号函数 f 中的 n 个自变量。当指定的 n=1 时,从符号函数 f 中找出在字母表中与 x 最近的字母;如果有两个字母与 x 的距离相等,则取较后的一个。当输入参数 n 缺省时,函数命令将给出 f 中所有的符号变量。
- findsym (e,n)——这种格式的功能是按数学习惯确定符号方程 e 中的 n 个自变量,其余功能同上。

【例 3-19】 用函数命令 findsym()确定符号函数 f1、f2 中的自变量。

解 用以下 MATLAB 语句来确定符号函数 f1、f2 中的自变量:

```
syms k m n w y z;
f = n * y^n + m * y + w;
ans1 = findsym(f,1)
f2 = m * y + n * log(z) + exp(k * y * z);
ans2 = findsym(f2,2)
```

语句执行结果如下:

```
ans1 =
    y

ans2 =
    y,z
```

【例 3-20】 用函数命令 findsym()确定符号方程 e1、e2 中的自变量。

解 用以下 MATLAB 语句来确定符号方程 e1、e2 中的自变量:

```
syms a b c x p q t w;
e1 = sym('a * x^2 + b * x + c = 0');
ans1 = findsym(e1,1)
e2 = sym('w * (sin(p * t + q)) = 0');
ans2 = findsym(e2)
```

语句执行结果如下：

```
ans1 =
    x

ans2 =
    p, q, t, w
```

3.2.4 数组与矩阵

MATLAB中数组可以说无处不在，任何变量在MATLAB中都是以数组形式存储和运算的。而矩阵始终是MATLAB的核心内容，矩阵是MATLAB的基本运算单元。下面分别介绍数组、矩阵和符号矩阵三种常见的形式。

1. 数组

数组(array)是由一组复数排成的长方形阵列(而实数可视为复数的虚部为零的特例)。对于MATLAB，在线性代数范畴之外，数组也是进行数值计算的基本处理单元。

一行多列的数组是行向量；一列多行的数组就是列向量；数组可以是二维的"矩形"，也可以是三维的，甚至还可以是多维的。多行多列的"矩形"数组与数学中的矩阵从外观形式与数据结构上看，没有什么区别。

在MATLAB中，定义了一套数组运算规则及其运算符，但数组运算是MATLAB软件所定义的规则，规则是为了管理数据方便、操作简单、指令形式自然、程序简单易读与运算高效。在MATLAB中的大量数值计算是以数组形式进行的。而在MATLAB中凡是涉及线性代数范畴的问题，其运算则是以矩阵作为基本的运算单元。

2. 矩阵

线性代数中矩阵是这样定义的：有 $m \times n$ 个数
$$a_{ij}(i = 1, 2, \cdots, m; j = 1, 2, \cdots, n)$$
的数组，将其排成如下格式(用方括号括起来)：
$$\boldsymbol{A} = \begin{bmatrix} a_{11} & \cdots & a_{1n} \\ \vdots & \ddots & \vdots \\ a_{m1} & \cdots & a_{mn} \end{bmatrix}$$

此表作为整体，将它当作一个抽象的量称为矩阵，且是 m 行 n 列的矩阵。横向每一行所有元素依次序排列则为行向量；纵向每一列所有元素依次序排列则为列向量。请特别注意，数组用方括号括起来后已作为一个抽象的特殊量——矩阵。

在线性代数中，矩阵有特定的数学含义，并且有其自身严格的运算规则。矩阵概念是线性代数范畴内特有的。在MATLAB中，也定义了矩阵运算规则及其运算符。MATLAB中的矩阵运算规则与线性代数中的矩阵运算规则相同。

MATLAB既支持数组的运算也支持矩阵的运算。但在MATLAB中，数组与矩阵的运算却有很大的差别。在MATLAB中，数组的所有运算都是对被运算数组中的每个元素平等地执行同样的操作。矩阵运算是从把矩阵整体当作一个特殊的量这个基点出发,依照线性代数的规则来进行的运算。

3. 符号矩阵

符号变量与符号形式的数(符号常量)构成的矩阵叫作符号矩阵。符号矩阵既可以构成符号矩阵函数,也可以构成符号矩阵方程,它们都是符号表达式。

符号矩阵的 MATLAB 表达式的书写特点是:矩阵必须用一对方括号括起来,行之间用分号分隔,一行的元素之间用逗号或空格分隔。

【例 3-21】 用函数命令 sym()建立符号矩阵函数 m1、m2 与符号矩阵方程 m3 并检测符号对象的类型。

解 用函数命令 sym()来创建符号矩阵 m1、m2、m3 并检测符号对象的类型:

```
m1 = sym('[ab bc cd;de ef fg;h I j]');
clam1 = class(m1)
m2 = sym('[1 12;23 34]');
clam2 = class(m2)
m3 = sym('[a b;c d] * x = 0');
clam3 = class(m3)
```

语句执行结果如下:

```
clam1 =
    sym


clam2 =
    sym


clam3 =
    sym
```

3.3 关系运算符和逻辑运算符

MATLAB 中运算包括算术运算、关系运算和逻辑运算。而在程序设计中应用十分广泛的是关系运算和逻辑运算。关系运算用于比较两个操作数,而逻辑运算则是对简单逻辑表达式进行复合运算。关系运算和逻辑运算的返回结果都是逻辑类型(1 代表逻辑真,0 代表逻辑假)。

3.3.1 关系运算符

在程序中经常需要比较两个量的大小关系,以决定程序下一步的工作。比较两个量的运算符称为关系运算符。MATLAB 中的关系运算符如表 3-2 所示。

表 3-2　关系运算符

运　算　符	说　　明	运　算　符	说　　明
<	小于	>=	大于等于
<=	小于等于	==	等于
>	大于	~=	不等于

当操作数是数组形式时,关系运算符总是对被比较的两个数组的各个对应元素进行比较,因此要求被比较的数组必须具有相同的尺寸。

【例 3-22】　MATLAB 中的关系运算。

解　在 MATLAB 命令窗口输入:

```
>> 5 >= 4
ans =
    1
>> x = rand(1,4)
x =
    0.8147   0.9058   0.1270   0.9134
>> y = rand(1,4)
y =
    0.6324   0.0975   0.2785   0.5469
>> x > y

ans =
    1    1    0    1
```

注意:(1)比较两个数是否相等的关系运算符是两个等号"= =",而单个的等号"="在 MATLAB 中是变量赋值的符号;

(2)比较两个浮点数是否相等时,由于浮点数的存储形式决定的相对误差的存在,在程序设计中最好不要直接比较两个浮点数是否相等,而是采用大于、小于的比较运算将待确定值限制在一个满足需要的区间之内。

3.3.2　逻辑运算符

关系运算返回的结果是逻辑类型(逻辑真或逻辑假),这些简单的逻辑数据可以通过逻辑运算符组成复杂的逻辑表达式,这在程序设计中经常用于进行分支选择或者确定循环终止条件。

MATLAB 中的逻辑运算有 3 类:

(1)逐个元素的逻辑运算;

(2)捷径逻辑运算;

(3)逐位逻辑运算。

只有前两种逻辑运算返回逻辑类型的结果。

1. 逐个元素的逻辑运算

逐个元素的逻辑运算符有三种：逻辑与（&）、逻辑或（|）和逻辑非（～）。前两个是双目运算符，必须有两个操作数参与运算，逻辑非是单目运算符，只有对单个元素进行运算，其意义和示例如表 3-3 所示。

表 3-3　逐个元素的逻辑运算符

运算符	说　　　　明	举　　例
&	逻辑与：双目逻辑运算符 参与运算的两个元素值为逻辑真或非零时，返回逻辑真，否则返回逻辑假	1&0 返回 0 1&false 返回 0 1&1 返回 1
|	逻辑或：双目逻辑运算符 参与运算的两个元素都为逻辑假或零时，返回逻辑假，否则返回逻辑真	1|0 返回 1 1|false 返回 1 0|0 返回 0
～	逻辑非：单目逻辑运算符 参与运算的元素为逻辑真或非零时，返回逻辑假，否则返回逻辑真	～1 返回 0 ～0 返回 1

注意：这里逻辑与和逻辑非运算，都是逐个元素进行双目运算，因此如果参与运算的是数组，就要求两个数组具有相同的尺寸。

【例 3-23】　逐个元素的逻辑运算。

解　在 MATLAB 命令窗口输入：

```
>> x = rand(1,3)
x =
    0.9575  0.9649  0.1576
>> y = x > 0.5
y =
    1    1    0
>> m = x < 0.96
m =
    1    0    1
>> y&m
ans =
    1    0    0
>> y|m
ans =
    1    1    1
>> ～y
ans =
    0    0    1
```

2. 捷径逻辑运算

MATLAB 中捷径逻辑运算符有两个：逻辑与（&&）和逻辑或（||）。实际上它们的运算功能和前面讲过的逐个元素的逻辑运算符相似，只不过在一些特殊情况下，捷径逻辑运算符会较少一些逻辑判断的操作。

当参与逻辑与运算的两个数据都同为逻辑真(非零)时,逻辑与运算才返回逻辑真(1),否则都返回逻辑假(0)。

&& 运算符就是利用这一特点,当参与运算的第一个操作数为逻辑假时,直接返回假,而不再去计算第二个操作数。

& 运算符在任何情况下都要计算两个操作数的结果,然后去逻辑与。

‖ 的情况类似,当第一个操作数为逻辑真时,‖ 直接返回逻辑真,而不再去计算第二个操作数。

│运算符任何情况下都要计算两个操作数的结果,然后去逻辑或。

捷径逻辑运算符如表 3-4 所示。

表 3-4　捷径逻辑运算符

运　算　符	说　　明
&&	逻辑与:当第一个操作数为假,直接返回假,否则同 &
‖	逻辑或:当第一个操作数为真,直接返回真,否则同│

因此,捷径逻辑运算符比相应的逐个元素的逻辑运算符的运算效率更高,在实际编程中,一般都是用捷径逻辑运算符。

【例 3-24】　捷径逻辑运算。

解　在 MATLAB 命令窗口中输入以下命令:

```
>> x = 0
x =
     0
>> x~ = 0&&(1/x > 2)
ans =
     0
>> x~ = 0&(1/x > 2)
ans =
     0
```

3. 逐位逻辑运算

逐位逻辑运算能够对非负整数二进制形式进行逐位逻辑运算符,并将逐位运算后的二进制数值转换成十进制数值输出。MATLAB 中逐位逻辑运算函数如表 3-5 所示。

表 3-5　逐位逻辑运算函数

函　　数	说　　明
bitand(a,b)	逐位逻辑与,a 和 b 的二进制数位上都为 1 则返回 1,否则返回 0,并逐位逻辑运算后的二进制数字转换成十进制数值输出
bitor(a,b)	逐位逻辑或,a 和 b 的二进制数位上都为 0 则返回 0,否则返回 1,并逐位逻辑运算后的二进制数字转换成十进制数值输出
bitcmp(a,b)	逐位逻辑非,将数字 a 扩展成 n 为二进制形式,当扩展后的二进制数位上都为 1 则返回 0,否则返回 1,并逐位逻辑运算后的二进制数字转换成十进制数值输出

函　数	说　明
bitxor(a,b)	逐位逻辑异或,a 和 b 的二进制数位上相同则返回 0,否则返回 1,并逐位逻辑运算后的二进制数字转换成十进制数值输出

【例 3-25】 逐位逻辑运算函数。

　解　在 MATLAB 命令窗口输入:

```
>> m = 8;n = 2;
>> mm = bitxor(m,n);
>> dec2bin(m)
ans =
    1000
>> dec2bin(n)
ans =
    10
>> dec2bin(mm)
ans =
    1010
```

3.3.3　常用操作函数

　　除了上面的关系与逻辑运算操作符之外,MATLAB 提供了大量的其他关系与逻辑函数,具体如表 3-6 所示。

表 3-6　关系与逻辑操作函数

函　数	说　明
xor(x,y)	异或运算。x 或 y 非零(真)返回 1,x 和 y 都是零(假)或都是非零(真)返回 0
any(x)	如果在一个向量 x 中,任何元素是非零,返回 1;矩阵 x 中的每一列有非零元素,返回 1
all(x)	如果在一个向量 x 中,所有元素非零,返回 1;矩阵 x 中的每一列所有元素非零,返回 1

【例 3-26】 关系与逻辑操作函数的应用。

　解　在 MATLAB 命令窗口输入:

```
>> A = [ 0 0 3;0 3 3]
>> B = [0 - 2 0;1 - 2 0]
>> C = xor(A,B)
>> D = any(A)
>> E = all(A)
```

得到结果如下:

```
>>
A =
    0    0    3
    0    3    3
```

```
B =
    0  - 2    0
    1  - 2    0
C =
    0    1    1
    1    0    1
D =
    0    1    1
E =
    0    0    1
```

除了这些函数，MATLAB还提供了大量的如表 3-7 所示的测试函数，测试特殊值或条件的存在，返回逻辑值。

表 3-7　测试函数

函　　数	说　　明
finite	元素有限，返回真值
isempty	参量为空，返回真值
isglobal	参量是一个全局变量，返回真值
ishold	当前绘图保持状态是'ON'，返回真值
isieee	计算机执行 IEEE 算术运算，返回真值
isinf	元素无穷大，返回真值
isletter	元素为字母，返回真值
isnan	元素为不定值，返回真值
isreal	参量无虚部，返回真值
isspace	元素为空格字符，返回真值
isstr	参量为一个字符串，返回真值
isstudent	MATLAB 为学生版，返回真值
isunix	计算机为 UNIX 系统，返回真值
isvms	计算机为 VMS 系统，返回真值

3.4　分支结构

MATLAB 程序结构一般可分为顺序结构、循环结构、分支结构三种。顺序结构是指按顺序逐条执行，循环结构与分支结构都有其特定的语句，这样可以增强程序的可读性。在 MATLAB 中常用的分支程序结构包括 if 结构和 switch 结构。

3.4.1　if 分支结构

如果在程序中需要根据一定条件来执行不同的操作时，可以使用条件语句，在 MATLAB 中提供 if 分支结构，或者称为 if-else-end 语句。

根据不同的条件情况，if 分支结构有多种形式，其中最简单的用法是：如果条件表达式为真，则执行语句 1，否则跳过该组命令。

if 结构是一个条件分支语句,若满足表达式的条件,则往下执行;若不满足,则跳出 if 结构。else if 表达式 2 与 else 为可选项,这两条语句可依据具体情况取舍。

if 语法结构如下所示:

```
if   表达式 1
    语句 1
    else if 表达式 2 (可选)
        语句 2
    else (可选)
        语句 3
    end
end
```

注意:(1) 每一个 if 都对应一个 end,即有几个 if,就应有几个 end;

(2) if 分支结构是所有程序结构中最灵活的结构之一,可以使用任意多个 else if 语句,但是只能有一个 if 语句和一个 end 语句;

(3) if 语句可以相互嵌套,可以根据实际需要将各个 if 语句进行嵌套,从而解决比较复杂的实际问题。

【**例 3-27**】 思考下列程序及其运行结果,说明原因。

解 在 MATLAB 命令窗口中输入以下程序:

```
>> clear
a = 100;
b = 20;
if a < b
    fprintf ('b > a')      % 在 Word 中输入'b > a',单引号不可用,要在 Editor 中输入
else
    fprintf ('a > b')      % 在 Word 中输入'b > a',单引号不可用,要在 Editor 中输入
end
```

运行后得到:

```
a > b
```

在程序中用到了 if…else…end 的结构,如果 a<b,则输出 b>a;反之,输出 a>b。由于 a=100,b=20,比较可得结果 a>b。

在分支结构中,多条语句可以放在同一行,但语句间要用“;”分开。

3.4.2 switch 分支结构

和 C 语言中的 switch 分支结构类似,在 MATLAB 中适用于条件多而且比较单一的情况,类似于一个数控的多个开关。其一般的语法调用方式如下:

```
switch   表达式
case 常量表达式 1
    语句组 1
```

```
        case 常量表达式 2
            语句组 2
            …
        otherwise
            语句组 n
    end
```

其中,switch 后面的表达式可以是任何类型,如数字、字符串等。

当表达式的值与 case 后面常量表达式的值相等时,就执行这个 case 后面的语句组,如果所有的常量表达式的值都与这个表达式的值不相等时,则执行 otherwise 后的语句组。

表达式的值可以重复,在语法上并不错误,但是在执行时,后面符合条件的 case 语句将被忽略。

各个 case 和 otherwise 语句的顺序可以互换。

【例 3-28】 输入一个数,判断它能否被 5 整除。

解 在 MATLAB 中输入以下程序:

```
>> clear
n = input('输入 n = ');       % 输入 n 值
switch mod(n,5)               % mod 是求余函数,余数为 0,得 0; 余数不为 0,得 1
case 0
    fprintf ('% d 是 5 的倍数',n)
otherwise
    fprintf('% d 不是 5 的倍数',n)
end
```

运行后得到结果为:

```
输入 n = 12
12 不是 5 的倍数>>
```

在 switch 分支结构中,case 命令后的检测不仅可以为一个标量或者字符串,还可以为一个元胞数组。如果检测值是一个元胞数组,MATLAB 将把表达式的值和该元胞数组中的所有元素进行比较;如果元胞数组中某个元素和表达式的值相等,MATLAB 认为比较结果为真。

3.5 循环结构

在 MATLAB 程序中,循环结构主要包括 while 循环结构和 for 循环结构两种。下面对这两种循环结构做详细介绍。

3.5.1 while 循环结构

除了分支结构之外,MATLAB 还提供多个循环结构。与其他编程语言类似,循环语句一般用于有规律的重复计算。被重复执行的语句称为循环体,控制循环语句流程的语句称为循环条件。

在 MATLAB 中,while 循环结构的语法形式如下:

```
while 逻辑表达式
    循环语句
end
```

while 结构依据逻辑表达式的值判断是否执行循环体语句。若表达式的值为真,则执行循环体语句一次,在反复执行时,每次都要进行判断。若表达式为假,则程序执行 end 之后的语句。

为了避免因逻辑上的失误,而陷入死循环,建议在循环体语句的适当位置加 break 语句,以便程序能正常执行。

while 循环也可以嵌套,其结构如下:

```
while 逻辑表达式 1
    循环体语句 1
while 逻辑表达式 2
    循环体语句 2
end
循环体语句 3
end
```

【例 3-29】 请设计一段程序,求 1~100 的偶数和。

解 在 MATLAB 命令窗口输入以下程序:

```
>> clear
x = 0;                  % 初始化变量 x
sum = 0;                % 初始化 sum 变量
    while x < 101       % 当 x < 101 执行循环体语句
        sum = sum + x;  % 进行累加
        x = x + 2;
    end                 % while 结构的终点
sum                     % 显示 sum
```

运行后得到的结果为:

```
sum =
      2550
```

【例 3-30】 请设计一段程序,求 1~100 的奇数和。

解 在 MATLAB 命令窗口输入以下程序:

```
>> clear
x = 1;                  % 初始化变量 x
sum = 0;                % 初始化 sum 变量
    while x < 101       % 当 x < 101 执行循环体语句
```

```
        sum = sum + x;        % 进行累加
        x = x + 2;
    end                       % while 结构的终点
sum                           % 显示 sum
```

运行后得到的结果为:

```
sum =
        2500
```

3.5.2 for 循环结构

在 MATLAB 中,另外一种常见的循环结构是 for 循环,其常用于知道循环次数的情况。其语法规则如下所示:

```
for ii = 初值:增量:终值
    语句 1
    …
    语句 n
end
```

ii＝初值:终值,则增量为 1。初值、增量、终值可正可负,可以是整数,也可以是小数,只需符合数学逻辑。

【例 3-31】 请设计一段程序,求 $1+2+\cdots+100$ 的和。

解 程序设计如下:

```
>> clear
sum = 0;                  % 设置初值(必须要有)
for ii - 1: 100;          % for 循环,增量为 1
    sum = sum + ii;
end
sum
% end                     % 程序结束
```

运行后得到结果为:

```
sum =
        5050
```

【例 3-32】 比较以下两个程序的区别。

解 MATLAB 程序 1 设计如下:

```
>> for ii = 1: 100;       % for 循环,增量为 1
    sum = sum + ii;
end
sum
% end                     % 程序结束
```

运行后得到的结果为:

```
sum =
      10100
```

程序 2 设计如下:

```
>> clear
for ii = 1: 100;             % for 循环,增量为 1
sum = sum + ii;
end
sum
 % end                       % 程序结束
```

运行结果:

```
??? Error: "sum" was previously used as a function,
conflicting with its use here as the name of a variable.
```

一般的高级语言中,变量若没有设置初值,程序会以 0 作为其初始值,然而这在 MATLAB 中是不允许的。所以,在 MATLAB 中,应给出变量的初值。

程序 1 没有 clear,则程序可能会调用到内存中已经存在的 sum 值,其结果就成了 sum = 10100。

在程序 2 中与上一题的差别是少了 sum = 0,出现这种情况时,因为程序中有 clear 语句,则出现错误信息。

注意: while 循环和 for 循环都是比较常见的循环结构,但是两个循环结构还是有区别的。其中最明显的区别在于,while 循环的执行次数是不确定的,而 for 循环的执行次数是确定的。

3.5.3 控制程序的其他命令

在使用 MATLAB 设计程序时,经常遇到提前终止循环、跳出子程序、显示错误等情况,因此需要其他的控制语句来实现上面的功能。在 MATLAB 中,对应的控制语句有 continue、break、return 等。

1. continue 命令

continue 语句通常用于 for 或 while 循环体中,其作用就是终止一趟的执行,也就是说它可以跳过本趟循环中未被执行的语句,去执行下一轮的循环。下面使用一个简单的实例,说明 continue 命令的使用方法。

【例 3-33】 请思考下列程序及其运行结果,说明原因。

解 在 MATLAB 中输入以下程序:

```
>> clear
a = 3;
```

```
b = 6;
for ii = 1: 3
    b = b + 1
    if ii < 2
        continue
    end         % if 语句结束
    a = a + 2
end             % for 循环结束
% end
```

运行后得到结果为:

```
b =
    7
b =
    8
a =
    5
b =
    9
a =
    7
```

当 if 条件满足时,程序将不再执行 continue 后面的语句,而是开始下一轮的循环。
continue 语句常用于循环体中,与 if 一同使用。

2. break 命令

break 语句也通常用于 for 或 while 循环体中,与 if 一同使用。当 if 后的表达式为真
时就调用 break 语句,跳出当前的循环。它只终止最内层的循环。

【例 3-34】 请思考下列程序及其运行结果,说明原因。

解 在 MATLAB 中输入以下程序:

```
>> clear
a = 3;
b = 6;
for ii = 1: 3
    b = b + 1
    if ii > 2
        break
    end
    a = a + 2
end
% end
```

运行后得到结果为:

```
b =
    7
```

```
a =
    5
b =
    8
a =
    7
b =
    9
```

从以上程序可以看出,当 if 表达式的值为假时,程序执行 a=a+2;当 if 表达式的值为真时,程序执行 break 语句,跳出循环。

3. return 命令

在通常情况下,当被调用函数执行完毕后,MATLAB 会自动地把控制转至主调函数或者指定窗口。如果在被调函数中插入 return 命令后,可以强制 MATLAB 结束执行该函数并把控制转出。

return 命令是终止当前命令的执行,并且立即返回到上一级调用函数或等待键盘输入命令,可以用来提前结束程序的运行。

在 MATLAB 的内置函数中,很多函数的程序代码中引入了 return 命令。下面为引用一个简要的 det 函数代码:

```
function d = det(A)
if isempty(A)
    a = 1;
    return
else
    ...
end
```

在上面的程序代码中,首先通过函数语句来判断函数 A 的类型,当 A 是空数组时,直接返回 a=1,然后结束程序代码。

4. input 命令

在 MATLAB 中,input 命令的功能是将 MATLAB 的控制权暂时借给用户,然后,用户通过键盘输入数值、字符串或者表达式,通过按 Enter 键将输入的内容输入到工作空间中,同时将控制权交还给 MATLAB。其常用的调用格式如下:

- user_entry=input('prompt')——将用户输入的内容赋给变量 user_entry。
- user_entry=input('prompt','s')——将用户输入的内容作为字符串赋给变量 user_entry。

【例 3-35】 在 MATLAB 中演示如何使用 input 函数。

解 在 MATLAB 命令窗口输入并运行以下代码:

```
>> a = input('input a number: ')        % 输入数值给 a
input a number: 45
```

```
a =
    45
b = input('input a number: ','s')          % 输入字符串给 b
input a number: 45
b =
45
input('input a number: ')                  % 将输入值进行运算
input a number: 2 + 3
ans =
    5
```

5. keyboard 命令

在 MATLAB 中,将 keyboard 命令放置到 M 文件中,将使程序暂停运行,等待键盘命令。通过提示符 K 来显示一种特殊状态,只有当用户使用 return 命令结束输入后,控制权才交还给程序。在 M 文件中使用该命令,对程序的调试和在程序运行中修改变量都会十分方便。

【例 3-36】 在 MATLAB 中,演示如何使用 keyboard 命令。

解 keyboard 命令使用过程如下所示:

```
>> keyboard
K >> for i = 1: 9
    if i == 3
        continue
    end
    fprintf('i = % d\n',i)
    if i == 5
        break
    end
end
i = 1
i = 2
i = 4
i = 5
K >> return
>>
```

从上面的程序代码中可以看出,当输入 keyboard 命令后,在提示符的前面会显示 K 提示符,而当用户输入 return 后,提示符恢复正常的提示效果。

在 MATLAB 中,keyboard 命令和 input 命令的不同在于,keyboard 命令运行用户输入的任意多个 MATLAB 命令,而 input 命令则只能输入赋值给变量的数值。

6. error 和 warning 命令

在 MATLAB 中,编写 M 文件的时候,经常需要提示一些警告信息。为此,MATLAB 提供了下面几个常见的命令。

■ error('message')——显示出错信息 message,终止程序。

- errordlg('errorstring', 'dlgname')——显示出错信息的对话框,对话框的标题为 dlgname。
- warning('message')——显示出错信息 message,程序继续进行。

【例 3-37】　查看 MATLAB 的不同错误提示模式。

解　在 MATLAB 编辑器中输入以下程序,并将其保存为 error 文件。

```
n = input('Enter: ');
if n < 2
    error('message');
else
    n = 2;
end
```

返回 MATLAB 命令窗口,在命令窗口输入 error,然后分别输入数值 1 和 2,得到如下所示结果:

```
>> error
Enter: 1
Attempt to execute SCRIPT error as a function:
C:\Program Files\MATLAB\R2012a\work\8\error.m
Error in error (line 4)
    error('message');
>> error
Enter: 2
```

将上述编辑器中程序修改为如下程序:

```
n = input('Enter: ');
if n < 2
%     errordlg('Not enough input data','Data Error');
    warning('message');
else
    n = 2;
end
```

返回 MATLAB 命令窗口,在命令窗口输入 error,然后分别输入数值 1 和 2,得到如下所示结果:

```
>> error
Enter: 1
Warning: message
> In error at 4
>> error
Enter: 2
```

在上面的程序代码中,演示了 MATLAB 中不同的错误信息方式。其中,error 和 warning 的主要区别在于 warning 命令指示警告信息后继续运行程序。

3.6 程序调试和优化

程序调试的目的是检查程序是否正确,即程序能否顺利运行并得到预期结果。在运行程序之前,应先设想到程序运行的各种情况,测试在各种情况下程序是否能正常运行。

MATLAB程序调试工具只能对M文件中的语法错误和运行错误进行定位,但是无法评价该程序的性能。MATLAB提供了一个性能剖析指令profile,使用它可以评价程序的性能指标,获得程序各个环节的耗时分析报告。用户可以依据该分析报告寻找程序运行效率低下的原因,以便修改程序。

3.6.1 程序调试命令

MATLAB提供了一系列程序调试命令,利用这些命令,可以在调试过程中设置、清除和列出断点,逐行运行M文件,在不同的工作区检查变量,用来跟踪和控制程序的运行,帮助寻找和发现错误。所有的程序调试命令都是以字母db开头的,如表3-8所示。

表 3-8 程序调试命令

命　　令	功　　能
dbstop in fname	在M文件fname的第一可执行程序上设置断点
dbstop at r in fname	在M文件fname的第r行程序上设置断点
dbstop if v	当遇到条件v时,停止运行程序。当发生错误时,条件v可以是error,当发生NaN或inf时,也可以是naninf/infnan
dbstop if warning	如果有警告,则停止运行程序
dbclear at r in fname	清除文件fname的第r行处断点
dbclear all in fname	清除文件fname中的所有断点
dbclear all	清除所有M文件中的所有断点
dbclear in fname	清除文件fname第一可执行程序上的所有断点
dbclear if v	清除第v行由dbstop if v设置的断点
dbstatus fname	在文件fname中列出所有的断点
dbstatus	显示存放在dbstatus中用分号隔开的行数信息
dbstep	运行M文件的下一行程序
dbstep n	执行下n行程序,然后停止
dbstep in	在下一个调用函数的第一可执行程序处停止运行
dbcont	执行所有行程序直至遇到下一个断点或到达文件尾
dbquit	退出调试模式

进行程序调试,要调用带有一个断点的函数。当MATLAB进入调试模式时,提示符为K >>。最重要的区别在于现在能访问函数的局部变量,但不能访问MATLAB工作区中的变量。具体的调试技术,请读者在调试程序的过程中逐渐体会。

程序调试的目的是检查程序是否正确,即程序能否顺利运行并得到预期结果。在运行程序之前,应先设想到程序运行的各种情况,测试在各种情况下程序是否能正常运行。

3.6.2 程序常见的错误类型

1. 输入错误

常见的输入错误除了在写程序时疏忽所导致的手误外,一般还有:
- 在输入某些标点时没有切换成英文状态;
- 表示循环或判断语句的关键词 for、while、if 的个数与 end 的个数不对应(尤其是在多层循环嵌套语句中);
- 左右括号不对应。

2. 语法错误

不符合 MATLAB 语言的规定,即为语法错误。

例如,在用 MATLAB 语句表示数学式 k1≤x≤k2 时,不能直接写成"k1<=x<=k2",而应写成"k1<=x&x<=k2"。此外,输入错误也可能导致语法错误。

3. 逻辑错误

在程序设计中逻辑错误也是较为常见的一类错误,这类错误往往隐蔽性较强、不易查找。产生逻辑错误的原因通常是算法设计有误,这时需要对算法进行修改。

4. 运行错误

程序的运行错误通常包括不能正常运行和运行结果不正确,出错的原因一般有:
- 数据不对,即输入的数据不符合算法要求;
- 输入的矩阵大小不对,尤其是当输入的矩阵为一维数组时,应注意行向量与列向量在使用上的区别;
- 程序不完善,只能对某些数据运行正确,而对另一些数据则运行错误,或是根本无法正常运行,这有可能是算法考虑不周所致。

对于简单的 MATLAB 程序中出现的语法错误,可以采用直接调试法,即直接运行该 M 文件,MATLAB 将直接找出语法错误的类型和出现的地方,根据 MATLAB 的反馈信息对语法错误进行修改。

当 M 文件很大或 M 文件中含有复杂的嵌套时,则需要使用 MATLAB 调试器来对程序进行调试,即使用 MATLAB 提供的大量调试函数以及与之相对应的图形化工具。

下面通过一个判断 2000 年至 2010 年间的闰年年份的示例来介绍 MATLAB 调试器的使用方法。

【例 3-38】 编写一个判断 2000 年至 2010 年间的闰年年份的程序并调试。

解 (1)创建一个 leapyear. m 的 M 函数文件,并输入如下函数代码程序。

```
%程序为判断 2000 年至 2010 年间的闰年年份
%本程序没有输入/输出变量
%函数的使用格式为 leapyear,输出结果为 2000 年至 2010 年间的闰年年份
```

```
function leapyear                    % 定义函数 leapyear
for year = 2000: 2010                % 定义循环区间
    sign = 1;
    a = rem(year,100);              % 求 year 除以 100 后的剩余数
    b = rem(year,4);                % 求 year 除以 4 后的剩余数
    c = rem(year,400);             % 求 year 除以 400 后的剩余数
    if a = 0                        % 以下根据 a、b、c 是否为 0 对标志变量 sign 进行处理
        signsign = sign - 1;
    end
    if b = 0
        signsign = sign + 1;
    end
    if c = 0
        signsign = sign + 1;
    end
    if sign = 1
        fprintf(' % 4d \n', year)
    end
end
```

（2）运行以上 M 程序，此时 MATLAB 命令窗口会给出如下错误提示：

```
>> leapyear
Error: File: leapyear.m Line: 10 Column: 10
The expression to the left of the equals sign is not a valid target for an assignment.
```

由错误提示可知，在程序的第 10 行存在语法错误，检测可知 if 选择判断语句中，用户将"=="写成了"="。因此将"="改成"=="，同时也更改第 13、16、19 行中的"="为"=="。

（3）程序修改并保存完成后，可直接运行修正后的程序。程序运行结果为：

```
>> leapyear
2000
2001
2002
2003
2004
2005
2006
2007
2008
2009
2010
```

显然，2001 年至 2010 年间不可能每年都是闰年，由此判断程序存在运行错误。

（4）分析原因。可能由于在处理年号是否是 100 的倍数时，变量 sign 存在逻辑错误。

（5）断点设置。断点为 MATLAB 程序执行时人为设置的中断点，程序运行至断点时便自动停止运行，等待用户的下一步操作。设置断点只需要用鼠标单击程序左侧的"—"，使得"—"变成红色的圆点（当存在语法错误时圆点颜色为灰色），如图 3-1 所示。

图 3-1　断点标记

应该在可能存在逻辑错误或需要显示相关代码执行数据附近设置断点，例如，本例中的 12、15 和 18 行。如果用户需要去除断点，可以再次单击红色圆点去除。

（6）运行程序。按 F5 键运行程序，这时其他调试按钮将被激活。程序运行至第一个断点暂停，在断点右侧则出现向右指向的绿色箭头，如图 3-2 所示。

程序调试运行时，在 MATLAB 的命令窗口中将显示如下内容：

```
>> leapyear
12          end
K >>
```

此时可以输入一些调试指令，更加方便对程序调试的相关中间变量进行查看。

（7）单步调试。通过按 F10 键或单击工具栏中相应的单步执行图形按钮，程序将一步一步按照用户需求向下执行，如图 3-3 所示，在按 F10 键后，程序从第 12 步运行到第 13 步。

（8）查看中间变量。可以将鼠标停留在某个变量上，MATLAB 将会自动显示该变量的当前值，如图 3-4 所示，也可以在 MATLAB 的 workspace 中直接查看所有中间变量的当前值，如图 3-5 所示。

图 3-2　程序运行至断点处暂停

图 3-3　程序单步执行

图 3-4　用鼠标停留方法查看中间变量

图 3-5　查看 workspace 中所有中间变量的当前值

（9）修正代码。通过查看中间变量可知，在任何情况下 sign 的值都是 1，此时调整修改代码程序如下所示。

```
>> %程序为判断 2000 年至 2010 年间的闰年年份
%本程序没有输入/输出变量
%函数的使用格式为 leapyear,输出结果为 2000 年至 2010 年间的闰年年份
function leapyear
for year = 2000 : 2010
    sign = 0;
    a = rem(year,400);
    b = rem(year,4);
```

```
    c = rem(year,100);
    if a == 0
        sign = sign + 1;
    end
    if b == 0
        sign = sign + 1;
    end
    if c == 0
        sign = sign - 1;
    end
    if sign == 1
        fprintf(' % 4d \n',year)
    end
end
```

按 F5 键再次执行程序,得到的运行结果如下:

```
>> leapyear
2000
2004
2008
```

分析发现,结果正确,此时程序调试结束。

3.6.3 效率优化

在程序编写的起始阶段,用户往往将精力集中在程序的功能实现、程序的结构、准确性和可读性等方面,并没有考虑程序的执行效率问题,而是在程序不能够满足需求或者效率太低的情况下才考虑对程序的性能进行优化。因程序所解决的问题不同,程序的效率优化存在差异,这对编程人员的经验以及对函数的编写和调用有一定的要求,一些通用的程序效率优化建议如下。

依据所处理问题的需要,尽量预分配足够大的数组空间,避免在出现循环结构时增加数组空间,但是也要注意不能太大而产生不需要的数组空间,太多的大数组会影响内存的使用效率。

例如,预先声明一个 8 位整型数组 A 时,语句 A = repmat(int8(0),5000,5000)要比 A = int8zeros(5000,5000)快 25 倍左右,且更节省内存。因为前者中的双精度 0 仅需一次转换,然后直接申请 8 位整型内存;而后者不但需要为 zeros(5000,5000)申请 double 型内存空间,而且还需要对每个元素都执行一次类型转换。需要注意的是:

- 尽量采用函数文件而不是脚本文件,通常运行函数文件都比脚本文件效率更高。
- 尽量避免更改已经定义的变量的数据类型和维数。
- 合理使用逻辑运算,防止陷入死循环。
- 尽量避免不同类型变量间的相互赋值,必要时可以使用中间变量解决。
- 尽量采用实数运算,对于复数运算可以转化为多个实数进行运算。
- 尽量将运算转化为矩阵的运算。

■ 尽量使用 MATLAB 的 load、save 指令而避免使用文件的 I/O 操作函数进行文件操作。

以上建议仅供参考，针对不同的应用场合，用户可以有所取舍。有时为了实现复杂的功能不可能将这些要求全部考虑进去。程序的效率优化通常要结合 MATLAB 的优越性，由于 MATLAB 的优势是矩阵运算，所以尽量将其他数值运算转化为矩阵的运算，在 MATLAB 中处理矩阵运算的效率要比简单四则运算更加高效。

3.6.4 内存优化

内存优化对于一些普通的用户而言可以不用顾及，因为随着计算机的发展，内存容量已经能够满足大多数数学运算的要求，而且 MATLAB 本身对计算机内存优化提供的操作支持较少，只有遇到超大规模运算时，内存优化才能起到作用。下面给出几个比较常见的内存操作函数，可以在需要时使用。

■ whos——查看当前内存使用状况函数。
■ clear——删除变量及其内存空间，可以减少程序的中间变量。
■ save——将某个变量以 mat 数据文件的形式存储到磁盘中。
■ load——载入 mat 数据到内存空间。

由于内存操作函数在函数运行时使用较少，合理的优化内存操作往往由用户编写程序时养成的习惯和经验决定，一些好的做法如下。

■ 尽量保证创建变量的集中性，最好在函数开始时创建。
■ 对于含零元素多的大型矩阵，尽量转化为稀疏矩阵。
■ 及时清除占用内存很大的临时中间变量。
■ 尽量少开辟新的内存，而是重用内存。

程序的优化本质上也是算法的优化，如果一个算法描述的比较详细，则它几乎也就指定了程序的每一步。若算法本身描述的不够详细，在编程时会给某些步骤的实现方式留有较大空间，这样就需要找到尽量好的实现方式以达到程序优化的目的，但一般情况下认为算法是足够详细的。如果一个算法设计的足够"优"，就等于从源头上控制了程序走向"劣质"。

算法优化的一般要求是：不仅在形式上尽量做到步骤简化，简单易懂，更重要的是能用最少的时间复杂度和空间复杂度完成所需计算。包括巧妙地设计程序流程，灵活地控制循环过程（如及时跳出循环或结束本次循环），较好的搜索方式及正确的搜索对象等，以避免不必要的计算过程。例如，在判断一个整数是否是素数时，可以看它能否被 $m/2$ 以前的整数整除，而更快的方法是，只需看它能否被 mm 以前的整数整除就可以了。

【例 3-39】 编写冒泡排序算法程序。

解 冒泡排序是一种简单的交换排序，其基本思想是两两比较待排序记录，如果是逆序则进行交换，直到这个记录中没有逆序的元素。

该算法的基本操作是逐趟进行比较和交换。第一趟比较将最大记录放在 x[n] 的位置。一般地，第 i 趟从 x[1] 到 x[n−i+1] 依次比较相邻的两个记录，将这 n−i+1 个记录中的最大者放在了第 n−i+1 的位置上。其算法程序如下：

```
function s = BubbleSort(x)
%冒泡排序,x 为待排序数组
n = length(x);
for i = 1: n - 1              %最多做 n - 1 趟排序
    flag = 0;                 %flag 为交换标志,本趟排序开始前,交换标志应为假
    for j = 1: n - i          %每次从前向后扫描,j 从 1 到 n - i
        if x(j) > x(j + 1)    %如果前项大于后项则进行交换
            t = x(j + 1);
            x(j + 1) = x(j);
            x(j) = t;
            flag = 1;         %当发生了交换,将交换标志置为真
        end
    end
    if (~flag)                %若本趟排序未发生交换,则提前终止程序
        break;
    end
end
s = x;
```

本程序通过使用标志变量 flag 来标志在每一趟排序中是否发生了交换,若某趟排序中一次交换都没有发生,则说明此时数组已经为有序(正序),应提前终止算法(跳出循环)。若不使用这样的标志变量来控制循环,往往会增加不必要的计算量。

【例 3-40】 公交线路查询问题:设计一个查询算法,给出一个公交线路网中从起始站 s1 到终点站 s2 之间的最佳线路。其中一个最简单的情形就是查找直达线路,假设相邻公交车站的平均行驶时间(包括停站时间)为 3 分钟,若以时间最少为择优标准,请在此简化条件下完成查找直达线路的算法,并根据附录数据(在题后),利用此算法求出以下起始站到终点站之间的最佳路线。

(1) 242→105 (2) 117→53 (3) 179→201 (4) 16→162

解 为了便于 MATLAB 程序计算,应先将线路信息转化为矩阵形式,导入 MATLAB(可先将原始数据经过文本导入 Excel)。每条线路可用一个一维数组来表示,且将该线路终点站以后的节点用 0 来表示,每条线路从上往下顺序排列构成矩阵 A。

此算法的核心是线路选择问题,要找最佳线路,应先找到所有的可行线路,然后再以所用的时间为关键字选出用时最少的线路。在寻找可行线路时,可先在每条线路中搜索 s1,当找到 s1 则接着在该线路中搜索 s2,若又找到 s2,则该线路为一可行线路,记录该线路及所需时间,并结束对该线路的搜索。

另外,在搜索 s1 与 s2 时若遇到 0 节点,则停止对该数组的遍历。

```
%A 为线路信息矩阵,s1,s2 分别为起始站和终点站
%返回值 L 为最佳线路,t 为所需时间
[m,n] = size(A);
L1 = [];t1 = [];                %L1 记录可行线路,t1 记录对应线路所需时间
```

```
for i = 1: m
    for j = 1: n
        if A(i,j) == s1              % 若找到 s1,则从下一站点开始寻找 s2
            for k = j + 1: n
                if A(i,k) == 0        % 若此节点为 0,则跳出循环
                    break;
                elseif A(i,k) == s2   % 若找到 s2,则记录该线路及所需时间,然后跳出循环
                    L1 = [L1,i];
                    t1 = [t1,(k - j) * 3];
                    break;
                end
            end
        end
    end
end
m1 = length(L1);                      % 测可行线路的个数
if m1 == 0                            % 若没有可行线路,则返回相应信息
    L = 'No direct line';
    t = 'Null';
elseif m1 == 1
    L = L1;t = t1;                    % 否则,存在可行线路,用 L 存放最优线路,t 存放最小的时间
else
    L = L1(1);t = t1(1);             % 分别给 L 和 t 赋初值为第一条可行线路和所需时间
    for i = 2: m1
        if t1(i) < t                  % 若第 i 条可行线路的时间小于 t
            L = i;                    % 则给 L 和 t 重新赋值
            t = t1(i);
        elseif t1(i) == t             % 若第 i 条可行线路的时间等于 t
            L = [L,L1(i)];            % 则将此线路并入 L
        end
    end
end
```

首先说明,这个程序能正常运行并得到正确结果,但仔细观察之后就会发现它的不足之处:一个是在对 j 的循环中应先判断节点是否为 0,若为 0 则停止向后访问,转向下一条路的搜索;另一个是,对于一个二维的数组矩阵,用两层(不是两个)循环进行嵌套就可以遍历整个矩阵,得到所有需要的信息,而上面的程序中却出现了三层循环嵌套的局面。

其实,在这种情况下,倘若找到了 s2,本该停止对此线路节点的访问,但这里的 break 只能跳出对 k 的循环,而对该线路数组节点的访问(即对 j 的循环)将会一直进行到 n,做了大量的"无用功"。

为了消除第三层的循环能否对第二个循环内的判断语句做如下修改:

```
if A(i,j) == s1
    continue;
    if A(i,k) == s2
        L1 = [L1,i];
```

```
            t1 = [t1,(k - j) * 3];
            break;
    end
end
end
```

这种做法企图控制流程在搜到 s1 时能继续向下走,搜索 s2,而不用再嵌套循环。这样却是行不通的,因为即使 s1 的后面有 s2,也会先被"ifA(i,j)＝＝s1"拦截,continue 后的语句将不被执行。所以,经过这番修改后得到的其实是一个错误的程序。

事实上,若想消除第三层循环可将第三层循环提出来放在第二层成为与 j 并列的循环,若在对 j 的循环中找到了 s1,可用一个标志变量对其进行标志,然后再对 s1 后的节点进行访问,查找 s2。综上,可将第一个 for 循环内的语句修改如下:

```
flag = 0;                       % 用 flag 标志是否找到 s1,为其赋初值为假
for j = 1: n
    if A(i,j) == 0              % 若该节点为 0,则停止对该线路的搜索,转向下一条线路
        break;
    elseif A(i,j) == s1         % 否则,若找到 s1,置 flag 为真,并跳出循环
        flag = 1;
        break;
    end
end
if flag                         % 若 flag 为真,则找到 s1,从 s1 的下一节点开始搜索 s2
    for k = j + 1: n
        if A(i,k) == 0
            break;
        elseif A(i,k) == s2     % 若找到 s2,记录该线路及所需时间,然后跳出循环
            L1 = [L1,i];
            t1 = [t1,(k - j) * 3];
            break;
        end
    end
end
```

若将程序中重叠的部分合并还可以得到一种形式上更简洁的方案:

```
q = s1; % 用 q 保存 s1 的原始值
for i = 1: m
    s1 = q;                     % 每一次给 s1 赋初值
    p = 0;                      % 用 p 值标记是否搜到 s1 或 s2
    k = 0;                      % 用 k 记录站点差
    for j = 1: n
        if ~A(i,j)
            break;
        elseif A(i,j) == s1     % 若搜到 s1,之后在该线路上搜索 s2,并记 p 为 1
            p = p + 1;
            if p == 1
                k = j - k;
                s1 = s2;
```

```
        elseif p == 2          %当 p 值为 2 时,说明已搜到 s2,记录相关信息
            L1 = [L1,i];
            t1 = [t1,3 * k];   %同时 s1 恢复至原始值,进行下一线路的搜索
            break;
        end
    end
  end
end
```

程序运行后得到结果如下:

```
?[L,t] = DirectLineSearch(242,105,A)
L =
     8
t =
     24
?[L,t] = DirectLineSearch(117,53,A)
L =
     10
t =
     15
?[L,t] = DirectLineSearch(179,201,A)
L =
     7 14
t =
     27
?[L,t] = DirectLineSearch(16,162,A)
L =
     No direct line
t =
     Null
```

在设计算法或循环控制时,应注意信息获取的途径,避免做无用的操作步骤。如果上面这个程序不够优化,它将为后续转车的程序造成不良影响。

附录数据:公交线路信息

线路 1

219-114-88-48-392-29-36-16-312-19-324-20-314-128-76-113-110-213-14-301-115-34-251-95-184-92

线路 2

348-160-223-44-237-147-201-219-321-138-83-161-66-129-254-331-317-303-127-68

线路 3

23-133-213-236-12-168-47-198-12-236-113-212-233-18-127-303-117-231-254-129-366-161-133-181-132

线路 4

201-207-177-144-223-216-48-42-280-140-238-236-158-53-93-64-130-77-264-208-286-123

线路 5

217-272-173-25-33-76-37-27-65-274-234-221-137-306-162-84-325-97-89-24

线路 6

301-82-79-94-41-105-142-118-130-36-252-172-57-20-302-65-32-24-92-218-31

线路 7

184-31-69-179-84-212-99-224-232-157-68-54-201-57-172-22-36-143-218-129-106-101-194

线路 8

57-52-31-242-18-353-33-60-43-41-246-105-28-33-111-77-49-67-27-8-63-39-317-168-12-163

线路 9

217-161-311-25-29-19-171-45-71-173-129-219-210-35-83-43-139-241-78-50

线路 10

136-208-23-117-77-130-68-45-53-51-78-241-139-343-83-333-190-237-251-291-129-173-171-90-42-179-25-311-161-17

线路 11

43-77-111-303-28-65-246-99-54-37-303-53-18-242-195-236-26-40-280-142

线路 12

274-302-151-297-329-123-122-215-218-102-293-86-15-215-186-213-105-128-201-122-12-29-56-79-141-24-74

线路 13

135-74-16-108-58-274-53-59-43-86-85-47-246-108-199-296-261-203-227-146

线路 14

224-22-70-89-219-228-326-179-49-154-251-262-307-294-208-24-201-261-192-264-146-377-172-123-61-235-294-28-94-57-226-18

线路 15

189-170-222-24-92-184-254-215-345-315-301-214-213-210-113-263-12-167-177-313-219-154-349-316-44-52-19

线路 16

233-377-327-97-46-227-203-261-276-199-108-246-227-45-346-243-59-93-274-58-118-116-74-135

事实上,对于编程能力的训练,往往是先从解决一些较为简单问题入手,然后通过对这些问题修改某些条件,增加难度等不断地进行摸索,在不知不觉中自己的编程能力就已经被提升到了一个新的高度。

3.6.5 经典算法程序举例

算法是程序的灵魂,是一种执行步骤。下面列举出几种常见的 MATLAB 算法程序。

1. 雅可比(Jacobi)迭代算法

该算法是解方程组的一个较常用的迭代算法,其 MATLAB 程序如下所示:

```
function x = ykb(A,b,x0,tol)
% A 为系数矩阵,b 为右端项,x0(列向量)为迭代初值,tol 为精度
D = diag(diag(A));              % 将 A 分解为 D, - L, - U
L = - tril(A, - 1);
U = - triu(A,1);
B1 = D\(L + U);
f1 = D\b;
q = norm(B1);
d = 1;
while q * d/(1 - q)> tol      % 迭代过程
    x = B1 * x0 + f1;
    d = norm(x - x0);
    x0 = x;
end
```

2. 拉格朗日(Lagrange)插值函数算法

该算法用于求解插值点处的函数值。

```
function y = lagr1(x0,y0,x)
% x0,y0 为已知点列,x 为待插值节点(可为数组)
% 当输入参数只有 x0、y0 时,返回 y 为插值函数
% 当输入参数有 x 时返回 y 为插值函数在 x 处所对应的函数值
n = length(x0);
if nargin == 2
    syms x
    y = 0;
    for i = 1: n
        L = 1;
        for j = 1: n
            if j~ = i
                L = L * (x - x0(j))/(x0(i) - x0(j));
            end
        end
        y = y + L * y0(i);
        y = simple(y);
    end
    x1 = x0(1): 0.01: x0(n);
    y1 = subs(y,x1);
    plot(x1,y1);
else
    m = length(x);
    for k = 1: m % 对每个插值节点分别求值
        s = 0;
            for i = 1: n
```

```
                L = 1;
                for j = 1: n
                    if j ~ = i
                        L = L * (x(k) - x0(j))/(x0(i) - x0(j));
                    end
                end
                s = s + L * y0(i);
            end
        end
```

3. 图论相关算法

图论算法在计算机科学中扮演着很重要的角色,它提供了对很多问题都有效的一种简单而系统的建模方式。很多问题都可以转化为图论问题,然后用图论的基本算法加以解决。下面介绍几种常见的图论算法。

1) 最小生成树

```
function [w,E] = MinTree(A)
% 避圈法求最小生成树
% A 为图的赋权邻接矩阵
% w 记录最小树的权值之和,E 记录最小树上的边
n = size(A,1);
for i = 1: n
A(i,i) = inf;
end
s1 = [ ];s2 = [ ];          % s1,s2 记录一条边上的两个顶点
w = 0; k = 1;              % k 记录顶点数
T = A + inf;
T(1, : ) = A(1, : );
A( : ,1) = inf;
while k < n
    [p1,q1] = min(T);      % q1 记录行下标
    [p2,q2] = min(p1);
    i = q1(q2);
    s1 = [s1,i];s2 = [s2,q2];
    w = w + p; k = k + 1;
    A( : ,q2) = inf;       % 若此顶点已被连接,则切断此顶点的入口
    T(q2, : ) = A(q2, : ); % 在 T 中并入此顶点的出口
    T( : ,q2) = inf;
end
E = [s1;s2];               % E 记录最小树上的边
```

2) 最短路的 Dijkstra 算法

```
function [d,path] = ShortPath(A,s,t)
% Dijkstra 最短路算法实现,A 为图的赋权邻接矩阵
% 当输入参数含有 s 和 t 时,求 s 到 t 的最短路
% 当输入参数只有 s 时,求 s 到其他顶点的最短路
```

```
%返回值 d 为最短路权值,path 为最短路径
if nargin == 2
    flag = 0;
elseif nargin == 3
    flag = 1;
end
n = length(A);
for i = 1: n
    A(i,i) = inf;
end
V = zeros(1,n);                          %存储 lamda(由来边)标号值
D = zeros(1,n);                          %用 D 记录权值
T = A + inf;                             %T 为标号矩阵
T(s,:) = A(s,:);                         %先给起点标号
A(:,s) = inf;                            %关闭进入起点的边
for k = 1: n - 1
    [p,q] = min(T);                      %p 记录各列最小值,q 为对应的行下标
    q1 = q;                              %用 q1 保留行下标
    [p,q] = min(p);                      %求最小权值及其列下标
    V(q) = q1(q);                        %求该顶点 lamda 值
    if flag&q == t
        d = p;                           %求最短路权值
        break;
    else                                 %修改 T 标号:
        D(q) = p;                        %求最短路权值
        A(:,q) = inf;                    %将 A 中第 q 列的值改为 inf
        T(q,:) = A(q,:) + p;             %同时修改从顶点 q 出去的边上的权值
        T(:,q) = inf;                    %顶点 q 点已完成标号,将进入 q 的边关闭
    end
end
if flag                                  %输入参数含有 s 和 t,求 s 到 t 的最短路
    path = t;                            %逆向搜索路径
    while path(1)~ = s
        path = [V(t),path];
        t = V(t);
    end
else                                     %输入参数只有 s,求 s 到其他顶点的最短路
    for i = 1: n
        if i~ = s
            path0 = i;v0 = i;            %逆向搜索路径
            while path0(1)~ = s
                path0 = [V(i),path0];
                i = V(i);
            end
            d = D; path(v0) = {path0};   %将路径信息存放在元胞数组中
                                         %在命令窗口显示权值和路径
            disp([int2str(s),'->',int2str(v0),'d = ',...
            int2str(D(v0)),' path = ',int2str(path0)]);
        end
    end
end
```

3) Ford 最短路算法

该算法用于求解一个赋权图中 s 到 t 的最短路,并且对于权值的情况同样适用。

```
function [w,v] = Ford(W,s,t)
%W为图的带权邻接矩阵,s为起点,t为终点
%返回值w为最短路的权值之和,v为最短路线上的顶点下标
n = length(W);
d(:,1) = (W(s,:))';           % 求 d(vs,vj) = min{d(vs,vi) + wij} 的解, 用 d 存放
                              % d(t)(v1,vj), 赋初值为 W 的第 s 行,以列存放
j = 1;
while j
    for i = 1: n
        b(i) = min(W(:,i) + d(:,j));
    end
    j = j + 1;
    d = [d,b'];
    if d(:,j) == d(:,j-1)   % 若找到最短路,跳出循环
        break ;
    end
end
w = d(t,j);                  % 记录最短路的权值之和
v = t;                       % 用数组 v 存放最短路上的顶点,终点为 t
while v(1) ~ = s
    for i = n: -1: 1
        if i ~ = t&W(i,t) + d(i,j) == d(t,j)
            break;
        end
    end
    v = [i,v];
    t = i;
end
```

4) 模糊聚类分析算法程序(组)

在模糊聚类分析中,该算法中的"程序_3"用于求解模糊矩阵、模糊相似矩阵和模糊等价矩阵,"程序_4"用来完成聚类。"程序_1"和"程序_2"是为"程序_3"服务的子程序。

程序_1求模糊合成矩阵的最大最小法:

```
function s = mhhc(R1,R2)                        % 模糊合成
[m,n] = size(R1);
[n,n1] = size(R2);
for i = 1: m
    for j = 1: n1
        s(i,j) = max(min(R1(i,:),(R2(:,j))'));       % 最大最小法
    end
end
```

程序_2 求模糊传递包的算法:

```
function s = mhcdb(R)
% 求模糊传递包
while sum(sum(R~ = mhhc(R,R)))        % 调用模糊合成函数'mhhc'
    R = mhhc(R,R);
end
s = R;
```

程序_3:

```
for j = 1: n
    s1(j) = sqrt(sum((x(: ,j) - x0(j)).^2)/m);    % 对 x 做平移——标准差变换
    x(: ,j) = (x(: ,j) - x0(j))/s1(j);
    x1(: ,j) = (x(: ,j) - min(x(: ,j)))/(max(x(: ,j)) - min(x(: ,j)));
% 平移——极差变换
end
s1 = x1;                              % s1 表示模糊矩阵
R = eye(m);
M = 0;                                % 相似系数 r 由数量积法求得
for i = 1: m
    for j = i + 1: m
        if(sum(x1(i, : ). * x1(j, : ))>M);
            M = sum(x1(i, : ). * x1(j, : ));
        end
    end
end
for i = 1: m
    for j = 1: m
        if(i~ = j)
            R(i,j) = (sum(x1(i, : ). * x1(j, : )))/M;
        end
    end
end
s2 = R;                               % R 为模糊相似矩阵
s3 = mhcdb(R);                        % s3 表示模糊等价矩阵,此处调用'mhcdb'求模糊传递包
```

本程序中若想用"夹角余弦法"求相似系数 r,可将上面程序中的第 19 行(M=0;)至第 23 行(倒数第 3 行)用下面的程序段替换。

```
for i = 1: m  % 夹角余弦法求相似系数 r
    for j = 1: m
        M1 = sqrt(sum(x1(i, : ).^2) * sum(x1(j, : ).^2));
        R(i,j) = (sum(x1(i, : ). * x1(j, : )))/M1;
    end
end
```

程序_4：

```
function [L1,s] = Lamjjz(x,lam)
% 求 λ - 截矩阵并完成聚类,x 为模糊等价矩阵
% (即程序_3 中求得的 s3),lam 为待输入的 λ 值
n = length(x(1,:));
for i = 1: n
    for j = 1: n
        if x(i,j)> = lam
            L1(i,j) = 1;              % x1 为 λ - 截矩阵
        end
    end
end
A = zeros(n,n + 1);
for i = 1: n
if ~A(i,1)
A(i,2) = i;                          % A 的第一列为标识符,其值为 0 或 1
for j = i + 1: n
    if x1(i,:) == x1(j,:)
        A(i,j + 1) = j;
        A(j,1) = 1;
    end
end
for i = 1: n
    if ~A(i,1)
        a = [];
        for j = 2: n + 1
            if A(i,j)
                a = [a,A(i,j)];      % a 表示聚类数组
            end
        end
        disp(a)                      % 将聚类数组依次显示
    end
end
```

5) 层次分析——求近似特征向量算法

在层次分析中,该算法用于根据成对比较矩阵求近似特征向量。

```
function [w,lam,CR] = ccfx(A)
% A 为成对比较矩阵,返回值 w 为近似特征向量,
% lam 为近似最大特征值 maxλ,CR 为一致性比率
n = length(A(:,1));
a = sum(A);
B = A;                     % 用 B 代替 A 做计算
for j = 1: n               % 将 A 的列向量归一化
    B(:,j) = B(:,j)./a(j);
end
s = B(:,1);
for j = 2: n
```

```
        s = s + B(:,j);
    end
    c = sum(s);                    % 和法计算近似最大特征值 maxλ
    w = s./c;
    d = A * w;
    lam = 1/n * sum((d./w));
    CI = (lam - n)/(n - 1);        % 一致性指标
    RI = [0,0,0.58,0.90,1.12,1.24,1.32,1.41,1.45,1.49,1.51];
    % RI 为随机一致性指标
    CR = CI/RI(n);                 % 求一致性比率
    if CR > 0.1
        disp('没有通过一致性检验');
        else disp('通过一致性检验');
    end
```

6）灰色关联性分析——单因子情形

当系统的行为特征只有一个因子 0x，该算法用于求解各种因素 ix 对 0x 的影响大小。

```
function s = Glfx(x0,x)             % x0(行向量)为因子,x 为因素集
[m,n] = size(x);
B = [x0;x];
k = m + 1;                          % k 为 B 的行数
c = B(:,1);                         % 对序列进行无量纲化处理
for j = 1:n
    B(:,j) = B(:,j)./c;
end
for i = 2:k                         % 求参考序列对各比较序列的绝对差
    B(i,:) = abs(B(i,:) - B(1,:));
end
A = B(2:k,:);                       % 求关联系数
a = min(min(A));
b = max(max(A));
for i = 1:m
    for j = 1:n
        r1(i,j) = r1(i,j) * (a + 0.5 * b)/(A(i,j) + 0.5 * b);
    end
end
s = 1/n * (r1 * ones(m,1));        % 比较序列对参考序列 x0 的灰关联度
```

7）灰色预测——GM(1,1)

该算法用灰色模型中的 GM(1,1)模型做预测。

```
function [s,t] = huiseyc(x,m)
% x 为待预测变量的原值,为其预测 m 个值
[m1,n] = size(x);
if m1~= 1                          % 若 x 为列向量,则将其变为行向量放入 x0
    x0 = x';
else
```

```matlab
        x0 = x;
    end
    n = length(x0);
    c = min(x0);
    if c < 0                          %若 x0 中有小于 0 的数,则作平移,使每个数字都大于 0
        x0 = x0 - c + 1;
    end
    x1 = (cumsum(x0))';               %x1 为 x0 的 1 次累加生成序列,即 AGO
    for k = 2: n
        r(k - 1) = x0(k)/x1(k - 1);
    end
    rho = r,                          %光滑性检验
    for k = 2: n
        z1(k - 1) = 0.5 * x1(k) + 0.5 * x1(k - 1);
    end
    B = [ - z1',ones(n - 1,1)];
    YN = (x0(2: n))';
    a = (inv(B' * B)) * B' * YN;
    y1(1) = x0(1);
    for k = 2: n + m                  %预测 m 个值
        y1(k) = (x0(1) - a(2)/a(1)) * exp( - a(1) * (k - 1)) + a(2)/a(1);
    end
    y(1) = y1(1);
    for k = 2: n + m
        y(k) = y1(k) - y1(k - 1);     %还原
    end
    if c < 0
        y = y + c - 1;
    end
    y;
    e1 = x0 - y(1: n);
    e = e1(2: n),                     %e 为残差
    for k = 2: n
        dd(k - 1) = abs(e(k - 1))/x0(k),
    end
    dd;
    d = 1/(n - 1) * sum(dd);
    f = 1/(n - 1) * abs(sum(e));
    s = y;
    t = e;
```

本章小结

MATLAB 语言称为第四代编程语言,程序简洁、可读性很强而且调试十分容易,是 MATLAB 的重要组成部分。

MATLAB 为用户提供了非常方便易懂的程序设计方法,类似于其他的高级语言编程。本章侧重于 MATLAB 中最基础的程序设计,分别介绍了程序设计方法、符号运算及两种运算符、分支结构和循环结构,最后对程序的调试和优化做了详细介绍。

前面的几章已经详细介绍了 MATLAB 中各种基础知识及程序设计,本章重点介绍常用于 MATLAB 建模的函数,包括曲线拟合函数、参数估计函数、参数传递函数、插值函数等内容。

学习目标:

- 熟练掌握曲线拟合函数
- 熟练掌握参数估计函数
- 熟练掌握插值函数

4.1 曲线拟合函数

在科学和工程领域,曲线拟合的主要功能是寻求平滑的曲线来最好地表现带有噪声的测量数据,从这些测量数据中寻求两个函数变量之间的关系或者变化趋势,最后得到曲线拟合的函数表达式 $y=f(x)$。

从前面的"插值"小节中可以看出,使用多项式进行数据拟合会出现数据振荡,而使用 Spline 插值的方法可以得到很好的平滑效果,但是关于该插值方法有太多的参数,不适合曲线拟合的方法。

同时,由于在进行曲线拟合的时候,已经认为所有测量数据中包含噪声,因此,最后的拟合曲线并不要求通过每一个已知数据点,衡量拟合数据的标准则是整体数据拟合的误差最小。

一般情况下,MATLAB 的曲线拟合方法用的是"最小方差"函数,其中方差的数值是拟合曲线和已知数据之间的垂直距离。

4.1.1 多项式拟合

在 MATLAB 中,函数 polyfit()采用最小二乘法对给定的数据进行多项式拟合,得到该多项式的系数。该函数的调用方式如下:

- polyfit(x,y,n)——找到次数为 n 的多项式系数,对于数据集合 {(xi, yi)},满足差的平方和最小。
- [p,E]=polyfit(x,y,n)——返回同上的多项式 p 和矩阵 E。多项式系数在向量 p 中,矩阵 E 用在 polyval 函数中来计算误差。

【例 4-1】 某数据的横坐标为 $x=[0.3\ 0.4\ 0.7\ 0.9\ 1.2\ 1.9\ 2.8\ 3.2\ 3.7\ 4.5]$,纵坐标为 $y=[1\ 2\ 3\ 4\ 2\ 6\ 9\ 2\ 7]$,对该数据进行多项式拟合。

解 MATLAB 代码如下:

```
clear all
clc
x = [0.3 0.4 0.7 0.9 1.2 1.9 2.8 3.2 3.7 4.5];
y = [1 2 3 4 5 2 6 9 2 7];
p5 = polyfit(x, y, 5);        % 5阶多项式拟合
y5 = polyval(p5, x);
p5 = vpa(poly2sym(p5), 5)      % 显示5阶多项式
p9 = polyfit(x, y, 9);        % 9阶多项式拟合
y9 = polyval(p9, x);
figure;                       % 画图显示
plot(x, y, 'bo');
hold on;
plot(x, y5, 'r:');
plot(x, y9, 'g-- ');
legend('原始数据', '5阶多项式拟合', '9阶多项式拟合');
xlabel('x');
ylabel('y');
```

运行程序后,得到的 5 阶多项式如下:

```
p5 =
    0.8877 * x^5 - 10.3 * x^4 + 42.942 * x^3 - 77.932 * x^2 + 59.833 * x - 11.673
```

运行程序后,得到的输出结果如图 4-1 所示。由图可以看出,使用 5 阶多项式拟合时,得到的结果比较差。

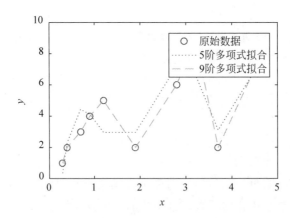

图 4-1　多项式曲线拟合结果

当采用 9 阶多项式拟合时,得到的结果与原始数据符合得比较好。当使用函数 polyfit() 进行拟合时,多项式的阶次最大不超过 length(x)−1。

4.1.2　加权最小方差拟合原理及实例

所谓加权最小方差(WLS),就是根据基础数据本身各自的准确度的不同,在拟合的时候给每个数据以不同的加权数值。这种方法比前面所介绍的单纯最小方差方法要更加符合拟合的初衷。

对应 N 阶多项式的拟合公式,所需要求解的拟合系数需要求解线性方程组,其中线性方程组的系数矩阵和需要求解的拟合系数矩阵分别为:

$$A = \begin{bmatrix} x_1^N & \cdots & x_1 \cdots 1 \\ x_2^N & \cdots & x_2 \cdots 1 \\ \vdots & \ddots & \vdots \\ x_m^N & \cdots & x_m \cdots 1 \end{bmatrix}, \quad \boldsymbol{\theta} = \begin{bmatrix} \theta_n \\ \theta_{n-1} \\ \vdots \\ \theta_1 \end{bmatrix}$$

使用加权最小方差方法求解得到拟合系数为:

$$\theta_m^n = \begin{bmatrix} \theta_{mn}^n \\ \theta_{mn-1}^n \\ \vdots \\ \theta_1^n \end{bmatrix} = \begin{bmatrix} A^T M A \end{bmatrix}^{-1} A^T M y$$

其对应的加权最小方差为表达式

$$J_m = \begin{bmatrix} A\boldsymbol{\theta} - y \end{bmatrix}^T W \begin{bmatrix} A\boldsymbol{\theta} - y \end{bmatrix}$$

【例 4-2】　根据 WLS 数据拟合方法,自行编写使用 WLS 方法拟合数据的 M 函数,然后使用 WLS 方法进行数据拟合。

解　在 M 文件编辑器中输入下面的程序代码:

```
function [th,err,yi] = polyfits(x,y,N,xi,r)
%x,y:数据点系列
%N：多项式拟合的系统
%r：加权系数的逆矩阵

M = length(x);
x = x(:);
y = y(:);


%判断调用函数的格式
if nargin == 4
%当调用函数的格式为(x,y,N,r)
    if length(xi) == M
        r = xi;
        xi = x;
%当调用函数的格式为(x,y,N,xi)
    else r = 1;
    end
```

```
%当调用函数的格式为(x,y,N)
elseif nargin == 3
        xi = x;
        r = 1;
end
%求解系数矩阵
A(:,N + 1) = ones(M,1);
for n = N: -1:1
    A(:,n) = A(:,n + 1). * x;
end
if length(r) == M
        for m = 1:M
                A(m,:) = A(m,:)/r(m);
                y(m) = y(m)/r(m);
        end
end
    %计算拟合系数
th = (A\y)';
ye = polyval(th,x);
err = norm(y - ye)/norm(y);
yi = polyval(th,xi);
```

将上面的代码保存为 polyfits. m 文件。

使用上面的程序代码,对基础数据进行 LS 多项式拟合。在 MATLAB 的命令窗口中输入下面的程序代码:

```
clear all
clc
x = [ - 3:1:3]';
y = [1.1650 0.0751 - 0.6965 0.0591 0.6268 0.3516 1.6961]';
[x,i] = sort(x);
y = y(i);
xi = min(x) + [0:100]/100 * (max(x) - min(x));
for i = 1:4
    N = 2 * i - 1;
    [th,err,yi] = polyfits(x,y,N,xi);
    subplot(2,2,i)
    plot(x,y,'o')
    hold on
    plot(xi,yi,' - ')
    grid on
end
```

得到的拟合结果如图 4-2 所示。

从上面的例子可以看出,LS 方法其实是 WLS 方法的一种特例,相当于将每个基础数据的准确度都设为 1,但是,自行编写的 M 文件和默认的命令结果不同,请仔细比较。

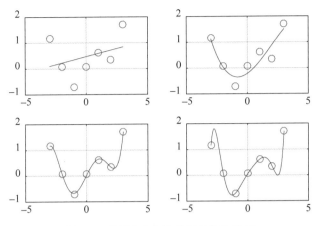

图 4-2　使用 LS 方法求解的拟合结果

4.1.3　非线性曲线拟合

非线性曲线拟合是已知输入向量 xdata、输出向量 ydata，并知道输入与输出的函数关系为 ydata＝F(x，xdata)，但不清楚系数向量 x。进行曲线拟合即求 x 使得下式成立：

$$\min_{x} \frac{1}{2} \| F(x,xdata) - ydata \|_2^2 = \frac{1}{2}\sum_i (F(x,xdata_i) - ydata_i)^2$$

在 MATLAB 中，可以使用函数 lsq curvefit 解决此类问题。其调用格式如下：

- x = lsqcurvefit(fun,x0,xdata,ydata)——x0 为初始解向量；xdata、ydata 为满足关系 ydata＝F(x，xdata)的数据。
- x = lsqcurvefit(fun,x0,xdata,ydata,lb,ub)——lb、ub 为解向量的下界和上界 $lb \leqslant x \leqslant ub$，若没有指定界，则 lb＝[ ]，ub＝[ ]。
- x = lsqcurvefit(fun,x0,xdata,ydata,lb,ub,options)——options 为指定的优化参数。
- [x,resnorm] = lsqcurvefit(…)——resnorm 是在 x 处残差的平方和。
- [x,resnorm,residual] = lsqcurvefit(…)——residual 为在 x 处的残差。
- [x,resnorm,residual,exitflag] = lsqcurvefit(…)——exitflag 为终止迭代的条件。
- [x,resnorm,residual,exitflag,output] = lsqcurvefit(…)——output 为输出的优化信息。

【例 4-3】 已知输入向量 xdata 和输出向量 ydata，且长度都是 n，使用最小二乘非线性拟合函数：

$$ydata(i) = x(1) \cdot xdata(i)^2 + x(2) \cdot \sin(xdata(i)) + x(3) \cdot xdata(i)^3$$

解　根据题意可知，目标函数为

$$\min_{x} \frac{1}{2}\sum_{i=1}^{n} (F(x,xdata_i) - ydata_i)^2$$

其中

$$F(x, xdata) = x(1) \cdot xdata^2 + x(2) \cdot \sin(xdata) + x(3) \cdot xdata^3$$

初始解向量定位 x0＝[0.3，0.4，0.1]。

首先建立拟合函数文件 ex1024.m。

```
function F = ex1024 (x,xdata)
F = x(1) * xdata.^2 + x(2) * sin(xdata) + x(3) * xdata.^3;
```

再编写函数拟合代码如下所示：

```
clear all
clc
xdata = [3.6 7.7 9.3 4.1 8.6 2.8 1.3 7.9 10.0 5.4];
ydata = [16.5 150.6 263.1 24.7 208.5 9.9 2.7 163.9 325.0 54.3];
x0 = [10, 10, 10];
[x,resnorm] = lsqcurvefit(@ex1024,x0,xdata,ydata)
```

结果为：

```
x =

    0.2269 0.3385 0.3022


resnorm =

    6.2950
```

即函数在 $x=0.2269$、$x=0.3385$、$x=0.3022$ 处残差的平方和均为 6.295。

4.2 参数估计函数

参数估计的内容包括点估计和区间估计。MATLAB 统计工具箱提供了很多参数估计相关的函数，例如计算待估参数及其置信区间、估计服从不同分布的函数的参数。

4.2.1 常见分布的参数估计

MATLAB 统计工具箱提供了多种具体函数的参数估计函数，如表 4-1 所示。

例如，利用 normfit 函数可以对正态分布总体进行参数估计。

[muhat,sigmahat,muci,sigmaci]＝normfit(x)：对于给定的正态分布的数据 x，返回参数 μ 的估计值 muhat、σ 的估计值 sigmahat、μ 的 95％置信区间 muci、σ 的 95％置信区间 sigmaci。

[muhat,sigmahat,muci,sigmaci]＝normfit(x, alpha)：进行参数估计并计算 $100(1-alpha)$％置信区间。

表 4-1　常见分布的参数估计函数及其调用格式

分　　布	调 用 格 式
贝塔分布	phat＝betafit(x) [phat,pci]＝betafit(x,alpha)
贝塔对数似然函数	logL＝betalike(params,data) [logL,info]＝betalike(params,data)
二项分布	phat＝binofit(x,n) [phat,pci]＝binofit(x,n) [phat,pci]＝binofit(x,n,alpha)
指数分布	muhat＝expfit(x) [muhat,muci]＝expfit(x) [muhat,muci]＝expfit(x,alpha)
伽马分布	phat＝gamfit(x) [phat,pci]＝gamfit(x) [phat,pci]＝gamfit(x,alpha)
伽马似然函数	logL＝gamlike(params,data) [logL,info]＝gamlike(params,data)
最大似然估计	phat＝ mle('dist',data) [phat,pci]＝ mle('dist',data) [phat,pci]＝mle('dist',data,alpha) [phat,pci]＝ mle('dist',data,alpha,p1)
正态对数似然函数	L＝normlike(params,data)
正态分布	[muhat,sigmahat,muci,sigmaci]＝normfit(x) [muhat,sigmahat,muci,sigmaci]＝normfit(x,alpha)
泊松分布	lambdahat＝poissfit(x) [lambdahat,lambdaci]＝poissfit(x) [lambdahat,lambdaci]＝poissfit(x,alpha)
均匀分布	[ahat,bhat]＝unifit(x) [ahat,bhat,aci,bci]＝unifit(x) [ahat,bhat,aci,bci]＝unifit(x,alpha)
威布尔分布	phat＝weibfit(x) [phat,pci]＝weibfit(x) [phat,pci]＝weibfit(x,alpha)
威布尔对数似然函数	logL＝weiblike(params,data) [logL,info]＝weiblike(params,data)

【例 4-4】 观测某型号 20 辆汽车消耗 10L 汽油的行驶里程,具体数据如下所示:

59.6　55.2　56.6　55.8　60.2　57.4　59.8　56.0　55.8　57.4　56.8　54.4
59.0　57.0　56.0　60.0　58.2　59.6　59.2　53.8

假设行驶里程服从正态分布,请用 normfit 函数求解平均行驶里程的 95% 置信区间。

解　根据题意,可以编写如下 MATLAB 代码:

```
clear all
clc
x1 = [59.6 55.2 56.6 55.8 60.2 57.4 59.8 56.0 55.8 57.4];
x2 = [56.8 54.4 59.0 57.0 56.0 60.0 58.2 59.6 59.2 53.8];
x = [x1 x2]';
a = 0.05;
[muhat, sigmahat, muci, sigmaci] = normfit(x, a);
[p, ci] = mle('norm', x, a);
n = numel(x);
format long
muhat
p1 = p(1)
sigmahat
sigmahat1 = var(x).^0.5
p2 = p(2)
muci
ci
sigmaci
muci1 = [muhat - tinv(1 - a/2, n - 1) * sigmahat/sqrt(n), muhat + tinv(1 - a/2, n - 1) * sigmahat/
sqrt(n)]
sigmaci1 = [((n - 1). * sigmahat.^2/chi2inv(1 - a/2, n - 1)).^0.5, ((n - 1). * sigmahat.^2/
chi2inv(a/2, n - 1)).^0.5]
```

运行后得到结果如下：

```
muhat =

   57.390000000000001


p1 =

   57.390000000000001


sigmahat =

    1.966535826750873


sigmahat1 =

    1.966535826750873


p2 =

    1.916742027503963
```

```
muci =

   56.469632902339683
   58.310367097660318


ci =

   56.469632902339683   1.495531606349597
   58.310367097660318   2.872266449964584


sigmaci =

   1.495531606349597
   2.872266449964584


muci1 =

   56.469632902339683   58.310367097660318

sigmaci1 =

   1.495531606349597   2.872266449964584
```

4.2.2 点估计

点估计是用单个数值作为参数的估计,目前使用较多的方法是最大似然法和矩法。

1. 最大似然法

最大似然法是在待估参数的可能取值范围内,挑选使似然函数值最大的那个参数值为最大似然估计量。由于最大似然估计法得到的估计量通常不仅仅满足无偏性、有效性等基本条件,还能保证其为充分统计量,所以,在点估计和区间估计中,一般推荐使用最大似然法。

MATLAB 用函数 mle 进行最大似然估计,其调用格式为:

phat=mle('dist',data):使用 data 矢量中的样本数据,返回 dist 指定的分布的最大似然估计。

【例 4-5】 观测某型号 20 辆汽车消耗 10L 汽油的行驶里程,具体数据如下所示:

59.6 55.2 56.6 55.8 60.2 57.4 59.8 56.0 55.8 57.4 56.8 54.4
59.0 57.0 56.0 60.0 58.2 59.6 59.2 53.8

假设行驶里程服从正态分布,请用最大似然估计法估计总体的均值和方差。

解 根据题意,最大似然估计求解程序为:

```
clear all
clc
x1 = [59.6 55.2 56.6 55.8 60.2 57.4 59.8 56.0 55.8 57.4];
x2 = [56.8 54.4 59.0 57.0 56.0 60.0 58.2 59.6 59.2 53.8];
x = [x1 x2]';
p = mle('norm',x);
muhatmle = p(1)
sigma2hatmle = p(2)^2
```

运行结果:

```
muhatmle =

  57.390000000000001


sigma2hatmle =

  3.673900000000002
```

2. 矩法

待估参数经常作为总体原点矩或原点矩的函数,此时可以用该总体样本的原点矩或样本原点矩的函数值作为待估参数的估计,这种方法称为矩法。

例如,样本均值总是总体均值的矩估计量,样本方差总是总体方差的矩估计量,样本标准差总是总体标准差的矩估计量。

MATLAB 计算矩的函数为 moment(X, order)。

【例 4-6】 观测某型号 20 辆汽车消耗 10L 汽油的行驶里程,具体数据如下所示:

59.6   55.2   56.6   55.8   60.2   57.4   59.8   56.0   55.8   57.4   56.8   54.4
59.0   57.0   56.0   60.0   58.2   59.6   59.2   53.8

试估计总体的均值和方差。

解 根据题意,编写求程序如下所示:

```
clear all
clc
x1 = [59.6 55.2 56.6 55.8 60.2 57.4 59.8 56.0 55.8 57.4];
x2 = [56.8 54.4 59.0 57.0 56.0 60.0 58.2 59.6 59.2 53.8];
x = [x1 x2]';
muhat = mean(x)
sigma2hat = moment(x,2)
var(x,1)
```

运行后得到结果为:

```
muhat =

   57.390000000000001


sigma2hat =

   3.673900000000002


ans =

   3.673900000000002
```

4.2.3 区间估计

求参数的区间估计,首先要求出该参数的点估计,然后构造一个含有该参数的随机变量,并根据一定的置信水平求该估计值的范围。

在 MATLAB 中用 mle 函数进行最大似然估计时,有如下几种调用格式:

- [phat,pci]=mle('dist',data)——返回最大似然估计和95%置信区间。
- [phat,pci]= mle('dist',data,alpha)——返回指定分布的最大似然估计值和 $100(1-\text{alpha})\%$ 置信区间。
- [phat,pci]= mle('dist',data,alpha,p1)——该形式仅用于二项分布,其中 p1 为实验次数。

【例 4-7】 观测某型号 20 辆汽车消耗 10L 汽油的行驶里程,具体数据如下所示:

29.8 27.6 28.3 27.9 30.1 28.7 29.9 28.0 27.9 28.7
28.4 27.2 29.5 28.5 28.0 30.0 29.1 29.8 29.6 26.9

设行驶里程服从正态分布,求平均行驶里程的 95% 置信区间。

解 根据题意,编写求程序如下所示:

```
clear all
clc
x1 = [29.8 27.6 28.3 27.9 30.1 28.7 29.9 28.0 27.9 28.7];
x2 = [28.4 27.2 29.5 28.5 28.0 30.0 29.1 29.8 29.6 26.9];
x = [x1 x2]';
[p,pci] = mle('norm',x,0.05)
```

运行结果:

```
p =
   28.695000000000000 0.958371013751981
```

```
pci =
    28.234816451169841 0.747765803174798
    29.155183548830159 1.436133224982292
```

4.3 参数传递函数

MATLAB中参数传递过程是传值传递,也就是说,在函数调用过程中,MATLAB将传入的实际变量值赋值为形式参数指定的变量名,这些变量都存储在函数的变量空间中,这和工作区变量空间是独立的,每一个函数在调用中都有自己独立的函数空间。

例如,在MATLAB中编写函数:

```
function y = myfun(x,y)
```

在命令窗口通过 a＝myfun(3,2)调用此函数,那么MATLAB首先会建立myfun函数的变量空间,把3赋值给x,把2赋值给y,然后执行函数实现的代码,在执行完毕后,把myfun函数返回的参数y的值传递给工作区变量a,调用过程结束后,函数变量空间被清除。

4.3.1 输入和输出参数的数目

MATLAB的函数可以具有多个输入或输出参数。通常在调用时,需要给出和函数声明语句中一一对应的输入参数;而输出参数个数可以按参数列表对应指定,也可以不指定。不指定输出参数调用函数时,MATLAB默认地把输出参数列表中的第一个参数的数值返回给工作区变量 ans。

MATLAB中可以通过 nargin 和 nargout 函数,确定函数调用时实际传递的输入和输出参数个数,结合条件分支语句,就可以处理函数调用中指定不同数目的输入/输出参数的情况。

【例 4-8】 输入和输出参数数目的使用。

解 在命令窗口输入:

```
function [n1,n2] = mythe(m1,m2)
if nargin == 1
    n1 = m1;
    if nargout == 2
        n2 = m1;
    end
else
    if nargout == 1
        n1 = m1 + m2;
    else
        n1 = m1;
```

```
            n2 = m2;
        end
end
```

函数调试结果如下所示：

```
>> m = mythe(4)
m =
     4
>> [m,n] = mythe(4)
m =
     4
n =
     4
>> m = mythe(4,8)
m =
    12
>> [m,n] = mythe(4,8)
m =
     4
n =
     8
>> mythe(4,8)
ans =
     4
```

指定输入和输出参数个数的情况比较好理解，只要对应函数 M 文件中对应的 if 分支项即可；而不指定输出参数个数的调用情况，MATLAB 是按照指定了所有输出参数的调用格式对函数进行调用的，不过在输出时只是把第一个输出参数对应的变量值赋给工作区变量 ans。

4.3.2　可变数目的参数传递

函数 nargin 和 nargout 结合条件分支语句，可以处理可能具有不同数目的输入和输出参数的函数调用，但这要求对每一种输入参数数目和输出参数数目的结果分别进行代码编写。

有些情况下，用户可能并不能确定具体调用中传递的输入参数或输出参数的个数，即具有可变数目的传递参数，MATLAB 中可通过 varargin 和 varargout 函数实现可变数目的参数传递，使用这两个函数对于处理具有复杂的输入/输出参数个数组合的情况也是便利的。

函数 varargin 和 varargout 把实际的函数调用时的传递的参数值封装成一个元胞数组，因此，在函数实现部分的代码编写中，就要用访问元胞数组的方法访问封装在 varargin 和 varargout 中的元胞或元胞内的变量。

【例 4-9】 可变数目的参数传递。

解 在 MATLAB 命令窗口输入：

```
function y = myth(x)
a = 0;
for i = 1:1:length(x)
    a = a + mean(x(i));
end
y = a/length(x);
```

函数 myth 以 x 作为输入参数，从而可以接受可变数目的输入参数，函数实现部分首先计算了各个输入参数（可能是标量、一维数组或二维数组）的均值，然后计算这些均值的均值。调用结果如下所示：

```
>> myth([4 3 4 5 1])
ans =
    3.4000
>> myth(4)
ans =
    4
>> myth([2 3;8 5])
ans =
    5
>> myth(magic(4))
ans =
    8.5000
```

4.3.3 返回被修改的输入参数

前面已经讲过，MATLAB 函数有独立于 MATLAB 工作区的自己的变量空间，因此输入参数在函数内部的修改都只具有和函数变量空间相同的生命周期，如果不指定将此修改后的输入参数值返回到工作区间，那么在函数调用结束后，这些修改后的值将被自动清除。

【例 4-10】 函数内部的输入参数修改。

解 在命令窗口输入：

```
function y = mythe(x)
x = x + 2;
y = x.^2;
```

在 mythe 函数的内部，首先修改了输入参数 x 的值（x＝x＋2），然后以修改后的 x 值计算输出参数 y 的值（y＝x∗2）。调用结果如下所示：

```
>> x = 2
x =
```

```
         2
>> y = mythe(x)
y =
        16
>> x
x =
         2
```

由此结果可见,调用结束后,函数变量区中的 x 在函数调用中被修改,但此修改只能在函数变量区有效,这并没有影响到 MATLAB 工作区变量空间中的变量 x 的值,函数调用前后,MATLAB 工作区中的变量 x 始终取值为 3。

那么,如果用户希望函数内部对输入参数的修改也对 MATLAB 工作区的变量有效,那么就需要在函数输出参数列表中返回此输入参数。

【例 4-11】 将修改后的输入参数返回给 MATLAB 工作区。

解 在 MATLAB 命令窗口输入:

```
function [y,x] = mythee(x)
x = x + 2;
y = x.^2;
```

调试结果如下所示:

```
>> x = 3
x =
     3
>> [y,x] = mythee(x)
y =
    25
x =
     5
>> x
x =
     5
```

通过函数调用后,MATLAB 工作区中的变量 x 取值从 3 变为 8,可见通过[y,x]＝mythee(x)调用,实现了函数对 MATLAB 工作区变量的修改。

4.3.4 全局变量

通过返回修改后的输入参数,可以实现函数内部对 MATLAB 工作区变量的修改,而另一种殊途同归的方法是使用全局变量,声明全局变量需要用到 global 关键词,语法格式为 global variable。

通过全局变量可以实现 MATLAB 工作区变量空间和多个函数的函数空间共享,这样,多个使用全局变量的函数和 MATLAB 工作区共同维护这一全局变量,任何一处对全局变量的修改,都会直接改变此全局变量的取值。

在应用全局变量时,通常在各个函数内部通过 global variable 语句声明,在命令窗口或脚本 M 文件中也要先通过 global 声明,然后进行赋值。

【例 4-12】 全局变量的使用。

解 在 MATLAB 命令窗口输入:

```
function y = myt(x)
global a;
a = a + 9;
y = cos(x);
```

然后在命令窗口声明全局变量赋值调用:

```
>> global a
>> a = 2
a =
     2
>> myt(pi)
ans =
    - 1
>> cos(pi)
ans =
    - 1
>> a
a =
    11
```

通过例 4-12 可见,用 global 将 a 声明为全局变量后,函数内部对 a 的修改也会直接作用到 MATLAB 工作区中,函数调用一次后,a 的值从 2 变为 11。

4.4 插值函数

插值是指在所给的基准数据情况下,研究如何平滑地估算出基准数据之间其他点的函数数值。每当其他点上函数值获取的代价比较高时,插值就会发挥作用。

在数字信号处理和图像处理中,插值是极其常用的方法。MATLAB 提供了大量的插值函数。在 MATLAB 中,插值函数保存在 MATLAB 工具箱的 polyfun 子目录下。下面对插值中的一些常用函数进行介绍。

4.4.1 一维插值命令及实例

一维插值是进行数据分析的重要方法,在 MATLAB 中,一维插值有基于多项式的插值和基于快速傅立叶的插值两种类型。一维插值就是对一维函数 $y = f(x)$ 进行插值。

在 MATLAB 中,一维多项式插值采用函数 interp1() 进行实现。函数 interp1() 使用多项式技术,用多项式函数通过提供的数据点来计算目标插值点上的插值函数值,该命令对数据点之间计算内插值。它找出一元函数 f(x) 在中间点的数值。其中函数 f(x) 由所给数据决定。

其调用格式如下：

- yi = interp1(x,Y,xi)——返回插值向量 yi，每一元素对应于参量 xi，同时由向量 x 与 Y 的内插值决定。参量 x 指定数据 Y 的点。若 Y 为一矩阵，则按 Y 的每列计算。yi 是阶数为 length(xi) * size(Y,2) 的输出矩阵。

- yi = interp1(Y,xi)——假定 x=1:N，其中 N 为向量 Y 的长度，或者为矩阵 Y 的行数。

- yi = interp1(x,Y,xi,method)——用指定的算法计算插值。

一维插值可以采用的方法如下：

- 临近点插值(nearest neighbor interpolation)——设置 method ='nearest'，这种插值方法在已知数据的最邻近点设置插值点，对插值点的数采用四舍五入的方法。对超出范围的点将返回一个 NaN(not a number)。

- 线性插值(linear interpolation)——设置 method = 'linear'，该方法采用直线连接相邻的两点，为 MATLAB 系统中采用的默认方法。对超出范围的点将返回 NaN。

- 三次样条插值(cubic spline interpolation)——设置 method = 'spline'，该方法采用三次样条函数来获得插值点。

- 分段三次 Hermite 插值(piecewise cubic Hermite interpolation)——设置 method ='pchip'。

- 三次多项式插值——设置 method ='cubic'，与分段三次 Hermite 插值相同。

- MATLAB 中使用的三次多项式插值——设置 method = 'v5cubic'，该方法使用一个三次多项式函数对已知数据进行拟合。

对于超出 x 范围的 xi 的分量，使用方法 nearest、linear、v5cubic 的插值算法，相应地将返回 NaN。对其他的方法，interp1 将对超出的分量执行外插值算法。

- yi = interp1(x,Y,xi,method,'extrap')——对于超出 x 范围的 xi 中的分量将执行特殊的外插值法 extrap。

- yi = interp1(x,Y,xi,method,extrapval)——确定超出 x 范围的 xi 中的分量的外插值 extrapval，其值通常取 NaN 或 0。

【例 4-13】 已知当 x=0:0.3:3 时，函数

$$y = (x^2 - 4x + 2) \cdot \sin(x)$$

的值，对 xi=0:0.01:3 采用不同的方法进行插值。

解 其实现的 MATLAB 代码如下：

```
clear all
clc
x = 0:0.3:3;
y = (x.^2 - 4 * x + 2). * sin(x);
xi = 0:0.01:3;                          %要插值的数据
yi_nearest = interp1(x,y,xi,'nearest'); %临近点插值
yi_linear = interp1(x,y,xi);            %默认为线性插值
yi_spine = interp1(x,y,xi,'spine');     %三次样条插值
```

```
yi_pchip = interp1(x, y, xi, 'pchip');            % 分段三次 Hermite 插值
yi_v5cubic = interp1(x, y, xi, 'v5cubic');        % MATLAB5 中三次多项式插值
figure;                                            % 画图显示
hold on;
subplot(231);
plot(x, y, 'ro');                                  % 绘制数据点
title('已知数据点');
subplot(232);
plot(x, y, 'ro', xi, yi_nearest, 'b-');           % 绘制临近点插值的结果
title('临近点插值');
subplot(233);
plot(x, y, 'ro', xi, yi_linear, 'b-');            % 绘制线性插值的结果
title('线性插值');
subplot(234);
plot(x, y, 'ro', xi, yi_spine, 'b-');             % 绘制三次样条插值的结果
title('三次样条插值');
subplot(235);
plot(x, y, 'ro', xi, yi_pchip, 'b-');             % 绘制分段三次 Hermite 插值的结果
title('分段三次 Hermite 插值');
subplot(236);
plot(x, y, 'ro', xi, yi_v5cubic, 'b-');           % 绘制三次多项式插值的结果
title('三次多项式插值');
```

运行程序后,对数据采用不同的插值方法,输出结果如图 4-3 所示。由图可以看出,采用临近点插值时,数据的平滑性最差,得到的数据不连续。

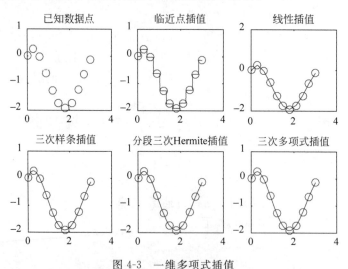

图 4-3　一维多项式插值

选择插值方法时主要考虑的因素有运算时间、占用计算机内存和插值的光滑程度。下面对临近点插值、线性插值、三次样条插值和分段三次 Hermite 插值进行比较,如表 4-2 所示。临近点插值的速度最快,但是得到的数据不连续,其他方法得到的数据都连续。三次样条插值的速度最慢,可以得到最光滑的结果,是最常用的插值方法。

表 4-2　不同插值方法进行比较

插 值 方 法	运算时间	占用计算机内存	光滑程度
临近点插值	快	少	差
线性插值	稍长	较多	稍好
三次样条插值	最长	较多	最好
分段三次 Hermite 插值	较长	多	较好

在上面的小节中,多次使用到了 MATLAB 中关于 M 文件中的基础知识来实现各种插值方法的功能。关于 M 文件的使用方法请读者自行查看相应的章节。

4.4.2　二维插值命令及实例

二维插值主要用于图像处理和数据的可视化,其基本思想与一维插值相同,对函数 $y=f(x,y)$ 进行插值。在 MATLAB 中,采用函数 interp2() 进行二维插值。其调用格式如下:

- Zi = interp2(X,Y,Z,Xi,Yi)——返回矩阵 Zi,其元素包含对应于参量 Xi 与 Yi(可以是向量或同型矩阵)的元素,即 Zi(i,j) 属于 [Xi(i,j),Yi(i,j)]。用户可以输入行向量和列向量 Xi 与 Yi,此时,输出向量 Zi 与矩阵 meshgrid(xi,yi) 是同型的。同时取决于由输入矩阵 X、Y 与 Z 确定的二维函数 Z=f(X,Y)。参量 X 与 Y 必须是单调的,且相同的划分格式,就像由命令 meshgrid 生成的一样。若 Xi 与 Yi 中有在 X 与 Y 范围之外的点,则相应地返回 NaN(not a number)。
- Zi = interp2(Z,Xi,Yi)——默认 X=1:n、Y=1:m,其中 [m,n]=size(Z)。再按第一种情形进行计算。
- Zi = interp2(Z,n)——作 n 次递归计算,在 Z 的每两个元素之间插入它们的二维插值,这样,Z 的阶数将不断增加。interp2(Z) 等价于 interp2(Z,1)。
- Zi = interp2(X,Y,Z,Xi,Yi,method)——用指定的算法 method 计算二维插值。

二维插值可以采用的方法如下:
- linear——双线性插值算法(默认算法);
- nearest——最临近插值;
- spline——三次样条插值;
- cubic——双三次插值。

【例 4-14】　二维插值函数实例分析,分别采用 nearest、linear、spline 和 cubic 进行二维插值,并绘制三维表面图。

解　其实现的 MATLAB 代码如下:

```
clear all
clc
[x,y] = meshgrid( -5:1:5);              % 原始数据
z = peaks(x,y);
[xi,yi] = meshgrid( -5:0.8:5);          % 插值数据
zi_nearest = interp2(x,y,z,xi,yi,'nearest');   % 临近点插值
```

```
zi_linear = interp2(x,y,z,xi,yi);              % 系统默认为线性插值
zi_spline = interp2(x,y,z,xi,yi,'spline');     % 三次样条插值
zi_cubic = interp2(x,y,z,xi,yi,'cubic');       % 三次多项式插值
figure;                                        % 数据显示
hold on;
subplot(321);
surf(x,y,z);                                   % 绘制原始数据点
title('原始数据');
subplot(322);
surf(xi,yi,zi_nearest);                        % 绘制临近点插值的结果
title('临近点插值');
subplot(323);
surf(xi,yi,zi_linear);                         % 绘制线性插值的结果
title('线性插值');
subplot(324);
surf(xi,yi,zi_spline);                         % 绘制三次样条插值的结果
title('三次样条插值');
subplot(325);
surf(xi,yi,zi_cubic);                          % 绘制三次多项式插值的结果
title('三次多项式插值');
```

运行程序后,输出的结果如图 4-4 所示。

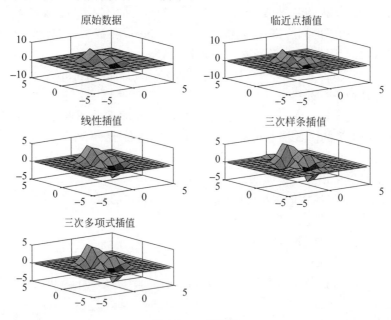

图 4-4 二维插值

输出结果分别采用临近点插值、线性插值、三次样条插值和三次多项式插值。在二维插值中已知数据(x,y)必须是栅格格式,一般采用函数 meshgrid() 产生,例如本程序中采用 $[x,y] = \text{meshgrid}(-5:0.8:5)$ 来产生数据 (x,y)。另外,函数 interp2() 要求数据 (x,y) 必须是严格单调的,即单调增加或单调减少。如果数据 (x,y) 在平面上分布不是等间距时,函数 interp2() 会通过变换将其转换为等间距;如果数据 (x,y) 已经是等间

距的,则可以在 method 参数的前面加星号'＊',例如参数'cubic'变为'＊cubic',来提高插值的速度。

4.4.3 样条插值

在 MATLAB 中,三次样条插值可以采用函数 spline()。该函数的调用格式如下:

- yy ＝ spline(x,y,xx)——对于给定的离散的测量数据 x、y(称为断点),要寻找一个三项多项式 $y=p(x)$,以逼近每对数据 (x,y) 点间的曲线。过两点 (x_i,y_i) 和 (x_{i+1},y_{i+1}) 只能确定一条直线,而通过一点的三次多项式曲线有无穷多条。为使通过中间断点的三次多项式曲线具有唯一性,要增加两个条件(因为三次多项式有 4 个系数):

三次多项式在点 (x_i,y_i) 处有 $p_i'(x_i)=p_i''(x_i)$;

三次多项式在点 (x_{i+1},y_{i+1}) 处有 $p_i'(x_{i+1})=p_i''(x_{i+1})$;

$p(x)$ 在点 (x_i,y_i) 处的斜率是连续的;

$p(x)$ 在点 (x_i,y_i) 处的曲率是连续的。

对于第一个和最后一个多项式规定如下条件:

$$p_1'''(x) = p_2'''(x)$$
$$p_n'''(x) = p_{n-1}'''(x)$$

上述两个条件称为非结点(not-a-knot)条件。综合上述内容,可知对数据拟合的三次样条函数 $p(x)$ 是一个分段的三次多项式:

$$p(x) = \begin{cases} p_1(x) & x_1 \leqslant x \leqslant x_2 \\ p_2(x) & x_2 \leqslant x \leqslant x_3 \\ \cdots \\ p_n(x) & x_n \leqslant x \leqslant x_{n+1} \end{cases}$$

其中每段 $p_i(x)$ 都是三次多项式。

该命令用三次样条插值计算出由向量 x 与 y 确定的一元函数 $y=f(x)$ 在点 xx 处的值。若参量 y 是一矩阵,则以 y 的每一列和 x 配对,再分别计算由它们确定的函数在点 xx 处的值。则 yy 是一阶数为 length(xx)＊size(y,2)的矩阵。

- pp ＝ spline(x,y)——返回由向量 x 与 y 确定的分段样条多项式的系数矩阵 pp,它可用于命令 ppval、unmkpp 的计算。

【例 4-15】 对离散地分布在 $y=\exp(x)\sin(x)$ 函数曲线上的数据点进行样条插值计算。

解 在 MATLAB 命令窗口输入如下代码:

```
clear all
clc
x = [0 2 4 5 8 12 12.8 17.2 19.9 20];
y = exp(x). * sin(x);
xx = 0:.25:20;
yy = spline(x,y,xx);
plot(x,y,'o',xx,yy)
```

插值图形结果如图 4-5 所示。

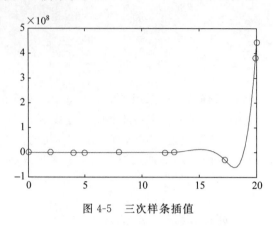

图 4-5　三次样条插值

本章小结

MATLAB 提供了极其丰富的内部函数,使得用户通过命令行调用就可以完成很多工作,但是想要更加高效地利用 MATLAB 建模,离不开 MATLAB 编程。

通过本章的学习,读者应该熟悉并掌握 MATLAB 中各种类型的函数,尤其对曲线拟合函数、参数估计函数和插值函数,同时对于二维绘图函数和三维绘图函数,也需要熟练运用。

MATLAB 提供解决微积分的各种问题、微分方程求解的任何限制的程度和计算方法。最重要的是可以很容易地绘制图形复变函数，并检查最大值、最小值和图形解决原始函数，以及其衍生的其他内容。

本章重点介绍了函数导数、极限问题、积分问题和级数展开等内容。

学习目标：

- 熟练掌握函数导数的求解方法和函数
- 熟练掌握函数积分的求解方法
- 熟练掌握级数展开和求和

5.1 求解函数导数

求导是数学计算中的一个计算方法，导数定义为：当自变量的增量趋于零时，因变量的增量与自变量的增量之商的极限。在一个函数存在导数时，称这个函数可导或者可微分。可导的函数一定连续。不连续的函数一定不可导。

5.1.1 函数的导数

如果函数和自变量都已知，且均为符号变量，则可以用 diff 函数解出给定函数的各阶导数。

diff 函数的调用格式为：

- diff(s)——没有指定变量和导数阶数，则系统按 findsym 函数指示的默认变量对符号表达式 s 求一阶导数。
- diff(s,'v')——以 v 为自变量，对符号表达式 s 求一阶导数。
- diff(s,n)——按 findsym 函数指示的默认变量对符号表达式 s 求 n 阶导数，n 为正整数。
- diff(s,'v',n)——以 v 为自变量，对符号表达式 s 求 n 阶导数。

【例 5-1】 $y = \sqrt{1 - 2 \cdot e^x}$，求 y'。

解 在 MATLAB 命令窗口输入以下代码：

```
syms x
y = sqrt(1 - 2 * exp(x))
diff(y)          % 求 1.未指定求导变量和阶数,按默认规则处理
```

运行后得到:

```
ans =

- exp(x)/(1 - 2 * exp(x))^(1/2)
```

【例 5-2】 $y = -x\sin(x)$,求 y''、y'''。

解 在 MATLAB 命令窗口输入以下代码:

```
syms x
y = - x * sin(x)
diff(y,x,2)          % 求 2.求 y 对 x 的 2 阶导数
diff(y,x,3)          % 求 3.求 y 对 x 的 3 阶导数
```

运行后得到:

```
ans =

x * sin(x) - 2 * cos(x)


ans =

3 * sin(x) + x * cos(x)
```

5.1.2　隐函数的偏导数

已知隐函数的数学表达式为 $f(x_1, x_2, \cdots, x_n) = 0$,则可以通过隐函数对它们的偏导数求出自变量之间的偏导数。具体可以用下面的公式求出 $\partial x_i / \partial x_j$:

$$\frac{\partial x_i}{\partial x_j} = -\frac{\dfrac{\partial}{\partial x_j} f(x_1, x_2, \cdots, x_n)}{\dfrac{\partial}{\partial x_i} f(x_1, x_2, \cdots, x_n)}$$

【例 5-3】 $z = f(x, y)$ 由 $x^2 - y^2 + 2z^2 = a^2$ 定义,求 z'_x,z'_y。

解 在 MATLAB 命令窗口输入以下代码:

```
syms a x y z
f = x^2 - y^2 + 2 * z^2 - a^2
zx = - diff(f,x)/ diff(f,z)          % 求 z 对 x 偏导数
zy = - diff(f,y)/ diff(f,z)          % 求 z 对 y 偏导数
```

运行后得到:

```
zx =

- x/(2 * z)


zy =

y/(2 * z)
```

【例 5-4】　二元函数 $f(x,y)=(x^2+2x)\mathrm{e}^{x^2+y^2+2xy}=0$，求 $\partial y/\partial x$。

解　在 MATLAB 命令窗口输入以下代码：

```
syms x y;
f = (x ^ 2 + 2 * x) * exp( x ^ 2 + y ^ 2 + 2 * x * y);
diff(f, x) / diff(f, y)
```

运行后得到：

```
ans =

(exp(- x^2 - 2 * x * y - y^2) * (exp(x^2 + 2 * x * y + y^2) * (2 * x + 2) + exp(x^2 +
2 * x * y + y^2) * (x^2 + 2 * x) * (2 * x + 2 * y)))/((x^2 + 2 * x) * (2 * x + 2 * y))
```

5.2　极限问题

MATLAB 提供 limit 命令来计算极限。

limit 命令属于符号计算，需要使用 SYMS 命令告诉 MATLAB 使用的符号变量。

5.2.1　单变量函数

已知函数 $f(x)$，则极限问题的一般描述为

$$L = \lim_{x \to x_0} f(x)$$

其中，x_0 可以是一个确定的值，也可以是无穷大。

对某些函数来说，还可以定义单边极限（或称左右极限），即

$$L = \lim_{x \to x_0^-} f(x)$$

或

$$L = \lim_{x \to x_0^+} f(x)$$

前者表示 x 从左侧趋近于 x_0 点，称为左极限，后者相应地称为右极限。

极限问题在 MATLAB 符号运算工具箱中可以使用 limit 函数直接求出，该函数的调用格式为：

- limit(f,x,a)——求 $\lim\limits_{x \to a} f(x)$。

- limit(f,a)——求 $f(x)$ 的极限值。符号函数 $f(x)$ 的变量为函数 findsym(f) 确定的默认自变量 a，即 $x \rightarrow a$。

- limit(f)——求 $f(x)$ 的极限值。符号函数 $f(x)$ 的变量为函数 findsym(f) 确定的默认自变量。没有指定变量的目标值，系统默认自变量趋近于 0，即 $a=0$。

- limit(f,x,a,'right')——求 $\lim\limits_{x \rightarrow a^+} f(x)$。'right'表示变量 x 从右边趋近于 a。

- limit(f,x,a,'left')——求 $\lim\limits_{x \rightarrow a^-} f(x)$。'left'表示变量 x 从左边趋近于 a。

【例 5-5】 求解极限问题 $\lim\limits_{x \rightarrow \infty} x \left(1 - \dfrac{2a}{x}\right)^x \sin \dfrac{3b}{x}$。

解 在 MATLAB 命令窗口输入以下代码：

```
syms x a b;
f = f = x * (1 - 2 * a/x) ^ x * sin(3 * b/x);
L = limit(f, x, inf)
```

运行后得到：

```
L =

3 * b * exp( - 2 * a)
```

【例 5-6】 求 $\lim\limits_{x \rightarrow y^-} \dfrac{\sqrt[n]{x} + \sqrt[n]{y}}{x + y}$ 极限值。

解 在 MATLAB 命令窗口输入以下代码：

```
syms y m x
f = (x ^ (1/n) + y ^ (1/n)) / (x + y)
limit (f, x, y)
```

运行后得到：

```
ans =

1/a ^ ((m - 1)/m)
```

【例 5-7】 分别求出 $\sin(x)$ 函数在 $\pi/2$ 点处的左右极限。

解 在 MATLAB 命令窗口输入以下代码：

```
clear all
clc
syms x;
f = sin(x);
L1 = limit(f, x, pi/2, 'left')
L2 = limit(f, x, pi/2, 'right')
```

运行后得到：

```
L1 =

    1


L2 =

    1
```

即 $\sin(x)$ 函数在 $\pi/2$ 点处的左右极限均为 1。

5.2.2 多变量函数

多元函数的极限可以同样用 MATLAB 中的 limit 函数直接求解。假设有二元函数 $f(x, y)$，若要求出二元函数的极限

$$L = \lim_{\substack{x \to x_0 \\ y \to y_0}} f(x, y)$$

则可以嵌套使用 limit 函数。例如：

```
L1 = limit (limit (f, x, x₀), y, y₀)
```

或

```
L2 = limit (limit (f, y, y₀), x, x₀)
```

如果 x_0 或 y_0 不是确定的值，而是另一个变量的函数，如 $x \to g(y)$，则上述的极限求取顺序不能交换。

【例 5-8】 求出二元函数极限值 $\lim\limits_{\substack{x \to 1/\sqrt{y} \\ y \to \infty}} e^{-1/(y^2 - x^2)}$

解 在 MATLAB 命令窗口输入以下代码：

```
clear all
clc
syms x y a;
f = exp( - 1/(y^2 - x^2));
L = limit(limit(f,x,1/sqrt(y)),y,inf)
```

运行后得到：

```
L =

    1
```

5.3 求解积分问题

积分是微积分学与数学分析里的一个核心概念。通常分为定积分和不定积分两种。直观地说，对于一个给定的正实值函数，在一个实数区间上的定积分可以理解为在坐标

平面上,由曲线、直线以及轴围成的曲边梯形的面积值(一种确定的实数值)。

求解积分问题分为不定积分、定积分、多重积分等内容,下面做简单介绍。

5.3.1　不定积分

MATLAB符号运算工具箱中提供了一个 int 函数,可以直接用来求符号函数的不定积分。该函数的调用格式为:

```
F = int ( fun , x)
```

如果被积函数 fun 中只有一个变量,则调用语句中的 x 可以省略。

另外,该函数得出的结果 F(x)是积分原函数,实际的不定积分应该是 F(x)+C 构成的函数族,其中,C 是任意常数。

对于可积的函数,MATLAB符号运算工具箱提供的 int 函数可以用计算机代替繁重的手工推导,立即得出原始问题的解。而对于不可积的函数来说,MATLAB也是无能为力的。

【例 5-9】 求不定积分 $\int (1+x^2)^3 \mathrm{d}x$。

解　在 MATLAB 命令窗口输入以下代码:

```
clear all
clc
x = sym('x')
f = (1 + x^2)^3
int(f)
```

运行后得到:

```
ans =

x^7/7 + (3 * x^5)/5 + x^3 + x
```

【例 5-10】 求 $\int \dfrac{xt}{1-x^2}\mathrm{d}t$ 。

解　在 MATLAB 命令窗口输入以下代码:

```
syms x t
f = x * t/(1-x^2)
int(f,t)
```

运行后得到:

```
ans =

- (t^2 * x)/(2 * (x^2 - 1))
```

5.3.2 定积分与无穷积分计算

在 MATLAB 中,仍然可以使用 int 函数来求解定积分或无穷积分问题。该函数的具体调用格式为:

```
I = int ( f, x, a, b)
```

其中,x 为自变量,(a, b)为定积分的积分区间,求解无穷积分时,允许将 a、b 设置成 - inf 或 inf。当 a、b 中有一个符号表达式时,函数返回一个符号函数。

【例 5-11】 求 $\int_2^5 |1+x| \, dx$。

解 在 MATLAB 命令窗口输入以下代码:

```
clear all
clc
x = sym('x')
int(abs(1 + x),2,5)
```

运行后得到:

```
ans =

27/2
```

【例 5-12】 求 $\int_3^5 \dfrac{x^4}{(x+1)^{12}} \, dx$。

解 在 MATLAB 命令窗口输入以下代码:

```
clear all
clc
x = sym('x')
f = x^4/(x + 1)^12
I = int(f,3,5)
double(I)
```

运行后得到:

```
ans =

   3.0008e - 06
```

5.3.3 多重积分

对于多重积分,需要根据实际情况先选择积分顺序,可积的部分作为内积分,然后再处理外积分。每步积分均采用 int 函数处理。如果交换积分顺序后仍然不能积出解析解,则说明原积分没有解析解,需要采用数值方法求解。

【例 5-13】 求二重积分 $\iint e^{-tx} dt dx$ 。

解 在 MATLAB 命令窗口输入以下代码:

```
syms t x c1 c2,
y = int(int(exp( - t * x), t) + c1, x) + c2
```

运行后得到:

```
y =

c2 - ei( - t * x) + c1 * x
```

5.4 级数展开和求和

级数理论是分析学的一个分支,它与另一个分支微积分学一起作为基础知识和工具出现在其余各分支中。二者共同以极限为基本工具,分别从离散与连续两个方面,结合起来研究分析学的对象,即变量之间的依赖关系——函数。本节主要利用 MATLAB 进行级数的展开和求和。

5.4.1 级数展开

1. Taylor 幂级数展开

如果在 $x = a$ 点附近进行 Taylor 幂级数展开,则得出:
$$f(x) = b_1 + b_2(x - a) + \cdots + h_k(x - a)^k + o\lfloor (x - a)^k \rfloor$$
其中,各个系数表达式如下所示:
$$b_i = \frac{1}{(i - 1)!} \lim_{x \to a} \frac{d^{i-1} f(x)}{dx^{i-1}}, \quad i = 1, 2, 3, \cdots$$

Taylor 幂级数展开可以用符号运算工具箱的 Taylor 函数给出,其调用格式为:

- taylor (f, x, k)——按 x = 0 进行 Taylor 幂级数展开。
- taylor (f, x, k, a)——按 x = a 进行 Taylor 幂级数展开。

其中,f 为函数的符号表达式,x 为自变量,若函数只有一个自变量,则 x 可以省略。k 为需要展开的项数,默认值为 6 项。

【例 5-14】 求 $\sqrt{x + x^3} - \sqrt[3]{x + x^2}$ 的 4 阶泰勒级数展开式。

解 在 MATLAB 命令窗口输入以下代码:

```
clear all
clc
x = sym('x')
f1 = sqrt(x + x^3) - (x + x^2)^(1/3)
taylor(f1,x,4)
```

运行后得到：

```
ans =

((13 * 20 ^ (1/3))/144000 + (293051 * 68 ^ (1/2))/2736816128) * (x - 4)^4 - (x - 4) * ((3 *
20 ^ (1/3))/20 - (49 * 68 ^ (1/2))/136) - ((73 * 20 ^ (1/3))/4800000 + (5220329 * 68 ^ (1/
2))/372206993408) * (x - 4)^5 - 20 ^ (1/3) + 68 ^ (1/2) + (x - 4)^2 * ((7 * 20 ^ (1/3))/
1200 + (863 * 68 ^ (1/2))/36992) - (x - 4)^3 * (20 ^ (1/3)/1600 + (5295 * 68 ^ (1/2))/
5030912)
```

2. Fourier 级数展开

给定函数 $f(x)$，其中，$x \in [-L, L]$，且周期为 $T = 2L$，可以人为地对该函数在其他区间上进行周期延拓，使得 $f(x) = f(kT + x)$，k 为任意整数。这样可以把函数展开成无穷三角函数和形式，即把函数展开为下面级数的形式：

$$f(x) = \frac{a_0}{2} + \sum_{n=1}^{\infty} \left(a_n \cos \frac{n\pi}{L} x + b_n \sin \frac{n\pi}{L} x \right)$$

其中：

$$a_n = \frac{1}{L} \int_{-L}^{L} f(x) \cos \frac{n\pi x}{L} dx \quad n = 0, 1, 2, \cdots$$

$$b_n = \frac{1}{L} \int_{-L}^{L} f(x) \sin \frac{n\pi x}{L} dx \quad n = 1, 2, 3, \cdots$$

该级数称为 Fourier 级数，a_n、b_n 称为 Fourier 系数。

若 $x \in (c, d)$，则可以计算出 $L = (d - c)/2$。这时可以引入新变量 $\hat{x}$，使得 $x = \hat{x} + L + c$，则可以将 $f(\hat{x})$ 映射成 $[-L, L]$ 区间上的函数。这样可以对其进行 Fourier 级数展开。然后再将 $\hat{x} = x - L - c$ 转换成 x 的函数即可。

MATLAB 没有直接提供求解 Fourier 系数与级数的现成函数。可以由上述公式很容易地编写求解 Fourier 级数的函数文件。

```
function [A, B, F] = fseries(f, x, n, a, b)
if nargin == 3, a = - pi; b = pi; end        % nargin 是实际函数输入参数个数
L = (b - a)/2;
if a + b, f = subs(f, x, x + L + a); end      % 如果 x 区间对于 y 轴非对称,就将 x 置换为 x + L + a
A = int(f, x, - L, L)/L; B = [ ]; F = A/2;    % 求 a0/2
    % 以下循环是求 an 和 bn
for i = 1:n
 an = int(f * cos(i * pi * x/L), x, - L, L)/L;
 bn = int(f * sin(i * pi * x/L), x, - L, L)/L; A = [A, an]; B = [B, bn];
 F = F + an * cos(i * pi * x/L) + bn * sin(i * pi * x/L);
end
if a + b
F = subs(F, x, x - L - a);
end                                          % 如果 x 区间对于 y 轴非对称,再将 x 置换回 x - L - a
```

该函数的调用格式为：

```
[A,B,F] = fseries(f,x,p,a,b)
```

其中,f 为给定函数,x 为自变量,p 为展开项数,a、b 为 x 的区间,默认值为[π,－π]。A、B 为 Fourier 系数,F 为展开式。

【例 5-15】 求给定函数 $y=x(x+\pi)(x+2\pi)$,$x\in(0,2\pi)$ 的 Fourier 级数前 12 项的展开。

解 在 MATLAB 命令窗口输入以下代码:

```
clear all
clc
syms x;
f = x * (x + pi) * (x + 2 * pi);
[A,B,F] = fseries(f,x,12,0,2 * pi);
F
```

运行后得到:

```
F =

24 * pi * cos(x) − sin(9 * x) * ((8 * pi^2)/3 − 4/243) − sin(10 * x) * ((12 * pi^2)/5 − 3/
250) − sin(7 * x) * ((24 * pi^2)/7 − 12/343) − sin(11 * x) * ((24 * pi^2)/11 − 12/1331) −
sin(5 * x) * ((24 * pi^2)/5 − 12/125) + 8 * pi^3 + 6 * pi * cos(2 * x) + (8 * pi * cos(3 *
x))/3 + (3 * pi * cos(4 * x))/2 + (24 * pi * cos(5 * x))/25 + (2 * pi * cos(6 * x))/3 + (24 *
pi * cos(7 * x))/49 + (3 * pi * cos(8 * x))/8 + (8 * pi * cos(9 * x))/27 + (6 * pi * cos(10 *
x))/25 + (24 * pi * cos(11 * x))/121 + (pi * cos(12 * x))/6 + (sin(x) * (12 * pi − 24 * pi^
3))/pi + (sin(2 * x) * ((3 * pi)/2 − 12 * pi^3))/pi + (sin(3 * x) * ((4 * pi)/9 − 8 * pi^
3))/pi + (sin(4 * x) * ((3 * pi)/16 − 6 * pi^3))/pi + (sin(6 * x) * (pi/18 − 4 * pi^3))/pi +
(sin(8 * x) * ((3 * pi)/128 − 3 * pi^3))/pi + (sin(12 * x) * (pi/144 − 2 * pi^3))/pi
```

5.4.2　级数求和

级数的和可以表达为下面的形式:

$$S = \sum_{k=k_0}^{k_n} f_k$$

其中,f_k 为级数的通项,k 为级数自变量,k_0 和 k_n 为级数求和的起始项与终止项。

MATLAB 符号运算工具箱中提供的 symsum 函数可以用于已知通项的有穷或无穷级数的和。

其调用格式为:

```
symsum(fk, k, k0, kn)
```

可以将起始项或终止项设置成无穷量 inf。如果 fk 中只含有一个变量,则在调用 symsum 函数时可以省略 k 量。

【例 5-16】 求下列级数之和 $s_1 = 1 + \dfrac{1}{4} + \dfrac{1}{9} + \cdots + \dfrac{1}{n^2} + \cdots$。

解 在 MATLAB 命令窗口输入以下代码：

```
clear all
clc
n = sym('n')
s1 = symsum(1/n^2,n,1,inf)
```

运行后得到：

```
s1 =

pi^2/6
```

本章小结

微积分是高等数学中研究函数的微分、积分以及有关概念和应用的数学分支。它是数学的一个基础学科。内容主要包括极限、微分学、积分学及其应用。在数学建模中，微积分有其独特的作用。本章对于微分的函数求导、极限问题求解、积分问题求解等内容做了详细介绍。

第6章 数学规划模型

数学规划是运筹学的一个重要分支,也是现代数学的一门重要学科。在20世纪40年代,由于大量实际问题的需要和电子计算机的高速发展,数学规划得以迅速发展起来,并成为一门十分活跃的新兴学科。

本章主要介绍数学规划模型的概念、线性规划和非线性规划等应用。

学习目标:

■ 深刻理解线性规划、非线性规划等方法建模的基本特点

■ 熟练建立一些实际问题的数学规划模型

6.1 数学规划模型的概念

在众多实际问题中,常常要求决策(确定)一些可控制量的值,使得相关的量(目标)达到最佳(最大或最小)。这些问题就叫优化问题,通常需要建立规划模型进行求解。

数学规划论起始于20世纪30年代末,60年代发展成为一个完整的分支并受到数学界和社会各界的重视,70年代进入飞速发展时期,无论从理论上还是算法方面都得到了进一步完善。时至今日,数学规划仍然是运筹学领域中热点研究问题。从国内外的数学建模竞赛的试题中看,有近1/4的问题可用数学规划进行求解。

数学规划模型是一个如何来分配有限资源,从而达到人们期望目标的优化分配数学模型。它在运筹学中处于中心的地位,其一般表达式为

$$\min f(x, \alpha, \beta)$$
$$\text{s. t. } g(x, \alpha, \beta) \leqslant 0$$

式中,f 为目标函数;g 为约束函数;x 为可控变量;α 为已知参数;β 为随机参数。符号 min 表示"求最小值",符号 s. t. 表示"受约束于"。

6.2 线性规划

线性规划是运筹学中研究较早、发展较快、应用广泛、方法较成熟的一个重要分支，它是辅助人们进行科学管理的一种数学方法。

6.2.1 线性规划的标准形式

线性规划方法是在第二次世界大战中发展起来的一种重要的数量方法，它是处理线性目标函数和线性约束的一种较为成熟的方法，主要用于研究有限资源的最佳分配问题，即如何对有限的资源做出最佳方式的调配和最有利的使用，以便最充分地发挥资源的效能去获取最佳的经济效益。目前已经广泛应用于军事、经济、工业、农业、教育、商业和社会科学等许多方面。

线性规划问题的标准形式为

$$\begin{cases} \min z = c_1 x_1 + c_2 x_2 + \cdots + c_n x_n \\ a_{11} x_1 + a_{12} x_2 + \cdots + a_{1n} x_n = b_1 \\ a_{21} x_1 + a_{22} x_2 + \cdots + a_{2n} x_n = b_2 \\ \cdots \\ a_{m1} x_1 + a_{m2} x_2 + \cdots + a_{mn} x_n = b_m \\ x_1, x_2, \cdots, x_n \geqslant 0 \end{cases}$$

或

$$\begin{cases} \min z = \sum_{j=1}^{n} c_j x_j \\ \sum_{j=1}^{n} a_{ij} x_j = b_i, \quad i = 1, 2, \cdots, m \\ x_j \geqslant 0, \quad j = 1, 2, \cdots, n \end{cases}$$

写成矩阵形式为

$$\begin{cases} \min \boldsymbol{Z} = \boldsymbol{C} x \\ \boldsymbol{A} x = b \\ x \geqslant 0 \end{cases}$$

线性规划的标准形式要求使目标函数最小化，约束条件取等式，变量 b 非负。不符合这几个条件的线性模型可以转化成标准形式。

从实际问题中建立数学模型一般有以下三个步骤：

（1）根据影响所要达到目的的因素找到决策变量。

（2）由决策变量和所要达到目的之间的函数关系确定目标函数。

（3）由决策变量所受的限制条件确定决策变量所要满足的约束条件。

所建立的数学模型具有以下特点：

（1）每个模型都有若干个决策变量（$x_1, x_2, x_3, \cdots, x_n$），其中 n 为决策变量个数。决策变量的一组值表示一种方案，同时决策变量一般是非负的。

（2）目标函数是决策变量的线性函数，根据具体问题可以是最大化（max）或最小化（min），二者统称为最优化（opt）。

（3）约束条件也是决策变量的线性函数。

当得到的数学模型的目标函数为线性函数，约束条件为线性等式或不等式时称此数学模型为线性规划模型。

6.2.2　线性规划求解方法

求解线性规划问题的基本方法是单纯形法。为了提高解题速度，又有改进单纯形法、对偶单纯形法、原始对偶方法、分解算法和各种多项式时间算法。对于只有两个变量的简单的线性规划问题，也可采用图解法求解。

线性规划包括单纯形线性规划和多目标线性规划。

1. 单纯形线性规划

单纯形法是从所有基本可行解的一个较小部分中通过迭代过程选出最优解，其迭代过程的一般描述为：

- 将线性规划化为典范形式，从而可以得到一个初始基本可行解 $x(0)$（初始顶点），将它作为迭代过程的出发点，其目标值为 $z(x(0))$。
- 寻找一个基本可行解 $x(1)$，使 $z(x(1)) \leqslant z(x(0))$。方法是通过消去法将产生 $x(0)$ 的典范形式化为产生 $x(1)$ 的典范形式。
- 继续寻找较好的基本可行解 $x(2),x(3),\cdots$，使目标函数值不断改进，即 $z(x(1)) \geqslant z(x(2)) \geqslant z(x(3)) \geqslant \cdots$。当某个基本可行解再也不能被其他基本可行解改进时，它就是所求的最优解。

MATLAB 采用投影法求解线性规划问题，该方法是单纯形法的变种。

MATLAB 中求解线性规划的函数是 linprog，其使用方式为：

- x = linprog(f,A,b)——求解问题 min f' * x，约束条件为 A * x<=b。
- x = linprog(f,A,b,Aeq,beq)——求解上面的问题，但增加等式约束，即 Aeq * x = beq。若没有不等式存在，则令 A = [ ]、b = [ ]。
- x = linprog(f,A,b,Aeq,beq,lb,ub)——定义设计变量 x 的下界 lb 和上界 ub，使得 x 始终在该范围内。若没有等式约束，令 Aeq = [ ]、beq = [ ]。
- x = linprog(f,A,b,Aeq,beq,lb,ub,x0)——设置初值为 x0。该选项只适用于中型问题，默认时大型算法将忽略初值。
- x = linprog(f,A,b,Aeq,beq,lb,ub,x0,options)——用 options 指定的优化参数进行最小化。
- [x,fval] = linprog(...)——返回解 x 处的目标函数值 fval。
- [x,fval,exitflag] = linprog(...)——返回 exitflag 值，描述函数计算的退出条件。
- [x,fval,exitflag,output] = linprog(...)——返回包含优化信息的输出变量 output。
- [x,fval,exitflag,output,lambda] = linprog(...)——将解 x 处的 Lagrange 乘子

返回到 lambda 参数中。

【例 6-1】 求函数的最小值 $f(x) = -5x_1 - 4x_2 - 6x_3$,其中 x 满足条件:

$$\begin{cases} x_1 - x_2 + x_3 \leqslant 20 \\ 3x_1 + 2x_2 + 4x_3 \leqslant 42 \\ 3x_1 + 2x_2 \leqslant 30 \\ 0 \leqslant x_1, 0 \leqslant x_2, 0 \leqslant x_3 \end{cases}$$

解 首先将变量按顺序排好,然后用系数表示目标函数,即

```
f = [-5; -4; -6];
```

因为没有等式条件,所以 Aeq、beq 都是空矩阵,即

```
Aeq = [ ];
beq = [ ];
```

不等式条件的系数为:

$$A = \begin{bmatrix} 1 & -1 & 1 \\ 3 & 2 & 4 \\ 3 & 2 & 0 \end{bmatrix}, \quad b = \begin{bmatrix} 20 \\ 42 \\ 30 \end{bmatrix}$$

由于没有上限要求,故 lb、ub 设为:

$$lb = \begin{bmatrix} 0 \\ 0 \\ 0 \end{bmatrix}, \quad ub = \begin{bmatrix} \text{inf} \\ \text{inf} \\ \text{inf} \end{bmatrix}$$

根据以上分析,编写 MATLAB 代码为:

```
clear all
clc
f = [-5; -4; -6];                          %目标函数的系数
A = [1  -1  1
     3  2  4
     3  2  0];
b = [20; 42; 30];
lb = [0;0;0];                              %各变量的下限
ub = [inf;inf;inf];                        %各变量的上限
[x,fval] = linprog(f,A,b,[ ],[ ],lb,[ ]);  %求解运算
x
fval
```

运行程序后,得到结果为:

```
Optimization terminated.

x =

    0.0000
   15.0000
```

```
       3.0000


fval =

  - 78.0000
```

【例 6-2】 求解下列优化问题:
$$f(x) = -5x_1 - 4x_2 - 6x_3$$

其中

$$x_1 - x_2 + x_3 \leqslant 20$$
$$3x_1 + 2x_2 + 4x_3 \leqslant 42$$
$$3x_1 + 2x_2 \leqslant 30$$
$$0 \leqslant x_1, 0 \leqslant x_2, 0 \leqslant x_3$$

解 在 MATLAB 命令窗口输入以下代码:

```
clear all
clc
f = [ - 5; - 4; - 6];
A = [1  - 1 1;3 2 4;3 2 0];
b = [20;42;30];
lb = zeros(3,1);
[x,fval,exitflag,output,lambda] = linprog(f,A,b,[],[],lb)
```

运行代码得到结果为:

```
Optimization terminated.

x =

    0.0000
   15.0000
    3.0000


fval =

  - 78.0000


exitflag =

     1


output =
```

```
        iterations: 6
         algorithm: 'interior – point'
      cgiterations: 0
           message: 'Optimization terminated.'
    constrviolation: 0
      firstorderopt: 5.8703e – 10


lambda =

      ineqlin: [3x1 double]
        eqlin: [0x1 double]
        upper: [3x1 double]
        lower: [3x1 double]
```

exitflag $= 1$ 表示过程正常收敛于解 x 处。

2. 多目标线性规划

多目标线性规划是多目标最优化理论的重要组成部分,由于多个目标之间的矛盾性和不可公度性,要求使所有目标均达到最优解是不可能的,因此多目标规划问题往往只是求其有效解。

目前求解多目标线性规划问题有效解的方法包括理想点法、线性加权和法、最大最小法、目标规划法。

多目标线性规划有着两个和两个以上的目标函数,且目标函数和约束条件全是线性函数,其数学模型表示为:

$$\max \begin{cases} z_1 = c_{11}x_1 + c_{12}x_2 + \cdots + c_{1n}x_n \\ z_2 = c_{21}x_1 + c_{22}x_2 + \cdots + c_{2n}x_n \\ \vdots \qquad \vdots \qquad\qquad \vdots \\ z_r = c_{r1}x_1 + c_{r2}x_2 + \cdots + c_{rn}x_n \end{cases}$$

约束条件为:

$$\begin{cases} a_{11}x_1 + a_{12}x_2 + \cdots + a_{1n}x_n \leqslant b_1 \\ a_{21}x_1 + a_{22}x_2 + \cdots + a_{2n}x_n \leqslant b_2 \\ \vdots \qquad \vdots \qquad\qquad \vdots \\ a_{m1}x_1 + a_{m2}x_2 + \cdots + a_{mn}x_n \leqslant b_m \\ x_1, x_2, \cdots, x_n \geqslant 0 \end{cases}$$

上述多目标线性规划可用矩阵形式表示为:

$$\max \boldsymbol{Z} = \boldsymbol{C}x$$

约束条件:

$$\begin{cases} \boldsymbol{A}x \leqslant b \\ x \geqslant 0 \end{cases}$$

1）理想点法

$$\max \boldsymbol{Z} = \boldsymbol{C}x$$

在 $\begin{cases} \boldsymbol{A}x \leqslant b \\ x \geqslant 0 \end{cases}$ 中，先求解 r 个单目标问题：$\min\limits_{x \in D} Z_j(x), j=1,2,\cdots,r$。设其最优值为 Z_j^*，

称 Z^* 为值域中的一个理想点。于是，在期望的某种度量之下，寻求距离 Z^* 最近的 Z 作为近似值。一种最直接的方法是最短距离理想点法，构造评价函数

$$\varphi(Z) = \sqrt{\sum_{i=1}^{r} \left[Z_i - Z_i^* \right]^2}$$

然后极小化 $\varphi[Z(x)]$，即求解

$$\min_{x \in D} \varphi[Z(x)] = \sqrt{\sum_{i=1}^{r} \left[Z_i(x) - Z_i^* \right]^2}$$

$$\max \boldsymbol{Z} = \boldsymbol{C}x$$

并将它的最优解 x^* 作为 $\begin{cases} \boldsymbol{A}x \leqslant b \\ x \geqslant 0 \end{cases}$ 在这种意义下的"最优解"。

【例 6-3】 利用理想点法求解：

$$\max f_1(x) = 3x_1 - 2x_2$$
$$\max f_2(x) = -4x_1 - 3x_2$$
$$\text{s. t.} \begin{cases} 2x_1 + 3x_2 \leqslant 18 \\ 2x_1 + x_2 \leqslant 10 \\ x_1, x_2 \geqslant 0 \end{cases}$$

解 先分别对单目标求解。

求解 $f_1(x)$ 最优解的 MATLAB 程序为：

```
clear all
clc
f = [3; - 2];
A = [2,3;2,1];
b = [18;10];
lb = [0;0];
[x,fval] = linprog(f,A,b,[],[],lb)
```

结果输出为：

```
x =

    0.0000
    6.0000


fval =

  - 12.0000
```

即最优解为 12。

求解 $f_2(x)$ 最优解的 MATLAB 程序为:

```
f = [ - 4; - 3];
A = [2,3;2,1];
b = [18;10];
lb = [0;0];
[x,fval] = linprog(f,A,b,[],[],lb)
```

结果输出为:

```
x =

    3.0000
    4.0000


fval =

  - 24.0000
```

即最优解为 24。

于是得到理想点:$(12,24)$。

然后求如下模型的最优解:

$$\min_{x \in D} \varphi[f(x)] = \sqrt{[f_1(x) - 12]^2 + [f_2(x) - 24]^2}$$

$$\text{s. t.} \begin{cases} 2x_1 + 3x_2 \leqslant 18 \\ 2x_1 + x_2 \leqslant 10 \\ x_1, x_2 \geqslant 0 \end{cases}$$

MATLAB 程序如下:

```
A = [2,3;2,1];
b = [18;10];
x0 = [1;1];
lb = [0;0];
x = fmincon('(( - 3 * x(1) + 2 * x(2) - 12)^2 + (4 * x(1) + 3 * x(2) - 24)^2)^(1/2)',x0,A,b,[],
[],lb,[])
```

结果输出为:

```
x =

    0.5268
    5.6488
```

2) 线性加权和法

在具有多个指标的问题中,人们总希望对那些相对重要的指标给予较大的权系数,因而将多目标向量问题转化为所有目标的加权求和的标量问题。

基于上述设计,构造如下评价函数,即

$$\min_{x \in D} Z(x) = \sum_{i=1}^{r} \omega_i Z_i(x)$$

$$\max \boldsymbol{Z} = \boldsymbol{C}x$$

将它的最优解 x^* 作为 $\begin{cases} \boldsymbol{A}x \leqslant b \\ x \geqslant 0 \end{cases}$ 在线性加权和意义下的"最优解"(ω_i 为加权因子,其选取的方法很多,有专家打分法、容限法和加权因子分解法等)。

【例 6-4】 对例 6-3 进行线性加权和法求解(权系数分别取 $\omega_1 = 0.5$,$\omega_2 = 0.5$)。

解 构造如下评价函数,即求如下模型的最优解。

$$\min\{0.5 \times (3x_1 - 2x_2) + 0.5 \times (-4x_1 - 3x_2)\}$$

$$\text{s. t.} \begin{cases} 2x_1 + 3x_2 \leqslant 18 \\ 2x_1 + x_2 \leqslant 10 \\ x_1, x_2 \geqslant 0 \end{cases}$$

MATLAB 程序如下:

```
clear all
clc
f = [ - 0.5; - 2.5];
A = [2,3;2,1];
b = [18;10];
lb = [0;0];
x = linprog(f,A,b,[],[],lb)
```

结果输出为:

```
x =

    0.0000
    6.0000
```

3) 最大最小法

在决策的时候,采取保守策略是稳妥的,即在最坏的情况下,寻求最好的结果,按照此想法,可以构造如下评价函数,即

$$\varphi(Z) = \max_{1 \leqslant i \leqslant r} Z_i$$

$$\min_{x \in D} \varphi[Z(x)] = \min_{x \in D} \max_{1 \leqslant i \leqslant r} Z_i(x)$$

然后求解

$$\max \boldsymbol{Z} = \boldsymbol{C}x$$

并将它的最优解 x^* 作为 $\begin{cases} \boldsymbol{A}x \leqslant b \\ x \geqslant 0 \end{cases}$ 在最大最小意义下的"最优解"。

【例 6-5】 对例 6-3 进行最大最小法求解。

解 首先编写目标函数的 M 文件:

```
function f = ex1019(x)
f(1) = 3 * x(1) - 2 * x(2);
f(2) = - 4 * x(1) - 3 * x(2);
```

然后变成 MATLAB 程序如下：

```
clear all
clc
x0 = [1;1];
A = [2,3;2,1];
b = [18;10];
lb = zeros(2,1);
[x,fval] = fminimax('ex1019',x0,A,b,[],[],lb,[])
```

结果输出为：

```
x =

     0
     6


fval =

   - 12    - 18
```

　　多目标线性规划是优化问题的一种，由于其存在多个目标，要求各目标同时取得较优的值，使得求解的方法与过程都相对复杂。通过将目标函数进行模糊化处理，可将多目标问题转化为单目标，借助工具软件，从而达到较易求解的目标。

6.3　非线性规划

　　前面介绍了线性规划问题，即目标函数和约束条件都是线性函数的规划问题，但在实际工作中，还常常会遇到另一类更一般的规划问题，即目标函数和约束条件中至少有一个是非线性函数的规划问题，即非线性规划问题。

　　非线性规划是具有非线性约束条件或目标函数的数学规划，是运筹学的一个重要分支。非线性规划研究一个 n 元实函数在一组等式或不等式的约束条件下的极值问题，且目标函数和约束条件至少有一个是未知量的非线性函数。

6.3.1　非线性规划的标准形式

　　由于非线性规划问题在计算上常是困难的，理论上的讨论也不能像线性规划那样给出简洁的结果形式和全面透彻的结论，这限制了非线性规划的应用。

　　在数学建模时，要进行认真的分析，对实际问题进行合理的假设、简化，首先考虑用线性规划模型，若线性近似误差较大时，则考虑用非线性规划。

非线性规划问题的标准形式为

$$\min f(x)$$

$$\text{s. t.} \begin{cases} g_i(x) \leqslant 0, & i = 1,2,\cdots,m \\ h_j(x) = 0, & j = 1,2,\cdots,r \end{cases}$$

式中,x 为 n 维欧氏空间 R^n 中的向量;$f(x)$ 为目标函数;$g_i(x)$、$h_j(x)$ 为约束条件,且 $g_i(x)$、$h_j(x)$、$f(x)$ 中至少有一个是非线性函数。

非线性规划模型按约束条件可分为以下三类:

1) 无约束非线性规划模型

$$\min f(x)$$

$$x \in R^n$$

2) 等式约束非线性规划模型

$$\min f(x)$$

$$\text{s. t.} h_j(x) = 0, \quad j = 1,2,\cdots,r$$

3) 不等式约束非线性规划模型

$$\min f(x)$$

$$\text{s. t.} g_i(x) \leqslant 0, \quad i = 1,2,\cdots,m$$

6.3.2 二次规划

如果某非线性规划的目标函数为自变量的二次函数,约束条件全是线性函数,就称这种规划为二次规划。二次规划是一类特殊的非线性规划。

求解二次规划的方法很多。较简便易行的是沃尔夫法。它是依据库恩-塔克条件,在线性规划单纯形法的基础上加以修正而成的。

其标准数学模型为

$$\min_x \frac{1}{2} \boldsymbol{x}^\mathrm{T} \boldsymbol{H} \boldsymbol{x} + \boldsymbol{f}^\mathrm{T} \boldsymbol{x}$$

$$\text{s. t.} \begin{cases} \boldsymbol{A} \cdot \boldsymbol{x} \leqslant \boldsymbol{b} \\ \boldsymbol{Aeq} \cdot \boldsymbol{x} = \boldsymbol{beq} \\ \boldsymbol{lb} \leqslant \boldsymbol{x} \leqslant \boldsymbol{ub} \end{cases}$$

式中,$\boldsymbol{H}$、$\boldsymbol{A}$ 和 $\boldsymbol{Aeq}$ 为矩阵;$\boldsymbol{f}$、$\boldsymbol{b}$、$\boldsymbol{beq}$、$\boldsymbol{lb}$、$\boldsymbol{ub}$ 和 $\boldsymbol{x}$ 为列矢量。

其他形式的二次规划问题都可转化为标准形式。

在 MATLAB 中可以利用 quadprog 函数求解二次规划问题,其调用格式为:

- x＝quadprog(H,f,A,b)——返回矢量 x,使函数 $\frac{1}{2} \boldsymbol{x}^\mathrm{T} \boldsymbol{H} \boldsymbol{x} + \boldsymbol{f}^\mathrm{T} \boldsymbol{x}$ 最小化,其约束条件为 $\boldsymbol{A} \cdot \boldsymbol{x} \leqslant \boldsymbol{b}$。

- x＝quadprog(H,f,A,b,Aeq,beq)——仍然求解上面的问题,但添加了等式约束条件 $\boldsymbol{Aeq} \cdot \boldsymbol{x} \leqslant \boldsymbol{beq}$。

- x＝quadprog(H,f,A,b,lb,ub)——定义设计变量的下界 lb 和上界 ub,使得 lb≤ x≤ub。

- x＝quadprog(H,f,A,b,lb,ub,x0)——同上,并设置初值 x0。
- x＝quadprog(H,f,A,b,lb,ub,x0,options)——根据 options 参数指定的优化参数进行最小化。
- [x,fval]＝quadprog(…)——返回解 x 和 x 处的目标函数值 fval。
- [x,fval,exitflag]＝quadprog(…)——返回 exitflag 参数,描述计算的退出条件。
- [x,fval,exitflag,output]＝quadprog(…)——返回包含优化信息的结构输出 output。
- [x,fval,exitflag,output,lambda]＝quadprog(…)——返回解 x 处包含拉格朗日乘子的 lambda 结构参数。

【例 6-6】 求解下面的最优化问题。

目标函数为

$$f(x) = \frac{1}{2}x_1^2 + x_2^2 - x_1x_2 - 2x_1 - 6x_2$$

约束条件为

$$\begin{cases} x_1 + x_2 \leqslant 2 \\ -x_1 + 2x_2 \leqslant 2 \\ 2x_1 + x_2 \leqslant 3 \\ x_1 \geqslant 0, x_2 \geqslant 0 \end{cases}$$

解 目标函数可以修改为

$$f(x) = \frac{1}{2}x_1^2 + x_2^2 - x_1x_2 - 2x_1 - 6x_2$$
$$= \frac{1}{2}(x_1^2 - 2x_1x_2 + 2x_2^2) - 2x_1 - 6x_2$$

记

$$\boldsymbol{H} = \begin{bmatrix} 1 & -1 \\ -1 & 2 \end{bmatrix}, \quad \boldsymbol{f} = \begin{bmatrix} -2 \\ -6 \end{bmatrix}, \quad \boldsymbol{x} = \begin{bmatrix} x_1 \\ x_2 \end{bmatrix}, \quad \boldsymbol{A} = \begin{bmatrix} 1 & 1 \\ -1 & 2 \\ 2 & 1 \end{bmatrix}, \quad \boldsymbol{b} = \begin{bmatrix} 2 \\ 2 \\ 3 \end{bmatrix}$$

则上面的优化问题可写为

$$\min_x \frac{1}{2}\boldsymbol{x}^{\mathrm{T}}\boldsymbol{H}\boldsymbol{x} + \boldsymbol{f}^{\mathrm{T}}\boldsymbol{x}$$
$$\text{s. t.} \begin{cases} \boldsymbol{A} \cdot \boldsymbol{x} \leqslant \boldsymbol{b} \\ (00)^{\mathrm{T}} \leqslant \boldsymbol{x} \end{cases}$$

编写 MATLAB 程序如下所示:

```
clear all
clc
H = [1 -1; -1 2];
f = [-2; -6];
A = [1 1; -1 2;2 1];b = [2;2;3];
lb = zeros(2,1);
[x,fval,exitflag] = quadprog(H,f,A,b,[],[],lb)
```

运行结果：

```
Minimum found that satisfies the constraints.

Optimization completed because the objective function is non - decreasing in
feasible directions, to within the default value of the function tolerance,
and constraints are satisfied to within the default value of the constraint tolerance.

< stopping criteria details >


x =

    0.6667
    1.3333


fval =

   - 8.2222


exitflag =

     1
```

6.3.3　无约束规划

无约束规划法是非线性规划中最常见的一种求解方法。无约束最优化问题在实际应用中也比较常见，如工程中常见的参数反演问题。另外，许多有约束最优化问题可以转化为无约束最优化问题进行求解。

求解无约束最优化问题的方法主要有两类，即直接搜索法和梯度法。

直接搜索法适用于目标函数高度非线性，没有导数或导数很难计算的情况。由于实际工程中很多问题都是非线性的，直接搜索法不失为一种有效的解决办法。常用的直接搜索法为单纯形法，此外还有 Hooke-Jeeves 搜索法、Pavell 共轭方向法等，其缺点是收敛速度慢。

在函数的导数可求的情况下，梯度法是一种更优的方法，该法利用函数的梯度（一阶导数）和 Hessian 矩阵（二阶导数）构造算法，可以获得更快的收敛速度。

在 MATLAB 中，无约束规划由三个功能函数 fminbnd、fminsearch 和 fminunc 实现。

1. fminbnd 函数

该函数的功能是求取固定区间内单变量函数的最小值，也就是一元函数最小值问题。其数学模型为

$$\min_x f(x), \quad x_1 < x < x_2$$

式中，x、x_1、x_2 均为标量；$f(x)$ 为目标函数。

fminbnd 函数的使用格式如下：

- x = fminbnd(fun,x1,x2)

  x = fminbnd(fun,x1,x2,options)

  x = fminbnd(fun,x1,x2,options,P1,P2,...)

  [x,fval] = fminbnd(...)

  [x,fval,exitflag] = fminbnd(...)

  [x,fval,exitflag,output] = fminbnd(...)

其中，x = fminbnd(fun,x1,x2)——返回[x1，x2]区间上 fun 参数描述的标量函数的最小值点 x。

- x = fminbnd(fun,x1,x2,options)——用 options 参数指定的优化参数进行最小化。
- x = fminbnd(fun,x1,x2,options,P1,P2,...)——提供另外的参数 P1、P2 等，传输给目标函数 fun。如果没有设置 options 选项，则令 options = [ ]。
- [x,fval] = fminbnd(...)——返回解 x 处目标函数的值。
- [x,fval,exitflag] = fminbnd(...)——返回 exitflag 值描述 fminbnd 函数的退出条件。
- [x,fval,exitflag,output] = fminbnd(...)——返回包含优化信息的结构输出。

对于优化参数选项 options，用户可以用 optimset 函数设置或改变这些参数的值。options 参数有以下几个选项：

- Display——显示的水平，选择'off'，不显示输出；选择'iter'，显示每一步迭代过程的输出；选择'final'，显示最终结果。
- MaxFunEvals——函数评价的最大允许次数。
- MaxIter——最大允许迭代次数。
- TolX——x 处的终止容限。
- exitflag——描述退出条件，退出条件＞0 表示目标函数收敛于解 x 处；退出条件等于 0 表示已经达到函数评价或迭代的最大次数；退出条件＜0 表示目标函数不收敛。
- output——该参数包含三种优化信息，output. iterations 表示迭代次数；output. algorithm 表示所采用的算法；output. funcCount 表示函数评价次数。

注意：

(1) 目标函数必须是连续的。

(2) fminbnd 函数可能只给出局部最优解。

(3) 当问题的解位于区间边界上时，fminbnd 函数的收敛速度常常很慢。此时，fminbnd 函数的计算速度更快，计算精度更高。

(4) fminbnd 函数只用于实数变量。

【例 6-7】 在$(0,2\pi)$上求函数 $\sin 2x$ 的最小值。

解 在 MATLAB 命令窗口输入：

```
clear all
clc
[x,y_min] = fminbnd('sin(2 * x)',0,2 * pi)
```

得到结果为：

```
x =
    2.3562


y_min =
    - 1.0000
```

【例 6-8】 对边长为 4m 的正方形铁板,在四个角处剪去相等的小正方形以制成方形无盖盒子,如何剪可以使盒子容积最大?

解 设剪去的正方形的边长为 x,则盒子容积为

$$f(x) = (4 - 2x)^2 x$$

题目含义即要求在区间 $(0,2)$ 上确定 x 的值,使得 $f(x)$ 最大化。

因为优化工具箱中要求目标函数最小化,所以需要对目标函数进行转换,即要求 $-f(x)$ 最小化。

在 MATLAB 命令窗口输入以下代码：

```
clear all
clc
[x,f_min] = fminbnd(' - (4 - 2 * x)^2 * x',0,2)
```

得到结果为：

```
x =
    0.6667


f_min =
    - 4.7407
```

即剪去边长为 0.6667m 的正方形,最大容积为 4.7407m³。

2. fminsearch 函数

该函数功能为求解多变量无约束函数的最小值。其数学模型为

$$\min_x f(x)$$

其中,x 为向量,$f(x)$ 为一函数,返回标量。

该函数常用于无约束非线性最优化问题。fminsearch 函数的使用格式如下所示：

- x＝fminsearch(fun,x0)——初值为 x0,求 fun 函数的局部极小点 x。x0 可以是标量、向量或矩阵。
- x＝fminsearch(fun,x0,options)——用 options 参数指定的优化参数进行最小化。
- x＝fminsearch(fun,x0,options,P1,P2,...)——将问题参数 P1、P2 等直接输给目

标函数 fun,将 options 参数设置为空矩阵,作为 options 参数的默认值。

- [x,fval] = fminsearch(…)——将 x 处的目标函数值返回到 fval 参数中。
- [x,fval,exitflag] = fminsearch(…)——返回 exitflag 值,描述函数的退出条件。
- [x,fval,exitflag,output] = fminsearch(…)——返回包含优化信息参数 output 的结构输出。

各变量的意义与 fminbnd 函数一致。

注意:

(1) 应用 fminsearch 函数可能会得到局部最优解。

(2) fminsearch 函数只对实数进行最小化,即 x 必须由实数组成,f(x)函数必须返回实数。如果 x 为复数,则必须将它分为实数部和虚数部两部分。

(3) 对于求解二次以上的问题,fminunc 函数比 fminsearch 函数有效,但对于高度非线性不连续问题,fminsearch 函数更具稳健性。

(4) fminsearch 函数不适合求解平方和问题,用 lsqnonlin 函数更好一些。

【例 6-9】　求 $3x_1^3 + 3x_1 x_2^3 - 7x_1 x_2 + 2x_2^2$ 的最小值。

解　在 MATLAB 命令窗口输入以下代码:

```
clear all
clc
f = '3 * x(1)^3 + 3 * x(1) * x(2)^3 − 7 * x(1) * x(2) + 2 * x(2)^2';
x0 = [0,0];
[x,f_min] = fminsearch(f,x0)
```

运行后得到结果为:

```
x =
    0.6269    0.5960

f_min =
    − 0.7677
```

3. fminunc 函数

该函数功能为求多变量标量函数的最小值。常用于无约束非线性最优化问题。其使用格式如下所示:

- x=fminunc(fun,x0)——给定初值 x0,求 fun 函数的局部极小点 x。x0 可以是标量、向量或矩阵。
- x = fminunc(fun,x0,options)——用 options 参数指定的优化参数进行最小化。
- x = fminunc(fun,x0,options,P1,P2,…)——将问题参数 P1、P2 等直接输给目标函数 fun,将 options 参数设置为空矩阵,作为 options 参数的默认值。
- [x,fval] = fminunc(…)——将 x 处的目标函数值返回到 fval 参数中。
- [x,fval,exitflag] = fminunc(…)——返回 exitflag 值,描述函数的退出条件。
- [x,fval,exitflag,output] = fminunc(…)——返回包含优化信息参数 output 的结构输出。

- $[x,fval,exitflag,output,grad] = fminunc(\dots)$——将解 x 处 fun 函数的梯度值返回到 grad 参数中。
- $[x,fval,exitflag,output,grad,hessian] = fminunc(\dots)$——将解 x 处目标函数的 Hessian 矩阵信息返回到 hessian 参数中。

对于优化参数选项 options，用户可以用 optimset 函数设置或改变这些参数的值。其中有的参数适用于所有的优化算法，有的则只适用于大型优化问题，另外一些则只适用于中型问题。

首先描述适用于大型问题的 options 选项。对于 fminunc 函数来说，必须提供的梯度信息包括：

- LargeScale——当设为'on'时，使用大型算法；若设为'off'，则使用中型问题的算法。
- Diagnostics——打印最小化函数的诊断信息。
- Display——显示水平。选择'off'，不显示输出；选择'iter'，显示每一步迭代过程的输出；选择'final'，显示最终结果。
- GradObj——用户定义的目标函数的梯度。对于大型问题此参数是必选的，对于中型问题则是可选项。
- MaxFunEvals——函数评价的最大次数。
- MaxIter——最大允许迭代次数。
- TolFun——函数值的终止容限。
- TolX——x 处的终止容限，只适用于大型算法的参数。
- Hessian——用户定义的目标函数的 Hessian 矩阵。
- HessPattern——用于有限差分的 Hessian 矩阵的稀疏形式。
- MaxPCGIter——PCG 迭代的最大次数。
- PrecondBandWidth——PCG 前处理的上带宽，默认时为零。对于有些问题，增加带宽可以减少迭代次数。
- TolPCG——PCG 迭代的终止容限。
- TypicalX——典型 x 值，只适用于中型算法的参数。
- DerivativeCheck——对用户提供的导数和有限差分求出的导数进行对比。
- DiffManChange——变量有限差分梯度的最大变化。
- DiffMinChange——变量有限差分梯度的最小变化。
- LineSearchType——一维搜索算法的选择。
- exitflag 变量——描述退出条件，退出条件>0 表示目标函数收敛于解 x 处，退出条件等于 0 表示已经达到函数评价或迭代的最大次数，退出条件<0 表示目标函数不收敛。
- output 变量——该参数包含的优化信息有，output. iterations 表示迭代次数；output. algorithm 表示所采用的算法；output. funCount 表示函数评价次数；output. cgiterations 表示 PCG 迭代次数（只适用于大型规划问题）；output. stepsize 表示最终步长的大小（只适用于中型问题）；output. firstorderopt 表示一阶优化的度量。

fun 为目标函数,即需要最小化的目标函数。fun 函数需要输入向量参数 x,返回 x 处的目标函数标量值 f。可以将 fun 函数指定为命令行,例如:

```
x = fminunc(inline('norm(x)^2'),x0)
```

同样,fun 函数可以是一个包含函数名的字符串。对应的函数可以是 M 文件、内部函数或 MEX 文件。若 fun = 'myfun',则 x = fminunc(@myfun,x0)。

其中,M 文件函数 myfun.m 必须有下面的形式:

```
function f = myfun (x)
f = …               % 计算 x 处的函数值
```

若 fun 函数的梯度可以算得,且 options.GradObj 设为 'on',其设定方式如下所示:

```
options = optimset ('GradObj', 'on')
```

则 fun 函数必须返回解 x 处的梯度向量 g 到第二个输出变量中去。当被调用的 fun 函数只需要一个输出变量时(如算法只需要目标函数的值而不需要其梯度值时),可以通过核对 nargout 的值来避免计算梯度值。

```
function[f, g] = myfun (x)
f = …               % 计算 x 处的函数值
if nargout > 1      % 调用 fun 函数并要求有两个输出变量
    g = …           % 计算 x 处的梯度值
end
```

若 Hessian 矩阵可以求得,并且 options.Hessian 设为 'on',即

```
options = optimset ('Hessian ', 'on')
```

则 fun 函数必须返回解 x 处的 Hessian 对称矩阵 H 到第三个输出变量中去。当被调用的 fun 函数只需要一个或两个输出变量时(如算法只需要目标函数的值 f 和梯度值 g 而不需要 Hessian 矩阵 H 时),可以通过核对 nargout 的值来避免计算 Hessian 矩阵。

```
function[f, g] = myfun (x)
f = …               % 计算 x 处的函数值
if nargout > 1      % 调用 fun 函数并要求有两个输出变量
    g = …           % 计算 x 处的梯度值
    if nargout > 2
    H = …           % 计算 x 处的 Hessian 矩阵
end
```

注意:

(1) 目标函数必须是连续的,fminunc 函数有时会给出局部最优解。

(2) fminunc 函数只对实数进行优化,即 x 必须为实数,而且 f(x)必须返回实数。当 x 为复数时,必须将它分解为实部和虚部。

(3) 在使用大型算法时,用户必须在 fun 函数中提供梯度(options 参数中 GradObj

属性必须设置为'on'），否则将给出警告信息。

（4）对于求解平方和问题，fminunc 函数不是最好的选择，用 lsqnonlin 函数效果更佳。

【例 6-10】 最小化下列函数：

$$f(x) = 3x_1^2 + 2x_1x_2 + x_2^2$$

解 使用 M 文件，创建文件 myfun. m：

```
function f = myfun(x)
f = 3 * x(1)^2 + 2 * x(1) * x(2) + x(2)^2;
```

然后调用 fminunc 函数求[1,1]附近 $f(x)$ 函数的最小值：

```
x0 = [1,1];
[x,fval] = fminunc(@myfun,x0);
```

运行得到结果：

```
Warning: Gradient must be provided for trust - region algorithm; using quasi - newton
algorithm instead.
> In fminunc at 403
  In test at 4

Local minimum found.

Optimization completed because the size of the gradient is less than
the default value of the function tolerance.

< stopping criteria details >
```

继续在 MATLAB 命令窗口输入：

```
>> x,fval
```

得到结果为：

```
x =

  1.0e - 06 *

  0.2541   - 0.2029


fval =

  1.3173e - 13
```

下面用提供的梯度 g 最小化函数，修改 M 文件为 Ex10072. m：

```
function [f,g] = myfun(x)
f = 3 * x(1)^2 + 2 * x(1) * x(2) + x(2)^2;    % Cost function
```

```
if nargout > 1
    g(1) = 6 * x(1) + 2 * x(2);
    g(2) = 2 * x(1) + 2 * x(2);
end
```

下面通过将优化选项结构 options. GradObj 设置为'on'来得到梯度值。

```
options = optimoptions('fminunc','GradObj','on','Algorithm','trust - region');
x0 = [1,1];
[x,fval] = fminunc(@myfun,x0,options);
```

运行上述代码,得到结果:

```
Local minimum found.

Optimization completed because the size of the gradient is less than
the default value of the function tolerance.

< stopping criteria details >

>> x,fval
x =
   1.0e - 15 *
    0.1110   - 0.8882

fval =
   6.2862e - 31
```

【例 6-11】 求函数 $f(x)=e^{x1}(4x_1^2+2x_2^2+4x_1x_2+2x_2+1)$ 的最小值。

解 在 MATLAB 命令窗口输入以下代码:

```
>> [x,fval,exitflag,output] = fminunc('exp(x(1)) * (4 * x(1)^2 + 2 * x(2)^2 + 4 * x(1) * x(2) +
2 * x(2) + 1)',[ - 1,1])
```

运行后得到结果如下:

```
Warning: Gradient must be provided for trust - region algorithm; using quasi - newton
algorithm instead.
> In fminunc at 403

Local minimum found.

Optimization completed because the size of the gradient is less than
the default value of the function tolerance.

< stopping criteria details >

x =

   0.5000   - 1.0000
```

```
fval =

   3.6609e - 15


exitflag =

     1


output =

       iterations: 8
        funcCount: 66
         stepsize: 1
    firstorderopt: 1.2284e - 07
        algorithm: 'quasi - newton'
          message: 'Local minimum found.

Optimization completed because the size of the gradie...'
```

【例 6-12】 求无约束非线性问题

$$f(x) = 100(x_2 - x_1^2)^2 + (1 - x_1)^2, \quad x_0 = [-1.2, 1]$$

解 在 MATLAB 命令窗口中输入:

```
clear all
clc
x0 = [ - 1.2,1];
[x,fval] = fminunc('100 * (x(2) - x(1)^2)^2 + (1 - x(1))^2',x0)
```

运行后得到结果为:

```
Warning: Gradient must be provided for trust - region algorithm; using quasi - newton
algorithm instead.
> In fminunc at 403

Local minimum found.

Optimization completed because the size of the gradient is less than
the default value of the function tolerance.

<stopping criteria details>


x =

    1.0000    1.0000
```

```
fval =

   2.8336e - 11
```

6.3.4　有约束规划

有约束规划法是非线性规划求解方法中的一种,在有约束最优化问题中,通常要将该问题转化为更简单的子问题,这些子问题可以求解并作为迭代过程的基础。

早期的方法通常是通过构造惩罚函数等来将有约束的最优化问题转换为无约束最优化问题进行求解。现在,这些方法已经被更有效的基于 K-T 方程解的方法所取代。

K-T 方程的解形成了许多非线性规划算法的基础,这些算法直接计算拉格朗日乘子。用拟牛顿法更新过程,给 K-T 方程积累二阶信息,可以保证有约束拟牛顿的超线性收敛。

这些方法称为序列二次规划法,因为在每次主要的迭代过程中都求解一次二次规划子问题。该子问题可以用任意一种二次规划算法求解,求得的解可以用来形成新的迭代公式。

1. fmincon 函数

该函数功能是求多变量有约束非线性函数的最小值。

fmincon 函数的调用格式如下:

- x=fmincon(fun,x0,A,b)——给定初值 x0,求解 fun 函数的最小值点 x。fun 函数的约束条件为 $A \cdot x \leqslant b$,x0 可以是标量、矢量或矩阵。
- x=fmincon(fun,x0,A,b,Aeq,beq)——最小化 fun 函数,约束条件为 $A \cdot x \leqslant b$ 和 $Aeq \cdot x = beq$,若没有不等式存在,则设置 A=[ ],b=[ ]。
- x=fmincon(fun,x0,A,b,Aeq,beq,lb,ub)——定义设计变量 x 的下界 lb 和上界 ub,使得总是有 $lb \leqslant x \leqslant ub$。若无等式存在,则令 Aeq=[ ],beq=[ ]。
- x = fmincon(fun, x0, A, b, Aeq, beq, lb, ub, nonlcon)——在上面的基础上,在 nonlcon 参数中提供非线性的 c(x) 或 ceq(x)。fmincon 函数要求 $c(x) \leqslant 0$ 且 $ceq(x) = 0$。当无边界存在时,令 lb =[ ]和(或)ub =[ ]。
- x=fmincon(fun,x0,A,b,Aeq,beq,lb,ub,nonlcon,options)——用 options 参数指定的参数进行最小化。
- [x,fval]= fmincon(...)——还返回解 x 处的目标函数值。
- [x,fval,exitflag]=fmincon(...)——还返回 exitflag 参数,描述函数计算的退出条件。
- [x,fval,exitflag,output]= fmincon (...)——还返回包含优化信息的输出参数 output。
- [x,fval,exitflag,output,lambda]= fmincon (...)——还返回解 x 处包含拉格朗

日乘子的 lambda 参数。

- $[x,fval,exitflag,output,lambda,grad] = fmincon (...)$——还返回解 x 处 fun 函数的梯度。
- $[x,fval,exitflag,output,lambda,grad,hessian] = fmincon (...)$——还返回解 x 处 fun 函数的 Hessian 矩阵。

【例 6-13】 求解优化问题,目标函数为 $\min f(x_1,x_2,x_3) = x_1^2(x_2+2)x_3$,其约束条件为

$$s.t.\begin{cases} 350 - 163x_1^{-2.86}x_3^{0.86} \leqslant 0 \\ 10 - 4 \times 10^{-3}x_1^{-4}x_2x_3^3 \leqslant 0 \\ x_1(x_2+1.5) + 4.4 \times 10^{-3}x_1^{-4}x_2x_3^3 - 3.7x_3 \leqslant 0 \\ 375 - 3.56 \times 10^5 x_1 x_2^{-1} x_3^{-2} \leqslant 0 \\ 4 - x_3/x_1 \leqslant 0 \\ 1 \leqslant x_1 \leqslant 4 \\ 4.5 \leqslant x_2 \leqslant 50 \\ 10 \leqslant x_3 \leqslant 30 \end{cases}$$

解 首先创建目标函数程序:

```
function f = ex10_6a(x)
f = x(1) * x(1) * (x(2) + 2) * x(3);
```

然后创建非线性约束条件函数程序:

```
function [c,ceq] = ex10_6b(x)
c(1) = 350 − 163 * x(1)^(−2.86) * x(3)^0.86;
c(2) = 10 − 0.004 * (x(1)^(−4)) * x(2) * (x(3)^3);
c(3) = x(1) * (x(2) + 1.5) + 0.0044 * (x(1)^(−4)) * x(2) * (x(3)^3) − 3.7 * x(3);
c(4) = 375 − 356000 * x(1) * (x(2)^(−1)) * x(3)^(−2);
c(5) = 4 − x(3)/x(1);
ceq = 0;
```

函数求解程序如下:

```
clear all
clc
x0 = [2 25 20]';
lb = [1 4.5 10]';
ub = [4 50 30]';
[x,fval,exitflag] = fmincon(@ex10_6a,x0,[],[],[],[],lb,ub,@ex10_6b)
```

运行得到的结果为:

```
x =

    1.0000
    4.5000
```

9799992

```
    10.0000

fval =

    65.0005

exitflag =

       1
```

2. nonlcon 参数

该参数计算非线性不等式约束 $c(x) \leqslant 0$ 和非线性等式约束 $ceq(x)=0$。nonlcon 参数是一个包含函数名的字符串。该函数可以是 M 文件、内部文件或 MEX 文件。

它要求输入一个向量 x，返回两个变量——解 x 处的非线性不等式向量 c 和非线性等式向量 ceq。

例如，若 nonlcon = 'mycon '，则 M 文件 mycon.m 具有下面的形式：

```
function [c, ceq] = mycon (x)
c = …                %计算 x 处的非线性不等式
ceq = …              %计算 x 处的非线性等式
```

若还计算了约束的梯度，即

```
options = optimset ( 'GradConstr ', 'on ')
```

则 nonlcon 函数必须在第三个和第四个输出变量中返回 c (x) 的梯度 GC 和 ceq (x) 的梯度 GCeq。

当被调用的 nonlcon 函数只需要两个输出变量（此时优化算法只需要 c 和 ceq 的值，而不需要 GC 和 GCeq）时，可以通过查看 nargout 的值来避免计算 GC 和 GCeq 的值。

```
function [c, ceq, GC, GCeq] = mycon (x)
c = …                      %解 x 处的非线性不等式
ceq = …                    %解 x 处的非线性等式
if nargout > 2             %被调用的 nonlcon 函数，要求有 4 个输出变量
   GC = …                  %不等式的梯度
   GCeq = …                %等式的梯度
end
```

若 nonlcon 函数返回 m 元素的向量 c 和长度为 n 的 x，则 c(x) 的梯度 GC 是一个 $n \times m$ 的矩阵，其中 GC(i, j) 是 c(j) 对 x(i) 的偏导数。同样，若 ceq 是一个 p 元素的向量，则 ceq(x) 的梯度 GCeq 是一个 $n \times p$ 的矩阵，其中 GCeq(i, j) 是 ceq(j) 对 x(i) 的偏导数。

注意：

（1）使用大型算法，必须在 fun 函数中提供梯度信息（options. GradObj 设置为'on'）。如果没有梯度信息，则将给出警告信息。

（2）当对矩阵的二阶导数（即 Hessian 矩阵）进行计算后，用该函数求解大型问题将更有效。

（3）求大型优化问题的代码中不允许上限和下限相等。

（4）目标函数和约束函数都必须是连续的，否则可能会只给出局部最优解。

（5）目标函数和约束函数都必须是实数。

【例 6-14】 求解下列优化问题：

目标函数为

$$f(x) = -x_1 x_2 x_3$$

约束条件为

$$0 \leqslant x_1 + 2x_2 + 2x_3 \leqslant 72$$

解 将题中的约束条件修改为如下所示不等式

$$-x_1 - 2x_2 - 2x_3 \leqslant 0$$
$$x_1 + 2x_2 + 2x_3 \leqslant 72$$

两个约束条件都是线性的，在 MATLAB 中实现：

```
clear all
clc
x0 = [10;10;10];
A = [-1 -2 -2;1 2 2];
b = [0;72];
[x,fval] = fmincon('-x(1)*x(2)*x(3)',x0,A,b)
```

运行后得到结果如下所示：

```
Local minimum found that satisfies the constraints.

Optimization completed because the objective function is non-decreasing in
feasible directions, to within the default value of the function tolerance,
and constraints are satisfied to within the default value of the constraint tolerance.

<stopping criteria details>

x =

    24.0000
    12.0000
    12.0000


fval =

  -3.4560e+03
```

本章小结

建立数学模型是沟通摆在面前的实际问题与数学工具之间联系的一座必不可少的桥梁。为了解决各种实际问题,数学规划模型被大量应用在自然科学、社会科学和工程技术中。通过本章的介绍,读者需要熟练掌握线性规划和非线性规划的应用。

第7章 智能优化算法

这十几年来最优化理论有了飞速发展,神经网络算法、遗传算法、免疫算法、模拟退火算法发展很快。在数学建模竞赛中,多次用到这四种智能优化算法求解问题。本章对于这四种算法的基础及其MATLAB应用做了详细介绍。

学习目标:
- 了解神经网络算法及其MATLAB应用
- 熟悉遗传算法及其MATLAB应用
- 熟悉免疫算法及其MATLAB应用
- 了解模拟退火算法及其MATLAB应用

7.1 神经网络算法

人工神经网络的构筑理念是受到生物(人或其他动物)神经网络功能的运作启发而产生的。人工神经网络通常是通过一个基于数学统计学类型的学习方法得以优化,所以人工神经网络也是数学统计学方法的一种实际应用。

通过统计学的标准数学方法我们能够得到大量的可以用函数来表达的局部结构空间,另外在人工智能学的人工感知领域,通过数学统计学的应用可以来做人工感知方面的决定问题(也就是说通过统计学的方法,人工神经网络能够类似人一样具有简单的决定能力和简单的判断能力),这种方法比起正式的逻辑学推理演算更具有优势。

7.1.1 基本原理

人工神经网络模型主要考虑网络连接的拓扑结构、神经元的特征、学习规则等。目前,已有近40种神经网络模型,其中有反传网络、感知器、自组织映射、Hopfield网络、波耳兹曼机、适应谐振理论等。根据连接的拓扑结构,神经网络模型可以分为以下两种。

1. 前向网络

网络中各个神经元接受前一级的输入,并输出到下一级,网络中没有反馈,可以用一个有向无环路图表示。这种网络实现信号从输入空间到输出空间的变换,它的信息处理能力来自于简单非线性函数的多次复合。

图 7-1 所示为两层前向神经网络结构。该网络只有输入层和输出层,其中 x 为输入,W 为权值,y 为输出。输出层神经元为计算节点,其传递函数取符号函数 f。该网络一般用于线性分类。

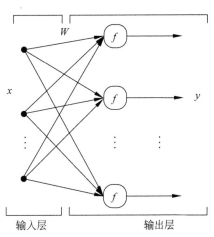

图 7-1　两层前向神经网络结构

图 7-2 所示为多层前向神经网络结构。该网络有一个输入层、一个输出层和多个隐含层,其中隐含层和输出层神经元为计算节点。多层前向神经网络传递函数可以取多种形式。如果所有的计算节点都取符号函数,则网络称为多层离散感知器。

前向网络结构简单,易于实现。反传网络是一种典型的前向网络。

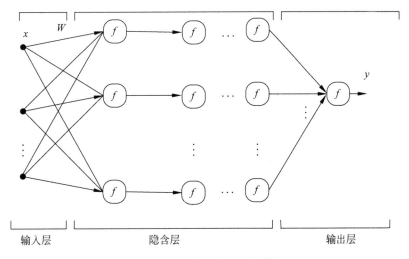

图 7-2　多层前向神经网络结构

2．反馈网络

网络内神经元间有反馈，可以用一个无向的完备图表示。这种神经网络的信息处理是状态的变换，可以用动力学系统理论处理。系统的稳定性与联想记忆功能有密切关系。Hopfield 网络、波耳兹曼机均属于这种类型。

以两层前馈神经网络模型（输入层为 n 个神经元）为例，反馈神经网络结构如图 7-3所示。

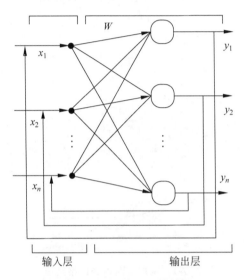

图 7-3　反馈神经网络结构

7.1.2　程序设计

在 MATLAB 的神经网络工具箱中，包含了多种神经网络函数，具体包括：

- 感知器；
- 线性网络；
- BP 网络；
- 径向基函数网络；
- 竞争型神经网络；
- 自组织网络和学习向量量化网络；
- 反馈网络。

本节主要介绍通用的神经网络工具函数，对它们的使用方法、注意事项等做了说明。表 7-1 列出了神经网络中一些比较重要的神经网络工具箱函数。

1．通用神经网络工具箱函数

MATLAB 神经网络工具箱中，有些通用函数几乎可以用于所有种类的神经网络，如神经网络训练函数 train、神经网络仿真函数 sim 等。下面介绍几个通用函数的基本功能及其使用方法。

表 7-1　一些重要的神经网络工具箱函数

函数类型	名称	用　　途	函数类型	名称	用　　途
创建函数	newp	创建感知器网络	学习函数	learnp	感知器学习函数
	newlin	创建一个线性层		learnwh	Widrow_Hof f 学习规则
	newcf	创建一个多层前馈 BP 网络		learngdm	带动量项的 BP 学习规则
	newrb	设计一个径向基网络		learncon	Conscience 阈值学习函数
	newgrnn	设计一个广义回归神经网络		learnpn	标准感知器学习函数
	newc	创建一个竞争层		learngd	BP 学习规则
	newhop	创建一个 Hopfield 递归网络		learnk	Kohonen 权学习函数
	newlind	设计一个线性层		learnsom	自组织映射权学习函数
	newff	创建一个前馈 BP 网络	训练函数	trainwb	网络权与阈值的训练函数
	newfftd	创建一个前馈输入延迟 BP 网络		traingd	梯度下降的 BP 算法训练函数
	newrbe	设计一个严格的径向基网络		traingdx	梯度下降 w/动量和自适应 lr 的 BP 算法训练函数
	newpnn	设计一个概率神经网络		traingdm	梯度下降 w/动量的 BP 算法训练函数
	newsom	创建一个自组织特征映射		traingda	梯度下降 w/自适应 lr 的 BP 算法训练函数
	newelm	创建一个 Elman 递归网络		trainlm	Levenberg_ Marquardt 的 BP 算法训练函数
应用函数	sim	仿真一个神经网络	绘图函数	plotes	绘制误差曲面
	adapt	神经网络的自适应化		plotep	绘制权和阈值在误差曲面上的位置
	init	初始化一个神经网络		plotsom	绘制自组织映射图
	train	训练一个神经网络			

1) 神经网络初始化函数 init

利用神经网络初始化函数 init 可以对一个已经存在的神经网络参数进行初始化,即修正该网络的权值和偏值等参数

该函数的调用格式为:

```
net = init(NET)
```

其中,NET 是没有初始化的神经网络;net 是经过初始化的神经网络。

【例 7-1】　建立一个感知器神经网络,训练后再对其进行初始化,查看代码运行过程中的结果。

解　首先使用 configure 函数建立一个感知器神经网络,MATLAB 代码如下:

```
%%%%%% 建立一个感知器神经网络 %%%%%%%%%%
clear all
clc
x = [0 1 0 1; 0 0 1 1];
t = [0 0 0 1];
net = perceptron;
net = configure(net,x,t);
net.iw{1,1}
net.b{1}
```

运行以上代码结果如下：

```
ans =

     0     0
ans =

     0
```

上述结果表示建立的感知器权值和偏值均为默认值，即 0。

再用常用的 train 对建立的感知器神经网络进行训练：

```
%%%%%% 训练所建立的神经网络 %%%%%%
net = train(net,x,t);
net.iw{1,1}
net.b{1}
```

感知器神经网络训练的过程如图 7-4 所示。

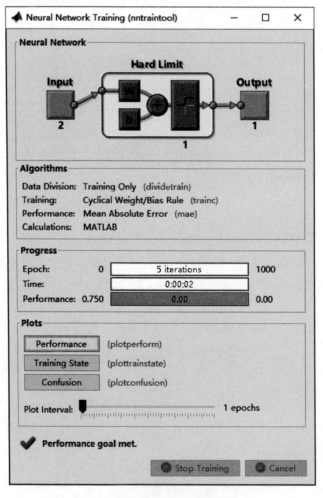

图 7-4 感知器神经网络训练过程

经过训练后,感知器神经网络的权值和偏值分别如下:

```
ans =

     1     2
ans =

    − 3
```

从以上结果可知,感知器神经网络的权值和偏值已经发生改变。

对完成训练的感知器神经网络再次初始化,其 MATLAB 代码如下:

```
%%%%%%初始化训练后的感知器神经网络%%%%%
net = init(net);
net.iw{1,1}
net.b{1}
```

运行结果如下:

```
ans =

     0     0
ans =

     0
```

此时,感知器神经网络的权值和偏值重新被初始化,即神经网络权值和偏值变为 0。

2)单层神经网络初始化函数 initlay()

函数 initlay()是对层-层结构神经网络进行初始化,即修正该网络的权值和偏值。其调用格式如下所示:

```
net = initlay(NET)
```

其中,NET 是没有初始化的神经网络;net 是经过初始化的神经网络。

3)神经网络单层权值和偏值初始化函数 initwb()

该函数可以对神经网络的某一层权值和偏值进行初始化修正,该神经网络的每层权值和偏值按照预先设定的修正方式来完成。其调用格式为:

```
net = initwb(NET,i)
```

其中,NET 是没有初始化的神经网络;i 为需要进行权值和偏值进行修正的;net 是第 i 层经过初始化的神经网络。

4)神经网络训练函数 train()

该函数可以训练一个神经网络,是一种通用的学习函数。训练函数不断重复地把一组输入向量应用到某一个神经网络,实时更新神经网络的权值和偏值,当神经网络训练达到设定的最大学习步数、最小误差梯度或误差目标等条件后,停止训练。

函数调用格式如下：

```
[net,tr,Y,E] = train(NET,X,T,Xi,Ai)
```

其中，NET 为需要训练的神经网络；X 为神经网络的输入；T 为训练神经网络的目标输出，默认值为 0；Xi 表示初始输入延时，默认值为 0；Ai 表示初始的层延时，默认值为 0；net 表示完成训练的神经网络；tr 表示神经网络训练的步数；Y 为神经网络的输出；E 表示网络训练误差。

在调用该训练函数之前，需要先设定训练函数、训练步数、训练目标误差等参数，如果这些参数没有设定，train 函数将调用系统默认的训练参数对神经网络进行训练。

5）神经网络仿真函数

神经网络完成训练后，其权值和偏值也确认了。利用 sim 函数可以检测已经完成训练的神经网络的性能。其调用格式为：

```
[Y,Xf,Af,E] = sim(net,X,Xi,Ai,T)
```

其中，net 是要训练的网络；X 为神经网络的输入；Xi 表示初始输入延时，默认值为 0；Ai 表示初始的层延时，默认值为 0；T 为训练神经网络的目标输出，默认值为 0；Y 为神经网络的输出；Xf 为最终输入延时；Af 为最终的层延时；E 表示网络误差。

6）神经网络输入的和函数 netsum

神经网络输入的和函数是通过某一层的加权输入和偏值相加作为该层的输入。调用格式如下：

```
N = netsum({Z1,Z2,…,Zn},FP)
```

其中，Zn 是 $S \times Q$ 维矩阵。

下面使用 netsum 函数将两个权值和一个偏值相加：

```
>> z1 = [1 2 4; 3 4 1]
z2 = [-1 2 2; -5 -6 1]
b = [0; -1]
n = netsum({z1,z2,concur(b,3)})
```

得到神经网络输入：

```
>> n
n =

     0      4      6
    -3     -3      1
```

7）权值点积函数 dotprod

神经网络输入向量与权值的点积可以得到加权输入。该函数调用格式如下：

```
Z = dotprod(W,P,FP)
```

其中，W 为权值矩阵；P 为输入向量；FP 为功能参数（可省略）；Z 为权值矩阵与输入向量的点积。

利用 dotprod 函数求得一个点积的 MATLAB 示例如下所示：

```
>> W = rand(4,3);
P = rand(3,1);
Z = dotprod(W,P)
```

运行代码得到结果如下：

```
Z =

    0.3732
    0.4010
    0.4149
    0.3629
```

8）网络输入的积函数 netprod

该函数是将神经网络某一层加权输入和偏值相乘的结果，作为该层的输入。其调用格式为：

```
N = netprod({Z1,Z2,…,Zn})
```

其中，Zn 为 $Z \times Q$ 维矩阵。

利用 netprod 函数求得网络输入的积的 MATLAB 示例如下所示：

```
>> Z1 = [1 2 4;3 4 1];
Z2 = [-1 2 2; -5 -6 1];
B = [0; -1];
Z = {Z1, Z2, concur(B,3)};
N = netprod(Z)
```

运行代码得到结果如下：

```
N =

     0     0     0
    15    24    -1
```

2. 感知器 MATLAB 函数

在 MATLAB 神经网络工具箱中有大量与感知器相关的函数。表 7-2 列出了一些感知器函数及其功能。

表 7-2 感知器函数及其功能

名　　称	用　　途	名　　称	用　　途
plotpv	绘制样本点函数	learnp	感知器学习函数
plotpc	绘制分类线函数	mae	平均绝对误差性能函数

1）绘制样本点函数 plotpv

该函数可以在坐标图中绘制出样本点及其类别,不同类别使用不同的符号。其调用格式如下:

```
plotpv(P,T)
```

其中,P 为 n 个二维或三维的样本矩阵;T 表示各个样本点的类别。

例如,利用以下 MATLAB 代码:

```
>> p = [0 0 1 1; 0 1 0 1];
t = [0 0 0 1];
plotpv(p,t)
```

可以得到如图 7-5 所示的样本分类图。从图中可以看出,除了点[1 1]用"+"表示之外,其他三个点均用圆点表示。

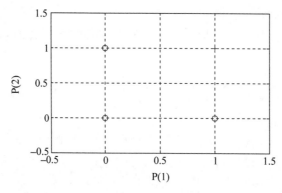

图 7-5　样本分类图

2）绘制分类线函数 plotpc

该函数是在已知的样本分类图中,画出样本分类线。其调用格式如下:

```
plotpc(W,B)
```

其中,W 和 B 分别是神经网络的权矩阵和偏差向量。

3）感知器学习函数 learnp

感知器学习规则为调整网络的权值和偏值,使得感知器平均绝对误差性能最小,以便对网络输入向量正确分类。感知器的学习规则只能训练单层网络。该函数的调用格式为:

```
[dW,LS] = learnp(P,T,E)
```

其中,P 为输入向量矩阵;T 为目标向量;E 为误差向量;dW、LS 分别是权值和偏值变化矩阵。

4）平均绝对误差性能函数 mae

感知器的学习规则是调整网络的权值和偏值,使得神经网络的平均误差和最小。该函数的调用格式为：

```
perf = mae(E,Y,X,FP)
```

其中，E 为感知器输出误差矩阵；Y 表示感知器的输出向量；X 表示感知器的权值和偏值向量。

【例 7-2】 利用 mae 函数求解一个神经网络的平均绝对误差。

解 首先利用 configure 函数建立一个神经网络，然后再用 mae 求解神经网络的平均绝对误差。MATLAB 代码如下：

```
clear all
clc
net = perceptron;
net = configure(net,0,0);
p = [-10 -5 0 5 10];
t = [0 0 1 1 1];
y = net(p);
e = t-y;
perf = mae(e)
```

运行以上代码，得到网络平均绝对误差为：

```
>> perf

perf =

    0.4000
```

3. 线性神经网络函数

MATLAB 神经网络工具箱为用户提供了大量的线性神经网络函数。下面介绍一些线性神经网络函数及其基本功能。

1）误差平方和性能函数 sse

线性神经网络学习规则为调整其权值和偏值，使得网络误差的平方和最小。误差平方和性能函数的调用格式为：

```
perf = sse(net,t,y,ew)
```

其中，net 为建立的神经网络；t 为目标向量；y 为网络输出向量；ew 为权值误差；perf 为误差平方和。

例如，利用以下 MATLAB 代码：

```
clear all
clc
[x,t] = simplefit_dataset;
net = fitnet(10);
net.performFcn = 'sse';
```

```
net = train(net,x,t)
y = net(x)
e = t - y
perf = sse(net,t,y)
```

可以得到一个神经网络,其误差平方和结果如下:

```
>> perf

perf =

    7.8987e - 04
```

2) 计算线性层最大稳定学习速率函数 maxlinlr

该函数用于计算用 Widrow-Hoff 准则训练出的线性神经网络的最大稳定学习速率。其调用格式如下:

```
lr = maxlinlr(P,'bias')
```

其中,P 为输入向量;bias 为神经网络的偏值;lr 为学习速率。

注意:一般而言,学习速率越大,网络训练所需要的时间越短,网络收敛速度越快,但神经网络学习越不稳定,所以在选取学习速率的时候要注意平衡时间和神经网络稳定性的影响。

例如,利用该函数的 MATLAB 代码如下:

```
>> P = [1 2 - 4 7; 0.1 3 10 6];
lr = maxlinlr(P,'bias')
```

运行以上代码,得到网络的学习速率为:

```
>> lr
lr =

    0.0067
```

3) 网络学习函数 learnwh

该函数被称为最小方差准则学习函数,其调用格式如下:

```
[dW,LS] = learnwh(W,P,Z,N,A,T,E,gW,gA,D,LP,LS)
```

其中,W 为权值矩阵;P 为输入向量;Z 为权值输入向量;N 为神经网络输入向量;A 为神经网络输出向量;T 为目标向量;E 为误差向量;gW 为权值梯度向量;gA 为输出梯度向量;D 为神经元间隔;LP 为学习函数;LS 为学习状态;dW 和 LS 分别为神经网络的权值和偏值调整值。

例如,利用该函数获取神经网络权值调整值的 MATLAB 代码如下:

```
clear all
clc
p = rand(2,1);
e = rand(3,1);
lp.lr = 0.5;
dW = learnwh([],p,[],[],[],[],e,[],[],[],lp,[])
```

运行代码得到权值调整值如下：

```
>> dW
dW =

    0.1018    0.1125
    0.2449    0.2706
    0.1969    0.2175
```

4）线性神经网络设计函数 newlind

该函数可以设计出可以直接使用的线性神经网络。该函数的调用格式如下：

```
net = newlind(P,T,Pi)
```

其中，P 为输入向量；T 为目标向量；Pi 为神经元起始状态参数；net 为建立的线性神经网络。

【例 7-3】 利用函数 newlind 建立一个线性神经网络，并测试其性能。

解 编写 MATLAB 代码如下：

```
clear all
clc
P = {1 2 1 3 3 2};
Pi = {1 3};
T = {5.0 6.1 4.0 6.0 6.9 8.0};
net = newlind(P,T,Pi);          %根据设置的参数,建立线性神经网络
Y = sim(net,P,Pi)               %检测上一步建立的神经网络性能
```

运行代码，得到结果如下：

```
>> Y
Y =

   [4.9824]    [6.0851]    [4.0189]    [6.0054]    [6.8959]    [8.0122]
```

在使用 newlind 函数时，Pi 可以省略。在上例中，如果不使用 Pi，其 MATLAB 代码如下所示：

```
clear all
clc
P = {1 2 1 3 3 2};
T = {5.0 6.1 4.0 6.0 6.9 8.0};
```

```
net = newlind(P,T);
Y = sim(net,P)
```

得到结果：

```
>> Y
Y =

    [5.0250]    [6]    [5.0250]    [6.9750]    [6.9750]    [6]
```

4. BP 神经网络函数

MATLAB 神经网络工具箱为用户提供了大量的 BP 神经网络函数。下面介绍一些 BP 神经网络函数及其基本功能。

1）均方误差性能函数 mse

BP 神经网络学习规则是不断地调整神经网络的权值和偏值，使得网络输出的均方误差和性能最小。均方误差性能函数调用格式为：

```
perf = mse(net,t,y,ew)
```

其中，net 为建立的神经网络；t 为目标向量；y 为网络输出向量；ew 为所有权值和偏值向量；perf 为均方误差。

例如，通过以下 MATLAB 代码使用 mse 函数：

```
>> [x,t] = house_dataset;
net = feedforwardnet(10);
net.performFcn = 'mse';    % Redundant, MSE is default
net.performParam.regularization = 0.01;
net = train(net,x,t);
y = net(x);
perf = perform(net,t,y);
perf = mse(net,x,t,'regularization',0.01);
```

运行得到结果：

```
>> perf
perf =

    2.3273e+04
```

2）误差平方和函数 sumsqr

该函数是计算输入向量误差平方和，其调用格式为：

```
[s,n] = sumsqr(x)
```

其中，x 为输入向量；s 为有限值的平方和；n 为有限值的个数。

例如，通过以下 MATLAB 代码使用 sumsqr 函数：

```
>> m = sumsqr([1 2;3 4])
[m,n] = sumsqr({[1 2; NaN 4], [4 5; 2 3]})
```

运行得到结果：

```
>> m
m =

    75
>> n
n =

    7
```

3）计算误差曲面函数 errsurf

利用该函数可以计算单输入神经元输出误差平方和。其调用格式为：

```
errsurf(P,T,WV,BV,F)
```

其中，P 为输入向量；T 为目标向量；WV 为权值矩阵；BV 为偏值矩阵；F 为传输函数。

例如，利用以下 MATLAB 代码：

```
>> p = [-6.0 -6.1 -4.1];
t = [+0.0 +0.1 +.97];
wv =-0.5:.5:0.5; bv =-2:2:2;
es = errsurf(p,t,wv,bv,'logsig');
```

运行可以得到误差为：

```
>> es
es =

    1.1543    0.7384    0.9168
    1.6451    0.6309    0.7379
    1.7854    1.3934    0.3305
```

4）绘制误差曲面图 plotes

利用该函数可以绘制误差的曲面图，其调用格式为：

```
plotes(WV,BV,ES,V)
```

其中，WV 为权值矩阵；BV 为偏值矩阵；ES 为误差曲面；V 为期望的视角。

可以使用以下 MATLAB 代码绘制误差曲面图：

```
>> p = [3 2];
t = [0.4 0.8];
```

```
wv =-4:0.4:4; bv = wv;
ES = errsurf(p,t,wv,bv,'logsig');
plotes(wv,bv,ES,[60 30])
```

得到的误差曲面图如图 7-6 所示。

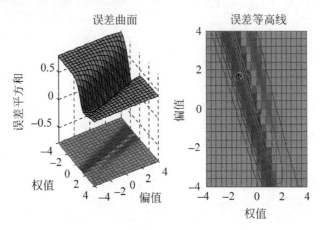

图 7-6　误差曲面图

5）在误差曲面图上绘制权值和偏值的位置 plotep

函数 plotep 在由函数 plotes 产生的误差性能表面图上画出单输入网络权值 W 与偏差 B 所对应的误差 e 的位置。该函数的调用格式为：

```
H = plotep(W,B,e)
```

其中，W 为权值矩阵；B 为偏值向量；e 为输出误差。

例如，利用以下 MATLAB 代码：

```
clear all
clc
p = [3 2];
t = [0.4 0.8];
wv =-4:0.4:4; bv = wv;
ES = errsurf(p,t,wv,bv,'logsig');
plotes(wv,bv,ES,[60 30])
W =-3;
B = 1;
E = sumsqr(t - sumuff(p,W,B,'logsig'));
plotep(W,B,e)
```

运行得到如图 7-7 所示的权值和偏值在误差曲面上的位置。

5．径向基神经网络函数

MATLAB 神经网络工具箱为用户提供了大量的径向基神经网络函数。表 7-3 列出了一些常用的径向基神经网络函数及其功能。

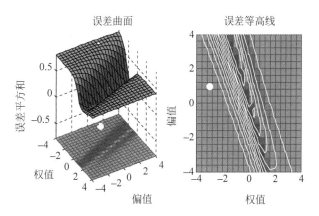

图 7-7　在误差曲面上显示权值和偏值

表 7-3　径向基神经网络函数及其功能

名　　称	用　　途
dist	计算向量间的距离函数
radbas	径向基传输函数
newrb	建立径向基神经网络函数
newrbe	建立严格径向基神经网络函数
newgrnn	建立广义回归径向基神经网络函数
ind2vec	将数据索引向量变换为向量组
vec2ind	将向量组变换为数据索引向量
newpnn	建立一个概率径向基神经网络

1）计算向量间的距离函数 dist

大多数神经网络的输入可以通过表达式 $Y = W * X + B$ 得到，其中 W 和 B 分别是神经网络的权向量和偏值向量。但有些神经元的输入可以由函数 dist 计算。该函数是一个欧氏距离权值函数，它对输入进行加权，得到被加权的输入。

该函数的调用格式如下：

```
Z = dist(W,P,FP)
D = dist(pos)
```

其中，W 为神经网络的权值矩阵；P 为输入向量；Z 和 D 均为输出距离矩阵；pos 为神经元位置参数矩阵。

下面的 MATLAB 定义一个神经网络的权值矩阵和输入向量，并计算向量间距离：

```
W = rand(4,3);
P = rand(3,1);
Z = dist(W,P)
```

运行得到结果为：

```
>> Z
Z =

    0.2581
    0.4244
    1.0701
    0.1863
```

下面定义一个 2 层神经网络,且每层神经网络包含 3 个神经元。用函数 dist 计算该神经网络所有神经元之间的距离:

```
pos = rand(2,3);
D = dist(pos)
```

运行得到结果为:

```
>> D
D =

         0    0.4310    0.1981
    0.4310         0    0.3454
    0.1981    0.3454         0
```

2) 径向基传输函数 radbas

该函数作用于径向基神经网络输入矩阵的每一个输入量,其调用格式为:

```
A = radbas(N)
```

其中,N 为网络的输入矩阵;A 为函数的输出矩阵。

利用以下代码可以得到图 7-8 所示的径向基传输函数图形。

```
n =-5:0.1:5;
a = radbas(n);
plot(n,a)
grid on
```

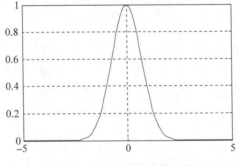

图 7-8　径向基传输函数图形

通过以下代码可以将第 i 层径向基神经网络的传输函数修改为 radbas。

```
net.layers{i}.transferFcn = 'radbas';
```

3）建立径向基神经网络函数 newrb

利用函数 newrb 可以重新创建一个径向基神经网络，其调用格式如下：

```
net = newrb(P,T,goal,spread,MN,DF)
```

其中，P 是输入向量；T 为目标向量；goal 为均方误差；spread 为径向基函数的扩展速度；MN 为神经元的最大数目；DF 为两次显示之间所添加的神经元数目；net 为生成的径向基神经网络。

利用函数 newrb 建立的径向基神经网络，也可以不经过训练而直接使用。

【例 7-4】 利用 newrb 建立径向基神经网络，实现函数逼近。

解 根据神经网络函数编写的 MATLAB 代码如下：

```
clear all
clc
X = 0:0.1:2;                    % 神经网络输入值
T = cos(X * pi);               % 神经网络目标值
%%%%% 绘出此函数上的采样点 %%%%
figure(1)
plot(X,T,' + ');
title('待逼近的函数样本点');
xlabel('输入值');
ylabel('目标值');
%%%%% 建立网络并仿真 %%%%%%%%
n = - 4:0.1:4;
a1 = radbas(n);
a2 = radbas(n - 1.5);
a3 = radbas(n + 2);
a = a1 + 1 * a2 + 0.5 * a3;
figure(2);
plot(n,a1,n,a2,n,a3,n,a,'x');
title('径向基函数的加权和');
xlabel('输入值');
ylabel('输出值');
% 径向基函数网络隐含层中每个神经元的权重和阈值指定了相应的径向基函数的位置和宽度。
% 每一个线性输出神经元都由这些径向基函数的加权和组成
net = newrb(X,T,0.03,2);       % 设置平方和误差参数为 0.03
X1 = 0:0.01:2;
y = sim(net,X1);
figure(3);
plot(X1,y,X,T,' + ');
title('仿真结果');
xlabel('输入');
ylabel('网络输出及目标输出');
```

运行代码得到待逼近的函数样本点图形如图7-9所示。

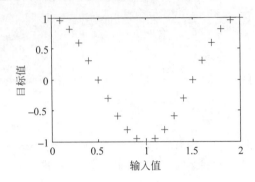

图7-9   待逼近的函数样本点图形

建立的径向基传递函数加权和如图7-10所示。

建立的径向基神经网络仿真结果如图7-11所示。

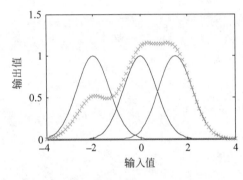

图7-10   径向基传递函数加权和

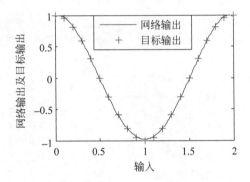

图7-11   径向基神经网络仿真结果

利用函数newrb建立的径向基神经网络,能够在给定的误差目标范围内找到能解决问题的最小网络。因为径向基神经网络需要更多的隐含层神经元来完成训练,所以径向基神经网络不可以取代其他前馈网络。

4）建立严格径向基神经网络函数newrbe

建立严格径向基神经网络的函数是newrbe,其调用格式如下:

```
net = newrbe(P,T,spread)
```

其中,P为输入向量;T为目标向量;spread为径向基函数的扩展速度,默认值为1;net为生成的神经网络。

利用函数newrbe建立的径向基神经网络,可以不经过训练而直接使用。

例如,在MATLAB中可以利用以下代码建立一个径向基神经网络:

```
>> P = [1 2 3];
T = [2.0 4.1 5.9];
net = newrbe(P,T);
```

```
P = 2;
Y = sim(net,P)
```

运行以上代码得到：

```
>> Y =
    4.1000
```

由以上结果可以看出，建立的径向基神经网络正确地预测了输出值。

5）建立广义回归径向基神经网络函数 newgrnn

广义回归径向基网络 GRNN 常用于函数的逼近，训练速度快，非线性映射能力强。其调用格式为：

```
net = newgrnn(P,T,spread)
```

其中，P 为输入向量；T 为目标向量；spread 为径向基函数的扩展速度，默认值为 1；net 为生成的神经网络。

一般来说，spread 取值越小，神经网络逼近效果越好，但逼近过程越不平滑。

建立广义回归径向基神经网络可以使用以下代码：

```
>> P = [1 2 3];
T = [2.0 4.1 5.9];
net = newgrnn(P,T);
Y = sim(net,P)
```

运行代码得到：

```
>> Y =
    2.8280    4.0250    5.1680
```

6）数据索引向量变换为向量组函数 ind2vec

函数 ind2vec 是对向量进行变换，其调用格式如下：

```
vec = ind2vec(ind)
```

其中，ind 是 n 维数据索引行向量；vec 为 m 行 n 列的稀疏矩阵。

例如，在 MATLAB 命令行窗口输入以下代码：

```
>> ind = [1 3 2 3]
vec = ind2vec(ind)
```

得到结果为：

```
>> ind =
    1    3    2    3

vec =
   (1,1)        1
```

```
   (3,2)        1
   (2,3)        1
   (3,4)        1
```

7）向量组变换为数据索引向量函数 vec2ind

函数 vec2ind 是对向量进行变换，其调用格式如下：

```
ind = vec2ind (vec)
```

其中，vec 为 m 行 n 列的稀疏矩阵；ind 是 n 维数据索引行向量。

例如，在 MATLAB 命令行窗口输入以下代码：

```
>> vec = [1 0 0 0; 0 0 1 0; 0 1 0 1]
ind = vec2ind(vec)
```

得到结果为：

```
>> vec =
    1    0    0    0
    0    0    1    0
    0    1    0    1


ind =

    1    3    2    3
```

8）概率径向基函数 newpnn

该函数建立的径向基神经网络具有训练速度快、结构简单等特点，适合解决模式分类问题。利用 newpnn 函数建立一个概率径向基神经网络的格式如下：

```
net = newpnn(P,T,spread)
```

其中，P 为输入向量；T 为目标向量；spread 为径向基函数的扩展速度；net 为新生成的网络。

该函数建立的网络可以不经过训练直接使用。

在 MATLAB 中，可以利用以下代码建立一个概率径向基神经网络，并进行仿真：

```
>> P = [1 2 3 4 5 6 7];
Tc = [1 2 3 2 2 3 1];
T = ind2vec(Tc)          %将类别向量转化为神经网络可以使用的目标向量
net = newpnn(P,T);
Y = sim(net,P)
Yc = vec2ind(Y)          %将仿真结果转化为类别向量
```

得到结果如下：

```
T =
   (1,1)        1
```

```
   (2,2)      1
   (3,3)      1
   (2,4)      1
   (2,5)      1
   (3,6)      1
   (1,7)      1


Y =
     1    0    0    0    0    0    1
     0    1    0    1    1    0    0
     0    0    1    0    0    1    0


Yc =
     1    2    3    2    2    3    1
```

6. 自组织神经网络函数

MATLAB 神经网络工具箱为用户提供了大量的自组织神经网络函数。表 7-4 列出了一些常用的自组织神经网络函数及其功能。

表 7-4　自组织神经网络函数及其功能

名　　称	用　　途
newc	建立一个竞争神经网络
compet	竞争传输函数
nngenc	产生一定类别的样本向量
plotsom	绘制自组织网络权值向量
learnk	Kohonen 权值学习规则函数
learnh	Hebb 权值学习规则函数
negdist	计算输入向量加权值

1）建立一个竞争神经网络 newc

利用函数 newc 可以建立一个竞争型神经网络,其调用格式为:

```
net = newc(P,S)
```

其中,P 为决定输入列向量最大值和最小值取值范围的矩阵;S 表示神经网络中神经元的个数;net 表示建立的竞争神经网络。

例如,在 MATLAB 命令行窗口输入以下代码:

```
clear all
clc
P = [1 8 1 9;2 4 1 6];
net = newc([ - 1 1; - 1 1],3);
net = train(net,P);
y = sim(net,P),
yc = vec2ind(y)
```

得到结果为：

```
y =

    1    0    0    0
    0    1    0    1
    0    0    1    0

yc =

    1    2    3    2
```

竞争型神经网络训练如图 7-12 所示。

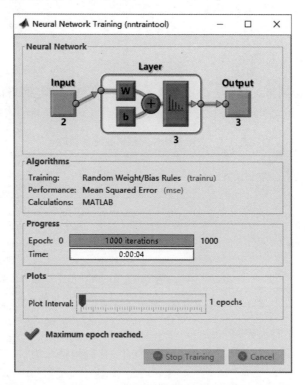

图 7-12 竞争型神经网络训练图

2) 竞争传输函数 compet

该函数可以对竞争神经网络的输入进行转换，使得网络中有最大输入值的神经元的输出为 1，且其余神经元的输出为 0。其调用格式如下所示：

```
A = compet(N)
```

其中，A 为输出向量矩阵；N 为输入向量。

例如，在 MATLAB 命令行窗口输入以下代码：

```
n = [0; 1; -0.5; 0.5];
a = compet(n);
```

```
subplot(2,1,1), bar(n), ylabel('n')
subplot(2,1,2), bar(a), ylabel('a')
```

得到输入和输出向量的图形如图 7-13 所示。

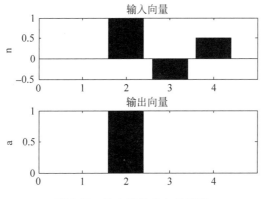

图 7-13　输入和输出向量图形

从图 7-13 中可以看出,输入向量 n 的第二个值最大为 1,此时对应的输出值 a 为 1,其余输出值为 0。

3) 产生一定类别的样本向量 nngenc

该函数的调用格式如下:

```
x = nngenc(bounds,clusters,points,std_dev);
```

其中,x 是产生具有一定类别的样本向量;bounds 是指类中心的范围;clusters 是指类别数目;points 指每一类的样本点数目;std_dev 指每一类的样本点的标准差。

例如,在 MATLAB 命令行窗口输入以下代码:

```
%创建输入样本向量
bounds = [0 1; 0 1];           %类中心的范围
clusters = 3;                  %类的种类
points = 5;                    %每个类的点数
std_dev = 0.05;                %每一个样本点的标准差
x = nngenc(bounds,clusters,points,std_dev);

%绘制输入样本的样本向量图
plot(x(1,:),x(2,:),'+r');
title('输入向量');
xlabel('x(1)');
ylabel('x(2)');
```

运行以上代码得到结果如图 7-14 所示。

从图 7-14 中可以看出,输入样本被分为了三类,每类包含 5 个样本点。

4) 绘制自组织网络权值向量 plotsom

该函数在神经网络的每个神经元权向量对应坐标处画点,并用实线连接起神经元权值点。其调用格式如下:

```
plotsom(pos)
```

其中,pos 是表示 N 维坐标点的 $N \times S$ 维矩阵。

例如,在 MATLAB 命令行窗口输入以下代码:

```
>> pos = randtop(2,2);              % 随机分配神经元对应坐标点
plotsom(pos)
```

运行以上代码得到结果如图 7-15 所示。

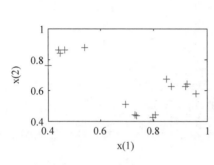

图 7-14　输入向量分类图

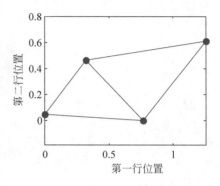

图 7-15　神经元位置图

5) Kohonen 权值学习规则函数 learnk

该函数根据 Kohonen 准则计算神经网络的权值变化矩阵。其调用格式如下所示:

```
[dW,LS] = learnk(W,P,Z,N,A,T,E,gW,gA,D,LP,LS)
```

其中,dW 为权值变化矩阵;LS 为新的学习状态;W 为权值矩阵;P 为输入向量;Z 为权值输入向量;N 为神经网络输入向量;T 为目标向量;E 为误差向量;gW 为性能参数梯度;gA 为性能参数的输出梯度;LP 为学习速率(默认为 0.01);LS 为学习状态。

例如,在 MATLAB 命令行窗口输入以下代码:

```
>> clear all
clc
p = rand(2,1);
a = rand(3,1);
w = rand(3,2);
lp.lr = 0.5;
dW = learnk(w,p,[],[],a,[],[],[],[],[],lp,[])
```

运行以上代码得到结果如下所示:

```
dW =

    0.2811   - 0.3572
    0.0255   - 0.4420
    0.0943   - 0.3787
```

6) Hebb 权值学习规则函数 learnh

该学习规则函数的原理是 $\Delta w(i,j) = \eta * y(i) * x(j)$，即第 j 个输入和第 i 个神经元之间的权值变化量神经元输入和输出的乘积成正比。该函数的调用格式如下：

```
[dW,LS] = learnh(W,P,Z,N,A,T,E,gW,gA,D,LP,LS)
```

其中，函数各个变量的含义同 learnk 中使用的变量含义一致。

例如，在 MATLAB 命令行窗口输入以下代码：

```
clear all
clc
p = rand(2,1);
a = rand(3,1);
w = rand(3,2);
lp.lr = 0.5;
dW = learnh([],p,[],[],a,[],[],[],[],[],lp,[])
```

运行以上代码得到结果如下所示：

```
dW =

    0.0395    0.0005
    0.2245    0.0029
    0.3538    0.0046
```

7) 计算输入向量加权值 negdist

该函数的调用格式如下：

```
Z = negdist(W,P)
```

其中，Z 为负向量距离矩阵；W 为权值函数；P 为输入矩阵。

例如，在 MATLAB 命令行窗口输入以下代码：

```
clear all
clc
W = rand(4,3);
P = rand(3,1);
Z = negdist(W,P)
```

运行以上代码得到结果如下所示：

```
>> Z =

   - 0.6175
   - 0.7415
   - 0.6476
   - 0.1927
```

7.1.3 经典应用

神经网络是由基本神经元相互连接,能模拟人脑的神经处理信息的方式,可以解决很多利用传统方法无法解决的难题。利用 MATLAB 及其工具箱可以完成各种神经网络的设计、训练和仿真,大大提高了工作效率。

BP 网络有很强的映射能力,主要用于模式识别分类、函数逼近、函数压缩等。下面将通过实例来说明 BP 网络在函数逼近方面的应用。

【例 7-5】 要求设计一个 BP 网络,逼近函数 $g(x) = 1 + \sin(k * pi/2 * x)$,实现对该非线性函数的逼近。其中,分别令 $k=2,3,6$ 进行仿真,通过调节参数得出信号的频率与隐含层节点之间、隐含层节点与函数逼近能力之间的关系。

解 假设频率参数 $k=2$,绘制要逼近的非线性函数的目标曲线。MATLAB 代码如下:

```
clear all
clc
k = 2;
p = [-1:.05:8];
t = 1 + sin(k * pi/2 * p);
plot(p,t,'-');
title('要逼近的非线性函数');
xlabel('时间');
ylabel('非线性函数');
```

运行代码后,得到目标曲线如图 7-16 所示。

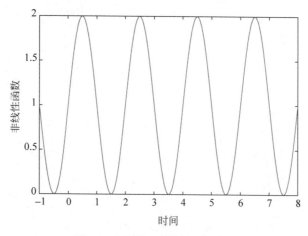

图 7-16 逼近的非线性函数曲线

用 newff 函数建立 BP 网络结构。隐含层神经元数目 n 可以改变,暂设为 $n=5$,输出层有一个神经元。选择隐含层和输出层神经元传递函数分别为 tansig 函数和 purelin 函数,网络训练的算法采用 Levenberg-Marquardt 算法 trainlm。

```
n = 5;
net = newff(minmax(p),[n,1],{'tansig' 'purelin'},'trainlm');
```

```
% 对于初始网络,可以应用 sim()函数观察网络输出
y1 = sim(net,p);
figure;
plot(p,t,'-',p,y1,':')
title('未训练网络的输出结果');
xlabel('时间');
ylabel('仿真输出 -- 原函数 -');
```

运行上述代码得到网络输出曲线与原函数的比较图如图 7-17 所示。

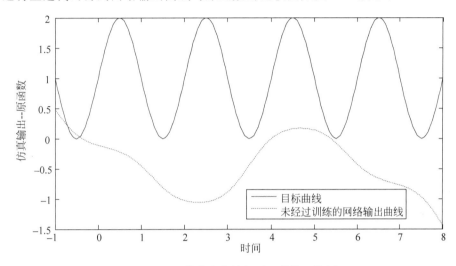

图 7-17　网络输出曲线与原函数的比较图

因为使用 newff()函数建立函数网络时,权值和阈值的初始化是随机的,所以网络输出结构很差,根本达不到函数逼近的目的,每次运行的结果有时也不同。

应用 train()函数对网络进行训练之前,需要预先设置网络训练参数。将训练时间设置为 200,训练精度设置为 0.2,其余参数使用默认值。训练神经网络的 MATLAB 代码如下所示:

```
net.trainParam.epochs = 200;      % 网络训练时间设置为 200
net.trainParam.goal = 0.2;        % 网络训练精度设置为 0.2
net = train(net,p,t);             % 开始训练网络
```

训练后得到的误差变化过程如图 7-18 所示。从图中可以看出,神经网络运行 58 步后,网络输出误差达到设定的训练精度。

对于训练好的网络进行仿真:

```
y2 = sim(net,p);
figure;
plot(p,t,'-',p,y1,':',p,y2,'--')
title('训练后网络的输出结果');
xlabel('时间');
ylabel('仿真输出');
```

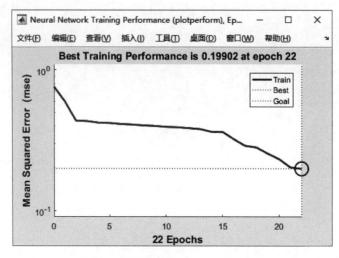

图 7-18   训练后得到的误差变化过程

绘制网络输出曲线,并与原始非线性函数曲线以及未训练网络的输出结果曲线相比较,结果如图 7-19 所示。

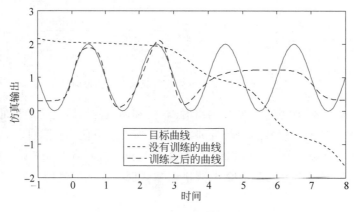

图 7-19   训练后网络的输出结果

从图 7-19 中可以看出,相对于没有训练的曲线,经过训练之后的曲线和原始的目标曲线更接近。这说明经过训练后,BP 网络对非线性函数的逼近效果比较好。

改变非线性函数的频率和 BP 函数隐含层神经元的数目,对于函数逼近的效果有一定的影响。

网络非线性程度越高,对于 BP 网络的要求越高,则相同的网络逼近效果要差一些;隐含层神经元的数目对于网络逼近效果也有一定影响,一般来说,隐含层神经元数目越多,则 BP 网络逼近非线性函数的能力越强。

下面通过改变频率参数和非线性函数的隐含层神经元数目来加以比较证明。

(1)当频率参数设为 $k=2$,隐含层神经元数目分别取 $n=3$、$n=10$ 时,得到了训练后的网络输出结果如图 7-20 和图 7-21 所示。

从图中可以看出,当 $n=10$ 时,经过训练后的曲线基本与目标曲线重合;当 $n=3$ 时,

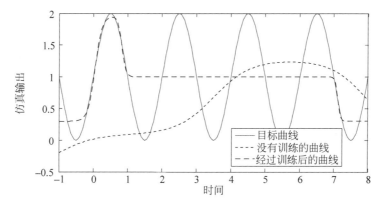

图 7-20 当 $n=3$ 时训练后网络的输出结果($k=2$)

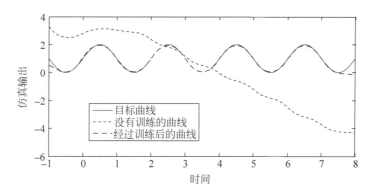

图 7-21 当 $n=10$ 时训练后网络的输出结果($k=2$)

经过训练后的曲线基本不与目标曲线重合。这说明增加隐含层的神经元个数可以增加
BP 网络预测的准确性。

（2）当频率参数设为 $k=3$，隐含层神经元数目分别取 $n=3$、$n=10$ 时，得到了训练后
的网络输出结果如图 7-22 和图 7-23 所示。

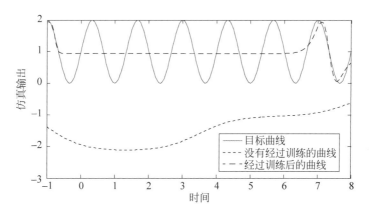

图 7-22 当 $n=3$ 时训练后网络的输出结果($k=3$)

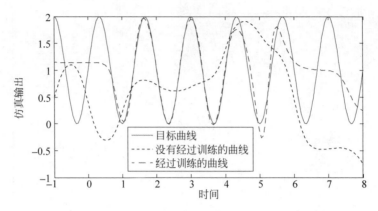

图 7-23　当 $n=10$ 时训练后网络的输出结果($k=3$)

（3）当频率参数设为 $k=6$，隐含层神经元数目分别取 $n=3$、$n=10$ 时，得到了训练后的网络输出结果如图 7-24 和图 7-25 所示。

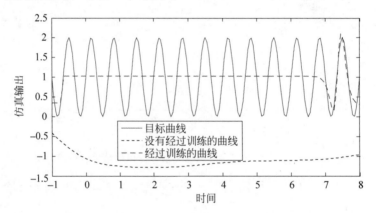

图 7-24　当 $n=3$ 时训练后网络的输出结果($k=6$)

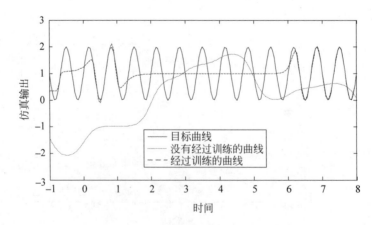

图 7-25　当 $n=10$ 时训练后网络的输出结果($k=6$)

通过上述仿真结果可知，当 $k=2$，$n=10$；$k=3$，$n=10$；$k=6$，$n=10$，BP 网络分别对函数取得了较好的逼近效果。

　　由此可见, n 取不同的值对函数逼近的效果有很大的影响。改变 BP 网络隐含层神经元的数目,可以改变 BP 网络对于函数的逼近效果。隐含层神经元数目越多,则 BP 网络逼近非线性函数的能力越强。

　　由于单隐含层的 BP 网络可以逼近任意的非线性映射,在隐含层的神经元个数可以随意调整的前提下,输入层和输出层神经元个数为 1,只有一个隐含层,其个数根据上述的设计经验公式和本例的实际情况,选为 9～16。

　　下面的隐含层神经元个数可变的 BP 网络,通过误差和训练步数对比确定隐含层个数,并检验隐含层神经元个数对网络性能的影响。

　　MATLAB 程序如下:

```
% 选取输入变量 x 取值范围
x = -4:0.01:4;
% 输入目标函数
y1 = sin((1/2) * pi * x) + sin(pi * x);
% 隐含层的神经元数目范围
s = 9:16;
% 欧氏距离
res = 1:8;
% 选取不同的隐含层神经元个数,进行网络测试
for i = 1:8
% 建立前向型 BP 网络,输入层和隐含层激励函数为 tansig,输出层为 purelin
% 训练函数为 trainlm,也是默认函数
net = newff(minmax(x),[1,s(i),1],{'tansig','tansig','purelin'},'trainlm');
% 训练步数最大为 2000
net.trainparam.epochs = 2000;
% 设定目标误差为 0.00001
net.trainparam.goal = 0.00001;
% 进行函数训练
net = train(net,x,y1);
% 对训练后的神经网络进行仿真
y2 = sim(net,x);
% 求欧氏距离,判定隐含层神经元个数及网络性能
    err = y2 - y1;
    res(i) = norm(err);
end
```

　　根据 BP 网络的 MATLAB 设计,可以得出下面的通用的 MATLAB 程序段。由于各种 BP 学习算法采用了不同的学习函数,所以只需要更改学习函数即可。

　　MATLAB 程序段如下:

```
x = -4:0.01:4;
y1 = sin((1/2) * pi * x) + sin(pi * x);
```

```
% trainlm 函数可以选择替换
net = newff(minmax(x),[1,15,1],{'tansig','tansig','purelin'},'trainlm');
net.trainparam.epochs = 2000;
net.trainparam.goal = 0.00001;
net = train(net,x,y1);
y2 = sim(net,x);
err = y2 - y1;
res = norm(err);
% 绘图,原图(蓝色光滑线)和仿真效果图(红色 + 号点线)
plot(x,y1);
hold on
plot(x,y2,'r + ');
```

注意：由于各种不确定因素,可能对网络训练有不同程度的影响,产生不同的效果。

以下列出更换程序中的学习算法之后,得到的误差曲线和训练后网络仿真输出结果。

1) trainlm 算法

trainlm 算法训练仿真得到的网络误差曲线和网络仿真曲线如图 7-26 所示。

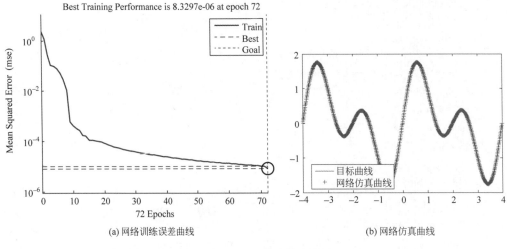

(a) 网络训练误差曲线　　　　　　　　　　(b) 网络仿真曲线

图 7-26　　trainlm 算法输出结果

2) traingdm 算法

traingdm 算法训练仿真得到的网络误差曲线和网络仿真曲线如图 7-27 所示。

3) trainrp 算法

trainrp 算法训练仿真得到的网络误差曲线和网络仿真曲线如图 7-28 所示。

4) traingdx 算法

traingdx 算法训练仿真得到的网络误差曲线和网络仿真曲线如图 7-29 所示。

5) traincgf 算法

traincgf 算法训练仿真得到的网络误差曲线和网络仿真曲线如图 7-30 所示。

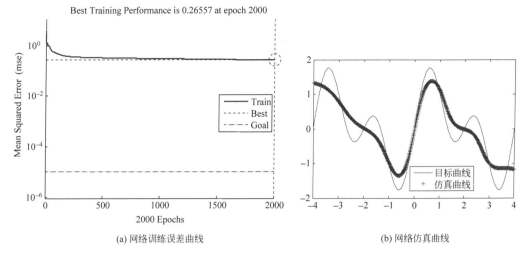

(a) 网络训练误差曲线　　　　　(b) 网络仿真曲线

图 7-27　traingdm 算法输出结果

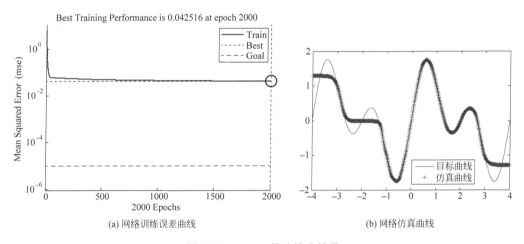

(a) 网络训练误差曲线　　　　　(b) 网络仿真曲线

图 7-28　trainrp 算法输出结果

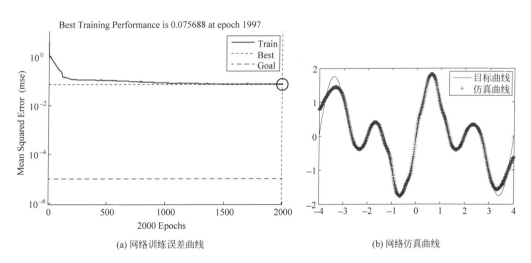

(a) 网络训练误差曲线　　　　　(b) 网络仿真曲线

图 7-29　traingdx 算法输出结果

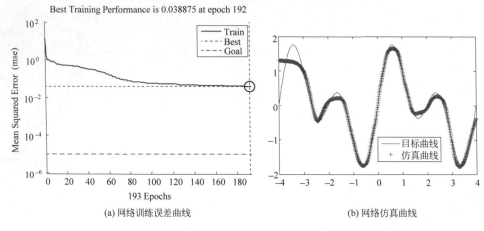

(a) 网络训练误差曲线　　　　　　　　　　(b) 网络仿真曲线

图 7-30　　traincgf 算法输出结果

7.2　遗传算法

遗传算法(genetic algorithm)是模拟自然界生物进化机制的一种算法,即遵循适者生存、优胜劣汰的法则,也就是寻优过程中有用的保留无用的则去除。在科学和生产实践中表现为在所有可能的解决方法中找出最符合该问题所要求的条件的解决方法,即找出一个最优解。

7.2.1　基本原理

遗传操作是模拟生物基因遗传的做法。在遗传算法中,通过编码组成初始群体后,遗传操作的任务就是对群体的个体按照它们对环境适应度(适应度评估)施加一定的操作,从而实现优胜劣汰的进化过程。从优化搜索的角度而言,遗传操作可使问题的解一代又一代地优化,并逼近最优解。

遗传算法过程图如图 7-31 所示。

遗传操作包括以下三个基本遗传算子(genetic operator):选择(selection)、交叉(crossover)、变异(mutation)。

个体遗传算子的操作都是在随机扰动情况下进行的。因此,群体中个体向最优解迁移的规则是随机的。需要强调的是,这种随机化操作和传统的随机搜索方法是有区别的。遗传操作进行的是高效有向的搜索而不是如一般随机搜索方法所进行的无向搜索。

遗传操作的效果和上述三个遗传算子所取的操作概率、编码方法、群体大小、初始群体以及适应度函数的设定密切相关。

1. 选择

从群体中选择优胜的个体,淘汰劣质个体的操作叫作选择。选择算子有时又称为再生算子(reproduction operator)。选择的目的是把优化的个体直接遗传到下一代或通过配对交叉产生新的个体再遗传到下一代。

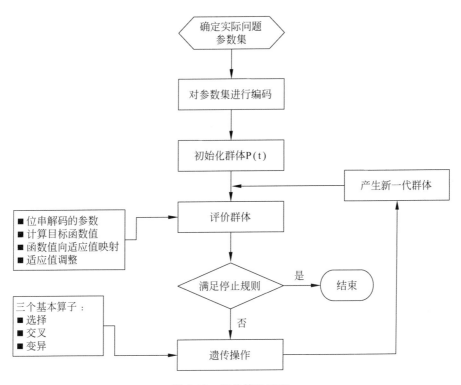

图 7-31　遗传算法过程

选择操作是建立在群体中个体的适应度评估基础上的,目前常用的选择算子有以下几种:适应度比例方法、随机遍历抽样法、局部选择法。

轮盘赌选择法(roulette wheel selection)是最简单也是最常用的选择方法。在该方法中,各个个体的选择概率和其适应度值成比例。设群体大小为 n,其中个体 i 的适应度为 f_i,则 i 被选择的概率为 $P_i = f_i \Big/ \sum_{i=1}^{n} f_i$。

显然,概率反映了个体 i 的适应度在整个群体的个体适应度总和中所占的比例。个体适应度越大,其被选择的概率就越高,反之亦然。

计算出群体中各个个体的选择概率后,为了选择交配个体,需要进行多轮选择。每一轮产生一个[0,1]之间均匀随机数,将该随机数作为选择指针来确定被选个体。

个体被选后,可随机地组成交配对,以供后面的交叉操作。

2. 交叉

在自然界生物进化过程中起核心作用的是生物遗传基因的重组(加上变异)。同样,遗传算法中起核心作用的是遗传操作的交叉算子。所谓交叉,是指把两个父代个体的部分结构加以替换重组而生成新个体的操作。通过交叉,遗传算法的搜索能力得以飞跃提高。

交叉算子根据交叉率将种群中的两个个体随机地交换某些基因,能够产生新的基因组合,期望将有益基因组合在一起。根据编码表示方法的不同,可以有以下的算法:

1）实值重组（real valued recombination）

- 离散重组（discrete recombination）
- 中间重组（intermediate recombination）
- 线性重组（linear recombination）
- 扩展线性重组（extended linear recombination）

2）二进制交叉（binary valued crossover）

- 单点交叉（single-point crossover）
- 多点交叉（multiple-point crossover）
- 均匀交叉（uniform crossover）
- 洗牌交叉（shuffle crossover）
- 缩小代理交叉（crossover with reduced surrogate）

最常用的交叉算子为单点交叉（single-point crossover）。具体操作是：在个体串中随机设定一个交叉点，实行交叉时，该点前或后的两个个体的部分结构进行互换，并生成两个新个体。下面给出了单点交叉的一个例子：

个体 A：1 0 0 1 ↑ 1 1 1 → 1 0 0 1 0 0 0 新个体

个体 B：0 0 1 1 ↑ 0 0 0 → 0 0 1 1 1 1 1 新个体

3. 变异

变异算子的基本内容是对群体中的个体串的某些基因座上的基因值做变动。依据个体编码表示方法的不同，可以有以下的算法：

- 实值变异
- 二进制变异

一般来说，变异算子操作的基本步骤如下：

（1）对群中所有个体以事先设定的变异概率判断是否进行变异。

（2）对进行变异的个体随机选择变异位进行变异。

遗传算法引入变异的目的有两个：一是使遗传算法具有局部的随机搜索能力。当遗传算法通过交叉算子已接近最优解邻域时，利用变异算子的这种局部随机搜索能力可以加速向最优解收敛。显然，此种情况下的变异概率应取较小值，否则接近最优解的积木块会因变异而遭到破坏。二是使遗传算法可维持群体多样性，以防止出现未成熟收敛现象。此时收敛概率应取较大值。

遗传算法中，交叉算子因其全局搜索能力而作为主要算子，变异算子因其局部搜索能力而作为辅助算子。

遗传算法通过交叉和变异这对相互配合又相互竞争的操作而使其具备兼顾全局和局部的均衡搜索能力。

所谓相互配合，是指当群体在进化中陷于搜索空间中某个超平面而仅靠交叉不能摆脱时，通过变异操作可有助于这种摆脱。

所谓相互竞争，是指当通过交叉已形成所期望的积木块时，变异操作有可能破坏这些积木块。如何有效地配合使用交叉和变异操作，是目前遗传算法的一个重要研究内容。

基本变异算子是指对群体中的个体码串随机挑选一个或多个基因座并对这些基因座的基因值做变动。(0,1)二值码串中的基本变异操作如下：

(个体 A)10010110 $\xrightarrow{\text{变异}}$ 11000110(个体 A′)
$\qquad\quad$* *$\qquad\qquad\qquad$* *

注意：在基因位下方标有 * 号的基因发生变异。

变异率的选取一般受种群大小、染色体长度等因素的影响，通常选取很小的值，一般取 0.001～0.1。

4. 终止条件

当最优个体的适应度达到给定的阈值，或者最优个体的适应度和群体适应度不再上升时，或者迭代次数达到预设的代数时，算法终止。预设的代数一般设置为 100～500 代。

7.2.2 程序设计

为了更好地在 MATLAB 中使用遗传算法，本节主要对遗传算法的程序设计和 MATLAB 工具箱进行讲解。

随机初始化种群 $P(t) = \{x_1, x_2, \cdots, x_n\}$，计算 $P(t)$ 中个体的适应值。其 MATLAB 程序的基本格式如下所示：

```
Begin
t = 0
初始化 P(t)
计算 P(t)的适应值;
while (不满足停止准则)
    do
    begin
    t = t + 1
    从 P(t + 1)中选择 P(t)
    重组 P(t)
    计算 P(t)的适应值
end
```

【例 7-6】 求下列函数的最大值。
$$f(x) = 9 * \sin(5x) + 8 * \cos(4x), \quad x \in [0,15]$$

解 1）初始化

initpop.m 函数的功能是实现群体的初始化，popsize 表示群体的大小，chromlength 表示染色体的长度（二值数的长度），长度大小取决于变量的二进制编码的长度。

遗传算法 MATLAB 子程序如下：

```
%初始化
function pop = initpop(popsize,chromlength)
pop = round(rand(popsize,chromlength));
% rand 随机产生每个单元为{0,1},行数为 popsize,列数为 chromlength 的矩阵
```

```
% round 对矩阵的每个单元进行圆整。这样产生随机的初始种群
end
```

2）目标函数值

① 二进制数转化为十进制数

遗传算法 MATLAB 子程序如下：

```
function pop2 = decodebinary(pop)
[px, py] = size(pop);
% 求 pop 行和列数
for i = 1:py
pop1(:, i) = 2.^(py − i). * pop(:, i);
end
pop2 = sum(pop1, 2);
% 求 pop1 的每行之和
end
```

② 二进制编码转化为十进制数

decodechrom. m 函数的功能是将染色体（或二进制编码）转换为十进制，参数 spoint 表示待解码的二进制串的起始位置。

对于多个变量而言，如有两个变量，采用 20 位表示，每个变量 10 位，则第一个变量从 1 开始，另一个变量从 11 开始。参数 length 表示所截取的长度。

遗传算法 MATLAB 子程序如下：

```
% 将二进制编码转换成十进制
function pop2 = decodechrom(pop, spoint, length)
pop1 = pop(:, spoint:spoint + length − 1);
pop2 = decodebinary(pop1);
end
```

③ 计算目标函数值

calobjvalue. m 函数的功能是实现目标函数的计算。

遗传算法 MATLAB 子程序如下：

```
function [objvalue] = calobjvalue(pop)
temp1 = decodechrom(pop, 1, 10);          % 将 pop 每行转化成十进制数
x = temp1 * 10/1023;                      % 将二值域中的数转化为变量域的数
objvalue = 10 * sin(5 * x) + 7 * cos(4 * x);   % 计算目标函数值
end
```

3）计算个体的适应值

遗传算法 MATLAB 子程序如下：

```
% 计算个体的适应值
function fitvalue = calfitvalue(objvalue)
global Cmin;
```

```
Cmin = 0;
[px,py] = size(objvalue);
for i = 1:px
    if objvalue(i) + Cmin > 0
        temp = Cmin + objvalue(i);
    else
        temp = 0.0;
    end
    fitvalue(i) = temp;
end
fitvalue = fitvalue'
```

4）选择复制

选择或复制操作是决定哪些个体可以进入下一代。程序中采用轮盘赌选择法选择，这种方法较易实现。根据方程 $p_i = f_i / \sum f_i = f_i / f_{\mathrm{sum}}$，选择步骤如下：

① 在第 t 代，计算 f_{sum} 和 p_i。

② 产生 $\{0,1\}$ 的随机数 $\mathrm{rand}(.)$，求 $s = \mathrm{rand}(.) * f_{\mathrm{sum}}$。

③ 求 $\sum\limits_{i=1}^{k} f_i \geqslant s$ 中最小的 k，则第 k 个个体被选中。

④ 进行 N 次②、③操作，得到 N 个个体，成为第 $t = t+1$ 代种群。

遗传算法 MATLAB 子程序如下：

```
%选择复制
function [newpop] = selection(pop,fitvalue)
totalfit = sum(fitvalue);          %求适应值之和
fitvalue = fitvalue/totalfit;      %单个个体被选择的概率
fitvalue = cumsum(fitvalue);       %如 fitvalue = [1 2 3 4],则 cumsum(fitvalue) = [1 3 6 10]
[px,py] = size(pop);
ms = sort(rand(px,1));             %从小到大排列
fitin = 1;
newin = 1;
while newin <= px
    if(ms(newin))<fitvalue(fitin)
        newpop(newin) = pop(fitin);
        newin = newin + 1;
    else
        fitin = fitin + 1;
    end
end
```

5）交叉

群体中的每个个体之间都以一定的概率 pc 交叉，即两个个体从各自字符串的某一位置（一般是随机确定）开始互相交换，这类似生物进化过程中的基因分裂与重组。

例如，假设两个父代个体 x1、x2 为：

x1＝0100110

x2＝1010001

从每个个体的第 3 位开始交叉,交叉后得到两个新的子代个体 y1、y2 分别为:

y1 = 0100001

y2 = 1010110

这样两个子代个体就分别具有了两个父代个体的某些特征。

利用交叉有可能由父代个体在子代组合成具有更高适合度的个体。事实上,交叉是遗传算法区别于其他传统优化方法的主要特点之一。

遗传算法 MATLAB 子程序如下:

```
% 交叉
function [newpop] = crossover(pop,pc)
[px,py] = size(pop);
newpop = ones(size(pop));
for i = 1:2:px - 1
    if(rand < pc)
        cpoint = round(rand * py);
        newpop(i,:) = [pop(i,1:cpoint),pop(i + 1,cpoint + 1:py)];
        newpop(i + 1,:) = [pop(i + 1,1:cpoint),pop(i,cpoint + 1:py)];
    else
        newpop(i,:) = pop(i);
        newpop(i + 1,:) = pop(i + 1);
    end
end
```

6)变异

基因的突变普遍存在于生物的进化过程中。变异是指父代中的每个个体的每一位都以概率 pm 翻转,即由"1"变为"0",或由"0"变为"1"。

遗传算法的变异特性可以使求解过程随机地搜索到解可能存在的整个空间,因此可以在一定程度上求得全局最优解。

遗传算法 MATLAB 子程序如下:

```
% 变异
function [newpop] = mutation(pop,pm)
[px,py] = size(pop);
newpop = ones(size(pop));
for i = 1:px
    if(rand < pm)
        mpoint = round(rand * py);
        if mpoint <= 0
            mpoint = 1;
        end
        newpop(i) = pop(i);
        if any(newpop(i,mpoint)) == 0
            newpop(i,mpoint) = 1;
        else
            newpop(i,mpoint) = 0;
```

```
            end
        else
            newpop(i) = pop(i);
        end
end
```

7）求出群体中最大的适应值及其个体

遗传算法 MATLAB 子程序如下：

```
% 求出群体中适应值最大的值
function [bestindividual,bestfit] = best(pop,fitvalue)
[px,py] = size(pop);
bestindividual = pop(1,:);
bestfit = fitvalue(1);
for i = 2:px
    if fitvalue(i)> bestfit
        bestindividual = pop(i,:);
        bestfit = fitvalue(i);
    end
end
```

8）主程序

遗传算法 MATLAB 主程序如下：

```
clear all
clc
popsize = 20;                                    % 群体大小
chromlength = 10;                                % 字符串长度(个体长度)
pc = 0.7;                                        % 交叉概率
pm = 0.005;                                      % 变异概率
pop = initpop(popsize,chromlength);              % 随机产生初始群体
for i = 1:20                                     % 20 为迭代次数
[objvalue] = calobjvalue(pop);                   % 计算目标函数
fitvalue = calfitvalue(objvalue);                % 计算群体中每个个体的适应度
[newpop] = selection(pop,fitvalue);              % 复制
[newpop] = crossover(pop,pc);                    % 交叉
[newpop] = mutation(pop,pc);                     % 变异
[bestindividual,bestfit] = best(pop,fitvalue);   % 求出群体中适应值最大的个体及其适应值
y(i) = max(bestfit);
n(i) = i;
pop5 = bestindividual;
x(i) = decodechrom(pop5,1,chromlength) * 10/1023;
pop = newpop;
end
fplot('9 * sin(5 * x) + 8 * cos(4 * x)',[0 15])
hold on
plot(x,y,'r * ')
hold off
```

运行主程序,得到结果如图 7-32 所示。

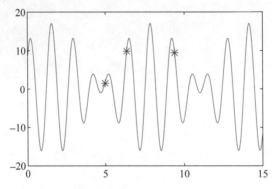

图 7-32　遗传算法仿真结果

注意:遗传算法有四个参数需要提前设定,一般在以下范围内进行设置:

- 群体大小——20~100;
- 遗传法的终止进化代数——100~500;
- 交叉概率——0.4~0.99;
- 变异概率——0.0001~0.1。

7.2.3　经典应用

旅行商问题(traveling salesman problem,TSP),也称货郎担问题,是数学领域中的著名问题之一。TSP 问题已经被证明是一个 NP-hard 问题,由于 TSP 问题代表一类组合优化问题,因此对其近似解的研究一直是算法设计的一个重要问题。

TSP 问题从描述上来看是一个非常简单的问题,给定 n 个城市和各城市之间的距离,寻找一条遍历所有城市且每个城市只被访问一次的路径,并保证总路径距离最短。其数学描述如下:

设 $G = (V,E)$ 为赋权图,$V = \{1,2,\cdots,n\}$ 为顶点集,E 为边集,各顶点间距离为 C_{ij},已知 $C_{ij} > 0$,且 $i,j \in V$,并设定:

$$x_{ij} = \begin{cases} 1 & \text{最优路径} \\ 0 & \text{其他情况} \end{cases}$$

那么整个 TSP 问题的数学模型表示如下:

$$\min Z = \sum_{i \neq j} C_{ij} x_{ij}$$

$$\begin{cases} \sum_{i \neq j} x_{ij} = 1, & j \in v \\ \sum_{i,j \in s} x_{ij} \leqslant |k| - 1, & k \subset v \end{cases}, \quad x_{ij} \in \{0,1\}, i \in v, j \in v$$

其中,k 是 v 的全部非空子集,$|k|$ 是集合 k 中包含图 G 的全部顶点的个数。

遗传算法求解 TSP 的基本步骤:

(1)种群初始化。个体编码方法有二进制编码和实数编码,在解决 TSP 问题过程中个体编码方法为实数编码。对于 TSP 问题,实数编码为 $1\sim n$ 的实数的随机排列,初始化的参数有种群个数 M、染色体基因个数 N(即城市的个数)、迭代次数 C、交叉概率 Pc、变异概率 Pmutation。

(2)适应度函数。在 TSP 问题中,对于任意两个城市之间的距离 $D(i,j)$,已知每个染色体(即 n 个城市的随机排列)可计算出总距离,因此可将一个随机全排列的总距离的倒数作为适应度函数,即距离越短,适应度函数越好,满足 TSP 要求。

(3)选择操作。遗传算法选择操作有轮盘赌法、锦标赛法等多种方法,用户根据实际情况选择最合适的算法。

(4)交叉操作。遗传算法中交叉操作有多种方法。一般对于个体,可以随机选择两个个体,在对应位置交换若干个基因片段,同时保证每个个体依然是 $1\sim n$ 的随机排列,防止进入局部收敛。

(5)变异操作。对于变异操作,随机选取个体,同时随机选取个体的两个基因进行交换以实现变异操作。

【例 7-7】 随机生成一组城市种群,利用遗传算法寻找一条遍历所有城市且每个城市只被访问一次的路径,且总路径距离最短的方法。

解 根据分析,完成 MATLAB 主函数如下:

```
%%%%%%%%%%%%%%%%%%%%%%%%%%%%%%%%
%%%%%%%%%%%%% 主函数 %%%%%%%%%%%%%
clear;
clc;
%%%%%%%%%%%%% 输入参数 %%%%%%%%%%%%%
N = 10;                        %城市的个数
M = 20;                        %种群的个数
C = 100;                       %迭代次数
C_old = C;
m = 2;                         %适应值归一化淘汰加速指数
Pc = 0.4;                      %交叉概率
Pmutation = 0.2;               %变异概率


%%%%%%%%% 生成城市的坐标 %%%%%%%%%%%%%%%%
pos = randn(N,2);


%%%%%%%%% 生成城市之间距离矩阵 %%%%%%%%%%%%%%
D = zeros(N,N);
for i = 1:N
    for j = i + 1:N
        dis = (pos(i,1) - pos(j,1)).^2 + (pos(i,2) - pos(j,2)).^2;
        D(i,j) = dis ^ (0.5);
        D(j,i) = D(i,j);
    end
end


%%%%%%%% 生成初始群体 %%%%%%%%%%%%%%%%%%%%
```

```
popm = zeros(M, N);
for i = 1:M
    popm(i, :) = randperm(N);
end

%%%%%%%% 随机选择一个种群 %%%%%%%%%%%%%%%%%%
R = popm(1, :);
figure(1);
scatter(pos(:,1), pos(:,2), 'k.');
xlabel('横轴')
ylabel('纵轴')
title('随机产生的种群图')
axis([-3 3 -3 3]);
figure(2);
plot_route(pos, R);
xlabel('横轴')
ylabel('纵轴')
title('随机生成种群中城市路径情况')
axis([-3 3 -3 3]);

%%%%%%%%% 初始化种群及其适应函数 %%%%%%%%%%%%%%
fitness = zeros(M, 1);
len = zeros(M, 1);
for i = 1:M
    len(i, 1) = myLength(D, popm(i, :));
end
maxlen = max(len);
minlen = min(len);
fitness = fit(len, m, maxlen, minlen);
rr = find(len == minlen);
R = popm(rr(1, 1), :);
for i = 1:N
fprintf('%d ', R(i));
end
fprintf('\n');
fitness = fitness/sum(fitness);
distance_min = zeros(C + 1, 1);          % 各次迭代最小的种群的距离
while C >= 0
fprintf('迭代第%d次\n', C);
%%%% 选择操作 %%%%
nn = 0;
for i = 1:size(popm, 1)
    len_1(i, 1) = myLength(D, popm(i, :));
    jc = rand * 0.3;
    for j = 1:size(popm, 1)
        if fitness(j, 1) >= jc
        nn = nn + 1;
```

```
                popm_sel(nn,:) = popm(j,:);
                break;
                end
            end
    end
end
%%%% 每次选择都保存最优的种群 %%%%
popm_sel = popm_sel(1:nn,:);
[len_m len_index] = min(len_1);
popm_sel = [popm_sel;popm(len_index,:)];
%%%% 交叉操作 %%%%
nnper = randperm(nn);
A = popm_sel(nnper(1),:);
B = popm_sel(nnper(2),:);
for i = 1:nn * Pc
[A,B] = cross(A,B);
popm_sel(nnper(1),:) = A;
popm_sel(nnper(2),:) = B;
end
%%%% 变异操作 %%%%
for i = 1:nn
    pick = rand;
    while pick == 0
            pick = rand;
    end
    if pick <= Pmutation
        popm_sel(i,:) = Mutation(popm_sel(i,:));
    end
end
%%%% 求适应度函数 %%%%
NN = size(popm_sel,1);
len = zeros(NN,1);
for i = 1:NN
    len(i,1) = myLength(D,popm_sel(i,:));
end
maxlen = max(len);
minlen = min(len);
distance_min(C + 1,1) = minlen;
fitness = fit(len,m,maxlen,minlen);
rr = find(len == minlen);
fprintf('minlen = % d\n',minlen);
R = popm_sel(rr(1,1),:);
for i = 1:N
fprintf(' % d ',R(i));
end
fprintf('\n');
popm = [];
popm = popm_sel;
```

```
C = C - 1;
% pause(1);
end
figure(3)
plot_route(pos, R);
xlabel('横轴')
ylabel('纵轴')
title('优化后的种群中城市路径情况')
axis([-3 3 -3 3]);
```

主函数中用到的函数代码如下：

1）适应度函数代码

```
%%%%%%%% 适应度函数 %%%%%%%%%%%%%%%%%%%%
function fitness = fit(len, m, maxlen, minlen)
    fitness = len;
    for i = 1:length(len)
        fitness(i,1) = (1 - (len(i,1) - minlen)/(maxlen - minlen + 0.0001)).^m;
    end
end
```

2）计算个体距离函数代码

```
%%%%%%%% 计算个体距离函数 %%%%%%%%%%%%%
function len = myLength(D, p)
    [N, NN] = size(D);
    len = D(p(1,N), p(1,1));
    for i = 1:(N - 1)
        len = len + D(p(1,i), p(1,i + 1));
    end
end
```

3）交叉操作函数代码

```
%%%%%%%% 交叉操作函数 %%%%%%%%%%%%%%%%%%%%
function [A, B] = cross(A, B)
    L = length(A);
    if L < 10
        W = L;
    elseif ((L/10) - floor(L/10)) >= rand&&L > 10
        W = ceil(L/10) + 8;
    else
        W = floor(L/10) + 8;
    end
    p = unidrnd(L - W + 1);
    fprintf('p = %d ', p);
    for i = 1:W
        x = find(A == B(1, p + i - 1));
        y = find(B == A(1, p + i - 1));
```

```
        [A(1,p+i-1),B(1,p+i-1)] = exchange(A(1,p+i-1),B(1,p+i-1));
        [A(1,x),B(1,y)] = exchange(A(1,x),B(1,y));
    end
end
```

4）对调函数代码

```
%%%%%%%% 对调函数 %%%%%%%%%%%%%%%%%%%%%
function [x,y] = exchange(x,y)
    temp = x;
    x = y;
        y = temp;
end
```

5）变异函数代码

```
%%%%%%%% 变异函数 %%%%%%%%%%%%%%%%%%%%%%%
function a = Mutation(A)
    index1 = 0; index2 = 0;
    nnper = randperm(size(A,2));
    index1 = nnper(1);
    index2 = nnper(2);
    % fprintf('index1 = % d ',index1);
    % fprintf('index2 = % d ',index2);
    temp = 0;
    temp = A(index1);
    A(index1) = A(index2);
    A(index2) = temp;
    a = A;
end
```

6）绘制连点曲线函数代码

```
%%%%%%%% 连点画图函数 %%%%%%%%%%%%%%%%%%%%%%%%%
function plot_route(a,R)
    scatter(a(:,1),a(:,2),'rx');
    hold on;
    plot([a(R(1),1),a(R(length(R)),1)],[a(R(1),2),a(R(length(R)),2)]);
    hold on;
    for i = 2:length(R)
        x0 = a(R(i-1),1);
        y0 = a(R(i-1),2);
        x1 = a(R(i),1);
        y1 = a(R(i),2);
        xx = [x0,x1];
        yy = [y0,y1];
        plot(xx,yy);
        hold on;
```

```
        end
    end
```

运行主程序,得到随机产生的城市种群图如图 7-33 所示,随机生成种群中城市路径情况如图 7-34 所示。

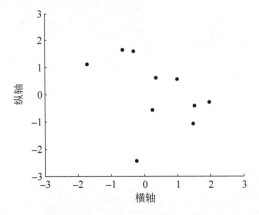

图 7-33　随机产生的城市种群图

从图 7-33 中可以看出,随机产生的种群城市点不对称,也没有规律,用一般的方法很难得到其最优路径。从图 7-34 中可以看出,随机产生的路径长度很长,空行浪费比较多。

运行遗传算法,得到如图 7-35 所示的城市路径。从图 7-35 中可以看出,该路径明显优于图 7-34 中的路径,且每个城市只经过一次。

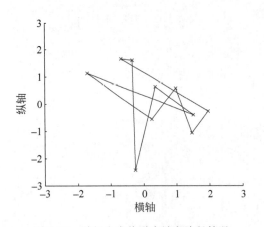

图 7-34　随机生成种群中城市路径情况

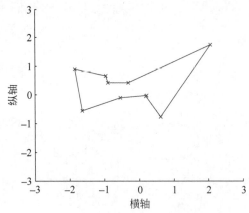

图 7-35　优化后的城市路径

7.3　免疫算法

免疫算法基于生物免疫系统基本机制,模仿了人体的免疫系统。人工免疫系统作为人工智能领域的重要分支,同神经网络及遗传算法一样也是智能信息处理的重要手段,已经受到越来越多的关注。

7.3.1 基本原理

免疫算法解决了遗传算法的早熟收敛问题,这种问题一般出现在实际工程优化计算中。因为遗传算法的交叉和变异运算本身具有一定的盲目性,如果在最初的遗传算法中引入免疫的方法和概念,对遗传算法全局搜索的过程进行一定强度的干预,就可以避免很多重复无效的工作,从而提高算法效率。

因为合理提取疫苗是算法的核心,为了更加稳定地提高群体适应度,算法可以针对群体进化过程中的一些退化现象进行抑制。

在生物免疫学的基础上我们发现,生物免疫系统的运行机制与遗传算法的求解是很类似的。在抵抗抗原时,相关细胞增殖分化进而产生大量抗体抵御。倘若将所求的目标函数及约束条件当作抗原,问题的解当作抗体,那么遗传算法求解的过程实际上就是生物免疫系统抵御抗原的过程。

因为免疫系统具有辨识记忆的特点,所以可以更快识别个体群体。而我们所说的基于疫苗接种的免疫遗传算法就是将遗传算法映射到生物免疫系统中,结合工程运算得到的一种更高级的优化算法。面对待求解问题时,相当于面对各种抗原,可以提前注射"疫苗"来抑制退化问题,从而更加保持优胜劣汰的特点,使算法一直优化下去,即达到免疫的目的。

一般的免疫算法可分为三种情况:
- 模仿免疫系统抗体与抗原识别,结合抗体产生过程而抽象出来的免疫算法;
- 基于免疫系统中的其他特殊机制抽象出的算法,如克隆选择算法;
- 与遗传算法等其他计算智能融合产生的新算法,如免疫遗传算法。

7.3.2 程序设计

免疫算法和遗传算法的结构基本一致,最大的不同之处就在于,在免疫算法中引入了浓度调节机制。进行选择操作时,遗传算法值只利用适应度值指标对个体进行评价;免疫算法的选择策略变为:适应度越高,浓度越小,个体复制的概率越大;适应度越低,浓度越高的个体得到的选择概率就越小。

免疫算法的基本思想就是在传统遗传算法的基础上加入一个免疫算子,加入免疫算子的目的是防止种群退化。免疫算子由接种疫苗和免疫选择两个步骤组成,免疫算法可以有效地调节选择压力。因此,免疫算法具有更好地保持群体多样性的能力。

1. 免疫算法步骤和流程

免疫算法流程如图 7-36 所示。

其主要步骤如下:

(1)抗原识别。将所求的目标函数及约束条件当作抗原进行识别,来判定是否曾经解决过该类问题。

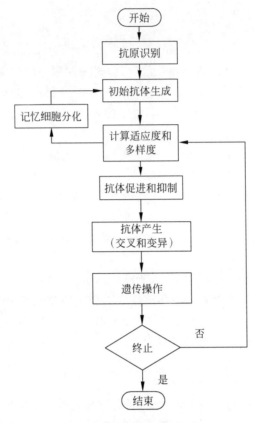

图 7-36　免疫算法流程图

（2）初始抗体的产生，对应遗传算法就是得到解的初始值。经过对抗原的识别，如果曾解决过此类问题，则直接寻找相应记忆细胞，从而产生初始抗。

（3）记忆单元更新。选择亲和度高的抗体进行存储记忆。

（4）抗体的抑制和促进。在免疫算法中，由于亲和度高的抗体显然受到促进，传进下一代的概率更大，而亲和度低的就会受到抑制，这样很容易导致群体进化单一，导致局部优化。因此需要在算法中插入新的策略，保持群体的多样性。

（5）遗传操作。所谓的遗传操作，即经过交叉、变异产生下一代抗体的过程。免疫算法通过考虑抗体亲和度以及群体多样性，选择抗体群体，进行交叉编译从而产生新一代抗体，保证种族向适应度高的方向进化。

2. 基于 MATLAB 实现免疫算法

用 MATLAB 实现免疫算法的最大优势在于它具有强大的处理矩阵运算的功能。

免疫算法中的标准遗传操作，包括选择、交叉、变异，以及基于生物免疫机制的免疫记忆、多样性保持、自我调节等功能，都是针对抗体（遗传算法称为个体或染色体）进行的，而抗体可很方便地用向量（即 $1 \times n$ 矩阵）表示，因此上述选择、交叉、变异、免疫记忆、多样性保持、自我调节等操作和功能全部是由矩阵运算实现的。

用 MATLAB 实现免疫算法的程序图如图 7-37 所示。

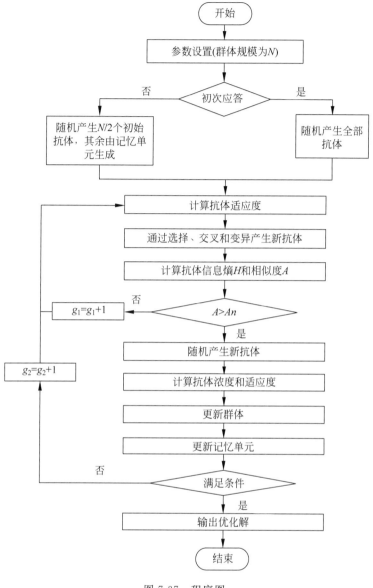

图 7-37　程序图

【例 7-8】　设计一个免疫算法,实现对图 7-38 所示单阈值图像的分割,并画图比较分割前后图片效果。

解　图像阈值分割是一种广泛应用的分割技术,利用图像中要提取的目标区域与其背景在灰度特性上的差异,把图像看作具有不同灰度级的两类区域(目标区域和背景区域)的组合,选取一个比较合理的阈值,以确定图像中每个像素点应该属于目标区域还是背景区域,从而产生相应的二值图像。

假设免疫系统群体规模为 N,每个抗体基因长度为

图 7-38　单阈值图像

M,采用符号集大小为 S(对二进制编码,$S=2$),输入变量数为 L(对优化问题指被优化变量个数),适应度为 1,随机产生的新抗体个数 P 为群体规模的 40%,进化截止代数为 50。

根据图 7-36 所示,建立如下 MATLAB 代码:

```matlab
%免疫算法主程序
clear all
clc
tic
popsize = 15;
lanti = 10;
maxgen = 50;                      %最大代数
cross_rate = 0.4;                 %交叉速率
mutation_rate = 0.1;              %变异速率
a0 = 0.7;
zpopsize = 5;
bestf = 0;
nf = 0;
number = 0;
I = imread('bird.bmp');
q = isrgb(I);                     %判断是否为 RGB 真彩图像
if q == 1
    I = rgb2gray(I);             %转换 RGB 图像为灰度图像
end
[m,n] = size(I);
p = imhist(I);                    %显示图像数据直方图
p = p';                           %阵列由列变为行
p = p/(m * n);                    %将 p 的值变换到(0,1)
figure(1)
subplot(1,2,1);
imshow(I);
title('原始图像的灰度图像');
hold on
%%% 抗体群体初始化 %%%%%%%%%%%
pop = 2 * rand(popsize,lanti) - 1;   %pop 的值为(-1,1)之间的随机数矩阵
pop = hardlim(pop);               %大于等于 0 为 1,小于 0 为 0
%%%%% 免疫操作 %%%%%%%%%%%%%%%%%%
for gen = 1:maxgen
   [fitness,yuzhi,number] = fitnessty(pop,lanti,I,popsize,m,n,number);   %计算抗体—抗原
                                                                         %的亲和度

   if max(fitness)> bestf
     bestf = max(fitness);
      nf = 0;
     for i = 1:popsize
         if fitness(1,i) == bestf    %找出最大适应度在向量 fitness 中的序号
             v = i;
          end
     end
   yu = yuzhi(1,v);
```

```
    elseif max(fitness) == bestf
        nf = nf + 1;
    end
        if nf >= 20
         break;
         end
A = shontt(pop);                                   % 计算抗体—抗体的相似度
f = fit(A, fitness);                               % 计算抗体的聚合适应度
pop = select(pop, f);                              % 进行选择操作
pop = coss(pop, cross_rate, popsize, lanti);       % 交叉
pop = mutation_compute1(pop, mutation_rate, lanti, popsize);     % 变异
a = shonqt(pop);                                   % 计算抗体群体的相似度
if a > a0
    zpop = 2 * rand(zpopsize, lanti) - 1;
    zpop = hardlim(zpop);                          % 随机生成 zpopsize 个新抗体
    pop(popsize + 1:popsize + zpopsize, :) = zpop(:, :);
    [fitness, yuzhi, number] = fitnessty(pop, lanti, I, popsize, m, n, number);
    % 计算抗体—抗原的亲和度
    A = shontt(pop);                               % 计算抗体—抗体的相似度
    f = fit(A, fitness);                           % 计算抗体的聚合适应度
    pop = select(pop, f);                          % 进行选择操作
end
if gen == maxgen
    [fitness, yuzhi, number] = fitnessty(pop, lanti, I, popsize, m, n, number);
    % 计算抗体—抗原的亲和度
end
end
imshow(I);
subplot(1, 2, 2);
fresult(I, yu);
title('阈值分割后的图像');


% 均匀杂交
function pop = coss(pop, cross_rate, popsize, lanti)
j = 1;
for i = 1:popsize                                  % 选择进行抗体交叉的个体
    p = rand;
    if p < cross_rate
        parent(j, :) = pop(i, :);
        a(1, j) = i;
        j = j + 1;
    end
end
j = j - 1;
if rem(j, 2) ~= 0
    j = j - 1;
end
for i = 1:2:j
    p = 2 * rand(1, lanti) - 1;                     % 随机生成一个模板
```

```
        p = hardlim(p);
        for k = 1:lanti
            if p(1,k) == 1
                pop(a(1,i),k) = parent(i + 1,k);
                pop(a(1,i + 1),k) = parent(i,k);
            end
        end
    end
```

```
% 抗体的聚合适应度函数
function f = fit(A,fitness)
t = 0.8;
[m,m] = size(A);
k = - 0.8;
for i = 1:m
    n = 0;
    for j = 1:m
    if A(i,j)>t
        n = n + 1;
    end
    end
    C(1,i) = n/m;                           % 计算抗体的浓度
end
f = fitness. * exp(k. * C);                 % 抗体的聚合适应度
```

```
% 适应度计算
function [fitness,b,number] = fitnessty(pop,lanti,I,popsize,m,n,number)
 num = m * n;
 for i = 1:popsize
    number = number + 1;
        anti = pop(i,:);
        lowsum = 0;                         % 低于阈值的灰度值之和
        lownum = 0;                         % 低于阈值的像素点的个数
        highsum = 0;                        % 高于阈值的灰度值之和
        highnum = 0;                        % 高于阈值的像素点的个数
        a = 0;
        for j = 1:lanti
            a = a + anti(1,j) * (2 ^(j - 1));   % 加权求和
        end
        b(1,i) = a * 255/(2 ^ lanti - 1);
        for x = 1:m
            for y = 1:n
                if I(x,y)< b(1,i)
                    lowsum = lowsum + double(I(x,y));
                    lownum = lownum + 1;
                else
                    highsum = highsum + double(I(x,y));
                    highnum = highnum + 1;
                end
```

```matlab
                end
            end
            u = (lowsum + highsum)/num;
            if lownum~ = 0
                u0 = lowsum/lownum;
            else
                u0 = 0;
            end
            if highnum~ = 0
                u1 = highsum/highnum;
            else
                u1 = 0;
            end
            w0 = lownum/(num);
            w1 = highnum/(num);
            fitness(1,i) = w0 * (u0 - u)^2 + w1 * (u1 - u)^2;
    end
    end

% 根据最佳阈值进行图像分割输出结果
function fresult(I,f,m,n)
[m,n] = size(I);
for i = 1:m
    for j = 1:n
        if I(i,j)< = f
            I(i,j) = 0;
        else
            I(i,j) = 255;
        end
    end
end
imshow(I);

% 判断是否为 RGB 真彩图像
function y = isrgb(x)
wid = sprintf('Images:%s:obsoleteFunction',mfilename);
str1 = sprintf('%s is obsolete and may be removed in the future.',mfilename);
str2 = 'See product release notes for more information.';
warning(wid,'%s\n%s',str1,str2);

y = size(x,3) == 3;
if y
   if isa(x, 'logical')
      y = false;
   elseif isa(x, 'double')
      m = size(x,1);
      n = size(x,2);
      chunk = x(1:min(m,10),1:min(n,10),:);
      y = (min(chunk(:))> = 0 && max(chunk(:))< = 1);
```

```
            if y
                y = (min(x(:))>= 0 && max(x(:))<= 1);
            end
        end
    end

    % 变异操作
    function pop = mutation_compute(pop,mutation_rate,lanti,popsize)    % 均匀变异
    for i = 1:popsize
        s = rand(1,lanti);
        for j = 1:lanti
            if s(1,j)< mutation_rate
                if pop(i,j) == 1
                    pop(i,j) = 0;
                else pop(i,j) = 1;
                end
            end
        end
    end

    % 选择操作
    function v = select(v,fit)
    [px,py] = size(v);
    for i = 1:px;
    pfit(i) = fit(i)./sum(fit);
    end
    pfit = cumsum(pfit);
    if pfit(px)< 1
        pfit(px) = 1;
    end
    rs = rand(1,10);
    for i = 1:10
        ss = 0 ;
        for j = 1:px
            if rs(i)<= pfit(j)
                v(i,:) = v(j,:);
                ss = 1;
            end
            if ss == 1
                break;
            end
        end
    end

    % 群体相似度函数
    function a = shonqt(pop)
    [m,n] = size(pop);
    h = 0;
    for i = 1:n
```

```
        s = sum(pop(:,i));
        if s == 0 ‖ s == m
            h = h;
        else
        h = h - s/m * log2(s/m) - (m - s)/m * log2((m - s)/m);
        end
    end
    a = 1/(1 + h);

    % 抗体相似度计算函数
    function A = shontt(pop)
    [m,n] = size(pop);
    for i = 1:m
        for j = 1:m
            if i == j
                A(i,j) = 1;
            else H(i,j) = 0;
                for k = 1:n
                    if pop(i,k) ~ = pop(j,k)
                        H(i,j) = H(i,j) + 1;
                    end
                end
            H(i,j) = H(i,j)/n;
            A(i,j) = 1/(1 + H(i,j));
            end
        end
    end
end
```

运行以上代码,得到如图 7-39 所示分割前后图片效果。

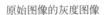

图 7-39　分割前后图片效果比较图

阈值分割法适用于目标与背景灰度有较强对比的情况,重要的是背景或物体的灰度比较单一,而且总可以得到封闭且连通区域的边界。

图 7-40 所示是待分割的竹子图片,竹子和背景的灰度没有很强烈的对比。根据例 7-8 中的程序,运行后得到图 7-40 中图片阈值分割前后对比图如图 7-41 所示。

从图 7-41 可以看出,图片的阈值分割前后对比效果就没有图 7-39 中那么强烈。

图 7-40　待分割的竹子图片　　　　　图 7-41　阈值分割前后对比图

7.3.3　经典应用

在现有基于知识的智能诊断系统设计中,知识的自动获取一直是一个难处理的问题。目前虽然遗传算法、模拟退火算法等优化算法在诊断中获取了一定的效果,但是在处理知识类型、有效性等方面仍然存在一些不足。

免疫算法的基础就在于如何计算抗原与抗体、抗体与抗体之间相似度,在处理相似性方面有着独特的优势。

基于人工免疫的故障检测和诊断模型如图 7-42 所示。

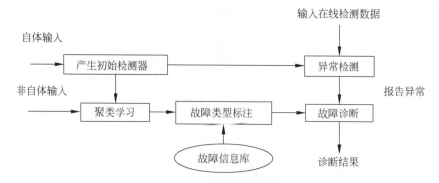

图 7-42　基于人工免疫的故障检测和诊断模型

在此模型中,用一个 N 维特征向量表示系统工作状态的数据。为了减少时间的复杂度,对系统工作状态的检测分为两个层次:

(1) 异常检测——负责报告系统的异常工作状态。

(2) 故障诊断——确定故障类型和发生的位置。

描述系统正常工作的自体为第一类抗原,用于产生原始抗体;描述系统工作异常的非自体作为第二类抗原,用于刺激抗体进行变异和克隆进化,使其成熟。

下面采用免疫算法对诊断知识的获取技术进行举例讲解。

【例 7-9】　随机设置一组故障编码和三种故障类型编码,通过免疫算法,求得故障编码属于故障类型编码的概率。

解　编写 MATLAB 代码如下:

```matlab
clear all;
clc
global popsize length min max N code;
N = 10;                              % 每个染色体段数(十进制编码位数)
M = 100;                             % 进化代数
popsize = 20;                        % 设置初始参数,群体大小
length = 10;                         % length 为每段基因的二进制编码位数
chromlength = N * length;            % 字符串长度(个体长度),染色体的二进制编码长度
pc = 0.7;
% 设置交叉概率,本例中交叉概率是定值,若想设置变化的交叉概率可用表达式表示
% 或重写一个交叉概率函数,例如用神经网络训练得到的值作为交叉概率
pm = 0.3;                            % 设置变异概率,同理也可设置为变化的
bound = { - 100 * ones(popsize,1),zeros(popsize,1)};min = bound{1};max = bound{2};
pop = initpop(popsize,chromlength);
% 运行初始化函数,随机产生初始群体
ymax = 500;
K = 1;


% 故障类型编码,每一行为一种!code(1,:),正常; code(2,:),50 % ; code(3,:),100 %
code = [ - 0.8180    - 1.6201    - 14.8590    - 17.9706    - 24.0737    - 33.4498    - 43.3949
    - 53.3849    - 63.3451    - 73.0295    - 79.6806    - 74.3230;  - 0.7791    - 1.2697
    - 14.8682    - 26.2274    - 30.2779    - 39.4852    - 49.4172    - 59.4058    - 69.3676
    - 79.0657    - 85.8789    - 81.0905;  - 0.8571    - 1.9871    - 13.4385    - 13.8463
    - 20.4918    - 29.9230    - 39.8724    - 49.8629    - 59.8215    - 69.4926    - 75.9868
    - 70.6706];
% 设置故障数据编码
Unnoralcode = [ - 0.5164    - 5.6743    - 11.8376    - 12.6813    - 20.5298    - 39.9828
    - 43.9340    - 49.9246    - 69.8820    - 79.5433    - 65.9248    - 8.9759];


for i = 1:3
% 3 种故障模式,每种模式应该产生 popsize 种监测器(抗体),每种监测器的长度和故障编码的长
% 度相同
    for k = 1:M                          % 判断每种模式适应值
        [objvalue] = calobjvalue(pop,i); % 计算目标函数
        fitvalue = calfitvalue(objvalue);
        favg(k) = sum(fitvalue)/popsize; % 计算群体中每个个体的适应度
        newpop = selection(pop,fitvalue);
        objvalue = calobjvalue(newpop,i); % 选择
        newpop = crossover(newpop,pc,k);
        objvalue = calobjvalue(newpop,i); % 交叉
        newpop = mutation(newpop,pm);
        objvalue = calobjvalue(newpop,i); % 变异
        for j = 1:N                        % 译码!
            temp(:,j) = decodechrom(newpop,1 + (j - 1) * length,length);
            % 将 newpop 每行(个体)每列(每段基因)转化成十进制数
            x(:,j) = temp(:,j)/(2 ^ length - 1) * (max(j) - min(j)) + min(j);
            % popsize×N 将二值域中的数转化为变量域的数
        end
        [bestindividual,bestfit] = best(newpop,fitvalue);
```

```
          % 求出群体中适应值最大的个体及其适应值
          if bestfit < ymax
              ymax = bestfit;
              K = k;
          end
          % y(k) = bestfit;
          if ymax < 10                        % 如果最大值小于设定阈值,停止进化
              X{i} = x;
              break
          end
          if k == 1
              fitvalue_for = fitvalue;
              x_for = x;
          end
          result = resultselect(fitvalue_for,fitvalue,x_for,x);
          fitvalue_for = fitvalue;
          x_for = x;
          pop = newpop;
      end
      X{i} = result;
      % 第 i 类故障的 popsize 个监测器
      distance = 0;
      % 计算 Unnoralcode 属于每一类故障的概率
      for j = 1:N
          distance = distance + (result(:,j) - Unnoralcode(j)).^2;    % 将得 N 个不同的距离
      end
      distance = sqrt(distance);
      D = 0;
      for p = 1:popsize
          if distance(p) < 40              % 预设阈值
              D = D + 1;
          end
      end
      P(i) = D/popsize                      % Unnoralcode 隶属每种故障类型的概率
end

X ;                                        % 结果为(i * popsize)个监测器(抗体)
plot(1:M,favg)
title('个体适应度变化趋势')
xlabel('迭代数')
ylabel('个体适应度')

%%%%%%%% 子函数 %%%%%%%%
% 求出群体中适应值最大的个体及其适应值
function [bestindividual,bestfit] = best(pop,fitvalue)
global popsize N length;
bestindividual = pop(1,:);
bestfit = fitvalue(1);
for i = 2:popsize
```

```
        if fitvalue(i) > bestfit              % 最大的个体
            bestindividual = pop(i,:);
            bestfit = fitvalue(i);
        end
    end
end

% 计算个体的适应值,目标: 产生可比较的非负数值
function fitvalue = calfitvalue(objvalue)
fitvalue = objvalue;
global popsize;
Cmin = 0;
for i = 1:popsize
    if objvalue(i) + Cmin > 0                 % objvalue 为一列向量
        temp = Cmin + objvalue(i);
    else
        temp = 0;
    end
    fitvalue(i) = temp;                       % 得一向量
end
end

% 实现目标函数的计算,交叉
function [objvalue] = calobjvalue(pop,i)
global length N min max code;
% 默认染色体的二进制长度 length = 10
distance = 0;
for j = 1:N
    temp(:,j) = decodechrom(pop,1 + (j - 1) * length,length);
        % 将 pop 每行(个体)每列(每段基因)转化成十进制数
    x(:,j) = temp(:,j)/(2 ^ length - 1) * (max(j) - min(j)) + min(j);
        % popsize×N 将二值域中的数转化为变量域的数
    distance = distance + (x(:,j) - code(i,j)).^2;
        % 将得 popsize 个不同的距离
end
objvalue = sqrt(distance);
% 计算目标函数值: 欧氏距离
end

function newpop = crossover(pop,pc,k)
global N length M;
pc = pc - (M - k)/M * 1/20;
A = 1:N * length;
% A = randcross(A,N,length);                  % 将数组 A 的次序随机打乱(可实现两两随机配对)
for i = 1:length
    n1 = A(i);n2 = i + 10;                     % 随机选中的要进行交叉操作的两个染色体
    for j = 1:N                                % N 点(段)交叉
            cpoint = length - round(length * pc);    % 这两个染色体中随机选择的交叉的位置
            temp1 = pop(n1,(j - 1) * length + cpoint + 1:j * length);temp2 = pop(n2,(j - 1) *
length + cpoint + 1:j * length);
```

```
            pop(n1,(j-1)*length+cpoint+1:j*length)=temp2;pop(n2,(j-1)*length+
cpoint+1:j*length)=temp1;
    end
    newpop=pop;
end
end


%产生[2^n 2^(n-1) ... 1]的行向量,然后求和,将二进制转化为十进制
function pop2=decodebinary(pop)
[px,py]=size(pop); %求pop行和列数
for i=1:py
pop1(:,i)=2.^(py-1).*pop(:,i);
%pop的每一个行向量(二进制表示),for循环语句将每个二进制行向量按位置乘上权重
py=py-1;
end
pop2=sum(pop1,2);
%求pop1的每行之和,即得到每行二进制表示变为十进制表示值,实现二进制到十进制的转变
end


%将二进制编码转换成十进制,参数spoint表示待解码的二进制串的起始位置
%对于多个变量而言,如有两个变量,采用20表示,每个变量为10,则第一个变量从1开始,另一
%个变量从11开始。本例为1
%参数length表示所截取的长度
function pop2=decodechrom(pop,spoint,length)
pop1=pop(:,spoint:spoint+length-1);
%将从第spoint位开始到第spoint+length-1位(这段码位表示一个参数)取出
pop2=decodebinary(pop1);
%利用上面函数decodebinary(pop)将用二进制表示的个体基因变为十进制数,得到popsize×1
列向量
end


%置换
function B=hjjsort(A)
N=length(A);t=[0 0];
for i=1:N
    temp(i,2)=A(i);
    temp(i,1)=i;
end
for i=1:N-1      %沉底法将A排序
    for j=2:N+1-i
        if temp(j,2)<temp(j-1,2)
            t=temp(j-1,:);temp(j-1,:)=temp(j,:);temp(j,:)=t;
        end
    end
end
for i=1:N/2   %将排好的A逆序
    t=temp(i,2);temp(i,2)=temp(N+1-i,2);temp(N+1-i,2)=t;
end
for i=1:N
```

```
        A(temp(i,1)) = temp(i,2);
    end
    B = A;


    % 编码初始化
    % initpop.m 函数的功能是实现群体的初始化,popsize 表示群体的大小,chromlength 表示染色体
    % 的长度(二值数的长度),长度大小取决于变量的二进制编码的长度
    function pop = initpop(popsize,chromlength)
    pop = round(rand(popsize,chromlength));
    % rand 随机产生每个单元为 {0,1},行数为 popsize,列数为 chromlength 的矩阵
    % round 对矩阵的每个单元进行圆整。这样产生随机的初始种群
    end


    % 变异操作
    function [newpop] = mutation(pop,pm)
    global popsize N length;
    for i = 1:popsize
        if(rand < pm)                          % 产生一随机数与变异概率比较
          mpoint = round(rand * N * length);   % 个体变异位置
          if mpoint <= 0
             mpoint = 1;
          end
          newpop(i,:) = pop(i,:);
          if newpop(i,mpoint) == 0
             newpop(i,mpoint) = 1;
          else
             newpop(i,mpoint) = 0;
          end
        else
          newpop(i,:) = pop(i,:);
        end
    end


    function result = resultselect(fitvalue_for,fitvalue,x_for,x);
    global popsize;
    A = [fitvalue_for;fitvalue];B = [x_for;x];
    N = 2 * popsize;
    t = 0;
    for i = 1:N
        temp1(i) = A(i);
        temp2(i,:) = B(i,:);
    end
    for i = 1:N-1                               % 沉底法将 A 排序
        for j = 2:N+1-i
            if temp1(j) < temp1(j-1)
                t1 = temp1(j-1);t2 = temp2(j-1,:);
                temp1(j-1) = temp1(j);temp2(j-1,:) = temp2(j,:);
                temp1(j) = t1;temp2(j,:) = t2;
            end
```

```
        end
    end
    for i = 1:popsize                          % 将 A 的低适应值(前一半)的序号取出
        result(i, :) = temp2(i, :);
    end

    function [newpop] = selection(pop, fitvalue)
    global popsize;
    fitvalue = hjjsort(fitvalue);
    totalfit = sum(fitvalue);                  % 求适应值之和
    fitvalue = fitvalue/totalfit;              % 单个个体被选择的概率
    fitvalue = cumsum(fitvalue);               % 如 fitvalue = [4 2 5 1],则 cumsum(fitvalue) = [4 6 11 12]
    ms = sort(rand(popsize, 1));
    % 从小到大排列,将"rand(px,1)"产生的一列随机数变成轮盘赌形式的表示方法,由小到大排列
    fitin = 1;
    % fitvalue 是一向量,fitin 代表向量中元素位,即 fitvalue(fitin) 代表第 fitin 个个体的单个
    % 个体被选择的概率
    newin = 1;
    while newin <= popsize
            if (ms(newin)) < fitvalue(fitin)
    % ms(newin)表示的是 ms 列向量中第"newin"位数值,同理 fitvalue(fitin)
                newpop(newin, :) = pop(fitin, :);
    % 赋值,即将旧种群中的第 fitin 个个体保留到下一代(newpop)
                newin = newin + 1;
            else
                fitin = fitin + 1;
            end
    end
    end
```

运行以上代码,得到个体适应度变化趋势如图 7-43 所示。

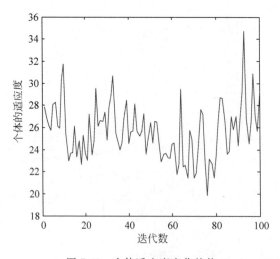

图 7-43 个体适应度变化趋势

设置的故障数据属于三种故障类型的概率 P 值如下：

```
>> P =

        0    0.9500    0.7500
```

这表示故障数据完全不属于故障1,属于故障2的概率为95％,属于故障3的概率为75％。

7.4 模拟退火算法

模拟退火算法(simulate anneal arithmetic,SAA)是 S. Kirkpatrick、C. D. Gelatt 和 M. P. Vecchi 在 1983 年所发明的一种通用概率演算法,用来在一个大的搜寻空间内找寻命题的最优解。

7.4.1 基本原理

模拟退火算法来源于固体退火原理,是一种基于概率的算法,将固体加温至充分高,再让其徐徐冷却,加温时,固体内部粒子随温升变为无序状,内能增大,而徐徐冷却时粒子渐趋有序,在每个温度都达到平衡态,最后在常温时达到基态,内能减为最小。

根据 Metropolis 准则,粒子在温度 T 时趋于平衡的概率为 $e^{-\Delta E/(kT)}$。其中,E 为温度 T 时的内能;ΔE 为其改变量;k 为 Boltzmann 常数。

用固体退火模拟组合优化问题,将内能 E 模拟为目标函数值 f,温度 T 演化成控制参数 t,即得到解组合优化问题的模拟退火算法。

由初始解 i 和控制参数初值 t 开始,对当前解重复"产生新解→计算目标函数差→接受或舍弃"的迭代,并逐步衰减 t 值,算法终止时的当前解即为所得近似最优解,这是基于蒙特卡罗迭代求解法的一种启发式随机搜索过程。

退火过程由冷却进度表(cooling schedule)控制,包括控制参数的初值 t 及其衰减因子 Δt、每个 t 值时的迭代次数 L 和停止条件 S。

模拟退火算法可以分解为解空间、目标函数和初始解三部分。其基本步骤如下:

(1) 初始化。初始温度 T(充分大),初始解状态 s(是算法迭代的起点),每个 T 值的迭代次数 L。

(2) 对 $k=1,\cdots,L$ 做第3~第6步。

(3) 产生新解 s'。

(4) 计算增量 $cost=cost(s')-cost(s)$,其中 $cost(s)$ 为评价函数。

(5) 若 $t'<0$,则接受 s' 作为新的当前解,否则以概率 $e^{-t'/T}$ 接受 s' 作为新的当前解。

(6) 如果满足终止条件,则输出当前解作为最优解,结束程序。终止条件通常取为连续若干个新解都没有被接受时终止算法。

(7) T 逐渐减少,且 T 趋于 0,然后转第 2 步运算。

7.4.2 程序设计

模拟退火算法新解的产生和接受可分为如下四个步骤：

（1）由一个产生函数从当前解产生一个位于解空间的新解。为便于后续的计算和接受，减少算法耗时，通常选择由当前新解经过简单地变换即可产生新解的方法，如对构成新解的全部或部分元素进行置换、互换等，注意到产生新解的变换方法决定了当前新解的邻域结构，因而对冷却进度表的选取有一定的影响。

（2）计算与新解所对应的目标函数差。因为目标函数差仅由变换部分产生，所以目标函数差的计算最好按增量计算。事实表明，对大多数应用而言，这是计算目标函数差的最快方法。

（3）判断新解是否被接受。判断的依据是一个接受准则，最常用的接受准则是Metropolis准则：若 $\Delta t' < 0$，则接受 s' 作为新的当前解 S，否则以概率 $e^{-\Delta t'/T}$ 接受 s' 作为新的当前解 S。

（4）当新解被确定接受时，用新解代替当前解，这只需将当前解中对应于产生新解时的变换部分予以实现，同时修正目标函数值即可。此时，当前解实现了一次迭代。可在此基础上开始下一轮试验。而当新解被判定为舍弃时，则在原当前解的基础上继续下一轮试验。

模拟退火算法与初始值无关，算法求得的解与初始解状态 S（是算法迭代的起点）无关；模拟退火算法具有渐近收敛性，已在理论上被证明是一种以概率 1 收敛于全局最优解的全局优化算法；模拟退火算法具有并行性。

模拟退火算法在搜索过程中具有突跳的能力，可以有效地避免搜索陷入局部极小解。

基于杂交的混合粒子群算法步骤如下：

（1）随机设置各个粒子的速度和位置。

（2）评价每个粒子的适应度，将粒子的位置和适应值存储在粒子的个体极值 p_{best} 中，将所有 p_{best} 中最优适应值的个体位置和适应值保存在全局极值 g_{best} 中。

（3）确定初始温度。

（4）根据下式确定当前温度下各粒子 p_i 的适应值：

$$TF(p_i) = \frac{e^{-(f(p_i)-f(p_g))/t}}{\sum\limits_{i=1}^{N} e^{-(f(p_i)-f(p_g))/t}}$$

（5）从所有 p_i 中确定全局最优的替代值 p_i'，并根据下面两个公式更新各粒子的位置和速度：

$$x_{i,j}(t+1) = x_{i,j}(t) + v_{i,j}(t+1), \quad j = 1, \cdots, d$$

$$v_{i,j}(t+1) = \varphi\{v_{i,j}(t) + c_1 r_1 [p_{i,j} - x_{i,j}(t)] + c_2 r_2 [p_{g,j} - x_{i,j}(t)]\}$$

$$\varphi = \frac{2}{2 - (c_1 + c_2) - \sqrt{(c_1 + c_2)^2 - 4(c_1 + c_2)}}$$

（6）计算粒子目标值，并更新 p_{best} 和 g_{best}，然后进行退温操作。

（7）当算法达到其停止条件，则停止搜索并输出结果，否则返回到第 4 步继续搜索。

（8）初始温度和退温方式对算法有一定的影响，一般采用如下所示的初始温度和退温方式：

$$t_{k+1} = \lambda t_k, \quad t_0 = f(p_g)/\ln 5$$

将实现自适应权重的优化函数命名为 PSO_lamda，在 MATLAB 中编写实现以上步骤的代码如下所示：

```
function [xm,fv] = PSO_lamda(fitness,N,c1,c2,lamda,M,D)
format long;
%N 初始化群体个体数目
%c1 学习因子 1
%c2 学习因子 2
%lamda 退火常数惯性权重
%M 最大迭代次数
%D 搜索空间维数
%%%%%%%%%%%% 初始化种群的个体 %%%%%%%%%%%%%%%%%%%%%%%%
for i = 1:N
    for j = 1:D
        x(i,j) = randn;                %初始化位置
        v(i,j) = randn;                %初始化速度
    end
end
%%%%%%%%%%%% 先计算各个粒子的适应度,并初始化 pi 和 pg %%%%%%%%%%
for i = 1:N
    p(i) = fitness(x(i,:));
    y(i,:) = x(i,:);
end
pg = x(N,:);                        %pg 为全局最优
for i = 1:(N-1)
    if fitness(x(i,:))<fitness(pg)
        pg = x(i,:);
    end
end
%%%%% 主循环,按照公式依次迭代 %%%%%%%%%%%%%%%%%%%%%%%%%%%%
T =- fitness(pg)/log(0.2);
for t = 1:M
    groupFit = fitness(pg);
    for i = 1:N
        Tfit(i) = exp( - (p(i) - groupFit)/T);
    end
    SumTfit = sum(Tfit);
    Tfit = Tfit/SumTfit;
    pBet = rand();
    for i = 1:N
        ComFit(i) = sum(Tfit(1:i));
        if pBet <= ComFit(i)
            pg_plus = x(i,:);
            break;
```

```
        end
    end
    C = c1 + c2;
    ksi = 2/abs( 2 - C - sqrt(C^2 - 4 * C));
    for i = 1:N
        v(i,:) = ksi * (v(i,:) + c1 * rand * (y(i,:) - x(i,:)) + c2 * rand * (pg_plus
- x(i,:)));
        x(i,:) = x(i,:) + v(i,:);
        if fitness(x(i,:)) < p(i)
            p(i) = fitness(x(i,:));
            y(i,:) = x(i,:);
        end
        if p(i) < fitness(pg)
            pg = y(i,:);
        end
    end
    T = T * lamda;
    Pbest(t) = fitness(pg);
end
xm = pg';
fv = fitness(pg);
```

7.4.3 经典应用

粒子群优化算法(particle swarm optimization,PSO)是近年来发展起来的一种新的进化算法。这种算法属于进化算法的一种,和模拟退火算法相似,它也是从随机解出发,通过迭代寻找最优解。

将模拟退火算法应用于 PSO 中,可以提高粒子多样性、增强粒子的全局探索能力,或者提高局部开发能力、增强收敛速度与精度。下面举例说明基于模拟退火算法的混合粒子群算法。

【例 7-10】 使用基于模拟退火算法的混合粒子群算法,求解函数

$$f(x) = 1 \left/ \left[0.7 + \sum_{i=1}^{5} \frac{i+2}{(x_i - 1)^2 + 0.5} \right] \right.$$

的最小值,其中 $-10 \leqslant x_i \leqslant 10$。粒子数为 50,学习因子均为 2,退火常数取值 0.5,迭代步数为 100。

解 首先建立目标函数代码如下所示:

```
function y = lamdaFunc(x)
y = 0;
for i = 1:5
    y = y + (i + 2)/(((x(i) - 1)^2) + 0.5);
end
y = 1/(0.7 + y);
```

在 MATLAB 命令行窗口输入代码:

```
[xm,fv] = PSO_lamda(@lamdaFunc,50,2,2,0.5,100,5)
```

运行后得到结果为:

```
>> xm =

    1.814532522705427
    1.669344110734507
    0.912442817927282
    1.045716794351236
    0.837420691707699

fv =

    0.023477527185062
```

以上结果表明,基于杂交的混合粒子群算法精度也非常高。

本章小结

　　神经网络算法、遗传算法、免疫算法和模拟退火算法是数学建模中最优化理论的四大非经典算法,本章详细介绍了四种算法的原理、程序设计和经典应用。这些算法是用来解决一些较困难的最优化问题的算法,对于有些问题非常有帮助,但是算法的实现比较困难,需慎重使用。

第8章 Simulink 简介

Simulink 是 MATLAB 最重要的组件之一,它提供一个动态系统建模、仿真和综合分析的集成环境。Simulink 具有适应面广、结构和流程清晰及仿真精细、贴近实际、效率高、灵活等优点。目前,Simulink 已成为信号处理、通信原理、自动控制等专业的重要基础课程的首选实验平台。本章重点介绍了 Simulink 的基本功能、模块操作、系统仿真,以及有限状态机、工具箱等的应用。

学习目标:

■ 熟悉 Simulink 的概念及其应用
■ 掌握 Simulink 模块的组成
■ 掌握如何使用 Simulink 搭建系统模型和仿真

8.1 基本知识

8.1.1 基本功能

Simulink 是 MATLAB 中的一种可视化仿真工具,是一种基于 MATLAB 的框图设计环境,是实现动态系统建模、仿真和分析的一个软件包,被广泛应用于线性系统、非线性系统、数字控制及数字信号处理的建模和仿真中。

Simulink 可以用连续采样时间、离散采样时间或两种混合的采样时间进行建模,它也支持多速率系统,也就是系统中的不同部分具有不同的采样速率。

为了创建动态系统模型,Simulink 提供了一个建立模型方块图的图形用户接口(GUI),这个创建过程只需单击和拖动鼠标操作就能完成,它提供了一种更快捷、直接明了的方式,而且用户可以立即看到系统的仿真结果。

Simulink 是用于动态系统和嵌入式系统的多领域仿真和基于模型的设计工具。对各种时变系统包括通信、控制、信号处理、视频处理和图像处理系统,Simulink 提供了交互式图形化环境和可定制模块库来对其进行设计、仿真、执行和测试。

构架在 Simulink 基础之上的其他用户产品扩展了 Simulink 多领域建模功能,也提供了用于设计、执行、验证和确认任务的相应工具。

Simulink 与 MATLAB 紧密集成,它可以直接访问 MATLAB 大量的工具来进行算法研发、仿真的分析和可视化、批处理脚本的创建、建模环境的定制以及信号参数和测试数据的定义。

Simulink 拥有丰富的可扩充的预定义模块库以及交互式的图形编辑器来组合和管理直观的模块图,以设计功能的层次性来分割模型实现对复杂设计的管理。通过 ModelExplorer 导航、创建、配置、搜索模型中的任意信号、参数、属性生成模型代码,而且可以提供 API,用于与其用户仿真程序的连接或与手写代码集成可以使用。

Simulink 是一种强有力的仿真工具。它能让使用者在图形方式下以最小的代价来模拟真实动态系统的运行。Simulink 准备有数百种自定义的系统环节模型、最先进的有效积分算法和直观的图示化工具。

8.1.2 Simulink 组成

Simulink 软件包的一个重要特点是它完全建立在 MATLAB 的基础上,因此,MATLAB 各种丰富的应用工具箱也可以完全应用到 Simulink 环境中来,这无疑大大扩展了 Simulink 的建模和分析能力。

1. 应用工具箱

基于 MATLAB 的所有工具箱都是经过全世界各个领域内的专家和学者共同研究的最新成果,每一个工具箱都可谓是千锤百炼,其领域涵盖了自动控制、信号处理和系统辨识等十多个学科,并且随着科学技术的发展,MATLAB 的应用工具箱始终在不断发展完善之中。

MATLAB 应用工具箱的另一个特点是完全开放性,任何用户都可以随意浏览、修改相关的 M 文件,创建满足用户特殊要求的工具箱。由于其中的算法有很多是相当成熟的产品,用户可以采用 MATLAB 自带的编译器将其编译成可执行代码,并嵌入到硬件当中直接进行执行。

首先启动 MATLAB,然后在 MATLAB 主界面中单击上面的 Simulink 按钮 或在命令窗口中输入 simulink 命令。命令执行之后将弹出 Simulink 的模块库浏览器,如图 8-1 所示。

Simulink 的工具箱模块库由两部分组成:基本模块和各种应用工具箱。

Simulink 的基本模块按功能进行分类,主要包括以下 8 类子库:
- Continuous(连续系统模块);
- Discrete(离散系统模块);
- Function&Tables(函数和平台模块);
- Math Operations(数学运算模块);
- Nonlinear(非线性模块);
- Signals&Systems(信号和系统模块);

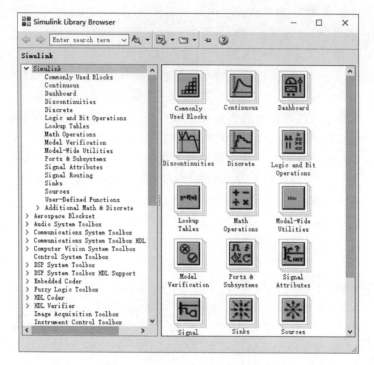

图 8-1　Simulink 的工具箱模块库

- Sinks(接收器模块);
- Sources(输入源模块)。

2. 实时工作室

Simulink 软件包中的实时工作室(RTW)可以将 Simulink 的仿真框图直接转化成 C 语言代码,从而直接从系统仿真过渡到系统实现。该工具支持连续、离散和连续—离散混合系统。用户完成 C 语言代码的转换后,可以直接进行汇编,生成执行文件。

借助实时工作室,用户无须手工编写代码和复杂的调试过程,就可以完成从动态系统设计到最后代码实现的全过程,包括控制算法设计、信号处理研究动态系统都可以借助 Simulink 的可视化方框图进行方便的设计。

一旦 Simulink 完成了系统的设计,用户可以借助工具生成嵌入式的代码,在进行编译、连接之后,直接嵌入到硬件设备中。

异步仿真:由于 MATLAB 中可以以 ASCII 或二进制文件记录仿真所经历的时间,用户可以将仿真过程放在客户机或发送到远程计算机中进行仿真。

Simulink 的实时工作室支持大量的不同的系统和硬件设备,并且具有友好的图形用户界面,使用起来更加方便、灵活。

3. 状态流模块

Simulink 的模块库中包含了 Stateflow 的模块,用户可以在模块中设计基于状态变化的离散事件系统。将该模块放入 Simulink 模型中,就可以创建包含离散时间子系统的更为复杂的模型。

4．扩展的模块集

如同众多的应用工具箱扩展了 MATLAB 的应用范围，Mathworks 公司为 Simulink 提供了各种专门的模块集来扩展 Simulink 的建模和仿真能力。这些模块集涉及电力、非线性控制、DSP 系统等不同领域，满足了 Simulink 对不同系统仿真的需要。

这些模块集包括：

- Communications Blockset(通信模块集)；
- Control System Toolbox(控制系统工具箱)；
- DSP Blockset(数字信号处理模块集)；
- Fixed-Point Blockset(定点模块集)；
- NCD Blockset(非线性控制设计模块集)；
- Neural Network Blockset(神经网络模块集)；
- RF Blockset(射频模块集)；
- Power System Blockset(电力系统模块集)；
- Real-Time Windows Target(实时窗口目标库)；
- Stateflow(状态流程库)。

8.1.3　模块库简介

为了方便用户快速构建所需的动态系统，Simulink 提供了大量的、以图形形式给出的内置系统模块。使用这些内置模块可以快速方便地设计出特定的动态系统。下面介绍模块库中一些常用的模块功能。

1．连续模块库(Continuous)

在连续模块库中包括了常见的连续模块，如图 8-2 所示。

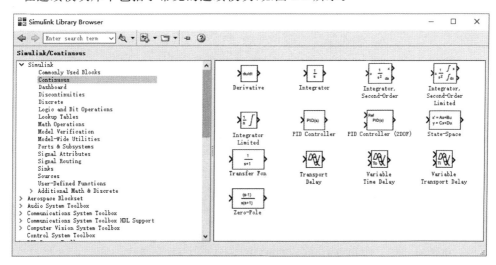

图 8-2　连续模块库

（1）微分模块（Derivative）：通过计算差分 $\Delta u/\Delta t$ 近似计算输入变量的微分。

（2）积分模块（Integrator）：对输入变量进行积分。说明：模块的输入可以是标量，也可以是矢量；输入信号的维数必须与输入信号保持一致。

（3）线性状态空间模块（State-Space）：用于实现以下数学方程描述的系统，即

$$\begin{cases} x' = Ax + Bu \\ y = Cx + Du \end{cases}$$

（4）传递函数模块（Transfer Fcn）：用于执行一个线性传递函数。

（5）零极点传递函数模块（Zero-Pole）：用于建立一个预先指定的零点、极点，并用延迟算子 s 表示的连续。

（6）PID 控制模块（PID Controller）：进行 PID 控制。

（7）传输延迟模块（Transport Delay）：用于将输入端的信号按指定的时间延迟后再输出其信号。

（8）可变传输延迟模块（Variable Transport Delay）：用于将输入端的信号进行可变时间的延迟。

2．离散模块库（Discrete）

离散模块库主要用于建立离散采样的系统模型，包括的主要模块如图 8-3 所示。

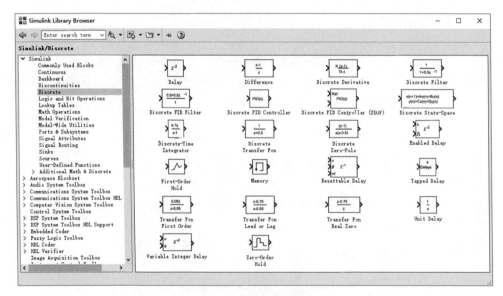

图 8-3　离散模块库

（1）零阶保持器模块（Zero-Order Hold）：在一个步长内将输出的值保持在同一个值上。

（2）单位延迟模块（Unit Delay）：将输入信号作单位延迟，并且保持一个采样周期相当于时间算子 $z-1$。

（3）离散时间积分模块（Discrete-Time Integrator）：在构造完全离散的系统时，代替连续积分的功能。使用的积分方法有向前欧拉法、向后欧拉法、梯形法。

（4）离散状态空间模块（Discrete State-Space）：用于实现如下数学方程描述的系统，即

$$\begin{cases} x[(n+1)T] = Ax(nT) + Bu(nT) \\ y(nT) = Cx(nT) + Du(nT) \end{cases}$$

（5）离散滤波器模块（Discrete Filter）：用于实现无限脉冲响应（IIR）和有限脉冲响应（FIR）的数字滤波器。

（6）离散传递函数模块（Discrete Transfer Fcn）：用于执行一个离散传递函数。

（7）离散零极点传递函数模块（Discrete Zero-Pole）：用于建立一个预先指定的零点、极点，并用延迟算子 $z-1$ 表示的离散系统。

（8）一阶保持器模块（First-Order Hold）：在一定时间间隔内保持一阶采样。

3. 表格模块库（Lookup Tables）

表格模块库主要实现各种一维、二维或者更高维函数的查表，另外用户还可以根据自己需要创建更复杂的函数。该模块库包括多个主要模块，如图 8-4 所示。

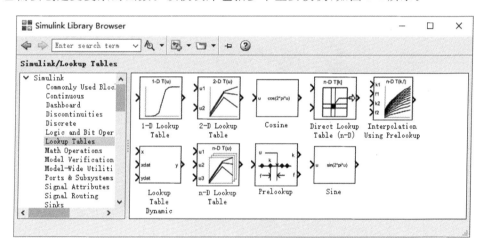

图 8-4　表格模块库

（1）一维查表模块（1-D Lookup Table）：一维查表模块实现对单路输入信号的查表和线性插值。

（2）二维查表模块（2-D Lookup Table）：根据给定的二维平面网格上的高度值，把输入的两个变量经过查表、插值，计算出模块的输出值，并返回这个值。

（3）自定义函数模块（Fcn）：用于将输入信号进行指定的函数运算，最后计算出模块的输出值。输入的数学表达式应符合 C 语言编程规范；与 MATLAB 中的表达式有所不同，不能完成矩阵运算。

（4）MATLAB 函数模块（MATLAB Fcn）：对输入信号进行 MATLAB 函数及表达式的处理。模块为单输入模块；能够完成矩阵运算。

技巧：从运算速度角度，Mathfunction 模块要比 Fcn 模块慢。当需要提高速度时，可以考虑采用 Fcn 或者 S 函数模块。

(5) S-函数模块(S-Function)：按照 Simulink 标准，编写用户自己的 Simulink 函数。它能够将 MATLAB 语句、C 语言等编写的函数放在 Simulink 模块中运行，最后计算模块的输出值。

4. 数学运算模块库(Math Operations)

数学运算模块库包括多个数学运算模块，如图 8-5 所示。

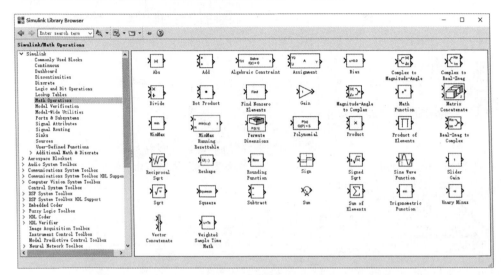

图 8-5　数学运算模块库

(1) 求和模块(Sum)：求和模块用于对多路输入信号进行求和运算，并输出结果。

(2) 乘法模块(Product)：乘法模块用于实现对多路输入的乘积、商、矩阵乘法或者模块的转置等。

(3) 矢量的点乘模块(Dot Product)：矢量的点乘模块用于实现输入信号的点积运算。

(4) 增益模块(Gain)：增益模块的作用是把输入信号乘以一个指定的增益因子，使输入产生增益。

(5) 常用数学函数模块(Math Function)：用于执行多个通用数学函数，其中包含exp、log、log10、square、sqrt、pow、reciprocal、hypot、rem、mod 等。

(6) 三角函数模块(Trigonometric Function)：用于对输入信号进行三角函数运算，共有 10 种三角函数供选择。

(7) 特殊数学模块：特殊数学模块中包括求最大最小值模块(MinMax)、取绝对值模块(Abs)、符号函数模块(Sign)、取整数函数模块(Rounding Function)等。

(8) 数字逻辑函数模块：数字逻辑函数模块包括复合逻辑模块(Combinational Logic)、逻辑运算符模块(Logical Operator)、位逻辑运算符模块(Bitwise Logical Operator)等。

(9) 关系运算模块(Relational Operator)：关系符号包括==(等于)、≠(不等于)、<(小于)、<=(小于等于)、>(大于)、>=(大于等于)等。

（10）复数运算模块：复数运算模块包括计算复数的模与幅角（Complex to Magnitude-Angle）、由模和幅角计算复数（Magnitude-Angle to Complex）、提取复数实部与虚部模块（Complex to Real-Imag）、由复数实部和虚部计算复数（Real-Imag to Complex）。

5．不连续模块库（Discontinuities）

不连续模块库中包括一些常用的非线性模块，如图 8-6 所示。

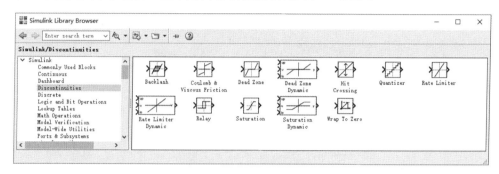

图 8-6　不连续模块库

（1）比率限幅模块（Rate Limiter）：用于限制输入信号的一阶导数，使得信号的变化率不超过规定的限制值。

（2）饱和度模块（Saturation）：用于设置输入信号的上下饱和度，即上下限的值，来约束输出值。

（3）量化模块（Quantizer）：用于把输入信号由平滑状态变成台阶状态。

（4）死区输出模块（Dead Zone）：在规定的区内没有输出值。

（5）继电模块（Relay）：继电模块用于实现在两个不同常数值之间进行切换。

（6）选择开关模块（Switch）：根据设置的门限来确定系统的输出。

6．信号模块库（Signal Routing）

信号模块库包括的主要模块如图 8-7 所示。

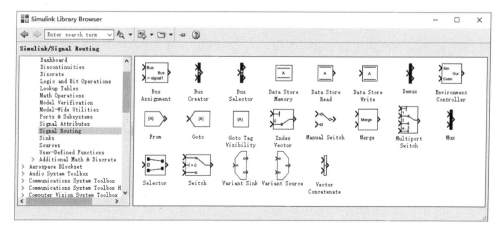

图 8-7　信号模块库

（1）Bus 信号选择模块（Bus Selector）：用于得到从 Mux 模块或其他模块引入的 Bus 信号。

（2）混路器模块（Mux）：把多路信号组成一个矢量信号或者 Bus 信号。

（3）分路器模块（Demux）：把混路器组成的信号按照原来的构成方法分解成多路信号。

（4）信号合成模块（Merge）：把多路信号合成一个单一的信号。

（5）接收/传输信号模块（From/Goto）：接收/传输信号模块常常配合使用，From 模块用于从一个 Goto 模块中接收一个输入信号，Goto 模块用于把输入信号传递给 From 模块。

7. 信号输出模块库（Sinks）

信号输出模块库包括的主要模块如图 8-8 所示。

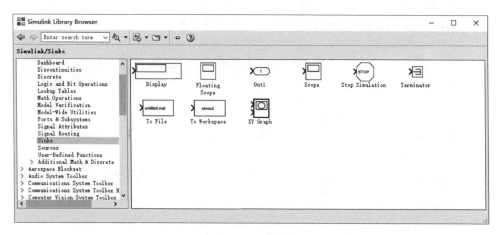

图 8-8　信号输出模块库

（1）示波器模块（Scope）：显示在仿真过程中产生的输出信号，用于在示波器中显示输入信号与仿真时间的关系曲线，仿真时间为 x 轴。

（2）二维信号显示模块（XY Graph）：在 MATLAB 的图形窗口中显示一个二维信号图，并将两路信号分别作为示波器坐标的 x 轴与 y 轴，同时把它们之间的关系图形显示出来。

（3）显示模块（Display）：按照一定的格式显示输入信号的值，可供选择的输出格式包括 short、long、short_e、long_e、bank 等。

（4）输出到文件模块（To File）：按照矩阵的形式把输入信号保存到一个指定的 MAT 文件。第一行为仿真时间，余下的行则是输入数据，一个数据点是输入矢量的一个分量。

（5）输出到工作空间模块（To Workspace）：把信号保存到 MATLAB 的当前工作空间，是另一种输出方式。

（6）终止信号模块（Terminator）：中断一个未连接的信号输出端口。

（7）结束仿真模块（Stop Simulation）：停止仿真过程。当输入为非零时，停止系统仿真。

8. 源模块库（Sources）

源模块库包括的主要模块如图 8-9 所示。

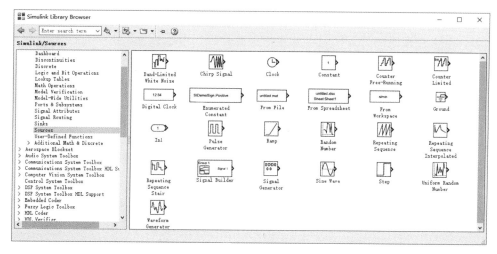

图 8-9　源模块库

（1）输入常数模块（Constant）：产生一个常数。该常数可以是实数，也可以是复数。

（2）信号源发生器模块（Signal Generator）：产生不同的信号，其中包括正弦波、方波、锯齿波信号。

（3）从文件读取信号模块（From File）：从一个 MAT 文件中读取信号，读取的信号为一个矩阵，其矩阵的格式与 To File 模块中介绍的矩阵格式相同。如果矩阵在同一采样时间有两个或者更多的列，则数据点的输出应该是首次出现的列。

（4）从工作空间读取信号模块（From Workspace）：从 MATLAB 工作空间读取信号作为当前的输入信号。

（5）随机数模块（Random Number）：产生正态分布的随机数，默认的随机数是期望为 0，方差为 1 的标准正态分布量。

（6）带宽限制白噪声模块（Band-Limited White Noise）：实现对连续或者混杂系统的白噪声输入。

除以上介绍的常用模块外，还包括其他模块。各模块功能可通过以下方法查看：先进入 Simulink 工作窗口，在菜单中选择 Help→Simulink→Help 命令，这时就会弹出 Help 界面。然后用鼠标展开 UsingSimulink\BlockReference\SimulinkBlockLibraries 就可以看到 Simulink 的所有模块。查看相应模块的使用方法和说明信息即可。

8.2　Simulink 系统仿真

Simulink 是 MATLAB 最重要的组件之一，它提供一个动态系统建模、仿真和综合分析的集成环境。构建好一个系统的模型之后，需要运行模型得到仿真结果。运行一个仿真的完整过程分为三个步骤：设置仿真参数、启动仿真和仿真结果分析。

8.2.1 仿真基础

1. 设置仿真参数

Simulink 中模型的仿真参数通常在仿真参数对话框中设置。这个对话框包含了仿真运行过程中的所有设置参数，在这个对话框内，用户可以设置仿真算法、仿真的起止时间和误差容限等，还可以定义仿真结果数据的输出和存储方式，并可以设定对仿真过程中错误的处理方式。

首先选择需要设置仿真参数的模型，然后在模型窗口的 Simulation 菜单下选择 Configuration Parameters 命令，打开 Configuration Parameters 对话框，如图 8-10 所示。

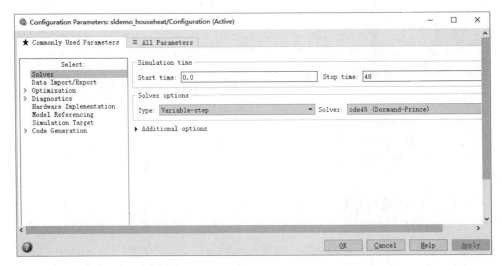

图 8-10　Configuration Parameters 对话框

在 Configuration Parameters 对话框内用户可以根据自己的需要进行参数设置。当然，除了设置参数值外，也可以把参数指定为有效的 MATLAB 表达式，这个表达式可以由常值、工作区变量名、MATLAB 函数以及各种数学运算符号组成。

参数设置完毕后，可以单击 Apply 按钮应用设置，或者单击 OK 按钮关闭对话框。如果需要的话，也可以保存模型，以保存所设置的模型仿真参数。

关于仿真参数对话框内各选项参数的基本设置方式，将在下一节中详细介绍。

2. 控制仿真执行

Simulink 的图形用户接口包括菜单命令和工具条按钮，如图 8-11 所示，用户可以用这些命令或按钮启动、终止或暂停仿真。

若要模型执行仿真，可在模型编辑器的 Simulation 菜单上选择 Start 命令，或单击模型工具栏上的"启动仿真"按钮 ▶ 。

Simulink 会从 Configuration Parameters 对话框内指定的起始时间开始执行仿真，仿真过程会一直持续到所定义的仿真终止时间。在这个过程中，如果有错误发生，系统

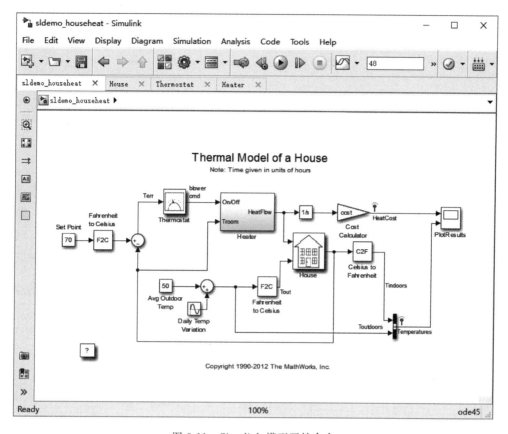

图 8-11　Simulink 模型开始命令

会中止仿真,用户也可以手动干预仿真,如暂停或终止仿真。

在仿真运行过程中,模型窗口底部的状态条会显示仿真的进度情况,同时,Simulation 菜单上的 Start 命令会替换为 Stop 命令,模型工具栏上的"启动仿真"按钮也会替换为"暂停仿真"按钮 ⑪ ,如图 8-12 所示。当仿真结束时,计算机会发出蜂鸣声,通知用户仿真过程已结束。

仿真启动后,Simulation 菜单上的 Start 命令会更改为 Pause 命令,用户可以用该命令或"暂停仿真"按钮 ⑪ 暂时停止仿真,这时,Simulink 会完成当前时间步的仿真,并把仿真悬挂起来。这时的 Pause 命令或暂停按钮也会改变为 Continue 命令或"运行"按钮。若要在下一个时间步上恢复悬挂起来的仿真,可以选择 Continue 命令继续仿真。

如果模型中包括了要把输出数据写入到文件或工作区中的模块,或者用户在 Simulation Parameters 对话框内选择了输出选项,那么,当仿真结束或悬挂起来时,Simulink 会把数据写入到指定的文件或工作区变量中。

3. 交互运行仿真

在仿真运行过程中,用户可以交互式执行某些操作。例如,修改某些仿真参数,包括终止时间、仿真算法和最大步长等。

在浮动示波器或 Display 模块上单击信号线以查看信号。更改模块参数,但不能改

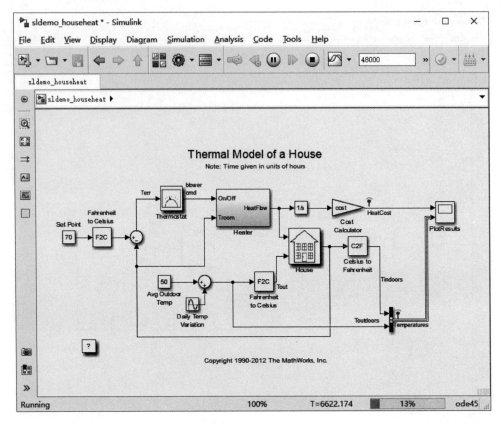

图 8-12　暂停仿真示意图

变下面的参数：

- 状态、输入或输出的数目；
- 采样时间；
- 过零数目；
- 任一模块参数的向量长度；
- 内部模块工作向量的长度。

提示：在仿真过程中，用户不能更改模型的结构，如增加或删除线或模块，若必须执行这样的操作，则应先停止仿真，在改变模型结构后再执行仿真，并查看更改后的仿真结果。

8.2.2　简单系统的仿真分析

1. 建立系统模型

首先根据系统的数学描述选择合适的 Simulink 系统模块，然后按照建模方法建立此简单系统的系统模型。这里所使用的系统模块主要有：

- Sources 模块库中的 Sine Wave 模块——用来作为系统的输入信号。
- Math Operations 模块库中的 Relational Operator 模块——用来实现系统中的时

间逻辑关系。

- Sources 模块库中的 Clock 模块——用来表示系统运行时间。
- Nonlinear 模块库中的 Switch 模块——用来实现系统的输出选择。
- Math Operations 模块库中的 Gain 模块——用来实现系统中的信号增益。

此简单系统模型如图 8-13 所示。

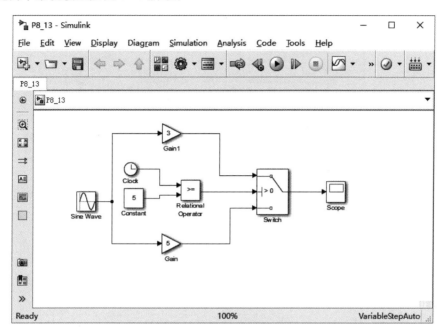

图 8-13　简单系统的模型

2. 系统模块参数设置

在完成系统模型的建立之后,需要对系统中各模块的参数进行合理的设置。这里采用的模块参数设置如下所述:

(1) Sine Wave 模块。采用 Simulink 默认的参数设置,即单位幅值、单位频率的正弦信号。

(2) Relational Operator 模块。其参数设置为">=",如图 8-14 所示。

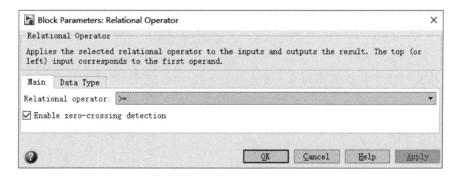

图 8-14　Relational Operator 模块参数设置

（3）Clock 模块。采用默认参数设置，如图 8-15 所示。

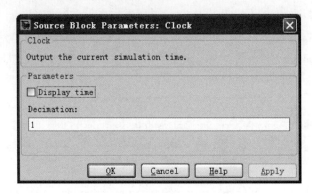

图 8-15　Clock 模块参数设置

（4）Switch 模块。设定 Switch 模块的 Threshold 值为 1（其实只要大于 0 小于或等于 1 即可，因为 Switch 模块在输入端口 2 的输入大于或等于给定的阈值 Threshold 时，模块输出为第一端口的输入，否则为第三端口的输入），从而实现此系统的输出随仿真时间进行正确的切换，如图 8-16 所示。

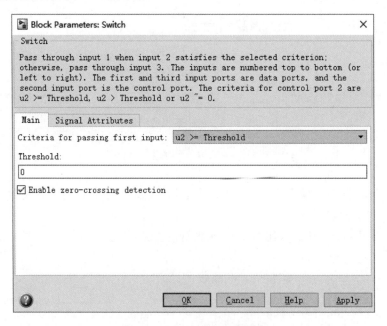

图 8-16　Switch 模块参数设置

3. 系统仿真参数设置及仿真分析

在对系统模型中各个模块进行正确且合适的参数设置之后，需要对系统仿真参数进行必要的设置以开始仿真。在缺省情况下，Simulink 默认的仿真起始时间为 0s，仿真结束时间为 10s。

对于此简单系统，当时间大于 25 时系统输出才开始转换，因此需要设置合适的仿真时间。设置仿真时间的方法为：选择菜单 Simulation 中的 Configuration Parameters 命令(或使用快捷键 Ctrl+E),打开仿真参数设置对话框,在 Solver 选项卡中设置系统仿真时间区间。设置系统仿真起始时间为 0s,结束时间为 10s,如图 8-17 所示。

图 8-17　系统仿真时间设置

在系统模块参数与系统仿真参数设置完毕之后,用户便可开始系统仿真了。运行仿真的方法有如下几种:

- 选择菜单 Simulation 中的 Start Simulation 命令。
- 使用系统快捷键 Ctrl+T。
- 使用模型编辑器工具栏中的 Play 按钮(即黑色三角形)。

当系统仿真结束后,双击系统模型中的 Scope 模块,显示的系统仿真结果如图 8-18 所示。采用默认仿真步长设置造成仿真输出曲线的不光滑。从图中可以看出,系统仿真输出曲线非常不平滑;而对此系统的数学描述进行分析可知,系统输出应该为光滑曲线。

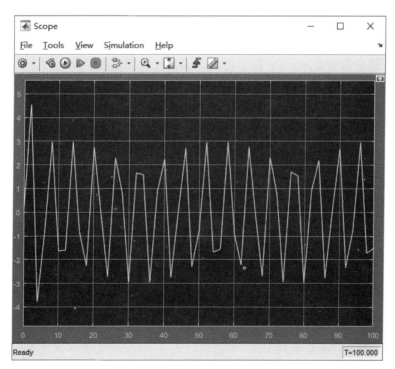

图 8-18　系统仿真结果输出曲线

这是由于在仿真过程中没有设置合适的仿真步长,而是使用 Simulink 的默认仿真步长设置所造成的。因此,对动态系统的仿真步长需要进行合适的设置。

4. 仿真步长设置

仿真参数的选择对仿真结果有很大的影响。对于简单系统,由于系统中并不存在状态变量,因此每一次计算都应该是准确的(不考虑数据截断误差)。

在使用 Simulink 对简单系统进行仿真时,影响仿真结果输出的因素有仿真起始时间、结束时间和仿真步长。对于简单系统仿真来说,不管采用何种求解器,Simulink 总是在仿真过程中选用最大的仿真步长。

如果仿真时间区间较长,而且最大步长设置采用默认值 auto,则会导致系统在仿真时使用大的步长,因为 Simulink 的仿真步长是通过下式得到的:

$$h = \frac{t_{end} - t_{start}}{50}$$

下面给出几个在模型创建过程中非常有用的注意事项:

(1)内存问题。通常,内存越大,Simulink 的性能越好。

(2)利用层级关系。对于复杂的模型,在模型中增加子系统层级是有好处的,因为组合模块可以简化顶级模型,这样在阅读和理解模型上就容易一些。

(3)整理模型。结构安排合理的模型和加注文档说明的模型是很容易阅读和理解的,模型中的信号标签和模型标注有助于说明模型的作用,因此在创建 Simulink 模型时,建议读者根据模型的功能需要,适当添加模型说明和模型标注。

(4)建模策略。如果用户的几个模型要使用相同的模块,则可以在模型中保存这些模块,这样在创建新模型时,只要打开模型并复制所需要的模块就可以了。用户也可以把一组模块放到系统中,创建一个用户模块库,并保存这个系统,然后在 MATLAB 命令行中输入系统的名称来访问这个系统。

通常,在创建模型时,首先在草纸上设计模型,然后在计算机上创建模型。在要将各种模块组合在一起创建模型时,可把这些模块先放置在模型窗口中,然后连线,利用这种方法,用户可以减少频繁打开模块库的次数。

8.3 Stateflow 建模与应用

Stateflow 是有限状态机(finite state machine,FSM)的图形工具,它通过开发有限状态机和流程图扩展了 Simulink 的功能。Stateflow 状态图模型,还可利用 StateflowCoder 代码生成工具,直接生成 C 代码。

8.3.1 Stateflow 的定义

Stateflow 的仿真原理是有限状态机理论。为了更快地掌握 Stateflow 的使用方法,用户有必要先了解 FSM 的一些基本知识。

Stateflow 是一种图形化的设计开发工具,是有限状态机的图形实现工具,有人称之为状态流。主要用于 Simulink 中控制和检测逻辑关系。

用户可以在进行 Simulink 仿真时,使用这种图形化的工具实现各个状态之间的转换,解决复杂的监控逻辑问题。它和 Simulink 同时使用使得 Simulink 更具有事件驱动控制能力。利用状态流可以做以下事情:

- 基于有限状态机理论的相对复杂系统进行图形化建模和仿真;
- 设计开发确定的、检测的控制系统;
- 更容易在设计的不同阶段修改设计、评估结果和验证系统的性能;
- 自动直接地从设计中产生整数、浮点和定点代码(需要状态流编码器);
- 更好地结合利用 MATLAB 和 Simulink 的环境对系统进行建模、仿真和分析。

在状态流图中利用状态机原理、流图概念和状态转化图,状态流能够对复杂系统的行为进行清晰、简洁的描述。

Stateflow 生成的监控逻辑可以直接嵌入到 Simulink 模型下,两者之间能够实现无缝链接。

仿真初始化时,Simulink 会自动启动编译程序,将 Stateflow 绘制的逻辑框图转换成 C 格式的 S 函数(Mex 文件),产生的代码就是仿真目标,且在状态流内称作 Sfun 目标,这样在仿真过程中直接调用相应的动态链接库文件,将二者组成一个仿真整体。Sfun 目标只能与 Simulink 一起使用。

在产生代码前,如果还没有建立名为 sfprj 的子目录,状态流会在 MATLAB 的当前目录下产生一个 sfprj 子目录。状态流在产生代码的过程中使用 sfprj 子目录存储产生的文件。

在有限状态机的描述中,可以设计出由一种状态转换至另一种状态的条件,并将每对可转换的状态均设计出状态迁移的事件,从而构造出状态迁移图。

在 Stateflow 中,状态和状态转换是最基本的元素。有限状态机的示意图如图 8-19 所示。其中有三个(有限个)状态,这几个状态的转换是有条件的,其中有些状态之间是相互转换的,A 状态是自行转换的。在有限状态机系统中,还表明了状态迁移的条件或事件。

提示:Stateflow 模型一般是嵌在 Simulink 模型下运行的,Stateflow 是事件驱动的,这些事件可以来自同一个 Stateflow 图中,也可以来自 Simulink。

Stateflow 状态机使用一种基于容器的层次结构管理 Stateflow 对象,也就是说,一个 Stateflow 对象可以包含其用户 Stateflow 对象。

最高级的对象是 Stateflow 状态机,它包含了

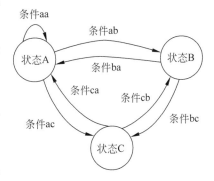

图 8-19　有限状态机示意图

所有的 Stateflow 对象,因此也就包含了 Simulink 中的所有 Stateflow 状态图,以及数据、事件、目标对象。

同样地,状态图包含了状态、盒函数、函数、数据、事件、迁移、节点与注释事件(note events)。用户可以使用这一系列对象,建立一个 Stateflow 状态图。而具体到一个状态,它也可以包含上述的对象。

图 8-20 抽象地说明了这样的关系。

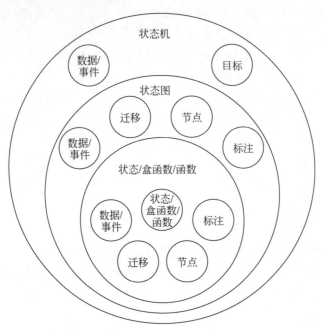

图 8-20　Stateflow 层次机构（数据字典）

8.3.2　状态图编辑器

在 Simulink 模块库浏览器中找到 Stateflow 模块，如图 8-21 所示。

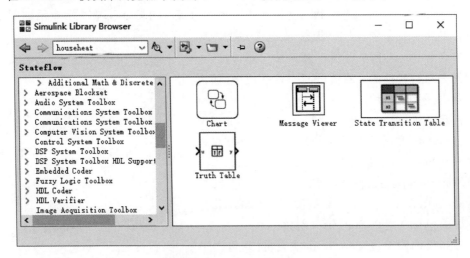

图 8-21　Stateflow 模块

用户也可以使用以下命令：

```
>> sf
```

建立带有 Stateflow 状态图的 Simulink 模型，如图 8-22 所示。

同时打开 Stateflow 模块库，如图 8-23 所示。

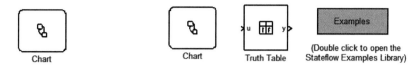

图 8-22　带有 Stateflow 状态图　　　图 8-23　Stateflow 模块库
的 Simulink 模型

用户还可以直接使用以下命令：

```
>> sfnew
```

快速建立带有 Stateflow 状态图的 Simulink 模型。

双击 Chart 模块，打开 Stateflow 编辑器窗口，如图 8-24 所示，左侧工具栏中列出了 Stateflow 图形对象的按钮。

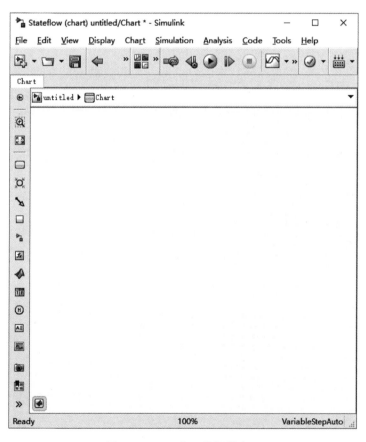

图 8-24　Stateflow 编辑器窗口

如果用户想添加一个新的状态，可以新建一个空白的 Stateflow 模型，单击状态按钮，并在 Stateflow 窗口的适当位置再次单击，加入一个状态，如图 8-25 所示。

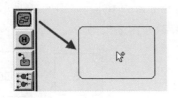

图 8-25   添加状态

8.3.3   Stateflow 流程图

前面介绍了 Stateflow 状态图的基本概念与创建过程。状态图的一个特点是,在进入下一个仿真步长前,它会记录下当前的本地数据与各状态的激活情况,供下一步长使用。而流程图只是一种使用节点与迁移来表示条件、循环、多路选择等逻辑的图形,它不包含任何的状态。

由于迁移(除了默认迁移)总是从一个状态到另一个状态,节点之间的迁移只能是一个迁移段。因此流程图可以看作是有若干个中间支路的一个迁移,一旦开始执行,就必须执行到终节点(没有任何输出迁移的节点),不能停留在某个中间节点,也就是说必须完成一次完整的迁移。

从另一个角度来看,节点可以认为是系统的一个判决点或汇合点,它将一个完整的迁移分成了若干个迁移段。因此可以将几个相同的迁移段合并为一个,用一个迁移表示多个可能发生的迁移,简化状态图,由此生成的代码也更加有效。

对于以下情况,用户应首先考虑使用节点:

- if-else 判断结构、自循环结构、for 循环结构;
- 单源状态到多目标状态的迁移;
- 多源状态到单目标状态的迁移;
- 基于同一事件的迁移。

提示:事件无法触发从节点到状态的迁移。

【例 8-1】 根据以下程序,手动建立对应的流程图。

```
if percent == 100
    {percent = 0;
    sec = sec + 1;}
else if sec == 60
    {sec = 0;
    min = min + 1;}
    end
end
```

解   1) 建立起始节点

单击 ⌷ 按钮,添加起始节点,如图 8-26 所示。

2) 添加条件节点与终节点

根据代码的执行过程,逐一添加条件节点 A1、B1、C1,终节点 A2、B2,以及节点间的迁移与迁移标签,如图 8-27 所示。

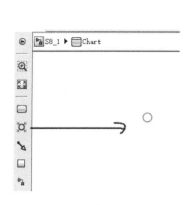

图 8-26 添加起始节点

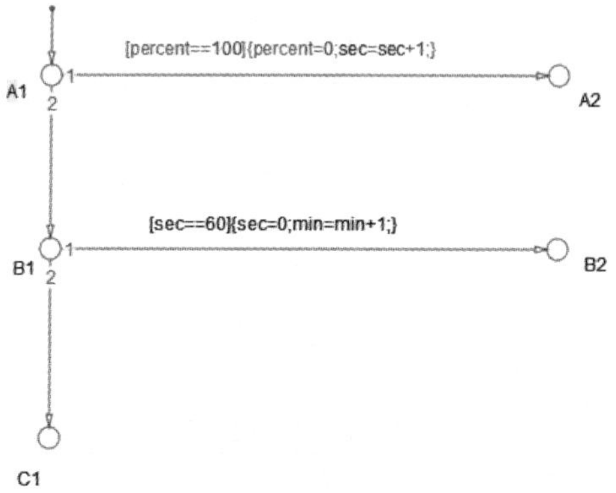

图 8-27 添加条件节点和终节点

流程图运行过程如下:

(1) 系统默认迁移进入节点 A1,如果条件[percent==100]为真,则执行{percent=0;sec=sec+1;},并向终节点 A2 迁移;

(2) 如果条件[percent==100]不为真,则向 B1 节点迁移,继续判断,如果条件[sec==60]为真,执行{sec=0;min=min+1;},并向终节点 B2 迁移;

(3) 如果不满足任何条件,则向终节点 C1 迁移。

3) 调整节点与箭头大小

对于某些重要的节点或迁移,用户可以调整其节点大小与迁移箭头的大小,突出其地位。例如,选择节点 C1 的右键菜单项 JunctionSize→32,如图 8-28 所示,放大节点;选择节点 A1 的右键菜单项 ArrowheadSize→32,放大指向该节点的所有迁移箭头,如图 8-29 所示。

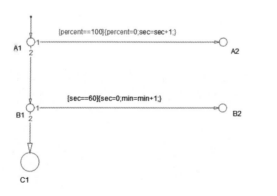

图 8-28 节点大小

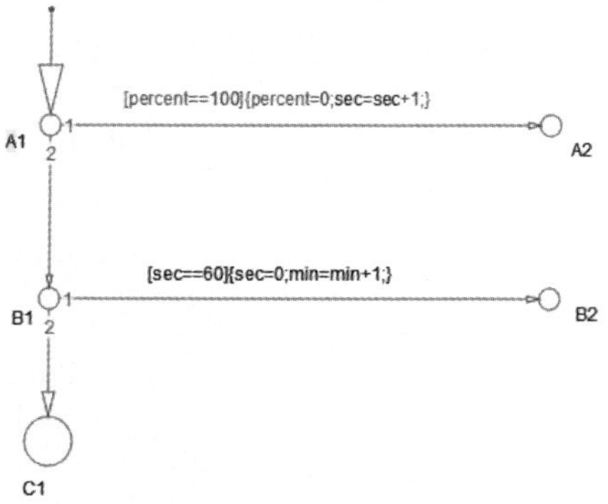

图 8-29 箭头大小

4) 优先级

两个判断节点 A1、B1 均有两条输出迁移,分别标记了数字 1、2,这表示迁移的优先级。默认情况下,Stateflow 状态图使用显性优先级模式,用户可以自行修改各个迁移优先级。

例如,在图 8-29 中,右击 A1 节点标记数字 2 的迁移线,选择 Execution Order 选项中的数字 1,修改此输出迁移的优先级,系统会自动调整同一节点另一迁移的优先级。结果如图 8-30 所示。

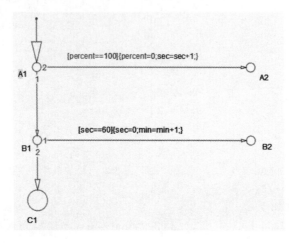

图 8-30 迁移优先级

使用这种模式时,系统根据以下规则,自动设置迁移优先级,从高到低排列为:
- 既有事件又有条件的迁移;
- 仅有事件的迁移;
- 仅有条件的迁移;
- 不含任何限制的迁移。

提示:同一个 Stateflow 状态图,只能选用一种优先级模式,但对于有多个状态图的 Simulink 模型,则不受此限制。

本章小结

本章重点介绍了 Simulink 的基本功能、系统仿真及有限状态机等的应用。从本章的介绍可以看出,Simulink 具有适应面广、结构和流程清晰及仿真精细、贴近实际、效率高、灵活等优点,并基于以上优点 Simulink 已被广泛应用于控制理论和数字信号处理的复杂仿真和设计。

本章主要介绍 MATLAB 数据图形绘制功能。用图表和图形来表示数据的技术称为数据可视化。MATLAB 所提供的强大的图形绘制功能,使用户能方便、简洁地绘制图形,更直观形象地解决问题。

学习目标:

- 熟练掌握绘制二维、三维图形
- 熟练掌握图形的基本类型和图形的显示
- 熟练掌握 MATLAB 函数创建图形

9.1 MATLAB 图形窗口

MATLAB 中提供了丰富的绘图函数和绘图工具,这些函数或者工具的输出都显示在 MATLAB 命令窗口外的一个图形窗口中。

9.1.1 创建图形窗口

在 MATLAB 中,绘制的图形被直接输出到一个新的窗口中,这个窗口和命令行窗口是相互独立的,被称为图形窗口。

如果当前不存在图形窗口,MATLAB 的绘图函数会自动建立一个新的图形窗口;如果已存在一个图形窗口,MATLAB 的绘图函数就会在这个窗口中进行绘图操作;如果已存在多个图形窗口,MATLAB 的绘图函数就会在当前窗口中进行绘图操作(当前窗口通常是指最后一个使用的图形窗口)。

在 MATLAB 中可以使用函数 Figure 来建立图形窗口。在 MATLAB 命令框中输入 Figure 就可以建立如图 9-1 所示的图形窗口。

在 MATLAB 命令框中输入 Figure(x),x 为正整数,就会得到图形框名称为 x 的图形,直接输入 Figure 默认显示图形框名为 1。

使用"图形编辑工具条"可以对图形进行编辑和修改,也可以用鼠标右键选中图形中的对象,在弹出的快捷菜单中选择菜单项实现对图形的操作。

图 9-1　MATLAB 的图形窗口

9.1.2　关闭与清除图形框

选择 close 命令可关闭图形窗口,其调用方式有

- close——关闭当前图形窗口,等效于 close(gcf)。
- close(x)——关闭图形句柄指定的图形窗口。
- close name——关闭图形窗口名 name 指定的图形窗口。
- close all——关闭除隐含图形句柄的所有图形窗口。
- close all hidden——关闭包括隐含图形句柄在内的所有图形窗口。
- status = close(…)——调用 close 函数正常关闭图形窗口时,返回 1,否则返回 0。

清除当前图形窗口中内容使用如下命令:

- clf——清除当前图形窗口所有可见的图形对象。
- clf reset——清除当前图形窗口所有可见的图形对象,并将窗口的属性设置为默认值。

9.2　函数绘制

利用 MATLAB 中的一些特殊函数可以绘制任意函数图形,即实现函数可视化。

9.2.1　一元函数绘图

利用符号函数,可以通过函数 ezplot 绘制任意一元函数,其调用格式为:

- ezplot(f)——按照 x 的默认取值范围($-2 * \mathrm{pi} < x < 2 * \mathrm{pi}$)绘制 $f = f(x)$ 的图形。对于 $f = f(x,y)$,x、y 的默认取值范围为 $-2 * \mathrm{pi} < x < 2 * \mathrm{pi}$、$-2 * \mathrm{pi} < y < 2 * \mathrm{pi}$,绘制 $f(x,y) = 0$ 的图形。
- ezplot(f,[min,max])——按照 x 的指定取值范围($\min < x < \max$)绘制函数 $f = f(x)$ 的图形。对于 $f = f(x,y)$,ezplot(f,[xmin,xmax,ymin,ymax]),按照 x、y 的指定取值范围($x_{\min} < x < x_{\max}$,$y_{\min} < y < y_{\max}$),绘制 $f(x,y) = 0$ 的图形。
- ezplot(x,y)——按照 t 的默认取值范围($0 < t < 2 * \mathrm{pi}$),绘制函数 $x = x(t)$、$y = y(t)$ 的图形。
- ezplot(f,[xmin,xmax,ymin,ymax])——按照指定的 x、y 取值范围($x_{\min} < x < x_{\max}$,$y_{\min} < y < y_{\max}$),在图形窗口绘制函数 $f = f(x,y)$ 的图形。
- ezplot(x,y,[tmin,tmax])——按照 t 的指定取值范围($t_{\min} < t < t_{\max}$),绘制函数

$x = x(t)$、$y = y(t)$的图形。

【例 9-1】 一元函数绘图示例。

解 在 MATLAB 命令窗口输入以下程序：

```
f = 'x.^3 + y.^2 - 3';
ezplot(f)
```

输出图形如图 9-2 所示。

9.2.2 二元函数绘图

对于二元函数 $z = f(x, y)$，同样可以借用符号函数提供的函数 ezmesh 绘制各类图形；也可以用 meshgrid 函数获得矩阵 z，或者用循环语句 for(或 while)计算矩阵 z 的元素。

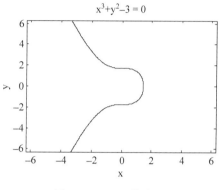

图 9-2 一元函数绘图

1. 函数 ezmesh

该函数的调用格式如下：

- ezmesh(f)——按照 x、y 的默认取值范围($-2 * \text{pi} < x < 2 * \text{pi}$，$-2 * \text{pi} < y < 2 * \text{pi}$)绘制函数 $f(x, y)$ 的图形。
- ezmesh(f, domain)——按照 domain 指定的取值范围绘制函数 $f(x, y)$ 的图形，domain 可以是 4×1 的向量[xmin, xmax, ymin, ymax]；也可以是 2×1 的向量[min, max]，此时，$\text{min} < x < \text{max}$，$\text{min} < y < \text{max}$。
- ezmesh(x, y, z)——按照 s、t 的默认取值范围($-2 * \text{pi} < s < 2 * \text{pi}$，$-2 * \text{pi} < t < 2 * \text{pi}$)绘制函数 $x = x(s, t)$、$y = y(s, t)$ 和 $z = z(s, t)$ 的图形。
- ezmesh(x, y, z, [smin, smax, tmin, tmax]) 或 ezmesh(x, y, z, [min, max])——按照指定的取值范围[smin, smax, tmin, tmax]或[min, max]绘制函数 $f(x, y)$ 的图形。
- ezmesh(..., n)——调用 ezmesh 绘制图形时，同时绘制 $n \times n$ 的网格，$n = 60$(默认值)。
- ezmesh(..., 'circ')——调用 ezmesh 绘制图形时，以指定区域的中心绘制图形。

【例 9-2】 二元函数绘图示例。

解 在 MATLAB 命令窗口输入以下程序：

```
syms x,y;
f = 'sqrt(1 - x^2 - y)';
ezmesh(f)
```

输出图形如图 9-3 所示。

2. 函数 meshgrid

对于二元函数 $z = f(x, y)$，每一对 x 和 y 的值产生一个 z 的值，作为 x 与 y 的函数，z 是三维空间的一个曲面。MATLAB 将 z 存放在一个矩阵中，z 的行和列分别表示为：

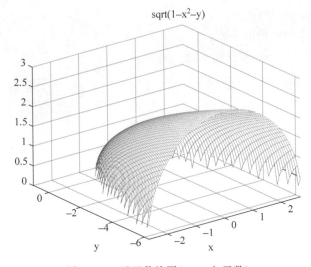

图 9-3　二元函数绘图（ezmesh 函数）

$$z(i,\ :\ ) = f(x,y(i))$$
$$z(:,\ j\ ) = f(x(j),y)$$

当 $z=f(x,y)$ 能用简单的表达式表示时，利用 meshgrid 函数可以方便地获得所有 z 的数据，然后用前面讲过的画三维图形的命令就可以绘制二元函数 $z=f(x,y)$。

【例 9-3】　绘制二元函数 $z=f(x,y)=x^3+y^3$ 的图形。

解　在 MATLAB 命令窗口输入以下程序：

```
x = 0:0.1:2;                          %给出 x 数据
y = -2:0.1:2;                         %给出 y 数据
[X,Y] = meshgrid(x,y);               %形成三维图形的 X 和 Y 数组
Z = X.^3 + Y.^3;
surf(X,Y,Z);xlabel('x'),ylabel('y'),zlabel('z');
title('z = x^3 + y^3')
```

输出图形如图 9-4 所示。

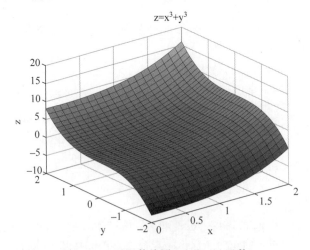

图 9-4　二元函数绘图（meshgrid 函数）

3. 用循环语句获得矩阵数据

【例 9-4】 用循环语句获得矩阵数据的方法重做例 9-3。

解 在 MATLAB 命令窗口输入以下程序：

```
clear all
clc
x = 0:0.1:2;                    % 给出 x 数据
y = - 2:0.1:2;                  % 给出 y 数据
z1 = y.^3;
z2 = x.^3;
nz1 = length(z1);
nz2 = length(z2);
Z = zeros(nz1,nz2);
for r = 1:nz1
for c = 1:nz2
Z(r,c) = z1(r) + z2(c);
end
end
surf(x,y,Z); ;xlabel('x'),ylabel('y'),zlabel('z');
title('z = x^3 + y^3')
```

9.3 数据图形绘制简介

数据可视化的目的在于：通过图形，从一堆杂乱的离散数据中观察数据间的内在关系，感受由图形所传递的内在本质。

MATLAB 一向注重数据的图形表示，并不断地采用新技术改进和完备其可视化功能。

9.3.1 离散数据可视化

任何二元实数标量对 (x_a, y_a) 可以在平面上表示一个点；任何二元实数向量对 (X, Y) 可以在平面上表示一组点。

对于离散实函数 $y_n = f(x_n)$，当 $X = [x_1, x_2, \cdots, x_n]$ 以递增或递减的次序取值时，有 $Y = [y_1, y_2, \cdots, y_n]$，这样，该向量对用直角坐标序列点图示时，实现了离散数据的可视化。

在科学研究中，当处理离散量时，可以用离散序列图来表示离散量的变化情况。MATLAB 用 stem 命令来实现离散图形的绘制，stem 命令有以下几种。

1. stem(y)

以 $x = 1, 2, 3\cdots$ 作为各个数据点的 x 坐标，以向量 y 的值为 y 坐标，在 (x, y) 坐标点画一个空心小圆圈，并连接一条线段到 X 轴。

【例 9-5】 用 stem 函数绘制一个离散序列图。

解 在 MATLAB 命令窗口输入以下程序：

```
clear all
clc
figure
t = linspace( − 2 * pi,2 * pi,8);
h = stem(t);
set(h(1),'MarkerFaceColor','blue')
set(h(2),'MarkerFaceColor','red','Marker','square')
```

输出图形如图 9-5 所示。

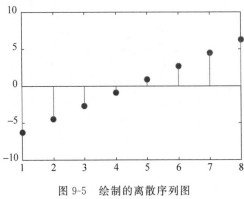

图 9-5　绘制的离散序列图

2. stem(x,y,'option')

以 x 向量的各个元素为 x 坐标，以 y 向量的各个元素为 y 坐标，在 (x,y) 坐标点画一个空心小圆圈，并连接一条线段到 X 轴。option 选项表示绘图时的线型、颜色等设置。

3. stem(x,y,'filled')

以 x 向量的各个元素为 x 坐标，以 y 向量的各个元素为 y 坐标，在 (x,y) 坐标点画一个空心小圆圈，并连接一条线段到 X 轴。

【例 9-6】 用 stem 函数绘制一个线型为圆圈的离散序列图。

解 在 MATLAB 命令窗口输入以下程序：

```
clear all
clc
figure
x = 0:20;
y = [exp( − .05 * x). * cos(x);exp(.06 * x). * cos(x)]';
h = stem(x,y);
set(h(1),'MarkerFaceColor','blue')
set(h(2),'MarkerFaceColor','red','Marker','square')
```

输出图形如图 9-6 所示。

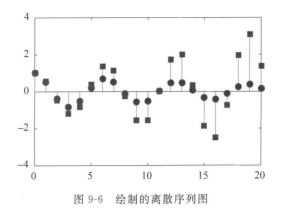

图 9-6 绘制的离散序列图

除了可以使用 stem 命令之外,使用离散数据也可以画离散图形。

【例 9-7】 用图形表示离散函数。

解 在 MATLAB 命令窗口输入以下程序:

```
clear all
clc
n = 0:10;                    % 产生一组 10 个自变量函数 Xn
y = 1./abs(n - 6);           % 计算相应点的函数值 Yn
plot(n, y, 'r * ', 'MarkerSize', 25)
                             % 用尺寸 15 的红星号标出函数点
grid on                      % 画出坐标方格
```

输出图形如图 9-7 所示。

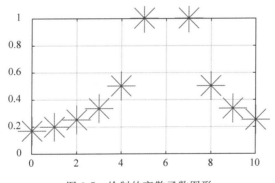

图 9-7 绘制的离散函数图形

【例 9-8】 画出函数 $y = e^{-at} \sin(bt)$ 的茎图。

解 在 MATLAB 命令窗口输入以下程序:

```
clear all
clc
a = 0.02;
b = 0.5;
t = 0:2:100;
y = exp( - a * t). * sin(b * t) ;
plot(t, y)
```

输出图形如图 9-8 所示。

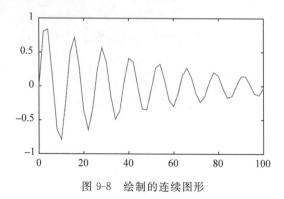

图 9-8　绘制的连续图形

二维的茎图函数为 stem(t,y),具体代码如下:

```
a = 0.02;
b = 0.5;
t = 0:2:100;
y = exp( - a * t). * sin(b * t) ;
stem(t,y)
xlabel('Time')
ylabel('stem')
```

输出二维的茎图如图 9-9 所示。

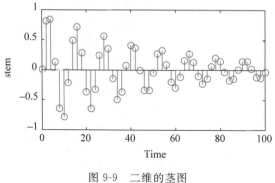

图 9-9　二维的茎图

9.3.2　连续函数可视化

对于连续函数可以取一组离散自变量,然后计算函数值,与离散数据的显示方式一样显示。

一般画函数或方程式的图形,都是先标几个图形上的点,进而再将点连接即为函数图形,其点越多图形越平滑。MATLAB 在简易二维画图中也是相同做法,必须先点出 x 和 y 坐标(离散数据),再将这些点连接。语法如下:

plot(x,y)——x 为图形上 x 坐标向量,y 为其对应的 y 坐标向量。

【例 9-9】 用图形表示连续调制波形 $y = \sin(t)\sin(9t)$。

解 在 MATLAB 命令窗口输入以下程序：

```
clear all
clc
t1 = (0:12)/12 * pi;                    %自变量取 13 个点
y1 = sin(t1). * sin(9 * t1);            %计算函数值
t2 = (0:50)/50 * pi;                    %自变量取 51 个点
y2 = sin(t2). * sin(9 * t2);
subplot(2,2,1);                         %在子图 1 上画图
plot(t1,y1,'r.');                       %用红色的点显示
axis([0,pi, - 1,1]);                    %定义坐标大小
title('子图 1');                        %显示子图标题
%子图 2 用红色的点显示
subplot(2,2,2);
plot(t2,y2,'r.');
axis([0,pi, - 1,1]);
title('子图 2')
%子图 3 用直线连接数据点和红色的点显示
subplot(2,2,3);
plot(t1,y1,t1,y1,'r.')
axis([0,pi, - 1,1]);
title('子图 3')
%子图 4 用直线连接数据点
subplot(2,2,4);
plot(t2,y2);
axis([0,pi, - 1,1]);
title('子图 4')
```

输出图形如图 9-10 所示。

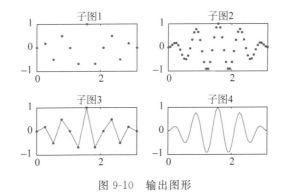

图 9-10 输出图形

【例 9-10】 分别取 5、10、100 个点，绘制 $y = \sin(x), x \in [0, 2\pi]$ 图形。

解 在 MATLAB 命令窗口输入以下程序：

```
clear all
clc
```

```
x5 = linspace(0,2 * pi,5);          %在0到2π间,等分取5个点
y5 = sin(x5);                       %计算x的正弦函数值
plot(x5,y5);                        %进行二维平面描点作图
```

输出 5 个点图形如图 9-11 所示。

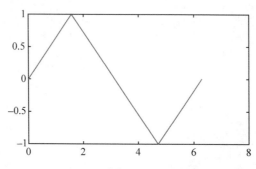

图 9-11   绘制 5 个点函数波形

在 MATLAB 命令窗口输入以下程序:

```
clear all
clc
x10 = linspace(0,2 * pi,10);        %在0到2π间,等分取10个点
y10 = sin(x10);                     %计算x的正弦函数值
plot(x10,y10);                      %进行二维平面描点作图
```

输出 10 个点图形如图 9-12 所示。

在 MATLAB 命令窗口输入以下程序:

```
clear all
clc
x100 = linspace(0,2 * pi,100);      %在0到2π间,等分取100个点
y100 = sin(x100);                   %计算x的正弦函数值
plot(x100,y100);                    %进行二维平面描点作图
```

输出 100 个点图形如图 9-13 所示。

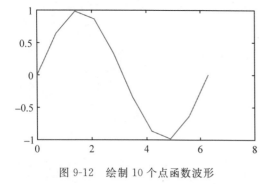

图 9-12   绘制 10 个点函数波形

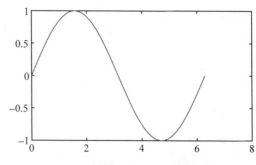

图 9-13   绘制 100 个点函数波形

9.4　二维绘图函数

数据可视化的目的在于：通过图形，从一堆杂乱的离散数据中观察数据间的内在关系，感受由图形所传递的内在本质。

MATLAB 一向注重数据的图形表示，并不断地采用新技术改进和完备其可视化功能。本节主要讲解二维绘图中需要注意的函数及其用法。

9.4.1　二维图形绘制步骤

1. 数据准备

选定要表现的范围；产生自变量采样向量；计算相应的函数值向量。对于二维曲线，需要准备横坐标和纵坐标数据；对于三维曲面，则要准备矩阵参变量和对应的 Z 坐标。

命令格式如下：

```
t = pi * (0:100)/100;
y = sin(t). * sin(9 * t);
```

2. 指定图形窗口和子图位置

可以使用 Figure 命令指定图形窗口，缺省时，打开 Figure 1 或当前窗、当前子图。还可以使用 subplot 命令指定当前子图。

命令格式如下：

```
figure(1)                %指定1号图形窗
subplot(2,2,3)           %指定3号子图
```

3. 绘制图形

根据数据绘制曲线后，并设置曲线的绘制方式，包括线型、色彩、数据点形等。

命令格式如下：

```
plot(t,y,'b-')           %用蓝实线画曲线
```

4. 设置坐标轴和图形注释

设置坐标轴包括坐标的范围、刻度和坐标分割线等，图形注释包括图名、坐标名、图例、文字说明等。

命令格式如下：

```
title('调制波形')         %图名
xlabel('t');
```

```
ylabel('y')                    % 轴名
legend('sin(t)')               % 图例
text(2,0.5,'y = sin(t)')       % 文字
axis([0,pi, - 1,1])            % 设置轴的范围
grid on                        % 画坐标分割线
```

5. 图形的精细修饰

图形的精细修饰可以利用对象或图形窗口的菜单和工具条进行设置,属性值使用图形句柄进行操作。

命令格式如下:

```
set(h,'MarkerSize',10)         % 设置数据点大小
```

6. 按指定格式保存或导出图形

将绘制的图形窗口保存为 .fig 文件,或转换成其他图形文件。

【例 9-11】 绘制 $y = e^{2\cos x}$,$x \in [0,4\pi]$ 函数图形。

解 绘图步骤如下:

1) 准备数据

```
clear all
clc
x = 0 :0.1 : 4 * pi;
y = exp ( 2 * cos ( x ) );
```

2) 指定图形窗口

```
figure(1)
```

3) 绘制图形

```
plot(x,y,'b.')
```

得到图形如图 9-14 所示。

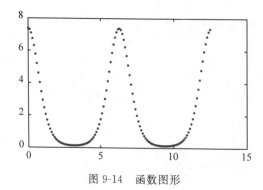

图 9-14 函数图形

4）设置图形注释和坐标轴

```
title('test')                    %图名
xlabel('x');
ylabel('y')                      %轴名
legend('e2cosx')                 %图例
text(2,0.5,'y = e2cosx ')        %文字
axis([0,4 * pi, - 1,1])          %设置轴的范围
grid on                          %画坐标分割线
```

得到修改后的图形如图 9-15 所示。

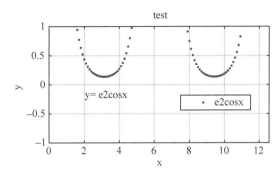

图 9-15　修改后的图形

9.4.2　二维图形基本绘图命令

二维图形绘图命令 plot 调用格式如下：

- plot(X,'s')——X 是实向量时，以向量元素的下标为横坐标，元素值为纵坐标画一连续曲线；X 是实矩阵时，按列绘制每列元素值对应其下标的曲线，曲线数目等于 X 矩阵的列数；X 是复数矩阵时，按列分别以元素实部和虚部为横、纵坐标绘制多条曲线。
- plot(X,Y,'s')——X、Y 是同维向量时，则绘制以 X、Y 元素为横、纵坐标的曲线；X 是向量，Y 是有一维与 X 等维的矩阵时，则绘出多根不同彩色的曲线。曲线数等于 Y 的另一维数，X 作为这些曲线的共同坐标；X 是矩阵，Y 是向量时，情况与上相同，Y 作为共同坐标；X、Y 是同维实矩阵时，则以 X、Y 对应的元素为横、纵坐标分别绘制曲线，曲线数目等于矩阵的列数。
- plot(X1,Y1,'s1',X2,Y2,'s2',…)——s1、s2 用来指定线型、色彩、数据点形的字符串。

【例 9-12】　绘制一组幅值不同的余弦函数。

解　在 MATLAB 命令窗口输入以下程序：

```
clear all
clc
t = (0:pi/5:2 * pi)';           %横坐标列向量
```

```
k = 0.3:0.1:1;                    %8个幅值
Y = cos(t) * k;                   %8条函数值矩阵
plot(t,Y)
```

得到图形如图 9-16 所示。

【例 9-13】 用图形表示连续调制波形及其包络线。

解 在 MATLAB 命令窗口输入以下程序：

```
clear all
clc
t = (0:pi/100:4 * pi)';           % 长度为 101 的时间采样序列
y1 = sin(t) * [1, -1];            % 包络线函数值,101×2 矩阵
y2 = sin(t). * sin(9 * t);        % 长度为 101 的调制波列向量
t3 = pi * (0:9)/9;
y3 = sin(t3). * sin(9 * t3);
plot(t,y1,'r:',t,y2,'b',t3,y3,'b * ')   % 绘制三组曲线
axis([0,2 * pi, -1,1])            % 控制轴的范围
```

得到图形如图 9-17 所示。

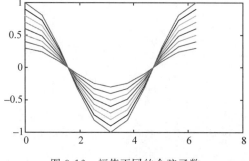

图 9-16 幅值不同的余弦函数

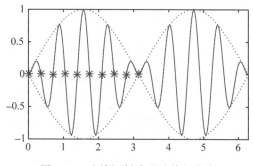

图 9-17 连续调制波形及其包络线

【例 9-14】 用复数矩阵形式画图形。

解 在 MATLAB 命令窗口输入以下程序：

```
clear all
clc
t = linspace(0,2 * pi,100)';                        % 产生 100 个数
X = [cos(t),cos(2 * t),cos(3 * t)] + i * sin(t) * [1,1,1];   % 100x3 的复数矩阵
plot(X),axis square;                                % 使坐标轴长度相同
legend('1','2','3')                                 % 图例
```

得到图形如图 9-18 所示。

【例 9-15】 采用模型 $\dfrac{x^2}{a^2} + \dfrac{y^2}{25-a^2} = 1$ 画一组椭圆。

解 在 MATLAB 命令窗口输入以下程序：

```
clear all
clc
```

```
th = [0:pi/50:2 * pi]';
a = [0.5:.5:4.5];
X = cos(th) * a;
Y = sin(th) * sqrt(25 − a.^2);
plot(X, Y)
axis('equal')
xlabel('x')
ylabel('y')
title('A set of Ellipses')
```

得到图形如图 9-19 所示。

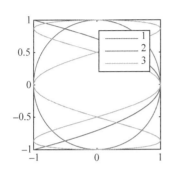

图 9-18 用复数矩阵形式画的图形

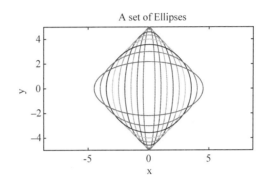

图 9-19 椭圆图形

使用 plot 命令还可以进行矩阵的线绘。

在 MATLAB 命令窗口输入以下程序：

```
z = peaks;          % 矩阵为 49×49
plot ( z )
```

得到图形如图 9-20 所示。

变换方向绘图：

```
y = 1 : length ( peaks );
plot ( peaks, y )
```

得到如图 9-21 所示的图形。

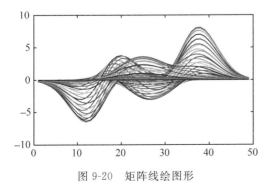

图 9-20 矩阵线绘图形

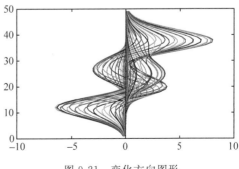

图 9-21 变化方向图形

9.4.3　快速方程式画图

MATLAB 中的快速方程式画图函数包括 fplot、ezplot，具体使用方法如下所示。

1. fplot

单纯画方程式图形，图形上之 (x,y) 坐标值会自动取，但必须输入 x 坐标的范围。其指令如下：

fplot('方程式',[xmin,xmax,ymin,ymax])——绘出方程式图形，x 轴的范围取 xmin 到 xmax，y 轴的范围取 ymin 到 ymax。

【例 9-16】 绘制 $y = x - \cos(x^2) - \sin(2x^3)$ 图形。

解　在 MATLAB 命令窗口输入以下程序：

```
clear all
clc
fplot('x - cos(x^2) - sin(2 * x^3)',[ - 4,4])        % 绘制图形
```

得到图形如图 9-22 所示。

2. ezplot

类似 fplot，可以绘出 $y = f(x)$ 显函数，也可绘出 $f(x,y) = 0$ 隐函数以及参数式。指令如下：

- ezplot('方程式',[xmin,xmax,ymin,ymax])——绘出方程式图形，x 轴的范围取 xmin 到 xmax。
- ezplot('x 参数式','y 参数式',[tmin, tmax])——绘出参数式图形，t 范围取 tmin 到 tmax。

【例 9-17】 利用 ezplot 绘制函数 $f(x) = x^2$ 的图形。

解　在 MATLAB 命令窗口输入以下程序：

```
clear all
clc
ezplot('x^2')               % 绘制图形
```

得到图形如图 9-23 所示。

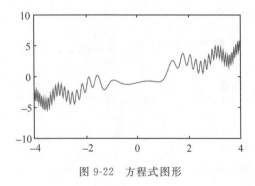

图 9-22　方程式图形

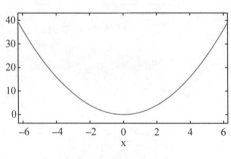

图 9-23　方程式图形

注意：在 MATLAB 命令的''内不需要写成先前 x.^2 元素对元素的形式。

【例 9-18】 利用 ezplot 命令绘制 $f(x,y) = x^2 - y = 0$ 的图形。

解 在 MATLAB 命令窗口输入以下程序：

```
clear all
clc
ezplot('x^2 - y',[-6 6 -2 8])    %绘制图形
```

得到图形如图 9-24 所示。

【例 9-19】 利用 ezplot 命令绘制参数式
$$x = \cos(3t), \quad y = \sin(5t), \quad t \in [0, 2\pi]$$
的图形。

解 在 MATLAB 命令窗口输入以下程序：

```
clear all
clc
ezplot('cos(3 * t)','sin(5 * t)',[0,2 * pi])         %绘制图形
```

得到图形如图 9-25 所示。

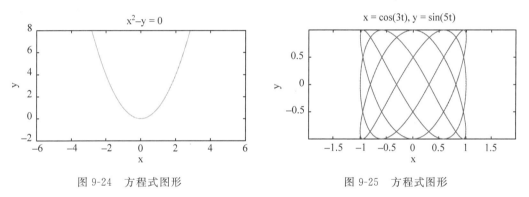

图 9-24　方程式图形　　　　　　　　图 9-25　方程式图形

9.4.4　特殊二维图形

在基本的绘图函数使用时，它们的坐标轴刻度均为线性刻度。但是当实际的数据出现指数变化时，指数变化就不能直观地从图形上体现出来。为了解决这个问题，MATLAB 提供了多种特殊的绘图函数。

1. 特殊坐标图形的绘制

这里所谓的特殊坐标系是区别于均匀直角坐标系而言，具体包括极坐标系、对数坐标系、柱坐标系和球坐标系等。

1）极坐标系

polar 可用于描绘极坐标图像。

最简单而常用的命令格式：

polar(theta,rho，LineSpec)——theta 是用弧度制表示的角度,rho 是对应的半径。极角 theta 为从 x 轴到半径的单位为弧度的向量,极径 rho 为各数据点到极点的半径向量,LineSpec 指定极坐标图中线条的线型、标记符号和颜色等。

【例 9-20】 用函数画一个极坐标图。

解 在 MATLAB 命令窗口输入以下程序:

```
clear all
clc
t = 0:0.1:3 * pi;                %极坐标的角度
polar(t,abs(cos(5 * t)));
```

输出图形如图 9-26 所示。

【例 9-21】 用函数画一个包含心形图案的极坐标图。

解 在 MATLAB 命令窗口输入以下程序:

```
clear all
clc
a =-2 * pi:.001:2 * pi;          %设定角度
b = (1 − sin(a));                %设定对应角度的半径
polar(a, b,'r')                  %绘图
```

输出图形如图 9-27 所示。

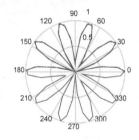
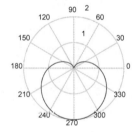

图 9-26　普通极坐标图　　　　图 9-27　心形极坐标图

2) 对数坐标系

MATLAB 语言提供了绘制不同形式的对数坐标曲线的功能,具体实现该功能的函数是 semilogx、semilogx(y)和 semilogy。

(1) semilogx:x 轴对数刻度坐标图,即用该函数绘制图形时 x 轴采用对数坐标。

例如,在 MATLAB 命令窗口输入如下命令,可得到如图 9-28 所示的图形。

```
clear all
clc
x = 0:1000;
y = log(x);
semilogx(x,y)
```

(2) semilogx(y):对 x 轴的刻度求常用对数(以 10 为底),而 y 为线性刻度。

若 y 为实数向量或矩阵,则 semilogx(y)结合 y 列向量的下标与 y 的列向量画出线

条,即以 y 列向量的索引值为横坐标,以 y 列向量的值为纵坐标。

例如,在 MATLAB 命令窗口输入如下命令,可得到如图 9-29 所示的图形。

```
clear all
clc
y = [21,35,26,84;65,28,39,68;62,71,59,34];
semilogx (y)
```

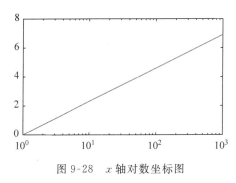

图 9-28 x 轴对数坐标图

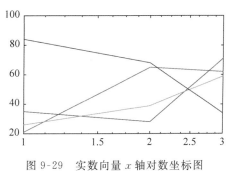

图 9-29 实数向量 x 轴对数坐标图

若 y 为复数向量或矩阵,则 semilogx(y)等价于 semilogx(real(y).imag(y))。

例如,在 MATLAB 命令窗口输入如下命令,可得到如图 9-30 所示的图形。

```
clear all
clc
y = [1 + 3 * i,5 + 6 * i,3 + 9 * i;5 + 9 * i,5 + 1 * i,9 + 8 * i;3 + 2 * i,5 + 4 * i,3 + 7 * i];
semilogx (y)
```

（3）semilogy：y 轴对数刻度坐标图,用该函数绘制图形时 y 轴采用对数坐标。调用格式与 semilogx 基本相同。

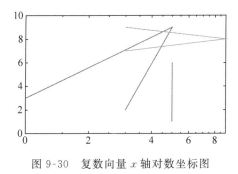

图 9-30 复数向量 x 轴对数坐标图

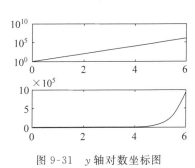

图 9-31 y 轴对数坐标图

例如,在 MATLAB 命令窗口输入如下命令,可得到如图 9-31 所示的图形。

```
clear all
clc
x = 0.001:0.1 * pi:2 * pi;
y = 10.^x;
figure
subplot ( 2, 1, 1 )
```

```
semilogy(x,y,'r-')
hold on
subplot ( 2, 1, 2 )
plot(x,y)
```

【例 9-22】 把直角坐标和对数坐标轴合并绘图。

解 在 MATLAB 命令窗口输入以下程序:

```
clear all
clc
t = 0 : 900;
A = 1000;
a = 0.005;
b = 0.005;
z1 = A * exp ( -a * t );              % 对数函数
z2 = sin ( b * t );                   % 正弦函数
[ haxes, hline1, hline2 ] = plotyy ( t, z1, t, z2, 'semilogy', 'plot' );
axes ( haxes ( 1 ) )
ylabel ( '对数坐标' )
axes ( haxes ( 2 ) )
ylabel ( '直角坐标' )
set ( hline2, 'LineStyle', ' -- ' )
```

输出图形如图 9-32 所示。

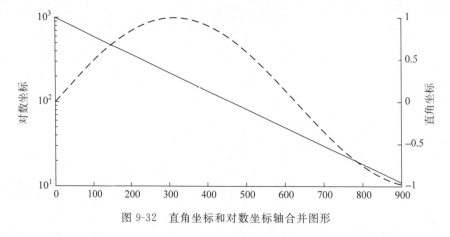

图 9-32　直角坐标和对数坐标轴合并图形

3) 柱坐标系

在 MATLAB 中没有在柱坐标和球坐标下直接绘制数据图形的命令,但 pol2cart 命令能够将柱坐标和球坐标值转化为直角坐标系下的坐标值,然后在直角坐标下绘制数据图形。

pol2cart 命令用于将极坐标或柱坐标值转换成直角坐标系下的坐标值。调用格式如下:

```
[x,y]= pol2cart(theta,rho,)
[x,y,z]= pol2cart(theta,rho,z)
```

例如,在 MATLAB 命令窗口输入如下命令,可得到如图 9-33 所示的图形。

```
clear all
clc
theta = 0:pi/20:2 * pi;
rho = sin (theta);
[t,r] = meshgrid (theta,rho);
z = r. * t;
[X,Y,Z,] = pol2cart(t,r,z);
mesh(X,Y,Z)
```

4) 球坐标系

在 MATLAB 中可以使用 sph2cart 将球坐标值转换成直角坐标系下的坐标值,然后使用 plot3、mesh 等绘图命令,即在直角坐标系下绘制使用球坐标值描述的图形。

调用格式如下:

```
[x ,y ,z] = sph2cart(theta,phi,r)
```

例如,在 MATLAB 命令窗口输入如下命令,可得到如图 9-34 所示的图形。

```
clear all
clc
theta = 0:pi/20:2 * pi;
rho = sin (theta);
[t,r] = meshgrid (theta,rho);
z = r. * t;
[X,Y,Z,] = sph2cart(t,r,z);
mesh(X,Y,Z)
```

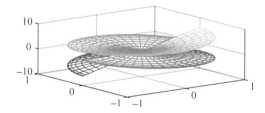

图 9-33 在直角坐标下绘制柱坐标数据图形

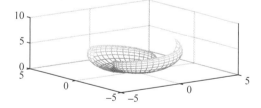

图 9-34 在直角坐标下绘制球坐标数据图形

2. 特殊二维图形的绘制

在 MATLAB 中,还有其他绘图函数,可以绘制不同类型的二维图形,以满足不同的要求。表 9-1 列出了这些绘图函数。

表 9-1 其他绘图函数

函　　数	二维图的形状	备　　注
bar(x,y)	条形图	x 是横坐标,y 是纵坐标
fplot(y,[a b])	精确绘图	y 代表某个函数,$[a\ b]$ 表示需要精确绘图的范围

续表

函　　　　数	二维图的形状	备　　　注
polar(θ, r)	极坐标图	θ 是角度，r 代表以 θ 为变量的函数
stairs(x, y)	阶梯图	x 是横坐标，y 是纵坐标
line$([x1, y1], [x2, y2], \cdots)$	折线图	$[x1, y1]$ 表示折线上的点
fill$(x, y, 'b')$	实心图	x 是横坐标，y 是纵坐标，'b' 代表颜色
scatter(x, y, s, c)	散点图	s 是圆圈标记点的面积，c 是标记点颜色
pie(x)	饼图	x 为向量
contour(x)	等高线	x 为向量

【例 9-23】 用函数画一个条形图。

解　在 MATLAB 命令窗口输入以下程序：

```
clear all
clc
x = -5:0.5:5;
bar(x, exp(-x.*x));
```

输出图形如图 9-35 所示。

【例 9-24】 用函数画一个针状图。

解　在 MATLAB 命令窗口输入以下程序：

```
clear all
clc
x = 0:0.05:3;
y = (x.^0.4).*exp(-x);
stem(x, y)
```

输出图形如图 9-36 所示。

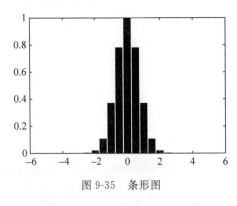

图 9-35　条形图

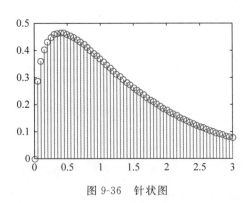

图 9-36　针状图

【例 9-25】 用函数画一个阶梯图。

解　在 MATLAB 命令窗口输入以下程序：

```
clear all
clc
```

```
x = 0:0.5:10;
stairs(x,sin(2 * x) + sin(x));
```

输出图形如图 9-37 所示。

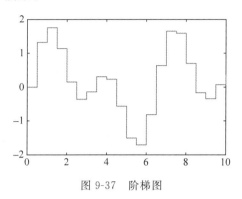

图 9-37 阶梯图

【**例 9-26**】 用函数画一个饼图。

解 在 MATLAB 命令窗口输入以下程序：

```
clear all
clc
x = [13,28,23,43,22];
pie(x)
```

输出图形如图 9-38 所示。

另外,如果要将饼图中的某一块颜色块(例如黄色块,图 9-38 中 17％部分)割开,可以采用以下程序：

```
clear all
clc
x = [13,28,23,43,22];
y = [0 0 0 0 1];
pie(x,y)
```

运行后得到如图 9-39 所示图形。

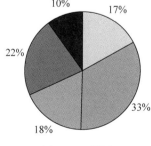

图 9-38 饼图

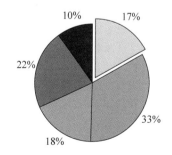

图 9-39 割开饼图中黄色扇形块

【例 9-27】 绘制二维等高线。

解 在 MATLAB 命令窗口输入以下程序：

```
clear all
clc
x = linspace( - 2 * pi,2 * pi);
y = linspace(0,4 * pi);
[X,Y] = meshgrid(x,y);
Z = sin(X) + cos(Y);
figure
contour(X,Y,Z)
grid on
```

输出图形如图 9-40 所示。

【例 9-28】 绘制误差条图。

解 在 MATLAB 命令窗口输入以下程序：

```
clear all
clc
y = [10 6 17 13 20];
e = [2 1.5 1 3 1];
errorbar(y,e)
```

输出图形如图 9-41 所示。

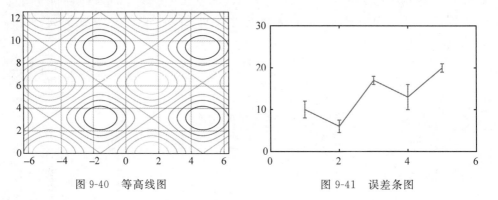

图 9-40　等高线图　　　　　图 9-41　误差条图

【例 9-29】 用 scatter 函数绘制二维散点图。

解 在 MATLAB 命令窗口输入以下程序：

```
clear all
clc
x = [1:40];
y = rand(size(x));
scatter(x,y)
```

输出图形如图 9-42 所示。

【**例 9-30**】 用 hist 函数绘制直方图。

解 在 MATLAB 命令窗口输入以下程序：

```
clear all
clc
Y = randn(10000,3);
hist(Y)
```

输出图形如图 9-43 所示。

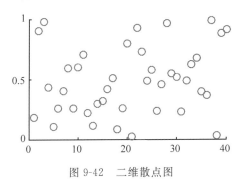

图 9-42 二维散点图

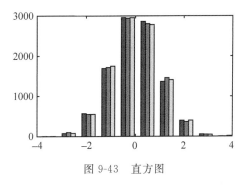

图 9-43 直方图

【**例 9-31**】 绘制向量图。

解 在 MATLAB 命令窗口输入以下程序：

```
clear all
clc
[x,y,z] = peaks(30);
[dx,dy] = gradient(z,.2,.2);
contour(x,y,z)
hold on
quiver(x,y,dx,dy)
colormap autumn
grid off
hold off
```

输出图形如图 9-44 所示。

【**例 9-32**】 绘制方向和速度矢量图。

解 在 MATLAB 命令窗口输入以下程序：

```
clear all
clc
wdir = [ 40 90 90 45 360 335 360 270 335 270 335 335 ];
knots = [ 5 6 8 6 3 9 6 8 9 10 14 12 ];
rdir = wdir * pi / 180 ;
[ x, y ] = pol2cart ( rdir , knots) ;
compass ( x, y )
text ( -28, 15, desc )
```

输出图形如图 9-45 所示。

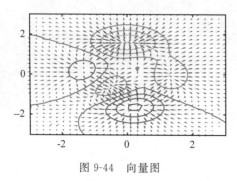

图 9-44　向量图

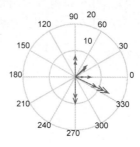

图 9-45　方向和速度矢量图

【例 9-33】　绘制火柴棍图。

解　在 MATLAB 命令窗口输入以下程序：

```
clear all
clc
t = linspace( - 2 * pi,2 * pi,10);
h = stem(t,cos(t),'fill','-- ');
set(get(h,'BaseLine'),'LineStyle',':')
set(h,'MarkerFaceColor','red')
```

输出图形如图 9-46 所示。

【例 9-34】　绘制椭圆。

解　在 MATLAB 命令窗口输入以下程序：

```
clear all
clc
t = 0 : pi/20 : 2 * pi;
plot ( sin ( t ), 2 * cos ( t ) )
grid on
```

输出椭圆图如图 9-47 所示。

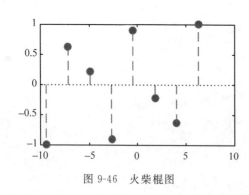

图 9-46　火柴棍图

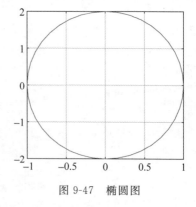

图 9-47　椭圆图

当不断增加命令 axis square 后,绘出图形会变得更加扁平,如图 9-48 所示。

如果加入命令 axis equal tight,则绘出最扁平的椭圆图形,如图 9-49 所示。

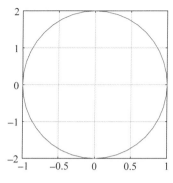

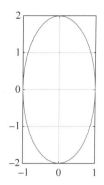

图 9-48　扁平处理后的图形　　　　　图 9-49　更加扁平的椭圆图形

【例 9-35】　绘制复数函数图形。

解　在 MATLAB 命令窗口输入以下程序：

```
clear all
clc
t = 0 : 0.5 : 8 ;
s = 0.04 + i ;
z = exp ( - s * t );
feather ( z )
```

输出图形如图 9-50 所示。

【例 9-36】　建立一个二维动态 Movie。

解　在 MATLAB 命令窗口输入以下程序：

```
clear all
clc
for k = 1 : 10
    plot ( fft ( eye ( k + 10 ) ) )
    axis equal
    M ( k ) = getframe ;
end
movie ( M , 5 )
```

输出图形如图 9-51 所示。

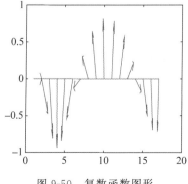

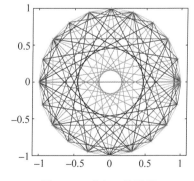

图 9-50　复数函数图形　　　　　图 9-51　动态二维图形

【例 9-37】 绘制笛卡儿坐标系中的 Contour 图。

解 在 MATLAB 命令窗口中输入以下程序：

```
clear all
clc
[ th , r ] = meshgrid ( ( 0 : 5 :360 ) * pi /180 , 0 : .05 :1 );
[ X , Y ] = pol2cart ( th , r ) ;
Z = X + i * Y; f = ( Z .^ 4 − 1 ) .^ ( 1 / 4 );
contour ( X , Y , abs ( f ) , 30 )
axis ( [ − 1 1 − 1 1 ] )
```

代码运行后，得到如图 9-52 所示结果。

【例 9-38】 绘制极轴坐标系中的 Contour 图。

解 在 MATLAB 命令窗口中输入以下程序：

```
[ th , r ] = meshgrid ( ( 0 : 5 :360 ) * pi /180 , 0 : .05 :1 );
[ X , Y ] = pol2cart ( th , r ) ;
h = polar ( [ 0 2 * pi ] , [ 0 1 ] )
delete ( h )
Z = X + i * Y; f = ( Z .^ 4 − 1 ) .^ ( 1 / 4 );
hold on
contour ( X , Y , abs ( f ) , 30 )
```

代码运行后，得到如图 9-53 所示结果。

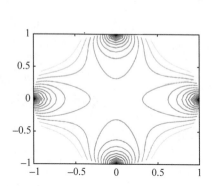

图 9-52 笛卡儿坐标系中的 Contour 图

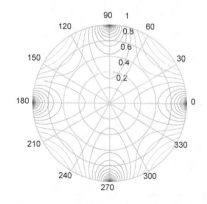

图 9-53 极轴坐标系中的 Contour 图

在 MATLAB 中，除上述函数绘图方式外，还有一种较为简单的方法就是使用工作空间进行绘图，即在工作空间选中变量，然后选择 MATLAB 的 PLOTS 选项，如图 9-54 所示，即可选择需要绘制的图形方式。

图 9-54 PLOTS 绘图选项

9.4.5 二维绘图经典案例

【例9-39】 利用 MATLAB 绘图函数,绘制模拟电路演示过程,要求电路中有蓄电池、开关和灯,开关默认处于不闭合状态。当开关闭合后,灯变亮。

解 在 MATLAB 命令窗口中输入以下程序:

```
clear
clc
figure('name','模拟电路');
axis([-3,12,0,10]);                          % 建立坐标系
hold on                                      % 保持当前图形的所有特性
axis('off');                                 % 关闭所有轴标注和控制
% 绘制蓄电池的过程
fill([-1.5,-1.5,1.5,1.5],[1,5,5,1],[0.5,1,1]);
fill([-0.5,-0.5,0.5,0.5],[5,5.5,5.5,5],[0,0,0]);
text(-0.5,1.5,'—');
text(-0.5,3,'蓄电池');
text(0.5,4.5,'+');
% 绘制导电线路的过程
plot([0;0],[5.5;6.7],'color','r','linestyle','-','linewidth',4);   % 绘制二维图形线竖实
                                                                   % 心红色
plot([0;4],[6.7;6.7],'color','r','linestyle','-','linewidth',4);   % 绘制二维图形线实心
                                                                   % 红色为导线
a = line([4;5],[6.7;7.7],'color','b','linestyle','-','linewidth',4,'erasemode','xor');
                                                                   % 画开关蓝色
plot([5.2;9.2],[6.7;6.7],'color','r','linestyle','-','linewidth',4);  % 绘制图导线为红色
plot([9.2;9.2],[6.7;3.7],'color','r','linestyle','-','linewidth',4);  % 绘制图导线竖线为红色
plot([9.2;9.7],[3.7;3.7],'color','r','linestyle','-','linewidth',4);  % 绘制图导线横线为红色
plot([0;0],[1;0],'color','r','linestyle','-','linewidth',4);       % 如上画红色竖线
plot([0;10],[0;0],'color','r','linestyle','-','linewidth',4);      % 如上画横线
plot([10;10],[0;3],'color','r','linestyle','-','linewidth',4);     % 画竖线
% 绘制灯泡的过程
fill([9.8,10.2,9.7,10.3],[3,3,3.3,3.3],[0 0 0]);                   % 确定填充范围
plot([9.7,9.7],[3.3,4.3],'color','b','linestyle','-','linewidth',0.5);  % 绘制灯泡外形
                                                                   % 线为蓝色
plot([10.3,10.3],[3.3,4.45],'color','b','linestyle','-','linewidth',0.5);
% 绘制圆
x = 9.7:pi/50:10.3;
plot(x,4.3+0.1*sin(40*pi*(x-9.7)),'color','b','linestyle','-','linewidth',0.5);
t = 0:pi/60:2*pi;
plot(10+0.7*cos(t),4.3+0.6*sin(t),'color','b');
% 下面是箭头及注释的显示
text(4.5,10,'电流运动方向');
line([4.5;6.6],[9.4;9.4],'color','r','linestyle','-','linewidth',4,'erasemode','xor');
                                                                   % 绘制箭头横线
line(6.7,9.4,'color','b','linestyle','-','erasemode','xor','markersize',10);  % 绘制箭头
                                                                   % 三角形
```

```
pause(1);
% 绘制开关闭合的过程
t = 0;
y = 7.6;
while y > 6.6                        % 电路总循环控制开关动作条件
x = 4 + sqrt(2) * cos(pi/4 * (1 - t));
y = 6.7 + sqrt(2) * sin(pi/4 * (1 - t));
set(a, 'xdata', [4;x], 'ydata', [6.7;y]);
drawnow;
t = t + 0.1;
end
% 绘制开关闭合后模拟大致电流流向的过程
pause(1);
light = line(10, 4.3, 'color', 'y', 'marker', '.', 'markersize', 40, 'erasemode', 'xor');   % 画灯丝
                                                                       % 发出的光: 黄色
% 画电流的各部分
h = line([1;1], [5.2;5.6], 'color', 'r', 'linestyle', ' - ', 'linewidth', 4, 'erasemode', 'xor');
g = line(1, 5.7, 'color', 'b', 'linestyle', ' - ', 'erasemode', 'xor', 'markersize', 10);
% 给循环初值
t = 0;
m2 = 5.6;
n = 5.6;
while n < 6.5;                       % 确定电流竖向循环范围
m = 1;
n = 0.05 * t + 5.6;
set(h, 'xdata', [m;m], 'ydata', [n - 0.5;n - 0.1]);
set(g, 'xdata', m, 'ydata', n);
t = t + 0.01;
drawnow;
end
t = 0;
while t < 1;                         % 在转角处的停顿时间
m = 1.2 - 0.2 * cos((pi/4) * t);
n = 6.3 + 0.2 * sin((pi/4) * t);
set(h, 'xdata', [m - 0.5;m - 0.1], 'ydata', [n;n]);
set(g, 'xdata', m, 'ydata', n);
t = t + 0.05;
drawnow;
end
t = 0;
while t < 0.4                        % 在转角后的停顿时间
t = t + 0.5;
g = line(1.2, 6.5, 'color', 'b', 'linestyle', '^', 'markersize', 10, 'erasemode', 'xor');
g = line(1.2, 6.5, 'color', 'b', 'linestyle', '>', 'markersize', 10, 'erasemode', 'xor');
set(g, 'xdata', 1.2, 'ydata', 6.5);
drawnow;
end
```

```matlab
pause(0.5);
t = 0;
while m < 7                              % 确定第二个箭头的循环范围
m = 1.1 + 0.05 * t;
n = 6.5;
set(g,'xdata',m + 0.1,'ydata',6.5);
set(h,'xdata',[m - 0.4;m],'ydata',[6.5;6.5]);
t = t + 0.05;
drawnow;
end
t = 0;
while t < 1                             % 在转角后的停顿时间
m = 8.1 + 0.2 * cos(pi/2 - pi/4 * t);
n = 6.3 + 0.2 * sin(pi/2 - pi/4 * t);
set(g,'xdata',m,'ydata',n);
set(h,'xdata',[m;m],'ydata',[n + 0.1;n + 0.5]);
t = t + 0.05;
drawnow;
end
t = 0;
while t < 0.4                           % 在转角后的停顿时间
t = t + 0.5;
% 绘制第三个箭头
g = line(8.3,6.3,'color','b','linestyle','>','markersize',10,'erasemode','xor');
g = line(8.3,6.3,'color','b','linestyle','v','markersize',10,'erasemode','xor');
set(g,'xdata',8.3,'ydata',6.3);
drawnow;
end

pause(0.5);
t = 0;
while n > 1                             % 确定箭头的运动范围
m = 8.3;
n = 6.3 - 0.05 * t;
set(g,'xdata',m,'ydata',n);
set(h,'xdata',[m;m],'ydata',[n + 0.1;n + 0.5]);
t = t + 0.04;
drawnow;
end
t = 0;
while t < 1                             % 箭头的起始时间
m = 8.1 + 0.2 * cos(pi/4 * t);
n = 1 - 0.2 * sin(pi/4 * t);
set(g,'xdata',m,'ydata',n);
set(h,'xdata',[m + 0.1;m + 0.5],'ydata',[n;n]);
t = t + 0.05;
drawnow;
```

```
end
t = 0;
while t < 0.5
t = t + 0.5;
% 绘制第四个箭头
g = line(8.1,0.8,'color','b','linestyle','v','markersize',10,'erasemode','xor');
g = line(8.1,0.8,'color','b','linestyle','<','markersize',10,'erasemode','xor');
set(g,'xdata',8.1,'ydata',0.8);
drawnow;
end
pause(0.5);
t = 0;
while m > 1.1                          % 箭头的运动范围
m = 8.1 - 0.05 * t;
n = 0.8;
set(g,'xdata',m,'ydata',n);
set(h,'xdata',[m + 0.1;m + 0.5],'ydata',[n;n]);
t = t + 0.04;
drawnow;
end
t = 0;
while t < 1                            % 停顿时间
m = 1.2 - 0.2 * sin(pi/4 * t);
n = 1 + 0.2 * cos(pi/4 * t);
set(g,'xdata',m,'ydata',n);
set(h,'xdata',[m;m + 0.5],'ydata',[n - 0.1;n - 0.5]);
t = t + 0.05;
drawnow;
end
t = 0;
while t < 0.5                          % 画第五个箭头
t = t + 0.5;
g = line(1,1,'color','b','linestyle','<','markersize',10,'erasemode','xor');
g = line(1,1,'color','b','linestyle','^','markersize',10,'erasemode','xor');
set(g,'xdata',1,'ydata',1);
drawnow;
end
t = 0;
while n < 6.2
m = 1;
n = 1 + 0.05 * t;
set(g,'xdata',m,'ydata',n);
set(h,'xdata',[m;m],'ydata',[n - 0.5;n - 0.1]);
t = t + 0.04;
drawnow;
end
% 绘制开关断开后的情况
```

```
t = 0;
y = 6.6;
while y < 7.6                        % 开关的断开
x = 4 + sqrt(2) * cos(pi/4 * t);
y = 6.7 + sqrt(2) * sin(pi/4 * t);
set(a,'xdata',[4;x],'ydata',[6.7;y]);
drawnow;
t = t + 0.1;
end
pause(0.2); % 开关延时作用
nolight = line(10,4.3,'color','y','marker','.','markersize',40,'erasemode','xor');
```

代码运行后,得到模拟电路图形如图 9-55 所示。

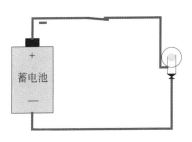

图 9-55　模拟电路演示图

9.5　三维绘图函数

三维网格曲面是由一些四边形相互连接在一起所构成的一种曲面,这些四边形的 4 条边所围成的颜色与图形窗口的背景色相同,并且无色调的变化,呈现的是一种线架图的形式。

绘制这种网格曲面时,需要知道各个四边形的顶点的(x,y,z)三个坐标值,然后再使用 MATLAB 所提供的网格曲面绘图命令 mesh、meshc 或 meshz 来绘制不同形式的网格曲面。

9.5.1　绘制三维曲面

在 MATLAB 中,可用函数 surf、surfc 来绘制三维曲面图。其调用格式如下:
- surf(Z)——以矩阵 Z 指定的参数创建一渐变的三维曲面,坐标 $x=1:n, y=1:m$, 其中$[m,n]=\text{size}(Z)$。
- surf(X,Y,Z)——以 Z 确定的曲面高度和颜色,按照 X、Y 形成的格点矩阵,创建一渐变的三维曲面。X、Y 可以为向量或矩阵,若 X、Y 为向量,则必须满足 $m=$

$\mathrm{size}(X), n = \mathrm{size}(Y), [m,n] = \mathrm{size}(Z)$。

- surf(X,Y,Z,C)——以 Z 确定的曲面高度，C 确定的曲面颜色，按照 X、Y 形成的格点矩阵，创建一渐变的三维曲面。
- surf$(\ldots,\mathrm{'PropertyName'},\mathrm{PropertyValue})$——设置曲面的属性。
- surfc$(\ldots)$——采用 surfc 函数的格式同 surf，同时在曲面下绘制曲面的等高线。

【例 9-40】 绘制球体的三维图形。

解 在 MATLAB 中输入以下程序：

```
clear all
clc
figure
[X,Y,Z] = sphere(30);          % 计算球体的三维坐标
surf (X,Y,Z);                  % 绘制球体的三维图形
xlabel('x'),
ylabel('y'),
zlabel('z');
title(' shading faceted ');
```

输出图形如图 9-56 所示。

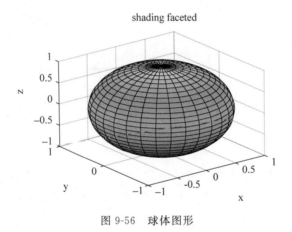

图 9-56 球体图形

注意：在图形窗口，需将图形的属性 Renderer 设置成 Painters，才能显示出坐标名称和图形标题。

从图 9-56 中可以看到球面被网格线分割成小块；每一小块可看作是一块补片，嵌在线条之间。这些线条和渐变颜色可以由命令 shading 来指定，其格式为：

- shading faceted——在绘制曲面时采用分层网格线，为默认值。
- shading flat——表示平滑式颜色分布方式；去掉黑色线条，补片保持单一颜色。
- shading interp——表示插补式颜色分布方式；同样去掉线条，但补片以插值加色。

这种方式需要比分块和平滑更多的计算量。

对于例 9-40 所绘制的曲面分别采用 shading flat 和 shading interp，显示的效果如图 9-57 所示。

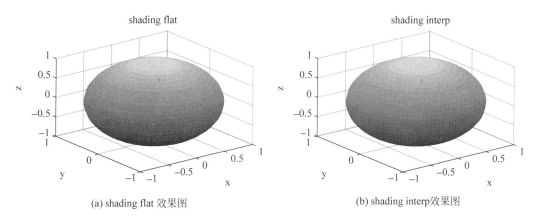

(a) shading flat 效果图   (b) shading interp效果图

图 9-57   不同方式下球体的三维曲面

【例 9-41】　以 surfl 函数绘制具有亮度的曲面图。

解　在 MATLAB 中输入以下程序：

```
clear all
clc
[x,y] = meshgrid( - 5:0.1:5);          % 以 0.1 的间隔形成格点矩阵
z = peaks(x,y);
surfl(x,y,z);
shading interp
colormap(gray);
axis([ - 4 4 - 4 4 - 5 5]);
```

输出图形如图 9-58 所示。

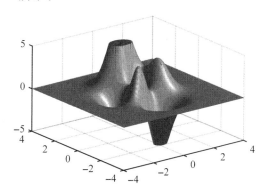

图 9-58   具有亮度的曲面图

除了函数 surf、surfc 以外，还有下列函数可以绘制不同的三维曲面。

（1）用 sphere 函数绘制三维球面，其调用格式为：

[x,y,z]＝sphere(n)——球面的光滑程度，默认值为 20。

（2）用 cylinder 函数绘制三维柱面，其调用格式为：

[x,y,z]＝cylinder(R,n)——R 是一个向量，存放柱面各等间隔高度上的半径；n 表示圆柱圆周上有 n 个等间隔点，默认值为 20。

（3）多峰函数 peaks 常用于三维函数的演示。其中函数形式为：

$$f(x,y) = 3(1-x^2)e^{-x^2-(y+1)^2} - 10\left(\frac{x}{5} - x^3 - y^5\right)e^{-x^2-y^2} - $$

$$\frac{1}{3}e^{-(x+1)^2-y^2}, \quad -3 \leqslant x, y \leqslant 3$$

多峰函数 peaks 的调用格式为：

- z＝peaks(n)——生成一个 $n \times n$ 的矩阵 z，n 的默认值为 48。
- z＝peaks(x,y)——根据网格坐标矩阵 x、y 计算函数值矩阵 z。

【例 9-42】 绘制三维标准曲面。

解 在 MATLAB 中输入以下程序：

```
clear all
clc
t = 0:pi/20:2 * pi;
[x,y,z] = sphere;
subplot(1,3,1);
surf(x,y,z);xlabel('x'),ylabel('y'),zlabel('z');
title('球面')
[x,y,z] = cylinder(2 + sin(2 * t),30);
subplot(1,3,2);
surf(x,y,z);xlabel('x'),ylabel('y'),zlabel('z');
title('柱面')
[x,y,z] = peaks(20);
subplot(1,3,3);
surf(x,y,z);xlabel('x'),ylabel('y'),zlabel('z');
title('多峰');
```

输出图形如图 9-59 所示。因柱面函数的 R 选项为 2＋sin(2 * t)，所以绘制的柱面是一个正弦型的。

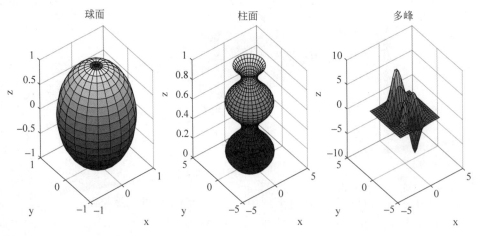

图 9-59 三维标准曲面

【例 9-43】 讨论参数 a、b、c 对二次曲面的方程

$$\frac{x^2}{a^2} + \frac{y^2}{b^2} + \frac{z^2}{c^2} = d$$

形状的影响。

解 相应的 MATLAB 程序为:

```
clear all
clc
a = input('a = ');
b = input('b = ');
c = input('c = ');
d = input('d = ');
N = input('N = ');                            %输入参数,N为网格线数目
xgrid = linspace( – abs(a),abs(a),N);        %建立 x 网格坐标
ygrid = linspace( – abs(b),abs(b),N);        %建立 y 网格坐标
[x,y] = meshgrid(xgrid,ygrid);               %确定 N×N 个点的 x,y 网格坐标
z = c * sqrt(d – y. * y/b^2 – x. * x/a^2);u = 1;    %u = 1,表示 z 要取正值
z1 = real(z);                                %取 z 的实部 z1
for k = 2:N – 1;                             %以下 7 行程序的作用是取消 z 中含虚数的点
for j = 2:N – 1
if imag(z(k,j))～ = 0
    z1(k,j) = 0;
end
if all(imag(z([k – 1:k + 1],[j – 1:j + 1])))～ = 0
    z1(k,j) = NaN;
end
end
end
surf(x,y,z1),hold on                         %画空间曲面
if u == 1
    z2 = – z1;
    surf (x,y,z2);                           %u = 1 时加画负半面
axis([ – abs(a),abs(a), – abs(b),abs(b), – abs(c),abs(c)]);
end
xlabel('x'),
ylabel('y'),
zlabel('z')
hold off
```

运行程序,当 $a=5, b=4, c=3, d=1, N=50$ 时结果如图 9-60 所示。

当 $a=5, b=4, c=3, d=1, N=15$ 时结果如图 9-61 所示。

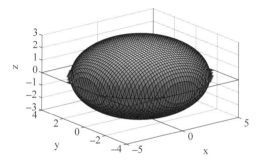

图 9-60 $a=5, b=4, c=3, d=1, N=50$ 的结果

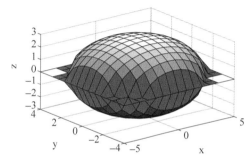

图 9-61 $a=5, b=4, c=3, d=1, N=15$ 的结果

当 $a=5i,b=4,c=3,d=1,N=50$ 时结果如图 9-62 所示。

当 $a=5i,b=4,c=3i,d=0.1,N=10$ 时结果如图 9-63 所示。

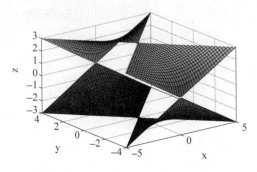

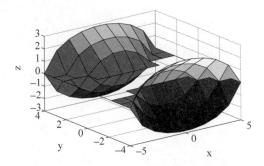

图 9-62　$a=5i,b=4,c=3,d=1,N=50$ 的结果

图 9-63　$a=5i,b=4,c=3i,d=0.1,N=10$ 的结果

9.5.2　栅格数据的生成

栅格数据是按网格单元的行与列排列、具有不同灰度或颜色的阵列数据。每一个单元(像素)的位置由它的行列号定义,所表示的实体位置隐含在栅格行列位置中,数据组织中的每个数据表示事物或现象的非几何属性或指向其属性的指针。

在绘制网格曲面之前,必须先知道各个四边形顶点的三维坐标值。绘制曲面的一般情况是,先知道四边形各个顶点的二维坐标(x,y),然后再利用某个函数公式计算出四边形各个顶点的 z 坐标。

这里所使用的(x,y)二维坐标值是一种栅格形的数据点,它可由 MATLAB 所提供的 meshgrid 产生。

meshgrid 命令的调用格式为:

```
[X, Y] = meshgrid(x, y)
```

该命令的功能是由 x 向量和 y 向量值通过复制的方法产生绘制三维图形时所需的栅格数据 X 矩阵和 Y 矩阵。

在使用该命令的时候,需要说明以下两点:

(1) 向量 x 和 y 分别代表三维图形在 X 轴、Y 轴方向上的取值数据点。

(2) x 和 y 分别是 1 个向量,而 X 和 Y 分别代表 1 个矩阵。

如果需要查看 meshgrid 函数功能执行效果,可以在 MATLAB 命令窗口输入以下命令:

```
clear all
clc
x = [1 2 3 4 5 6 7 8 9];
y = [3 5 7];
[X , Y] = meshgrid(x,y)
```

得到栅格数据如下：

```
X =
     1     2     3     4     5     6     7     8     9
     1     2     3     4     5     6     7     8     9
     1     2     3     4     5     6     7     8     9

Y =
     3     3     3     3     3     3     3     3     3
     5     5     5     5     5     5     5     5     5
     7     7     7     7     7     7     7     7     7
```

【例 9-44】 利用 meshgrid 函数绘制矩形网格。

解 在 MATLAB 命令窗口中输入以下程序：

```
clear all
clc
x = - 1:0.2:1;
y = 1: - 0.2: - 1;
[X,Y] = meshgrid(x,y);
plot(X,Y,'o')
```

运行这段代码则绘制出如图 9-64 所示的矩形网格顶点。

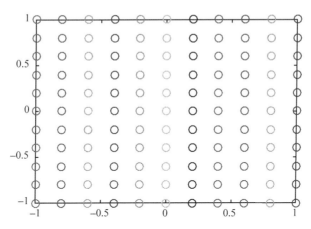

图 9-64 矩形网格

运行 whos 查看工作区变量属性，得到结果为：

```
>> whos
  Name        Size            Bytes  Class      Attributes

  X          11x11              968  double
  Y          11x11              968  double
  x           1x11               88  double
  y           1x11               88  double
```

绘制栅格数据还可以使用 georasterref 命令，其使用格式如下：

R = georasterref()

对于 georasterref 对象,最主要的是要输入栅格的大小和栅格数据表示的地理范围,否则原始数据 Z 无法衍射到图形上。

【例 9-45】 使用 georasterref 函数绘制一组地理栅格数据。

解 在 MATLAB 命令窗口输入以下程序:

```
clear all
clc
Z = [1 2 3 4 5 6; 7 8 9 10 11 12; 13 14 15 16 17 18];      %地理数据 3 * 6
R = georasterref('RasterSize', size(Z), 'Latlim', [ - 90 90], 'Lonlim', [ - 180 180]); %地理
                                                            %栅格数据参考对象(类)
figure('Color','white')
ax = axesm('MapProjection', 'eqdcylin');                    %设定地图等距离圆柱投影方式
axis off                                                    %关闭本地坐标轴系统
setm(ax,'GLineStyle','-- ', 'Grid','on','Frame','on')      %指定网格线型,绘制 frame 框架
setm(ax,...
'MlabelLocation', 60,...                                     %每隔 60 度绘制经度刻度标签
'PlabelLocation',[ - 30  30],...                            %只在指定值处绘制纬度刻度标签
'MeridianLabel','on',...                                     %显示经度刻度标签
'ParallelLabel','on',...                                     %显示纬度刻度标签
'MlineLocation',60,...                                       %每隔 60 度绘制经度线
'PlineLocation',[ - 30  30],...                            %在指定值处绘制纬度线
'MLabelParallel','north' ...                                 %将经度刻度标签放在北方,即上部
 );
geoshow(Z, R, 'DisplayType', 'texturemap');                 %显示地理数据
colormap('autumn')
colorbar
```

绘制的图形如图 9-65 所示。

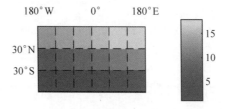

图 9-65　地理栅格数据图形

【例 9-46】 使用地理栅格数据绘制经纬度曲线。

解 在 MATLAB 命令窗口输入以下程序:

```
clear all
clc
maps                              %查看当前可用的地图投影方式
%%% 导入数据,全球海岸线 %%%
load coast
%%% 绘图 %%%
```

```
axesm robinson
patchm(lat,long,'g');
%%% 设置属性 %%%
setm(gca);                              % 查看当前可以设置的所有图形坐标轴(map axes)的属性
setm(gca,'Frame','on');                 % 使框架可见
getm(gca,'Frame');                      % 使用 getm 可以获取指定的图形坐标轴的属性
setm(gca,'Grid','on');                  % 打开网格
setm(gca,'MLabelLocation',180);         % 标上经度刻度标签,每隔60度
setm(gca,'MeridianLabel','on');         % 设置纬度刻度标签可见
setm(gca,'PLabelLocation',[-90:90:90])  % 标上纬度刻度标签
setm(gca,'ParallelLabel','on');         % 设置纬度刻度标签可见
setm(gca,'MLabelParallel','south');     % 将经度刻度标签放在南方,即下部
setm(gca,'Origin',[0,90,0]);            % 设置地图的中心位置与绕中心点和地心点的轴旋转角度
```

得到图形如图 9-66 所示。

9.5.3 网格曲面的绘制命令

MATLAB 中可以通过 mesh 函数绘制三维网格曲面图,该函数可以生成指定的网线面及其颜色。其使用格式如下:

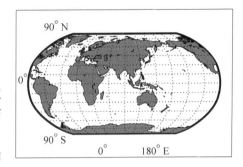

图 9-66 经纬度曲线

- mesh(X,Y,Z)——画出颜色由 X、Y 和 Z 指定的网线面。

若 X 与 Y 均为向量,length$(X)=n$,length$(Y)=m$,而 $[m,n]=$size(Z),空间中的点$(X(j),Y(I),Z(I,j))$为所画曲面网线的交点,分别地,X 对应于 z 的列,Y 对应于 z 的行。

若 X 与 Y 均为矩阵,则空间中的点$(X(I,j),Y(I,j),Z(I,j))$为所画曲面的网线的交点。

- mesh(Z)——由$[n,m]=$size(Z)得,$X=1:n$ 与 $Y=1:m$,其中 z 为定义在矩形划分区域上的单值函数。

- mesh$(\cdots,C)$——用由矩阵 C 指定的颜色画网线网格图。MATLAB 对矩阵 C 中的数据进行线性处理,以便从当前色图中获得有用的颜色。

- mesh$(\cdots,PropertyName,PropertyValue,\cdots)$——对指定的属性 PropertyName 设置属性值 PropertyValue,可以在同一语句中对多个属性进行设置。

- h $=$ mesh$(\cdots)$——返回 surface 图形对象句柄。

函数 mesh 的运算规则是:

(1) 数据 X、Y 和 Z 的范围,或者是对当前轴的 XLimMode、YLimMode 和 ZLimMode 属性的设置决定坐标轴的范围。命令 axis 可对这些属性进行设置。

(2) 参量 C 的范围,或者是对当前轴的 Clim 和 ClimMode 属性的设置(可用命令 caxis 进行设置),决定颜色的刻度化程度。刻度化颜色值作为引用当前色图的下标。

(3) 网格图显示命令生成由于把 Z 的数据值用当前色图表现出来的颜色值。MATLAB 会自动用最大值与最小值计算颜色的范围(可用命令 caxis auto 进行设置),最小值用色图中的第一个颜色表现,最大值用色图中的最后一个颜色表现。MATLAB

会对数据的中间值执行一个线型变换,使数据能在当前的范围内显示出来。

【例 9-47】 利用 mesh 函数绘制网格曲面图。

解 在 MATLAB 命令窗口输入以下程序:

```
clear all
clc
[X,Y] = meshgrid( - 3:.125:3);
Z = peaks(X,Y);
mesh(X,Y,Z);
```

图形结果如图 9-67 所示。

【例 9-48】 在笛卡儿坐标系中绘制以下函数的网格曲面图

$$f(x,y) = \frac{\sin(\sqrt{x^2 + y^2})}{\sqrt{x^2 + y^2}}$$

解 在 MATLAB 命令窗口中输入以下程序:

```
clear all
clc
x = - 8:0.5:8;
y = x;
[X,Y] = meshgrid(x,y);
R = sqrt(X.^2 + Y.^2) + eps;
Z = sin(R)./R;
mesh(X,Y,Z)
grid on
```

运行以上程序,得到函数的三维网格图形如图 9-68 所示。

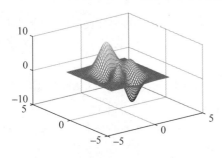

图 9-67　网格曲面图

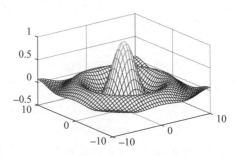

图 9-68　笛卡儿坐标系的网格曲面图

另外,MATLAB 中还有两个 mesh 的派生函数:

- meshc——在绘图的同时,在 x-y 平面上绘制函数的等值线。
- meshz——在网格图基础上在图形的底部外侧绘制平行 z 轴的边框线。

【例 9-49】 利用 meshc 和 meshz 绘制三维网格图。

解 在 MATLAB 命令窗口中输入以下程序:

```
close all
clear
```

```
[X,Y] = meshgrid(-3:.5:3);
Z = 2 * X.^2 - 3 * Y.^2;
subplot(2,2,1)
plot3(X,Y,Z)
title('plot3')
subplot(2,2,2)
mesh(X,Y,Z)
title('mesh')
subplot(2,2,3)
meshc(X,Y,Z)
title('meshc')
subplot(2,2,4)
meshz(X,Y,Z)
title('meshz')
```

运行代码,得到图 9-69 所示的绘图结果。

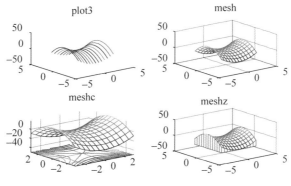

图 9-69　三维网格图

从图 9-69 中可以看到,plot3 只能画出 X、Y、Z 的对应列表示的一系列三维曲线,它只要求 X、Y、Z 三个数组具有相同的尺寸,并不要求 (X,Y) 必须定义网格点。

mesh 函数则要求 (X,Y) 必须定义网格点,并且在绘图结果中可以把邻近网格点对应的三维曲面点 (X,Y,Z) 用线条连接起来。

此外,plot3 绘图时按照 MATLAB 绘制图线的默认颜色序循环使用颜色区别各条三维曲线,而 mesh 绘制的网格曲面图中颜色用来表征 Z 值的大小,可以通过 colormap 命令显示表示图形中颜色和数值对应关系的颜色表。

9.5.4　隐藏线的显示和关闭

显示或不显示的网格曲面的隐藏线将对图形的显示效果有一定的影响。MATLAB 提供了相关的控制命令 hidden,调用这种命令的格式是 hidden on 或 hidden off。hidden on 命令是去掉网格曲面的隐藏线;hidden off 命令是显示网格曲面的隐藏线。

【例 9-50】　绘出有隐藏线和无隐藏线的函数 $f(x,y) = \dfrac{\sin(\sqrt{x^2 + y^2})}{\sqrt{x^2 + y^2}}$ 的网格曲面图。

解 在 MATLAB 编辑器中输入以下代码：

```
close all
clear
x = - 8:0.5:8;
y = x;
[X,Y] = meshgrid(x,y);
R = sqrt(X.^2 + Y.^2) + eps;
Z = sin(R)./R;
subplot(1,2,1)
mesh(X,Y,Z)
hidden on
grid on
title('hidden on')
axis([ - 10 10 - 10 10 - 1 1])
subplot(1,2,2)
mesh(X,Y,Z)
hidden off
grid on
title('hidden off')
axis([ - 10 10 - 10 10 - 1 1])
```

运行上述代码后,得到如图 9-70 所示的图形。

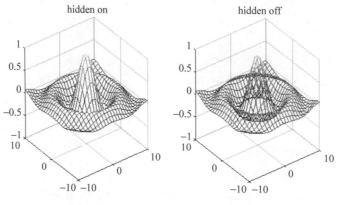

图 9-70　有无隐藏线的函数网格曲面图

9.5.5　三维绘图经典案例

【例 9-51】 在一丘陵地带测量高度,x 和 y 方向每隔 100m 测一个点,得高度见表 9-2,试拟合一曲面,确定合适的模型,并由此找出最高点和该点的高度。

表 9-2　高度数据

x	y			
	100	200	300	400
100	536	597	524	378
200	598	612	530	378
300	580	574	498	312
400	562	526	452	234

解 在 MATLAB 命令窗口中输入以下程序：

```
clear all
clc
x = [100 100 100 100 200 200 200 200 300 300 300 300 400 400 400 400];
y = [100 200 300 400 100 200 300 400 100 200 300 400 100 200 300 400];
z = [536 597 524 378 598 612 530 378 580 574 498 312 562 526 452 234];
xi = 100:5:400;
yi = 100:5:400;
[X,Y] = meshgrid(xi,yi);
H = griddata(x,y,z,X,Y,'cubic');
surf(X,Y,H);
view(-112,26);
hold on;
maxh = vpa(max(max(H)),6)
[r,c] = find(H >= single(maxh));
stem3(X(r,c),Y(r,c),maxh,'fill')
```

代码运行后，结果如图 9-71 所示。

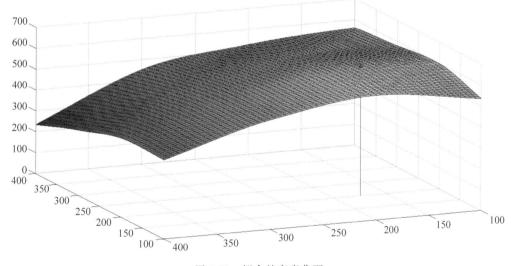

图 9-71 拟合的高度曲面

同时在 MATLAB 命令窗口得到如下结果：

```
>> maxh =
 616.242
```

即该丘陵地带高度最高点为 616.242m。

【例 9-52】 利用 MATLAB 绘图函数，绘制电梯门自动开关图形。

解 在 MATLAB 命令窗口中输入以下程序：

```
clear all
clc
```

```matlab
figure('name','自动门系统');
axis ([0 ,55,0,55]);
hold on;
axis off;
text(23,55,'自动门','fontsize',20,'color','b');
text(8,32,'放大器','fontsize',8,'color','r');
text(20,40,'电动机','fontsize',8,'color','k');
text(20,14,'门','fontsize',10,'color','r');
text(43.5,23,'开关(开门)','fontsize',10,'color','k');
text(43.5,8,'开关(关门)','fontsize',10,'color','k');
%画导线
c1 = line([1;55],[50;50],'color','g','linewidth',2);
c2 = line([4;35],[45;45],'color','g','linewidth',2);
c3 = line([4;7],[35;35],'color','g','linewidth',2);
c4 = line([1;1],[30;50],'color','g','linewidth',2);
c5 = line([4;4],[35;45],'color','g','linewidth',2);
c6 = line([1;7],[30;30],'color','g','linewidth',2);
c7 = line([55;55],[15;50],'color','g','linewidth',2);
c8 = line([49;55],[15;15],'color','g','linewidth',2);
%画放大器
c9 = line([7;7],[28;37],'color','g','linewidth',2);
c10 = line([7;12],[37;37],'color','g','linewidth',2);
c11 = line([12;12],[28;37],'color','g','linewidth',2);
c12 = line([7;12],[28;28],'color','g','linewidth',2);
hold on;
%画箭头
j1 = line([6;7],[35.5;35],'linewidth',2);
j2 = line([6;7],[34.5;35],'linewidth',2);
j3 = line([6;7],[30.5;30],'linewidth',2);
j4 = line([6;7],[29.5;30],'linewidth',2);
j5 = line([43;44],[20;20.5],'linewidth',2);
j6 = line([43;44],[20;19.5],'linewidth',2);
j7 = line([43;44],[10;10.5],'linewidth',2);
j8 = line([43;44],[10;9.5],'linewidth',2);
j9 = line([36;37],[10.5;10],'linewidth',2);
j10 = line([36;37],[9.5;10],'linewidth',2);
hold on;
%画电阻
fill([37,38,38,37],[28,28,2,2],[1,0.1,0.5]);          %左电阻
fill([42,43,43,42],[28,28,2,2],[1,0.1,0.5]);          %右电阻
%画连接电阻的导线
f1 = line([25;37],[10;10],'color','g','linewidth',2);
f2 = line([35;35],[10;45],'color','g','linewidth',2);
f3 = line([37.5;37.5],[1;2],'color','g','linewidth',2);
f4 = line([37.5;42.5],[1;1],'color','g','linewidth',2);
```

```matlab
f5 = line([42.5;42.5],[1;2],'color','g','linewidth',2);
f6 = line([37.5;37.5],[28;29],'color','g','linewidth',2);
f7 = line([37.5;42.5],[29;29],'color','g','linewidth',2);
f8 = line([42.5;42.5],[28;29],'color','g','linewidth',2);
f9 = line([40;40],[17;29],'color','g','linewidth',2);
f10 = line([40;40],[1;15.5],'color','g','linewidth',2);
%画电源
f11 = line([39;41],[15.5;15.5],'color','r','linewidth',2);          %负极
f12 = line([38.5;41.5],[17;17],'color','r','linewidth',2);          %正极
f13 = line([43;48],[20;20],'color','g','linewidth',2);              %开门开关
f14 = line([43;48],[10;10],'color','g','linewidth',2);              %关门开关
g0 = line([48;49],[20;15],'color','k','linewidth',2);               %闸刀
door = line([25;25],[5;15],'color','g','linewidth',25);             %画门
d1 = line([25;25],[27.5;15],'color','g','linewidth',2);             %画门顶的绳索
hold on;
%画电机的两端(用两个椭圆)
t = 0:pi/100:2 * pi;
fill(18 + 2 * sin(t),32.5 + 5 * cos(t),[0.7,0.85,0.9]);            %电机左端
fill(25 + 2 * sin(t),32.5 + 5 * cos(t),[0.7,0.85,0.9]);            %电机右端
e0 = line([12;18],[32.5;32.5],'color','r','linewidth',2);         %画连接电机中轴的线
%画电机的表面(用八根不同颜色的线代替,每根之间相差 pi/4)
%为简便起见,初始条件下可将八根线分成两组放在电机的顶端和底端
sig1 = line([18;25],[37.5;37.5],'color','r','linestyle','-','linewidth',2);
sig2 = line([18;25],[27.5;27.5],'color','m','linestyle','-','linewidth',2);
sig3 = line([18;25],[37.5;37.5],'color','w','linestyle','-','linewidth',2);
sig4 = line([18;25],[27.5;27.5],'color','b','linestyle','-','linewidth',2);
sig5 = line([18;25],[37.5;37.5],'color','c','linestyle','-','linewidth',2);
sig6 = line([18;25],[27.5;27.5],'color','g','linestyle','-','linewidth',2);
sig7 = line([18;25],[37.5;37.5],'color','k','linestyle','-','linewidth',2);
sig8 = line([18;25],[27.5;27.5],'color','b','linestyle','-','linewidth',2);
a = 0;                            %设定电机运转的初始角度
da = 0.02;                        %设定电机正转的条件
s = 0;                            %设定门运动的初始条件
ds = 0.02;                        %设定门运动的周期
while s<9                         %条件表达式(当 0<s<9 时,电机正转,门上升)
a = a + da;
xa1 = 18 + abs(2 * sin(a));
xa2 = 25 + 2 * sin(a);
ya1 = 32.5 + 5 * cos(a);
ya2 = 32.5 + 5 * cos(a);
xb1 = 18 + 2 * abs(sin(a + pi));
xb2 = 25 + 2 * sin(a + pi);
yb1 = 32.5 + 5 * cos(a + pi);
yb2 = 32.5 + 5 * cos(a + pi);
xc1 = 18 + abs(2 * sin(a + pi/2));
xc2 = 25 + 2 * sin(a + pi/2);
yc1 = 32.5 + 5 * cos(a + pi/2);
```

```
yc2 = 32.5 + 5 * cos(a + pi/2);
xd1 = 18 + 2 * abs(sin(a - pi/2));
xd2 = 25 + 2 * sin(a - pi/2);
yd1 = 32.5 + 5 * cos(a - pi/2);
yd2 = 32.5 + 5 * cos(a - pi/2);

xe1 = 18 + abs(2 * sin(a + pi/4));
xe2 = 25 + 2 * sin(a + pi/4);
ye1 = 32.5 + 5 * cos(a + pi/4);
ye2 = 32.5 + 5 * cos(a + pi/4);
xf1 = 18 + 2 * abs(sin(a + pi * 3/4));
xf2 = 25 + 2 * sin(a + pi * 3/4);
yf1 = 32.5 + 5 * cos(a + pi * 3/4);
yf2 = 32.5 + 5 * cos(a + pi * 3/4);
xg1 = 18 + abs(2 * sin(a - pi * 3/4));
xg2 = 25 + 2 * sin(a - 3 * pi/4);
yg1 = 32.5 + 5 * cos(a - 3 * pi/4);
yg2 = 32.5 + 5 * cos(a - 3 * pi/4);
xh1 = 18 + 2 * abs(sin(a - pi/4));
xh2 = 25 + 2 * sin(a - pi/4);
yh1 = 32.5 + 5 * cos(a - pi/4);
yh2 = 32.5 + 5 * cos(a - pi/4);
%绘制电机表面各线条的运动
set(sig1,'xdata',[xa1;xa2],'ydata',[ya1;ya2]);
set(sig2,'xdata',[xb1;xb2],'ydata',[yb1;yb2]);
set(sig3,'xdata',[xc1;xc2],'ydata',[yc1;yc2]);
set(sig4,'xdata',[xd1;xd2],'ydata',[yd1;yd2]);
set(sig5,'xdata',[xe1;xe2],'ydata',[ye1;ye2]);
set(sig6,'xdata',[xf1;xf2],'ydata',[yf1;yf2]);
set(sig7,'xdata',[xg1;xg2],'ydata',[yg1;yg2]);
set(sig8,'xdata',[xh1;xh2],'ydata',[yh1;yh2]);

s = s + ds;
set(door,'xdata',[25;25],'ydata',[5 + s;15 + s]);          %绘制门的向上运动
set(d1,'xdata',[25;25],'ydata',[27.5;15 + s]);             %绘制门顶的绳索的向上运动
set(f1,'xdata',[25;37],'ydata',[10 + s;10 + s]);           %绘制门和电阻之间两根导线的运动
set(f2,'xdata',[35;35],'ydata',[45;10 + s]);
set(j9,'xdata',[36;37],'ydata',[10.5 + s;10 + s]);         %绘制上箭头的向上运动
set(j10,'xdata',[36;37],'ydata',[9.5 + s;10 + s]);         %绘制下箭头的向上运动
set(gcf,'doublebuffer','on');                              %消除振动
drawnow;
end

b = 0;                                                     %设定电机反转的条件
db = 0.02;
while s < 22                                    %条件表达式(当9 < s < 22 时,电机反转,门下降)

b = b - db;
xa1 = 18 + abs(2 * sin(a + b));
```

```
xa2 = 25 + 2 * sin(a + b);
ya1 = 32.5 + 5 * cos(a + b);
ya2 = 32.5 + 5 * cos(a + b);
xb1 = 18 + 2 * abs(sin(a + pi + b));
xb2 = 25 + 2 * sin(a + pi + b);
yb1 = 32.5 + 5 * cos(a + pi + b);
yb2 = 32.5 + 5 * cos(a + pi + b);
xc1 = 18 + abs(2 * sin(a + pi/2 + b));
xc2 = 25 + 2 * sin(a + pi/2 + b);
yc1 = 32.5 + 5 * cos(a + pi/2 + b);
yc2 = 32.5 + 5 * cos(a + pi/2 + b);
xd1 = 18 + 2 * abs(sin(a - pi/2 + b));
xd2 = 25 + 2 * sin(a - pi/2 + b);
yd1 = 32.5 + 5 * cos(a - pi/2 + b);
yd2 = 32.5 + 5 * cos(a - pi/2 + b);

xe1 = 18 + abs(2 * sin(a + pi/4 + b));
xe2 = 25 + 2 * sin(a + pi/4 + b);
ye1 = 32.5 + 5 * cos(a + pi/4 + b);
ye2 = 32.5 + 5 * cos(a + pi/4 + b);
xf1 = 18 + 2 * abs(sin(a + pi * 3/4 + b));
xf2 = 25 + 2 * sin(a + pi * 3/4 + b);
yf1 = 32.5 + 5 * cos(a + pi * 3/4 + b);
yf2 = 32.5 + 5 * cos(a + pi * 3/4 + b);
xg1 = 18 + abs(2 * sin(a - pi * 3/4 + b));
xg2 = 25 + 2 * sin(a - 3 * pi/4 + b);
yg1 = 32.5 + 5 * cos(a - 3 * pi/4 + b);
yg2 = 32.5 + 5 * cos(a - 3 * pi/4 + b);
xh1 = 18 + 2 * abs(sin(a - pi/4 + b));
xh2 = 25 + 2 * sin(a - pi/4 + b);
yh1 = 32.5 + 5 * cos(a - pi/4 + b);
yh2 = 32.5 + 5 * cos(a - pi/4 + b);
% 绘制电机表面各线条的运动
set(sig1,'xdata',[xa1;xa2],'ydata',[ya1;ya2]);
set(sig2,'xdata',[xb1;xb2],'ydata',[yb1;yb2]);
set(sig3,'xdata',[xc1;xc2],'ydata',[yc1;yc2]);
set(sig4,'xdata',[xd1;xd2],'ydata',[yd1;yd2]);
set(sig5,'xdata',[xe1;xe2],'ydata',[ye1;ye2]);
set(sig6,'xdata',[xf1;xf2],'ydata',[yf1;yf2]);
set(sig7,'xdata',[xg1;xg2],'ydata',[yg1;yg2]);
set(sig8,'xdata',[xh1;xh2],'ydata',[yh1;yh2]);

s = s + ds;
set(g0,'xdata',[49;48],'ydata',[15;10]);              % 绘制闸刀的换向运动
set(door,'xdata',[25;25],'ydata',[35 - s;25 - s]);    % 绘制门的向下运动
set(d1,'xdata',[25;25],'ydata',[27.5;35 - s]);        % 绘制门顶绳索的向下运动
set(f1,'xdata',[25;37],'ydata',[30 - s;30 - s]);      % 绘制门和电阻之间两根导线的运动
set(f2,'xdata',[35;35],'ydata',[45;30 - s]);
set(j9,'xdata',[36;37],'ydata',[30.5 - s;30 - s]);    % 绘制上箭头的向下运动
```

```
set(j10,'xdata',[36;37],'ydata',[29.5 - s;30 - s]);     % 绘制下箭头的向下运动
set(gcf,'doublebuffer','on');                            % 消除振动
drawnow;
end
```

代码运行后,得到自动门演示图如图 9-72 所示。

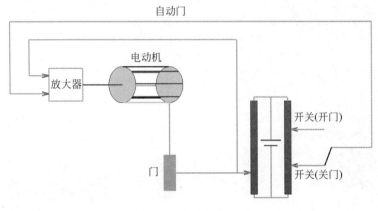

图 9-72　自动门演示图

本章小结

通常用户只需要利用 MATLAB 所提供的丰富的二维、三维图形函数,就可以绘制出所需要的图形。本章在此基础上介绍一元函数和二元函数的可视化,还介绍了曲线、曲面绘制的基本技巧,如何标记图形,如何编辑参数等。力图使读者能全面地掌握MATLAB 的二维、三维绘图功能。

第**10**章 MATLAB 图像处理算法

图像信息是人类获得外界信息的主要来源,在数学建模的赛题中,常常有问题与图像有关,这些图像如何展示以及如何处理就是需要解决的问题。MATLAB 推出了多种功能强大的适应于图像分析和处理的工具箱,常用的有图像处理工具箱、小波工具箱及数字信号处理工具箱等。

本章主要讲解图像处理算法的基本内容、程序设计,并利用经典算法举例说明 MATLAB 在图像处理算法中的应用。

学习目标:

- 了解图像处理算法基础
- 掌握 MATLAB 图像处理函数
- 熟练使用 MATLAB 解决图像处理的问题

10.1 图像处理基础

一般的数字图像处理的主要目的集中在图像的存储和传输,提高图像的质量,改善图像的视觉效果,图像理解以及模式识别等方面。新世纪以来,信息技术取得了长足的发展和进步,小波理论、神经元理论、数字形态学以及模糊理论都与数字处理技术相结合,产生了新的图像处理方法和理论。数字图像处理技术主要包括图像增强、图像重建、图像变换、图像压缩、图像分割、图像边缘检测和图像识别。

1. 图像增强

目前图像增强技术根据其处理的空间不同,可分为空域法和频域法两大类,前者根据在图像所在的像素空间进行处理,后者是通过对图像进行傅里叶变换后在频域上间接进行的。

2. 图像重建

图像重建的最典型的应用是医学上的计算机断层摄影技术(CT技术)。它用于人体头部、腹部等内部器官的无损伤诊断,其基本方法就是根据人体截面投影,经过计算机处理来重建截面图像。

3．图像变换

图像变换就是把图像从空域转换到频域，对原图像函数寻找一个合适变换的数学问题，众多图像变换方法不断出现，从傅里叶变换发展到余弦变换，再到现在非常流行的小波变换，图像变换分为可分离变换和统计变换两大类。

4．图像压缩

数字图像需要很大的存储空间，因此无论传输或存储都需要对图像数据进行有效的压缩。其目的是生成占用较少空间而获得与原图十分接近的图像。

5．图像分割

图像分割的目的是把一个图像分解成它的构成成分，图像分割是一个十分困难的过程。图像分割的方法主要有两种：一种是假设图像各成分的强度值是均匀的，并利用这个特性，这种方法的技术有直方图分割；另外一种方法是寻找图像成分之间的边界，利用的是图像的不均匀性，基于这种方法的技术有梯度法分割。

6．图像边缘检测

图像边缘检测技术用于检测图像中的线状局部结构。大多数的检测技术应用某种形式的梯度算子。边缘检测广泛应用于图像分割、图像分类、图像配准和模式识别，在大多数的实际应用中，边缘检测是当作一个局部滤波运算完成的。

7．图像识别

图像识别是指利用计算机对图像进行处理、分析和理解，以识别各种不同模式的目标和对象的技术。一般工业使用中，采用工业相机拍摄图片，然后再利用软件根据图片灰阶差做进一步识别处理，图像识别软件国外代表的有康耐视等，国内代表的有图智能等。另外，在地理学中指将遥感图像进行分类的技术。

10.2　MATLAB 图像处理函数

MATLAB 提供了多种图像处理函数，涵盖了包括近期研究成果在内的几乎所有的图像处理方法。下面将介绍几种常用的函数使用方法。

10.2.1　默认显示方式

在 MATLAB 中，显示图像最常用的命令是 imshow。在用户使用 MATLAB 的过程中，其实已经接触过其他显示图像的方法。但是，imshow 相对于其他的图像命令，有下面几个特点：

（1）自动设置图像的轴和标签属性。imshow 程序代码会根据图像的特点，自动选择是否显示轴，或者是否显示标签属性。

（2）自动设置是否显示图像的边框。程序代码会根据图像的属性，来自动选择是否显示图像的边框。

（3）自动调用 truesize 代码程序，决定是否进行插值。

imshow 命令的常见调用格式如下：

■ imshow(X,MAP)——显示图像 X，使用 MAP 颜色矩阵。

■ H = imshow(...)——显示图像 X，并将图像 X 的句柄返回给变量 H。

【例 10-1】 使用 imshow 命令显示图像文件。

解 在 MATLAB 命令窗口中输入以下命令：

```
>> imshow('WIN7.png')
```

得到的图像如图 10-1 所示。

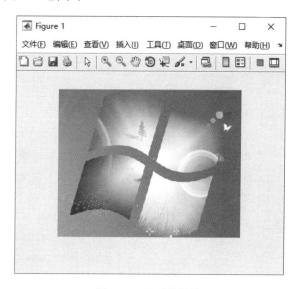

图 10-1　显示的图像

10.2.2　添加颜色条

GUI 可以给图像添加颜色条控件，从而通过颜色条来判断图像中的数据数值。在图像处理工具箱中，同样可以在图像中加入颜色条。

【例 10-2】 显示图像，并在图像中加入颜色条。

解 在 MATLAB 的命令窗口中输入以下命令：

```
>> imshow WIN7.png
>> colorbar
```

运行程序得到的结果如图 10-2 所示。

在 MATLAB 中，如果需要打开的图像文件本身太大，imshow 命令会自动将图像文件进行调整，使得图像便于显示。

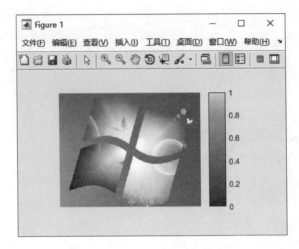

图 10-2　添加颜色条

10.2.3　显示多帧图像

对于多帧图像,常见的有下面几种显示方式:

- 在一个窗体中显示所有帧。
- 显示其中单独的某帧。

【例 10-3】　单独显示多帧图像中的第 20 帧。

解　首先建立多帧图像。在 MATLAB 的命令窗口中输入以下命令:

```
>> load mri
>> montage(D,map)
```

得到多帧图像如图 10-3 所示。

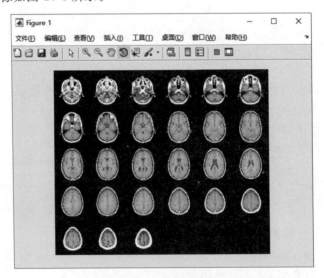

图 10-3　多帧图像

要单独显示多帧图像中的第 20 帧,可以在 MATLAB 的命令窗口中输入以下命令:

```
>> load mri
>> imshow(D(:,:,:,20))
```

得到的图像结果如图 10-4 所示。

10.2.4 显示动画

从理论上讲,动画就是快速显示的多帧图像。在 MATLAB 中,可以使用 movie 命令来显示动画。movie 命令从多帧图像中创建动画,但是这个命令只能处理索引图,如果处理的图像不是索引图,则必须首先将图像格式转换为索引图。

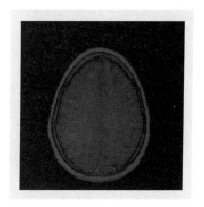

图 10-4   显示图像中第 20 帧

【例 10-4】   使用动画形式显示 MRI 多帧图像。

解   在 MATLAB 命令窗口中输入以下命令:

```
>> load mri
>> mov = immovie(D,map);
>> colormap(map), movie(mov)
```

运行该段代码得到的中间结果如图 10-5 所示,最后结果如图 10-6 所示。

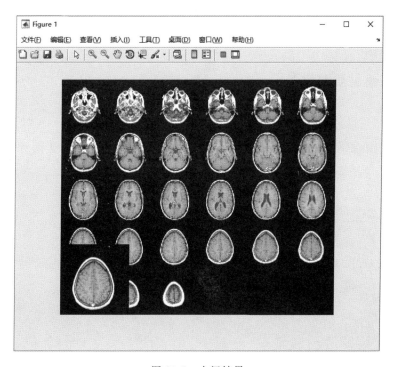

图 10-5   中间结果

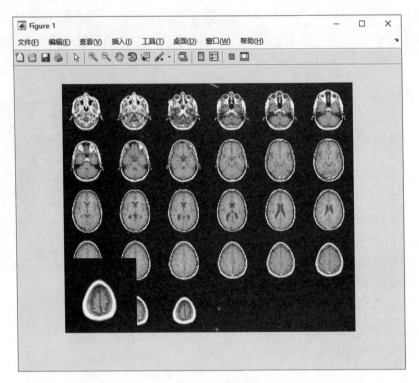

图 10-6　最后结果

在以上代码中,首先使用 immovie 命令将多帧图像转换为动画,然后使用 movie 命令来播放该动画。由于播放速度较快,以上结果只是选择其中的两段。

10.2.5　三维材质图像

前面已经介绍过如何在 MATLAB 中显示二维图像,同样地,在 MATLAB 中也可以显示"三维"图像。这种三维图像是指在三维图的表面显示二维图像。所涉及的 MATLAB 命令是 warp。warp 函数的功能是显示材质图像,使用的技术是线性插值。其常用的命令格式如下:

warp(x,y,z,...)——在 x、y、z 三维界面上显示图像。

【例 10-5】　显示三维材质图像。

解　在 MATLAB 命令窗口中输入以下命令:

```
>> [x,y,z] = sphere;
>> A = imread('win7.png');
>> warp(x,y,z,A)
>> title('win7.png')
```

在 MATLAB 中的结果如图 10-7 所示。

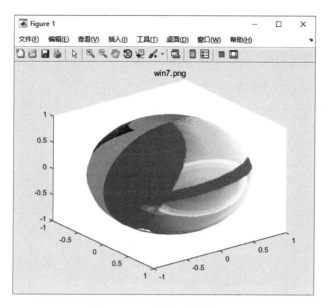

图 10-7　三维材质图像结果

10.2.6　图像的直方图

在 MATLAB 中,可以对 RGB 图、灰度图和二值图进行灰度转换。同时,可以在 MATLAB 中获取不同类型图像的直方图。其中,灰度图和二值图的直方图表示不同。

在 MATLAB 图像处理工具箱中,可以使用 imhist 函数得到灰度图、二值图或者索引图的直方图,其调用格式为:

```
imhist(I)
imhist(I,n)
imhist(X,map)
```

在以上调用格式中,参数 I 表示灰度图或二值图,n 为直方图的柱数,X 表示索引图, map 为对应的 Colormap。在调用格式 imhist(I,n)中,当 n 未指定时,n 根据 I 的不同类型取 256(灰度图)或 2(二值图)。下面用具体的例子来分析如何在 MATLAB 中分析图像的直方图信息。

【例 10-6】　读入灰度图,显示并分析图像的直方图。

解　在 MATLAB 命令窗口中输入以下命令:

```
>> I = imread('pout.tif');
clear all
clc
I = imread('pout.tif');
subplot(2,1,1),
imshow(I),
title('pout ');
```

```
subplot(2,1,2),
imhist(I),
title('直方图');
```

得到图像和对应的直方图如图 10-8 所示。

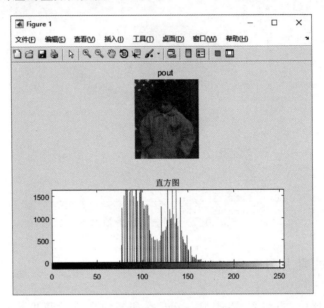

图 10-8 直方图

10.2.7 灰度变换

在图像处理中,灰度变换的主要功能是改变图像的对比度。在 MATLAB 图像处理工具箱中,实现该功能的函数是 imadjust。对于灰度图,主要通过调整其对应的色图来实现;对 RGB 图,灰度调整是通过对 R、G、B 三个通道的灰度级别调整实现。

函数 imadjust 的一般调用格式为:

```
J = imadjust(I)
J = imadjust(I,[low high],[bottom top])
J = imadjust(...,gamma)
newmap = imadjust(map, [low high],[bottom top],gamma)
RGB2 = imadjust(RGB1,...)
```

其中,参数 I、J 表示灰度图,参数 map、newmap 为索引图的色图,RGB1、RGB2 为 RG 图。

【例 10-7】 读入灰度图,分析对应的直方图,然后进行灰度变换。

解 读入系统自带的灰度图 pout 的数据。在 MATLAB 命令窗口中输入以下命令:

```
>> I = imread('pout.tif');
```

进行灰度变换。在 MATLAB 命令窗口中输入以下命令:

```
>> J = imadjust(I, [0.3,0.7], []);
```

显示图像和直方图,同时,显示灰度变换后的图像和直方图。输入以下命令:

```
>> subplot(2,2,1),imshow(I),title('灰度图 pout');
subplot(2,2,2),imhist(I), title('调整前的直方图');
subplot(2,2,3),imshow(J),title('调整后的灰度图 pout');
subplot(2,2,4),imhist(J), title('调整后的直方图');
```

得到的结果如图 10-9 所示。

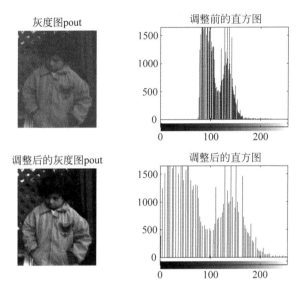

图 10-9　灰度图的灰度变换

从图 10-9 所示结果可以看出,经过灰度变换后,图像的直方图分布数值发生了变化。调整前的直方图中,像素数值集中在 150～200 之间,而变换后的图像直方图数值则布满整个区域。

10.2.8　均衡直方图

均衡直方图是指根据图像的直方图自动给出灰度变换函数,使得调整后图像的直方图能尽可能地接近预先定义的直方图。在 MATLAB 中可以利用函数 histeq 对灰度图和索引图做直方图均衡。

histeq 函数的调用格式如下:

```
J = histeq(I,hgram)
J = histeq(I,n)
J = histeq(I)
[J,T] = histeq(I,...)
newmap = histeq(X,map,hgram)
```

```
newmap = histeq(X,map)
[newmap,T] = histeq(X,...)
```

其中,参数I、J表示灰度图,X表示索引图,参数map、newmap为对应的色图,参数T表示histeq得到的灰度变换函数,参数hgram为预先定义的直方图,通过n可以指定预定的直方图为n柱的平坦直方图,n的默认数值是64。

注意:在灰度变换中,用户指定了灰度变换函数的灰度变换,对不同的图像需要设定不同的参数。相对于均衡直方图,灰度变换的效率相对低下。

【例10-8】 读入图像,然后对图像进行直方图均衡。

解 读入系统自带的图像pout,然后进行直方图均衡。输入以下命令:

```
>> I = imread('pout.tif');
>> J = histeq(I);
```

显示调整前后的图像。输入以下命令:

```
>> figure(1),
subplot(1,2,1),
imshow(I),
title('调整前');
subplot(1,2,2),
imshow(J),
title('调整后');
```

得到的结果如图10-10所示。

调整前　　　　　　　　　　　调整后

图10-10　调整前后的图像

显示调整前后的直方图,输入以下命令:

```
subplot(2,1,1),
imhist(I),
title('直方图均衡调整前coins的直方图');
subplot(2,1,2),
imhist(J),
title('直方图均衡调整后coins的直方图');
```

得到的结果如图10-11所示。

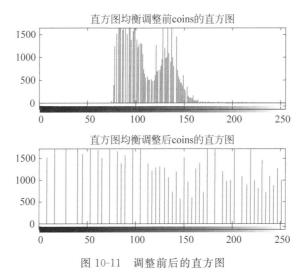

图 10-11 调整前后的直方图

10.3 图像处理的 MATLAB 应用

根据以上讲解可以知道,图像处理技术分为 7 种类型。对于图像处理技术的应用,MATLAB 内包含了多种图像处理函数。如何将这些函数应用于 7 种不同类型的图像处理技术,本节将做详细介绍。

10.3.1 图像增强

图像增强技术主要包含直方图修改处理、图像平滑化处理、图像尖锐化处理和彩色处理技术等。图像增强有图像对比度增强、亮度增强、轮廓增强等。

【例 10-9】 利用 MATLAB 直方图统计算法对灰度图像进行图像增强。

解 具体 MATLAB 代码如下所示:

```
clear all
clc
I = imread('cameraman.tif');
subplot(2,2,[1,2])
imshow(I);
title('原始图像');
subplot(2,2,3)
imhist(I,64)              % 绘制图像的直方图,n 为灰度图像灰度级
title('灰度级 64 的直方图');
subplot(2,2,4)
imhist(I,256)            % 绘制图像的直方图,n 为灰度图像灰度级
title('灰度级 256 的直方图');
```

运行以上程序,可以得到如图 10-12 所示结果。

原始图像

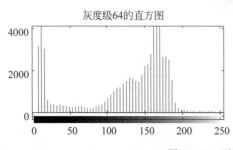

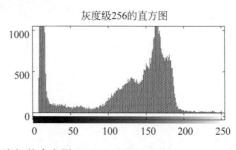

图 10-12　不同灰度级的直方图

如果需要利用直方图均衡化增强图像对比度,可以使用如下代码:

```
%利用直方图均衡化增强图像的对比度
I = imread('cameraman.tif');
J = histeq(I);
%将灰度图像转换成具有 64(默认)个离散灰度级的灰度图像
figure(1)
subplot(2,2,1);
imshow(I)
title('原始图像')
subplot(2,2,2);
imshow(J)
title('直方图均衡化后的图像')

subplot(2,2,3);
imhist(I,64)
title('原始图像的直方图')
subplot(2,2,4);
imhist(J,64)
title('均衡化的直方图')
```

运行后得到如图 10-13 所示效果图。

从图 10-13 中可以看出,用直方图均衡化后,图像的直方图的灰度间隔被拉大,均衡化的图像的一些细节显示了出来,这有利于图像的分析和识别。直方图均衡化就是通过变换函数 histeq 将原图的直方图调整为具有"平坦"倾向的直方图,然后用均衡直方图校正图像。

原始图像

直方图均衡化后的图像

原始图像的直方图

均衡化的直方图

图 10-13　均衡化前后的图像和直方图效果

10.3.2　图像重建

在人体中把需要扫描的部分取出一定厚度的断层面,再把断层面分成许多小的方块。当一束较窄的射线通过每个方块后强度就有一定程度的衰减,衰减的量由此方块的分子构成和组织密度决定。如果通过各种角度重复上述过程以获得一系列强度分布曲线,就有可能从这些数据中计算每一方块的衰减量。这样就能够重建断层或三维图像。

【例 10-10】　利用 phantom 函数产生的大脑图,对于不同的投影角度,重建图像。

解　对于 phantom 函数产生的大脑图,分别采用 20 个、40 个和 90 个角度投影,比较其效果图。具体代码如下:

```
clear all
clc
% 用 phantom 函数产生 Shepp - Logan 的大脑图
P = phantom('Modified Shepp - Logan',200);
imshow(P)
title('原始图像')
% 以下为三种不同角度的投影模式
theta1 = 0:10:190;
[R1,xp] = radon(P,theta1);              % 存在 20 个角度投影
theta2 = 0:5:195;
[R2,xp] = radon(P,theta2);              % 存在 40 个角度投影
theta3 = 0:2:178;
[R3,xp] = radon(P,theta3);              % 存在 90 个角度投影
figure(1)
subplot(2,3,[1,2,3]);
imagesc(theta3,xp,R3);
colormap(hot);
```

```
colorbar;
% 显示图像 Shepp - Logan 的 radon 变换
title('经 radon 变换后的图像')
xlabel('\theta');
ylabel('x\prime');        % 定义坐标轴
% 用三种情况的逆 radon 变换来重建图像
I1 = iradon(R1,8);
I2 = iradon(R2,8);
I3 = iradon(R3,8);
subplot(2,3,4);
imshow(I1)
title('投影角度 20 个')
subplot(2,3,5);
imshow(I2)
title('投影角度 40 个')
subplot(2,3,6);
imshow(I3)
title('投影角度 90 个')
```

运行后得到的效果图如图 10-14 所示。

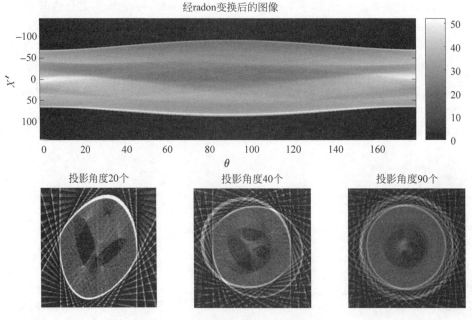

图 10-14   不同投影角度下的图像重建

由图 10-14 中可以看出,只用 20 个投影来重建图像效果很差,而 40 个投影来重建的图像要好得多,90 个投影来重建的图像质量更好,失真也很小。由于 R1 重建图像的投影太少,所以存在许多虚假点,重建的效果与投影数目相关,投影数目越多,图像重建的效果越好,所以要提高重建图像的质量,就需要增加投影角度的数目。

10.3.3 图像变换

为了用正交函数或正交矩阵表示图像而对原图像进行二维线性可逆变换时,一般称原始图像为空间域图像,称变换后的图像为转换域图像,转换域图像可反变换为空间域图像。图像处理中所用的变换都是酉变换,即变换核满足正交条件的变换。经过酉变换后的图像往往更有利于特征抽取、增强、压缩和图像编码。

【例 10-11】 在 MATLAB 中随机产出一组黑白图像,并对该图形进行频域变换。

解 首先使用函数 fft2 对图形进行快速傅里叶变换,再将傅里叶变换的零频率部分移到频谱的中间。具体 MATLAB 代码如下:

```
clear all
clc
figure(1)                    %创建窗口的图形对象,句柄为1
subplot(2,2,1)
N = 100;                     %分辨率设定为100
f = zeros(50,50);            %产生一个 50×50 的全 0 数组
f(15:35,23:28) = 1;
%定义图像数组,从 15 行到 35 行,23 列到 28 列附值为 1,为白色,其他区域为黑色
imshow(f)                    %显示图像
title('原始图像(分辨率100)');
F = fft2(f,N,N);             %在二维傅里叶变换前把 f 截断或者添加 0,使其成为 N×N 的数组
subplot(2,2,2)
imshow(F,[-1,5]);
title('二维快速傅里叶变换后的图像');
subplot(2,2,[3,4])
F2 = fftshift(abs(F));       %把傅里叶变换的零频率部分移到频谱的中间
x = 1:N;
y = 1:N;                     %定义 x 和 y 的范围
mesh(x,y,F2(x,y));           %绘制立体网状图,将图形对象的色度改为灰度图像
title('傅里叶变换后零频率部分移到频谱中间');
colormap(gray);
colorbar
```

运行后,得到分辨率为 100 的效果图如图 10-15 所示。

10.3.4 图像压缩

图像数据之所以能被压缩,就是因为数据中存在着冗余。图像数据的冗余主要表现为:图像中相邻像素间的相关性引起的空间冗余;图像序列中不同帧之间存在相关性引起的时间冗余;不同彩色平面或频谱带的相关性引起的频谱冗余。

在 MATLAB 中,利用余弦变换实现图像压缩,即 DCT 先将整体图像分成 $N×N$ 像素块(一般 $N=8$,即 64 个像素块),再对 $N×N$ 块像素逐一进行 DCT 变换。

由于大多数图像高频分量较小,相应于图像高频成分的失真不太敏感,可以用更粗的量化,在保证所要求的图质下,舍弃某些次要信息。

原始图像(分辨率100)

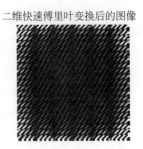
二维快速傅里叶变换后的图像

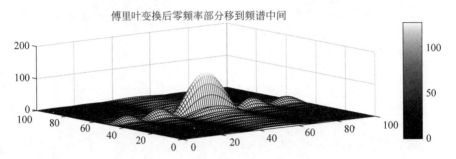
傅里叶变换后零频率部分移到频谱中间

图 10-15　分辨率为 100 的效果图

【例 10-12】　利用 DCT 压缩图像,并计算压缩前后图像大小。

解　利用 DCT 压缩图像代码如下:

```
clear all
clc
I = imread('cameraman.tif');
figure(1)
subplot(1,2,1)
imshow(I);
title('原始图像')
disp('原始图像大小: ')
whos('I')
I = im2double(I);
% 图像类型存储转换,将图像矩阵转换成双精度类型
T = dctmtx(8);
% 离散余弦变换矩阵
B = blkproc(I,[8 8],'P1 * x * P2',T,T');
mask = [1 1 1 1 0 0 0 0
        1 1 1 0 0 0 0 0
        1 1 0 0 0 0 0 0
        1 0 0 0 0 0 0 0
        0 0 0 0 0 0 0 0
        0 0 0 0 0 0 0 0
        0 0 0 0 0 0 0 0
        0 0 0 0 0 0 0 0];
B2 = blkproc(B,[8 8],'P1. * x',mask);
I2 = blkproc(B2,[8 8],'P1 * x * P2',T',T);
subplot(1,2,2)
```

```
imshow(I2);
title('压缩后的图像')
disp('压缩图像的大小：')
whos('I2')
```

运行后，得到：

```
原始图像大小：
   Name         Size            Bytes  Class    Attributes

     I         256x256          65536  uint8


压缩图像的大小：
   Name         Size            Bytes  Class    Attributes

    I2         256x256         524288  double
```

由运行结果可以看出，经过 DCT 变换以后图像的大小几乎没有改变，这是因为 DCT 是一种空间变换，DCT 变换的最大特点是对于一般的图像都能够将像块的能量集中于少数低频 DCT 系数上，这样就可能只编码和传输少数系数而不严重影响图像质量。

DCT 不能直接对图像产生压缩作用，但对图像的能量具有很好的集中效果，为压缩打下了基础。例如，一帧图像内容以不同的亮度和色度像素分布体现出来，而这些像素的分布依图像内容而变，毫无规律可言。但是通过 DCT 变换，像素分布就有了规律。

代表低频成分的量分布于左上角，而越高频率成分越向右下角分布。然后根据人眼视觉特性，去掉一些不影响图像基本内容的细节（高频分量），从而达到压缩码率的目的。

压缩前后图像比较如图 10-16 所示。

原始图像　　　　　　　　　压缩后的图像

图 10-16　压缩前后图像比较图

除了利用 DCT 变化压缩图像，还可以利用小波变换对图像进行压缩处理。

```
clear all
clc
I = imread('cameraman.tif');
figure(1)
subplot(2,2,[1,2])
imshow(I);                          % 显示图像
title('原始图像')
```

```
disp('原始图像I的大小:');
whos('I')
I = im2double(I);
[c,s] = wavedec2(I,2,'bior3.7');        % 对图像用小波进行层分解
ca1 = appcoef2(c,s,'bior3.7',1);        % 提取小波分解结构中的一层的低频系数和高频系数
ch1 = detcoef2('h',c,s,1);              % 提取二维水平方向细节系数
cv1 = detcoef2('v',c,s,1);              % 提取二维垂直方向细节系数
cd1 = detcoef2('d',c,s,1);              % 提取二维对角线方向细节系数
ca1 = appcoef2(c,s,'bior3.7',1);        % 保留小波分解第一层低频信息
ca1 = wcodemat(ca1,440,'mat',0);        % 首先对第一层信息进行量化编码
ca1 = 0.5 * ca1;                        % 改变图像高度
subplot(2,2,3)
image(ca1);                             % 显示压缩后的图像
title('第一次压缩后的图像')
disp('第一次压缩图像的大小为: ')
whos('ca1')
ca2 = appcoef2(c,s,'bior3.7',2);        % 保留小波分解第二层低频信息
ca2 = wcodemat(ca2,440,'mat',0);        % 首先对第二层信息进行量化编码
ca2 = 0.25 * ca2;                       % 改变图像高度
subplot(2,2,4)
image(ca2);                             % 显示压缩后的图像
title('第二次压缩后的图像')
disp('第二次压缩图像的大小为: ')
whos('ca2')
```

运行后,得到:

```
原始图像I的大小:
  Name        Size            Bytes  Class     Attributes

  I         256x256           65536  uint8

第一次压缩图像的大小为:
  Name        Size            Bytes  Class     Attributes

  ca1       135x135          145800  double

第二次压缩图像的大小为:
  Name        Size           Bytes  Class     Attributes

  ca2        75x75           45000  double
```

利用小波变换实现图像压缩,是利用小波分解图像的高频部分,只保留低频部分。从图中可以看出,第一次压缩是提取图像中小波分解的第一层低频信息,此时压缩效果较好,第二次压缩是提取第二层的低频部分,其压缩效果远不如第一次压缩。

利用小波变换压缩图像前后对比图如图 10-17 所示。

原始图像

第一次压缩后的图像

第二次压缩后的图像

图 10-17　小波变换压缩前后图像比较图

10.3.5　图像分割

图像分割是把一个阵列的图像划分为若干个不交叠区域的过程。每个分割区域具有一致的"有意义"属性的像素,是一种解释图像的中层符号描述。分析各种图像分割方法可以发现,分割图像的基本依据和条件有以下四种:

(1) 分割的图像区域应具有同质性,如灰度级别相近、纹理相似等。

(2) 区域内部平整,不存在很小的小空间。

(3) 相邻区域之间对选定的某种同质判据而言,应存在显著的差异性。

(4) 每个分割区域边界应具有齐整性和空间位置的准确性。

现有的大多数图像分割方法只是部分满足上述判据。如果加强分割区域的同性质约束,分割区域很容易产生大量小空间和不规整边缘;若强调不同区域间性质差异的显著性,则极易造成非同质区域的合并和有意义的边界丢失。

不同的图像分割方法总是在各种约束条件之间找到适当的平衡点。目前对于图像分割问题,多采用遗传算法实现。

利用遗传算法实现图像分割的原理是:最大类间方差的求解过程就是在解空间中找到一个最优解,使得类间方差最大。利用遗传算法求其最优解步骤如下:

(1) 编码。因为图像的灰度级在 0～255 之间,所以这里将染色体编码成 8 位二进制码,它代表某个阈值。

(2) 产生群体。在 0～255 之间以同等概率随机产生初始种群,通常初始种群的规模选取不宜过大。随机地在 0～255 之间以同等概率生成 N 个个体作为第一次寻优的初始种群。

(3) 适应度函数。染色体的方差越大,就越有可能逼近最优解。

(4) 终止条件。设定终止条件为最大迭代次数,如满足终止条件,则转步骤(8),否则转步骤(5),如此循环往复,直至满足循环终止条件。

(5) 选择。利用轮盘赌方法进行选择操作。

(6) 交叉。在样本中每次选取两个个体按设定的交叉概率进行交叉操作,生成新的一代种群。

(7) 变异。根据一定的变异概率,随机地从样本中选择若干个个体,再随机地在这若干个个体中选择某一位进行变异运算,从而形成新一代群体。转步骤(4)。

(8) 解码。将最后一代的群体中适应度最大的个体作为本算法所寻求的最优结果,将其解码(即反编码)为 0~255 之间的灰度值 t,即所求的最佳分割阈值。

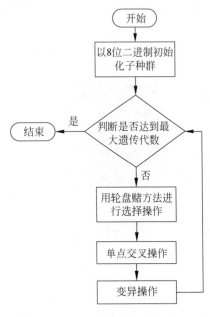

图 10-18 遗传算法流程图

利用遗传算法实现图像分割的原理流程图如图 10-18 所示。

利用 MATLAB 遗传算法工具箱,具体实现步骤如下:

(1) 设置个体数目、最大遗传代数和编码长度,代数计数器置为 0,生成初始种群并进行十进制转换。

(2) 设置适应性函数,计算初始种群的函数值。

(3) 设置迭代终止条件为代数计数器大于 20,如不满足则转步骤(4)继续迭代,否则结束迭代转步骤(5)。

(4) 分配适应度值,以设定的遗传概率进行选择、交叉、重组和变异,计算子代目标函数值并插入到种群,代数计数器增 1,转步骤(3)。

(5) 计算最优解所对应的阈值,显示结果。

图像阈值分割是一种广泛应用的分割技术,利用图像中要提取的目标区域与其背景在灰度特性上的差异,把图像看作具有不同灰度级的两类区域(目标区域和背景区域)的组合,选取一个比较合理的阈值,以确定图像中每个像素点应该属于目标区域还是背景区域,从而产生相应的二值图像。

阈值分割法的特点是:适用于目标与背景灰度有较强对比的情况,重要的是背景或物体的灰度比较单一,而且总可以得到封闭且连通区域的边界。

【例 10-13】 选取如图 10-19 所示的道路图像来进行实验,试用遗传算法对其进行分割,并绘制原始图像和灰度图像对比图、图形分割前后对比图。

解 编写 MATLAB 代码如下所示:

图 10-19 原始道路图像

```matlab
function main()
clear all
close all
clc
global chrom oldpop fitness lchrom   popsize cross_rate mutation_rate thresholdsum
global maxgen  m n fit gen threshold A B C oldpop1 popsize1 b b1 fitness1 threshold1
A = imread('1.jpg');              % 读入道路图像
A = imresize(A,0.5);             % 利用 imresize 函数通过默认的最近邻插值将图像缩小 0.5 倍
B = rgb2gray(A);                 % 灰度化
C = imresize(B,0.2);             % 将读入的图像缩小到 0.2 倍
lchrom = 10;                     % 染色体长度
popsize = 10;                    % 种群大小
cross_rate = 0.8;                % 交叉概率
mutation_rate = 0.5;             % 变异概率
maxgen = 100;                    % 最大代数
[m,n] = size(C);
initpop;                         % 初始种群
for gen = 1:maxgen
    generation;                  % 遗传操作
end
findthreshol
%% 输出进化各曲线 %%%%%%%%%%%
figure;
gen = 1:maxgen;
plot(gen,fit(1,gen));
title('最佳适应度值进化曲线');
xlabel('代数'),
ylabel('最佳适应度值')
figure;
plot(gen,threshold(1,gen));
title('每一代的最佳阈值变化曲线');
xlabel('代数'),
ylabel('每一代的最佳阈值')
%%% 初始化种群 %%%%%%%%%%%%%%
function initpop()
global lchrom oldpop popsize chrom C
imshow(C);
for i = 1:popsize
    chrom = rand(1,lchrom);
    for j = 1:lchrom
        if chrom(1,j)<0.5
            chrom(1,j) = 0;
        else
            chrom(1,j) = 1;
        end
    end
    oldpop(i,1:lchrom) = chrom;     % 给每一个个体分配 8 位的染色体编码
end
```

```
%%%% 产生新一代个体 %%%%%%%%%
function generation()
fitness_order;                      % 计算适应度值及排序
select;                             % 选择操作
crossover;                          % 交叉
mutation;                           % 变异
%%% 计算适度值并且排序 %%%%%%%%%%
function fitness_order()
global lchrom oldpop fitness popsize chrom fit gen C m n  fitness1 thresholdsum
global lowsum higsum u1 u2 threshold gen oldpop1 popsize1 b1 b threshold1
if popsize >= 5
    popsize = ceil(popsize - 0.03 * gen);
end
if gen == 75                        % 当进化到末期的时候调整种群规模和交叉、变异概率
    cross_rate = 0.3;               % 交叉概率
    mutation_rate = 0.3;            % 变异概率
end
% 如果不是第一代,则将上一代操作后的种群根据此代的种群规模装入此代种群中
if gen > 1
    t = oldpop;
    j = popsize1;
    for i = 1:popsize
        if j >= 1
            oldpop(i, :) = t(j, :);
        end
        j = j - 1;
    end
end
% 计算适度值并排序
for i = 1:popsize
    lowsum = 0;
    higsum = 0,
    lownum = 0;
    hignum = 0;
    chrom = oldpop(i, :);
    c = 0;
    for j = 1:lchrom
        c = c + chrom(1, j) * (2 ^ (lchrom - j));
    end
    b(1, i) = c * 255/(2 ^ lchrom - 1);              % 转化到灰度值
    for x = 1:m
        for y = 1:n
            if C(x, y) <= b(1, i)
                lowsum = lowsum + double(C(x, y));   % 统计低于阈值的灰度值的总和
                lownum = lownum + 1;                 % 统计低于阈值的灰度值的像素的总个数
            else
                higsum = higsum + double(C(x, y));   % 统计高于阈值的灰度值的总和
                hignum = hignum + 1;                 % 统计高于阈值的灰度值的像素的总个数
            end
```

```
                end
            end
        if lownum~ = 0
            u1 = lowsum/lownum;                          % u1、u2 为对应于两类的平均灰度值
        else
            u1 = 0;
        end
        if hignum~ = 0
            u2 = higsum/hignum;
        else
            u2 = 0;
        end
        fitness(1,i) = lownum * hignum * (u1 - u2)^2;     % 计算适度值
    end
    if gen == 1                                          % 如果为第一代,则从小往大排序
        for i = 1:popsize
            j = i + 1;
            while j < = popsize
                if fitness(1,i)> fitness(1,j)
                    tempf = fitness(1,i);
                    tempc = oldpop(i,:);
                    tempb = b(1,i);
                    b(1,i) = b(1,j);
                    b(1,j) = tempb;
                    fitness(1,i) = fitness(1,j);
                    oldpop(i,:) = oldpop(j,:);
                    fitness(1,j) = tempf;
                    oldpop(j,:) = tempc;
                end
                j = j + 1;
            end
        end
        for i = 1:popsize
            fitness1(1,i) = fitness(1,i);
            b1(1,i) = b(1,i);
            oldpop1(i,:) = oldpop(i,:);
        end
        popsize1 = popsize;
    else                                                 % 大于一代时进行如下从小到大排序
        for i = 1:popsize
            j = i + 1;
            while j < = popsize
                if fitness(1,i)> fitness(1,j)
                    tempf = fitness(1,i);
                    tempc = oldpop(i,:);
                    tempb = b(1,i);
                    b(1,i) = b(1,j);
                    b(1,j) = tempb;
                    fitness(1,i) = fitness(1,j);
```

```
                    oldpop(i,:) = oldpop(j,:);
                    fitness(1,j) = tempf;
                    oldpop(j,:) = tempc;
                end
                j = j + 1;
            end
        end
    end
% 对上一代群体进行排序
for i = 1:popsize1
    j = i + 1;
    while j <= popsize1
        if fitness1(1,i) > fitness1(1,j)
            tempf = fitness1(1,i);
            tempc = oldpop1(i,:);
            tempb = b1(1,i);
            b1(1,i) = b1(1,j);
            b1(1,j) = tempb;
            fitness1(1,i) = fitness1(1,j);
            oldpop1(i,:) = oldpop1(j,:);
            fitness1(1,j) = tempf;
            oldpop1(j,:) = tempc;
        end
        j = j + 1;
    end
end
% 统计每一代中的最佳阈值和最佳适应度值
if gen == 1
    fit(1,gen) = fitness(1,popsize);
    threshold(1,gen) = b(1,popsize);
    thresholdsum = 0;
else
    if fitness(1,popsize) > fitness1(1,popsize1)
        threshold(1,gen) = b(1,popsize);              % 每一代中的最佳阈值
        fit(1,gen) = fitness(1,popsize);              % 每一代中的最佳适应度值
    else
        threshold(1,gen) = b1(1,popsize1);
        fit(1,gen) = fitness1(1,popsize1);
    end
end


%%% 精英选择 %%%%%%%%%%%%%%
function select()
global fitness popsize oldpop temp popsize1 oldpop1 gen b b1 fitness1
% 统计前一个群体中适应度值比当前群体适应度值大的个数
s = popsize1 + 1;
for j = popsize1: - 1:1
    if fitness(1,popsize) < fitness1(1,j)
        s = j;
```

```
        end
    end
    for i = 1:popsize
        temp(i, :) = oldpop(i, :);
    end
    if s~ = popsize1 + 1
        if gen < 50      % 小于 50 代用上一代中适应度值大于当前代的个体随机代替当前代中的个体
            for i = s:popsize1
                p = rand;
                j = floor(p * popsize + 1);
                temp(j, :) = oldpop1(i, :);
                b(1, j) = b1(1, i);
                fitness(1, j) = fitness1(1, i);
            end
        else
            if gen < 100   % 50～100 代用上一代中适应度值大于当前代的个体代替当前代中的最差个体
                j = 1;
                for i = s:popsize1
                    temp(j, :) = oldpop1(i, :);
                    b(1, j) = b1(1, i);
                    fitness(1, j) = fitness1(1, i);
                    j = j + 1;
                end
            else  % 大于 100 代用上一代中的优秀的一半代替当前代中的最差的一半,加快寻优
                j = popsize1;
                for i = 1:floor(popsize/2)
                    temp(i, :) = oldpop1(j, :);
                    b(1, i) = b1(1, j);
                    fitness(1, i) = fitness1(1, j);
                    j = j - 1;
                end
            end
        end
    end
    % 将当前代的各项数据保存
    for i = 1:popsize
        b1(1, i) = b(1, i);
    end
    for i = 1:popsize
        fitness1(1, i) = fitness(1, i);
    end
    for i = 1:popsize
        oldpop1(i, :) = temp(i, :);
    end
    popsize1 = popsize;
    %%%%% 交叉 %%%%%%%%%%%%%%%%%
    function crossover()
    global temp popsize cross_rate lchrom
    j = 1;
```

```
for i = 1:popsize
    p = rand;
    if p < cross_rate
        parent(j, :) = temp(i, :);
        a(1, j) = i;
        j = j + 1;
    end
end
j = j - 1;
if rem(j, 2) ~ = 0
    j = j - 1;
end
if j >= 2
    for k = 1:2:j
        cutpoint = round(rand * (lchrom - 1));
        f = k;
        for i = 1:cutpoint
            temp(a(1, f), i) = parent(f, i);
            temp(a(1, f + 1), i) = parent(f + 1, i);
        end
        for i = (cutpoint + 1):lchrom
            temp(a(1, f), i) = parent(f + 1, i);
            temp(a(1, f + 1), i) = parent(f, i);
        end
    end
end


%%%%% 变异 %%%%%%%%%%%%%%%%%%
function mutation()
global popsize lchrom mutation_rate temp newpop oldpop
sum = lchrom * popsize;                              % 总基因个数
mutnum = round(mutation_rate * sum);                 % 发生变异的基因数目
for i = 1:mutnum
    s = rem((round(rand * (sum - 1))), lchrom) + 1;    % 确定所在基因的位数
    t = ceil((round(rand * (sum - 1)))/lchrom);       % 确定变异的是哪个基因
    if t < 1
        t = 1;
    end
    if t > popsize
        t = popsize;
    end
    if s > lchrom
        s = lchrom;
    end
    if temp(t, s) == 1
        temp(t, s) = 0;
    else
        temp(t, s) = 1;
```

```
        end
    end
    for i = 1:popsize
        oldpop(i,:) = temp(i,:);
    end
    %%% 查看结果 %%%%%%%%%%%%%%%%%%
    function findthreshold_best()
    global maxgen threshold m n C B A
    threshold_best = floor(threshold(1,maxgen))            % threshold_best 为最佳阈值
    C = imresize(B,0.3);
    figure
    subplot(1,2,1)
    imshow(A);
    title('原始道路图像')
    subplot(1,2,2)
    imshow(C);
    title('原始道路的灰度图')
    figure;
    subplot(1,2,1)
    imshow(C);
    title('原始道路的灰度图')
    [m,n] = size(C);
    % 用所找到的阈值分割图像
    for i = 1:m
        for j = 1:n
            if C(i,j)< = threshold_best
                C(i,j) = 0;
            else
                C(i,j) = 255;
            end
        end
    end
    subplot(1,2,2)
    imshow(C);
    title('阈值分割后的道路图像');
```

运行以上代码得到最优阈值为 162。

```
>> threshold_best =

    162
```

每一代最佳阈值的变化曲线图如图 10-20 所示。

得到的原始图像和灰度图像对比图如图 10-21 所示，图形分割前后对比图如图 10-22 所示。

从图 10-22 中可以看出，图像进行分割后，其形状与原始图像形状类似、趋势一致，这说明题中所用的遗传算法是有效的。

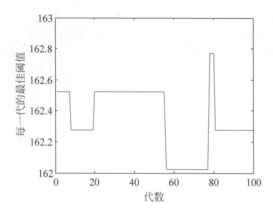

图 10-20　每一代最佳阈值变化曲线

原始道路图像

原始道路的灰度图

原始道路的灰度图

阈值分割后的道路图

图 10-21　原始图像和灰度图像对比图　　　　图 10-22　图形分割前后对比图

贝叶斯分类算法也可以用于图像阈值分割。它是统计学的一种分类方法，它是一类利用概率统计知识进行分类的算法。在许多场合，朴素贝叶斯(Naïve Bayes，NB)分类算法可以与决策树和神经网络分类算法相媲美，该算法能运用到大型数据库中，而且方法简单、分类准确率高、速度快。

下面运用贝叶斯分类算法，通过 MATLAB 编程实现对图 10-19 的图像阈值分割。编写的 MATLAB 程序如下：

```
%基于贝叶斯分类算法的图像阈值分割
clear
clc;
Init = imread('1.jpg');
% Im = imhist(Init);
Im = rgb2gray(Init);
subplot(1,3,1),
imhist(Im)
title('直方图')
subplot(1,3,2),
imshow(Im)
title('分割前原始图')

[x,y] = size(Im);                    % 求出图像大小
b = double(Im);
```

```
zd = double(max(Im))                              % 求出图像中最大的灰度
zx = double(min(Im))                              % 求出图像中最小的灰度
T = double((zd + zx))/2;                          % T赋初值,为最大值和最小值的平均值

count = double(0);                                % 记录几次循环
while 1                                           % 迭代最佳阈值分割算法
    count = count + 1;
    S0 = 0.0; n0 = 0.0;                           % 为计算灰度大于阈值的元素的灰度总值、个数赋值
    S1 = 0.0; n1 = 0.0;                           % 为计算灰度小于阈值的元素的灰度总值、个数赋值
    for i = 1:x
        for j = 1:y
            if double(Im(i,j))>= T
                S1 = S1 + double(Im(i,j));        % 大于阈值图像点灰度值累加
                n1 = n1 + 1;                      % 大于阈值图像点个数累加
            else
                S0 = S0 + double(Im(i,j));        % 小于阈值图像点灰度值累加
                n0 = n0 + 1;                      % 小于阈值图像点个数累加
            end
        end
    end
    T0 = S0/n0;                                   % 求小于阈值均值
    T1 = S1/n1;                                   % 求大于阈值均值
    if abs(T - ((T0 + T1)/2))< 0.1                % 迭代至前后两次阈值相差几乎为0时停止迭代
        break;
    else
        T = (T0 + T1)/2;                          % 在阈值T下,迭代阈值的计算过程
    end
end

count                                             % 显示运行次数
T
i1 = im2bw(Im,T/255);                             % 图像在最佳阈值下二值化
subplot(1,3,3),
imshow(i1)
title('分割后图形')
```

运行程序,得到如图 10-23 所示图形。

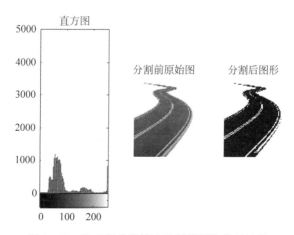

图 10-23　贝叶斯分类算法的图像阈值分割结果

10.3.6 图像边缘检测

Sobel算子是计算机视觉领域的一种重要处理方法,主要用于获得数字图像的一阶梯度,常见的应用是边缘检测。在技术上,它是一个离散的一阶差分算子,用来计算图像亮度函数的一阶梯度之近似值。在图像的任何一点使用此算子,将会产生该点对应的梯度矢量或其法矢量。

【例 10-14】 使用 Sobel 算子进行图像边缘检测,并比较不同方向、不同阈值条件下的边缘检测效果。

解 使用 Sobel 算子进行图像边缘检测的 MATLAB 代码如下所示:

```
clear all
clc
I = imread('cameraman.tif');
figure(1)
subplot(2,3,1)
imshow(I)
title('原始图像')
BW = edge(I,'sobel');
% 以自动阈值选择法对图像进行 Sobel 算子边缘检测
subplot(2,3,2)
imshow(BW);
title('边缘检测')
[BW,thresh] = edge(I,'sobel');
% 返回当前 Sobel 算子边缘检测的阈值
disp('Sobel 算子自动选择的阈值为: ')
disp(thresh)
BW1 = edge(I,'sobel',0.02,'horizontal');
% 以阈值为 0.02 水平方向对图像进行 Sobel 算子边缘检测
subplot(2,3,3)
imshow(BW1)
title('水平方向阈值 0.02')
BW2 = edge(I,'sobel',0.02,'vertical');
% 以阈值为 0.02 垂直方向对图像进行 Sobel 算子边缘检测
subplot(2,3,4)
imshow(BW2)
title('垂直方向阈值 0.02')
BW3 = edge(I,'sobel',0.05,'horizontal');
% 以阈值为 0.05 水平方向对图像进行 Sobel 算子边缘检测
subplot(2,3,5)
imshow(BW3)
title('水平方向阈值 0.05')
BW4 = edge(I,'sobel',0.05,'vertical');
% 以阈值为 0.05 垂直方向对图像进行 Sobel 算子边缘检测
subplot(2,3,6)
imshow(BW4)
title('垂直方向阈值 0.05')
```

运行后,得到:

```
Sobel 算子自动选择的阈值为:
    0.1433
```

题中水平方向和垂直方向、阈值分别为 0.02 和 0.05 条件下,图像边缘检测效果如图 10-24 所示。

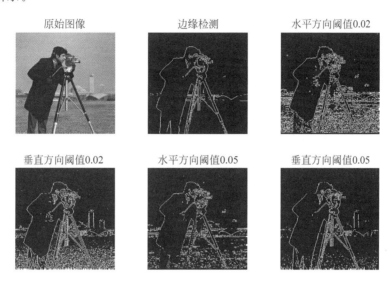

图 10-24　不同方向和不同阈值条件下的图像边缘检测效果图

从图 10-24 中可以看出,在采用水平和垂直方向的 Sobel 算子对图像进行边缘检测时,分别对应的水平和垂直方向上的边缘有较强的响应,阈值越小,检测的图像的边缘细节数越多,而增大阈值时,有些轮廓则未能检测出。

10.3.7　图像识别

图像识别是人工智能的一个重要领域。为了编制模拟人类图像识别活动的计算机程序,人们提出了不同的图像识别模型,如模板匹配模型。这种模型认为,识别某个图像,必须在过去的经验中有这个图像的记忆模式,又叫模板。当前的刺激如果能与大脑中的模板相匹配,这个图像也就被识别成功。

目前,微电子和视觉系统方面取得的新进展使该领域中高性能自动识别技术的实现代价降低到了可以接受的程度。而人脸识别是所有的生物识别方法中应用最广泛的技术之一。

人脸识别因其在安全验证系统、信用卡验证、医学、档案管理、视频会议、人机交互、系统公安(罪犯识别等)等方面的巨大应用前景而越来越成为当前模式识别和人工智能领域的一个研究热点。

【例 10-15】　设置一组人脸图像,利用图形识别算法实现人脸的识别。

解　除了利用神经网络实现人脸识别,还可以用其他算法将图像处理后进行识别。

例如,利用以下 MATLAB 代码可以对图 10-25 所示图像进行人脸识别:

```matlab
clear all
clc
% 获取 RGB 图片
i = imread('face.jpg');
I = rgb2gray(i);
BW = im2bw(I);
figure(1)
imshow(BW)
% 最小化背景
[n1 n2] = size(BW);
r = floor(n1/10);
c = floor(n2/10);
x1 = 1;x2 = r;
s = r * c;

for i = 1:10
    y1 = 1;y2 = c;
    for j = 1:10
        if (y2 <= c | y2 >= 9 * c) | (x1 == 1 | x2 == r * 10)
            loc = find(BW(x1:x2, y1:y2) == 0);
            [o p] = size(loc);
            pr = o * 100/s;
            if pr <= 100
                BW(x1:x2, y1:y2) = 0;
                r1 = x1;r2 = x2;s1 = y1;s2 = y2;
                pr1 = 0;
            end
            imshow(BW);
        end
            y1 = y1 + c;
            y2 = y2 + c;
    end

 x1 = x1 + r;
 x2 = x2 + r;
end
figure(2)
subplot(1,2,1);
imshow(BW)
title('图像处理')
% 人脸识别
L = bwlabel(BW,8);
BB = regionprops(L, 'BoundingBox');
BB1 = struct2cell(BB);
BB2 = cell2mat(BB1);

[s1 s2] = size(BB2);
mx = 0;
```

```
for k = 3:4:s2 − 1
    p = BB2(1,k) * BB2(1,k + 1);
    if p > mx & (BB2(1,k)/BB2(1,k + 1)) < 1.8
        mx = p;
        j = k;
    end
end
subplot(1,2,2);
title('人脸识别')
imshow(I);
hold on;
rectangle('Position',[BB2(1,j − 2),BB2(1,j − 1),BB2(1,j),BB2(1,j + 1)],'EdgeColor','r')
```

运行以上代码,得到如图 10-26 所示人脸识别结果。

图像处理　　　　　　　　　　人脸识别

图 10-25　待识别的人脸　　　　　图 10-26　人脸识别结果

从图 10-26 中可以看出,方框正确地选取了人脸的特征部分,代码所用算法是有效的。

本章小结

本章首先介绍了图像处理的基础知识,随后详细介绍了 MATLAB 图像处理函数及其在图像处理技术中的应用。

数字图像处理自 20 世纪 50 年代以来,取得了巨大的成果,随着各种图像处理技术的出现、电子设备的发展以及计算机的普及,图像处理的应用领域越来越广泛。相信随着计算机的发展及 3D 图像处理的需要,数字图像处理的前景会更加广阔。

第11章 水质评价与预测

建设文明和谐社会是现今社会主题之一,而人类与自然的和谐正是建设和谐社会的一大内容。随着环境保护的逐渐深入,水质评价与预测变得越来越具有现实意义。

本章针对有关长江水域的污染问题进行了详细分析,建立了数学模型,并利用 MATLAB 实现了水质的评价和预测。

学习目标:

- 了解水质评价与预测模型建立过程
- 掌握利用 MATLAB 实现评价与预测模型
- 了解模糊神经网络在水质预测中的应用

11.1 问题简介

水是人类赖以生存的资源,保护水资源就是保护我们自己,对于我国大江大河水资源的保护和治理应是重中之重。专家们呼吁:"以人为本,建设文明和谐社会,改善人与自然的环境,减少污染。"

长江是我国第一、世界第三大河流,长江水质的污染程度日趋严重,已引起了相关政府部门和专家们的高度重视。2004 年 10 月,由全国政协与中国发展研究院联合组成"保护长江万里行"考察团,从长江上游宜宾到下游上海,对沿线 21 个重点城市做了实地考察,揭示了一幅长江污染的真实画面,其污染程度让人触目惊心。为此,专家们提出"若不及时拯救,长江生态 10 年内将濒临崩溃",并发出了"拿什么拯救癌变长江"的呼唤。

长江流域主要城市水质检测报告如表 11-1 所示,其给出长江沿线 17 个观测站(地区)近两年主要水质指标的检测数据。

表 11-1　长江流域主要城市水质检测报告

序号	点位名称	断面情况	主要监测项目（单位：mg/L）				水质类别		主要污染指标
			pH	DO	CODMn	NH₃-N	本月	上月	

<!-- pH DO CODMn NH3-N -->

序号	点位名称	断面情况	pH	DO	CODMn	NH₃-N	本月	上月	主要污染指标
1	四川攀枝花龙洞	干流	7.6	6.8	0.2	0.1	Ⅱ	Ⅱ	
2	重庆朱沱	干流（川-渝省界）	7.63	8.41	2.8	0.34	Ⅱ	Ⅱ	
3	湖北宜昌南津关	干流（三峡水库出口）	7.07	7.81	5.8	0.55	Ⅲ	Ⅲ	
4	湖南岳阳城陵矶	干流	7.58	6.47	2.9	0.34	Ⅱ	Ⅱ	
5	江西九江河西水厂	干流（鄂-赣省界）	7.34	6.19	1.7	0.13	Ⅱ	Ⅱ	
6	安徽安庆皖河口	干流	7.52	6.54	3.2	0.22	Ⅱ	Ⅱ	
7	江苏南京林山	干流（皖-苏省界）	7.78	6.9	3.1	0.11	Ⅱ	Ⅱ	
8	四川乐山岷江大桥	岷江（与大渡河汇合前）	7.66	4.2	5.8	0.53	Ⅳ	Ⅳ	溶解氧
9	四川宜宾凉姜沟	岷江（入长江前）	8.01	7.63	2.4	0.25	Ⅱ	Ⅱ	
10	四川泸州沱江二桥	沱江（入长江前）	7.63	4.02	3.6	1.06	Ⅳ	Ⅳ	溶解氧、氨氮
11	湖北丹江口胡家岭	丹江口水库（库体）	8.63	10.2	1.8	0.1	Ⅰ	Ⅰ	
12	湖南长沙新港	湘江（洞庭湖入口）	7.42	6.45	4.3	0.99	Ⅲ	Ⅲ	
13	湖南岳阳岳阳楼	洞庭湖出口	7.73	6.26	1.4	0.21	Ⅱ	Ⅲ	
14	湖北武汉宗关	汉江（入长江前）	8	6.43	2.4	0.17	Ⅱ	Ⅱ	
15	江西南昌滁槎	赣江（鄱阳湖入口）	6.64	5.18	1.1	0.92	Ⅲ	Ⅲ	
16	江西九江蛤蟆石	鄱阳湖出口	7.28	6.87	2.7	0.15	Ⅱ	Ⅱ	
17	江苏扬州三江营	夹江（南水北调取水口）	7.29	6.9	1.6	0.15	Ⅱ	Ⅱ	
		发布日期：2003-07							
18	四川攀枝花龙洞	干流	8.3	8.1	5.6	0.1	Ⅲ	Ⅱ	
19	重庆朱沱	干流（川-渝省界）	7.4	8.5	1.6	0.25	Ⅱ	Ⅱ	
20	湖北宜昌南津关	干流（三峡水库出口）	7.7	7.8	5.2	0.22	Ⅲ	Ⅲ	
21	湖南岳阳城陵矶	干流	7.78	7.57	3.9	0.31	Ⅱ	Ⅱ	
22	江西九江河西水厂	干流（鄂-赣省界）	7.06	6.25	2.3	0.18	Ⅱ	Ⅱ	
23	安徽安庆皖河口	干流	7.63	6.73	3	0.28	Ⅱ	Ⅱ	
24	江苏南京林山	干流（皖-苏省界）	7.41	6.37	2.5	0.1	Ⅱ	Ⅱ	
25	四川乐山岷江大桥	岷江（与大渡河汇合前）	7.61	4.63	4.5	0.92	Ⅳ	Ⅳ	溶解氧
26	四川宜宾凉姜沟	岷江（入长江前）	8.09	8.08	8	0.37	Ⅳ	Ⅱ	高锰酸盐指数
27	四川泸州沱江二桥	沱江（入长江前）	7.9	4.7	6.4	0.37	Ⅳ	Ⅳ	高锰酸盐指数
28	湖北丹江口胡家岭	丹江口水库（库体）	8.17	9.81	1.9	0.09	Ⅰ	Ⅰ	
29	湖南长沙新港	湘江（洞庭湖入口）	7.64	6.93	2.6	0.4	Ⅱ	Ⅲ	
30	湖南岳阳岳阳楼	洞庭湖出口	7.86	6.49	3.3	0.26	Ⅱ	Ⅱ	
31	湖北武汉宗关	汉江（入长江前）	8	5.38	3.7	0.14	Ⅲ	Ⅱ	
32	江西南昌滁槎	赣江（鄱阳湖入口）	6.71	4.85	1	1.01	Ⅳ	Ⅲ	溶解氧
33	江西九江蛤蟆石	鄱阳湖出口	7.68	6.08	2.6	0.19	Ⅱ	Ⅱ	
34	江苏扬州三江营	夹江（南水北调取水口）	7.31	4.49	1.6	0.32	Ⅳ	Ⅱ	溶解氧
		发布日期：2003-08							
35	四川攀枝花龙洞	干流	8.24	8.1	0.5	0.15	Ⅰ	Ⅲ	
36	重庆朱沱	干流（川-渝省界）	7.73	8.55	1.8	0.2	Ⅱ	Ⅱ	
37	湖北宜昌南津关	干流（三峡水库出口）	7.8	6.65	2.8	0.31	Ⅱ	Ⅲ	

续表

序号	点位名称	断面情况	主要监测项目（单位：mg/L）				水质类别		主要污染指标
			pH	DO	CODMn	NH₃-N	本月	上月	
38	湖南岳阳城陵矶	干流	7.89	7.92	2.6	0.32	II	II	
39	江西九江河西水厂	干流(鄂-赣省界)	8.57	6.88	3	0.08	II	II	
40	安徽安庆皖河口	干流	7.61	7.07	2	0.32	II	II	
41	江苏南京林山	干流(皖-苏省界)	7.59	6.47	2	0.12	II	II	
42	四川乐山岷江大桥	岷江(与大渡河汇合前)	7.57	5.49	4.7	1.93	V	IV	氨氮
43	四川宜宾凉姜沟	岷江(入长江前)	7.77	8.67	4	0.34	II	IV	
44	四川泸州沱江二桥	沱江(入长江前)	7.19	7.16	2.4	0.39	II	IV	
45	湖北丹江口胡家岭	丹江口水库(库体)	7.72	9.03	2.5	0.07	II	I	
46	湖南长沙新港	湘江(洞庭湖入口)	6.29	4.34	2.9	0.92	IV	II	溶解氧
47	湖南岳阳岳阳楼	洞庭湖出口	7.25	8.32	3.7	0.37	II	II	
48	湖北武汉宗关	汉江(入长江前)	7.91	5.87	3.6	0.25	III	III	
49	江西南昌滁槎	赣江(鄱阳湖入口)	6.78	5.35	1.7	2.18	劣V	IV	氨氮
50	江西九江蛤蟆石	鄱阳湖出口	6.7	6.67	3.5	0.16	II	II	
51	江苏扬州三江营	夹江(南水北调取水口)	7.09	6.02	3.8	0.19	II	IV	
			发布日期：2003-09						
52	四川攀枝花龙洞	干流	8.34	8.8	1.1	0.11	I	I	
53	重庆朱沱	干流(川-渝省界)	7.63	8.58	1.5	0.24	II	II	
54	湖北宜昌南津关	干流(三峡水库出口)	7.55	10.6	3.6	0.36	II	II	
55	湖南岳阳城陵矶	干流	7.93	8.36	3.1	0.3	II	III	
56	江西九江河西水厂	干流(鄂-赣省界)	7.6	7.43	2.3	0.14	II	II	
57	安徽安庆皖河口	干流	7.67	6.9	5	0.39	III	II	
58	江苏南京林山	干流(皖-苏省界)	7.83	6.61	1.5	0.04	II	II	
59	四川乐山岷江大桥	岷江(与大渡河汇合前)	8.02	6.32	3.6	1.41	IV	IV	氨氮
60	四川宜宾凉姜沟	岷江(入长江前)	7.96	9.12	2.6	0.27	II	II	
61	四川泸州沱江二桥	沱江(入长江前)	7.44	7.73	3.4	0.53	III	III	
62	湖北丹江口胡家岭	丹江口水库(库体)	7.52	7.11	2.2	0.12	II	II	
63	湖南长沙新港	湘江(洞庭湖入口)	7.6	6.7	2.5	0.75	III	III	
64	湖南岳阳岳阳楼	洞庭湖出口	6.97	8.8	3.5	0.31	II	II	
65	湖北武汉宗关	汉江(入长江前)	7.95	6.32	2.5	0.35	II	III	
66	江西南昌滁槎	赣江(鄱阳湖入口)	6.78	4.04	0.77	3.06	劣V	劣V	氨氮
67	江西九江蛤蟆石	鄱阳湖出口	6.97	7.14	2.8	0.26	II	II	
68	江苏扬州三江营	夹江(南水北调取水口)	8.03	5.76	1.1	0.41	III	II	
			发布日期：2003-10						
69	四川攀枝花龙洞	干流	8.37	8.6	3.1	0.17	II	I	
70	重庆朱沱	干流(川-渝省界)	7.72	9.02	2.1	0.28	II	II	
71	湖北宜昌南津关	干流(三峡水库出口)	7.22	11.9	2.4	0.26	II	II	
72	湖南岳阳城陵矶	干流	7.91	8.01	6	0.27	III	II	
73	江西九江河西水厂	干流(鄂-赣省界)	7.41	7.66	3.3	0.13	II	II	
74	安徽安庆皖河口	干流	7.75	7.65	2.9	0.28	II	III	
75	江苏南京林山	干流(皖-苏省界)	7.73	6.89	1.9	0.16	II	II	
76	四川乐山岷江大桥	岷江(与大渡河汇合前)	7.97	5.82	5.7	0.76	III	IV	

续表

序号	点位名称	断面情况	主要监测项目（单位：mg/L）				水质类别		主要污染指标
			pH	DO	CODMn	NH₃-N	本月	上月	
77	四川宜宾凉姜沟	岷江（入长江前）	7.99	10.1	2.6	0.32	Ⅱ	Ⅱ	
78	四川泸州沱江二桥	沱江（入长江前）	7.53	7.07	6	0.46	Ⅲ	Ⅲ	
79	湖北丹江口胡家岭	丹江口水库（库体）	7.54	8.42	2.1	0.12	Ⅱ	Ⅱ	
80	湖南长沙新港	湘江（洞庭湖入口）	7.62	5.44	2.2	1.12	Ⅳ	Ⅲ	氨氮
81	湖南岳阳岳阳楼	洞庭湖出口	7.54	9.97	2.8	0.24	Ⅱ	Ⅱ	
82	湖北武汉宗关	汉江（入长江前）	7.94	7.42	2.6	0.44	Ⅱ	Ⅱ	
83	江西南昌滁槎	赣江（鄱阳湖入口）	7.03	6.2	1.8	6.5	劣Ⅴ	劣Ⅴ	氨氮
84	江西九江蛤蟆石	鄱阳湖出口	7	8.76	3.4	0.26	Ⅱ	Ⅱ	
85	江苏扬州三江营	夹江（南水北调取水口）	7.83	8	2.9	0.41	Ⅱ	Ⅲ	
	发布日期：2003-11								
86	四川攀枝花龙洞	干流	8.57	9.1	1.5	0.06	Ⅰ	Ⅱ	
87	重庆朱沱	干流（川-渝省界）	7.71	9.53	1.2	0.47	Ⅱ	Ⅱ	
88	湖北宜昌南津关	干流（三峡水库出口）	7.46	9	3.2	0.22	Ⅱ	Ⅱ	
89	湖南岳阳城陵矶	干流	8	8.59	3.1	0.39	Ⅱ	Ⅲ	
90	江西九江河西水厂	干流（鄂-赣省界）	7.32	8.64	2.6	0.2	Ⅱ	Ⅱ	
91	安徽安庆皖河口	干流	7.74	7.85	2.4	0.22	Ⅱ	Ⅱ	
92	江苏南京林山	干流（皖-苏省界）	7.89	8.41	2.4	0.28	Ⅱ	Ⅱ	
93	四川乐山岷江大桥	岷江（与大渡河汇合前）	8.15	4.84	8.6	0.87	Ⅳ	Ⅲ	溶解氧、高锰酸盐指数
94	四川宜宾凉姜沟	岷江（入长江前）	7.77	10.3	2.9	0.85	Ⅱ	Ⅱ	
95	四川泸州沱江二桥	沱江（入长江前）	7.34	6.31	1.3	0.59	Ⅲ	Ⅲ	
96	湖北丹江口胡家岭	丹江口水库（库体）	7.3	8.74	2.3	0.1	Ⅱ	Ⅱ	
97	湖南长沙新港	湘江（洞庭湖入口）	7.62	7.37	1.8	1.48	Ⅳ	Ⅳ	氨氮
98	湖南岳阳岳阳楼	洞庭湖出口	7.18	8.13	3.6	0.48	Ⅱ	Ⅱ	
99	湖北武汉宗关	汉江（入长江前）	7.91	8.61	4.7	0.24	Ⅲ	Ⅱ	
100	江西南昌滁槎	赣江（鄱阳湖入口）	7.57	9.23	3	12.9	劣Ⅴ	劣Ⅴ	氨氮
101	江西九江蛤蟆石	鄱阳湖出口	8.1	8.92	5.5	0.52	Ⅲ	Ⅱ	
102	江苏扬州三江营	夹江（南水北调取水口）	7.93	9.77	1.8	0.38	Ⅱ	Ⅱ	
	发布日期：2003-12								
103	四川攀枝花龙洞	干流	8.43	9.39	2.5	0.07	Ⅱ	Ⅰ	
104	重庆朱沱	干流（川-渝省界）	7.79	10.4	1.1	0.42	Ⅱ	Ⅱ	
105	湖北宜昌南津关	干流（三峡水库出口）	7.96	9.63	1.8	0.2	Ⅱ	Ⅱ	
106	湖南岳阳城陵矶	干流	7.88	8.34	5	0.32	Ⅲ	Ⅱ	
107	江西九江河西水厂	干流（鄂-赣省界）	7.18	8.6	2.4	0.19	Ⅱ	Ⅱ	
108	安徽安庆皖河口	干流	7.7	8.67	2.6	0.33	Ⅱ	Ⅱ	
109	江苏南京林山	干流（皖-苏省界）	7.9	8.95	2.7	0.26	Ⅱ	Ⅱ	
110	四川乐山岷江大桥	岷江（与大渡河汇合前）	7.93	6.41	8.7	1.33	Ⅳ	Ⅳ	高锰酸盐指数、氨氮
111	四川宜宾凉姜沟	岷江（入长江前）	7.46	10.6	3.2	1.66	Ⅴ	Ⅲ	氨氮
112	四川泸州沱江二桥	沱江（入长江前）	7.3	3.8	3.4	1.37	Ⅳ	Ⅲ	溶解氧、氨氮
113	湖北丹江口胡家岭	丹江口水库（库体）	6.91	10.2	2.1	0.13	Ⅱ	Ⅱ	

序号	点位名称	断面情况	主要监测项目(单位:mg/L)				水质类别		主要污染指标
			pH	DO	CODMn	NH₃-N	本月	上月	
114	湖南长沙新港	湘江(洞庭湖入口)	7.09	7.15	1.8	1.39	Ⅳ	Ⅳ	氨氮
115	湖南岳阳岳阳楼	洞庭湖出口	6.79	8.35	4.3	0.29	Ⅲ	Ⅱ	
116	湖北武汉宗关	汉江(入长江前)	7.92	9.87	3.2	0.23	Ⅱ	Ⅲ	
117	江西南昌滁槎	赣江(鄱阳湖入口)	7.58	7.77	2.6	14	劣Ⅴ	劣Ⅴ	氨氮
118	江西九江蛤蟆石	鄱阳湖出口	7.8	10.1	5.3	0.67	Ⅲ	Ⅲ	
119	江苏扬州三江营	夹江(南水北调取水口)	8.03	11.2	2	0.36	Ⅱ	Ⅱ	
发布日期:2004-01									
120	四川攀枝花龙洞	干流	8.21	9.47	2	0.42	Ⅱ	Ⅱ	
121	重庆朱沱	干流(川-渝省界)	7.74	10.2	1.2	0.49	Ⅱ	Ⅱ	
122	湖北宜昌南津关	干流(三峡水库出口)	7.91	8.17	1.9	0.33	Ⅱ	Ⅱ	
123	湖南岳阳城陵矶	干流	7.68	8.24	4.2	0.36	Ⅲ	Ⅲ	
124	江西九江河西水厂	干流(鄂-赣省界)	7.64	8.38	2.2	0.24	Ⅱ	Ⅱ	
125	安徽安庆皖河口	干流	7.74	8.62	3	0.32	Ⅱ	Ⅱ	
126	江苏南京林山	干流(皖-苏省界)	7.84	8.8	1.2	0.27	Ⅱ	Ⅱ	
127	四川乐山岷江大桥	岷江(与大渡河汇合前)	7.71	6.61	9.4	1.85	Ⅴ	Ⅳ	氨氮
128	四川宜宾凉姜沟	岷江(入长江前)	7.28	8.05	3.5	1.6	Ⅴ	Ⅴ	氨氮
129	四川泸州沱江二桥	沱江(入长江前)	7.22	2.79	6.2	0.97	Ⅴ	Ⅳ	溶解氧
130	湖北丹江口胡家岭	丹江口水库(库体)	7.29	8.91	2.1	0.09	Ⅱ	Ⅱ	
131	湖南长沙新港	湘江(洞庭湖入口)	7	6.73	2	1.24	Ⅳ	Ⅳ	氨氮
132	湖南岳阳岳阳楼	洞庭湖出口	6.77	7.13	2.7	0.34	Ⅱ	Ⅲ	
133	湖北武汉宗关	汉江(入长江前)	7.96	9.9	3.6	0.29	Ⅱ	Ⅱ	
134	江西南昌滁槎	赣江(鄱阳湖入口)	7.34	7.17	3.1	14.5	劣Ⅴ	劣Ⅴ	氨氮
135	江西九江蛤蟆石	鄱阳湖出口	8.01	9.41	5.2	0.5	Ⅲ	Ⅲ	
136	江苏扬州三江营	夹江(南水北调取水口)	7.81	11.4	1.2	0.29	Ⅱ	Ⅱ	
发布日期:2004-02									
137	四川攀枝花龙洞	干流	8.37	9.49	0.4	1.22	Ⅳ	Ⅱ	氨氮
138	重庆朱沱	干流(川-渝省界)	7.77	9.08	1.2	0.6	Ⅲ	Ⅱ	
139	湖北宜昌南津关	干流(三峡水库出口)	7.71	8.38	3.5	0.25	Ⅱ	Ⅱ	
140	湖南岳阳城陵矶	干流	7.77	8.05	4.1	0.32	Ⅲ	Ⅲ	
141	江西九江河西水厂	干流(鄂-赣省界)	6.89	7.07	2.4	0.22	Ⅱ	Ⅱ	
142	安徽安庆皖河口	干流	7.72	8.74	1.9	0.32	Ⅱ	Ⅱ	
143	江苏南京林山	干流(皖-苏省界)	7.71	10	1.8	0.29	Ⅱ	Ⅱ	
144	四川乐山岷江大桥	岷江(与大渡河汇合前)	7.84	4.86	9.5	1.93	Ⅴ	Ⅴ	氨氮
145	四川宜宾凉姜沟	岷江(入长江前)	6.73	14.1	2.5	0.96	Ⅲ	Ⅴ	
146	四川泸州沱江二桥	沱江(入长江前)	7.35	6.43	5.5	2.1	劣Ⅴ	Ⅴ	氨氮
147	湖北丹江口胡家岭	丹江口水库(库体)	7.28	8.1	1.8	0.11	Ⅰ	Ⅱ	
148	湖南长沙新港	湘江(洞庭湖入口)	6.73	5.49	1.8	1.21	Ⅳ	Ⅳ	氨氮
149	湖南岳阳岳阳楼	洞庭湖出口	7.35	7.65	4	0.33	Ⅲ	Ⅱ	
150	湖北武汉宗关	汉江(入长江前)	7.92	8.35	3.6	0.3	Ⅱ	Ⅱ	
151	江西南昌滁槎	赣江(鄱阳湖入口)	7.72	0.88	9	24.2	劣Ⅴ	劣Ⅴ	溶解氧、氨氮
152	江西九江蛤蟆石	鄱阳湖出口	7.9	8.9	6.8	0.59	Ⅳ	Ⅲ	高锰酸盐指数
153	江苏扬州三江营	夹江(南水北调取水口)	7.96	9.76	2.4	0.24	Ⅱ	Ⅱ	

序号	点位名称	断面情况	主要监测项目（单位：mg/L）				水质类别		主要污染指标
			pH	DO	CODMn	NH₃-N	本月	上月	
发布日期：2004-03									
154	四川攀枝花龙洞	干流	8.38	8.97	2.3	0.13	II	IV	
155	重庆朱沱	干流（川-渝省界）	7.64	8.48	2.4	0.42	II	III	
156	湖北宜昌南津关	干流（三峡水库出口）	7.34	11.6	3.6	0.43	II	II	
157	湖南岳阳城陵矶	干流	7.57	8.54	3.8	0.25	II	III	
158	江西九江河西水厂	干流（鄂-赣省界）	7.16	8.62	2.2	0.22	II	II	
159	安徽安庆皖河口	干流	7.4	7.19	2.9	0.18	II	II	
160	江苏南京林山	干流（皖-苏省界）	7.82	8.55	1.2	0.28	II	II	
161	四川乐山岷江大桥	岷江（与大渡河汇合前）	6.88	3.35	9.9	1.87	V	V	氨氮
162	四川宜宾凉姜沟	岷江（入长江前）	8.07	14.4	2.6	2	V	III	氨氮
163	四川泸州沱江二桥	沱江（入长江前）	7.08	4.37	3.8	5.5	劣V	劣V	氨氮
164	湖北丹江口胡家岭	丹江口水库（库体）	7.72	9.17	1.9	0.13	I	I	
165	湖南长沙新港	湘江（洞庭湖入口）	7.46	5.16	2.5	1.2	IV	IV	氨氮
166	湖南岳阳岳阳楼	洞庭湖出口	7.28	5.4	4.4	0.33	III	II	
167	湖北武汉宗关	汉江（入长江前）	7.95	8.59	2.9	0.25	II	II	
168	江西南昌滁槎	赣江（鄱阳湖入口）	6.22	5.83	1.5	2.09	劣V	劣V	氨氮
169	江西九江蛤蟆石	鄱阳湖出口	7.87	8.79	4.8	0.55	III	IV	
170	江苏扬州三江营	夹江（南水北调取水口）	7.72	9.13	1.9	0.2	II	II	
发布日期：2004-04									
171	四川攀枝花龙洞	干流	8.46	9.04	2.3	0.15	II	II	
172	重庆朱沱	干流（川-渝省界）	7.43	7.3	3.5	0.21	II	II	
173	湖北宜昌南津关	干流（三峡水库出口）	7.67	7.6	2.2	0.27	II	II	
174	湖南岳阳城陵矶	干流	7.53	8.5	3.3	0.26	II	II	
175	江西九江河西水厂	干流（鄂-赣省界）	7.59	7.04	2.9	0.27	II	II	
176	安徽安庆皖河口	干流	7.47	7.56	2.8	0.22	II	II	
177	江苏南京林山	干流（皖-苏省界）	7.57	7.32	1.5	0.02	II	II	
178	四川乐山岷江大桥	岷江（与大渡河汇合前）	6.89	3.78	8.4	1.34	IV	V	溶解氧、高锰酸盐指数
179	四川宜宾凉姜沟	岷江（入长江前）	7.95	5.81	2.2	0.69	III	V	氨氮
180	四川泸州沱江二桥	沱江（入长江前）	7.98	3.9	1.6	5.5	劣V	劣V	氨氮
181	湖北丹江口胡家岭	丹江口水库（库体）	7.42	8.6	2	0.1	I	I	
182	湖南长沙新港	湘江（洞庭湖入口）	6.62	6.06	4.9	1.04	IV	IV	氨氮
183	湖南岳阳岳阳楼	洞庭湖出口	7.62	8.37	2.6	0.25	II	III	
184	湖北武汉宗关	汉江（入长江前）	7.95	7.63	2.6	0.2	II	II	
185	江西南昌滁槎	赣江（鄱阳湖入口）	6.85	5.17	1.9	0.73	III	劣V	
186	江西九江蛤蟆石	鄱阳湖出口	8.04	6.75	3.4	0.39	III	III	
187	江苏扬州三江营	夹江（南水北调取水口）	6.98	7.46	2.2	0.39	II	II	
发布日期：2004-05									
188	四川攀枝花龙洞	干流	8.23	9.09	4.3	0.07	III	II	
189	重庆朱沱	干流（川-渝省界）	7.64	7.77	2.2	0.27	II	II	
190	湖北宜昌南津关	干流（三峡水库出口）	7.7	9.76	3	0.3	II	II	

续表

序号	点位名称	断面情况	主要监测项目（单位：mg/L）				水质类别		主要污染指标
			pH	DO	CODMn	NH₃-N	本月	上月	
191	湖南岳阳城陵矶	干流	7.25	11.5	3.6	0.32	Ⅱ	Ⅱ	
192	江西九江河西水厂	干流（鄂-赣省界）	7.37	7.05	3.1	0.22	Ⅱ	Ⅱ	
193	安徽安庆皖河口	干流	7.23	6.52	3.2	0.25	Ⅱ	Ⅱ	
194	江苏南京林山	干流（皖-苏省界）	7.6	6.47	1.8	0.09	Ⅱ	Ⅱ	
195	四川乐山岷江大桥	岷江（与大渡河汇合前）	7.16	4.47	5	0.91	Ⅳ	Ⅳ	溶解氧
196	四川宜宾凉姜沟	岷江（入长江前）	8.18	7.37	3.6	0.07	Ⅱ	Ⅲ	
197	四川泸州沱江二桥	沱江（入长江前）	8.16	4.95	4.2	0.85	Ⅳ	劣Ⅴ	溶解氧
198	湖北丹江口胡家岭	丹江口水库（库体）	7.33	9.23	1.7	0.06	Ⅰ	Ⅰ	
199	湖南长沙新港	湘江（洞庭湖入口）	7.61	6.9	1.9	1.21	Ⅳ	Ⅳ	氨氮
200	湖南岳阳岳阳楼	洞庭湖出口	7.92	8.8	3.5	0.34	Ⅱ	Ⅱ	
201	湖北武汉宗关	汉江（入长江前）	7.89	8.01	2.4	0.19	Ⅱ	Ⅱ	
202	江西南昌滁槎	赣江（鄱阳湖入口）	6.64	5.55	0.6	1.48	Ⅳ	Ⅲ	氨氮
203	江西九江蛤蟆石	鄱阳湖出口	7.43	5.83	3.9	0.28	Ⅲ	Ⅱ	
204	江苏扬州三江营	夹江（南水北调取水口）	7.19	6.65	4.1	0.38	Ⅲ	Ⅱ	
		发布日期：2004-06							
205	四川攀枝花龙洞	干流	8.1	8.79	2.5	0.04	Ⅱ	Ⅲ	
206	重庆朱沱	干流（川-渝省界）	7.53	7.86	3	0.18	Ⅱ	Ⅱ	
207	湖北宜昌南津关	干流（三峡水库出口）	7.97	7.96	3.8	0.34	Ⅱ	Ⅱ	
208	湖南岳阳城陵矶	干流	7.74	8.09	3.5	0.35	Ⅱ	Ⅱ	
209	江西九江河西水厂	干流（鄂-赣省界）	7.25	7.26	2.6	0.15	Ⅱ	Ⅱ	
210	安徽安庆皖河口	干流	7.3	6.38	1.6	0.17	Ⅱ	Ⅱ	
211	江苏南京林山	干流（皖-苏省界）	7.36	6.19	2	0.06	Ⅱ	Ⅱ	
212	四川乐山岷江大桥	岷江（与大渡河汇合前）	7.83	5.82	4.5	0.65	Ⅲ	Ⅳ	
213	四川宜宾凉姜沟	岷江（入长江前）	8.04	8.78	3.3	0.07	Ⅱ	Ⅱ	
214	四川泸州沱江二桥	沱江（入长江前）	7.6	6.39	3.8	0.28	Ⅱ	Ⅳ	
215	湖北丹江口胡家岭	丹江口水库（库体）	7.4	10.1	1.5	0.12	Ⅰ	Ⅰ	
216	湖南长沙新港	湘江（洞庭湖入口）	6.72	7.02	4.8	0.98	Ⅲ	Ⅳ	
217	湖南岳阳岳阳楼	洞庭湖出口	8.02	8.14	7.3	0.38	Ⅳ	Ⅱ	高锰酸盐指数
218	湖北武汉宗关	汉江（入长江前）	7.88	5.75	3.6	0.21	Ⅲ	Ⅱ	
219	江西南昌滁槎	赣江（鄱阳湖入口）	6.84	5.06	0.8	2.53	劣Ⅴ	Ⅳ	氨氮
220	江西九江蛤蟆石	鄱阳湖出口	7.31	6.85	2.1	0.19	Ⅱ	Ⅲ	
221	江苏扬州三江营	夹江（南水北调取水口）	7.16	6.61	3.8	0.32	Ⅱ	Ⅲ	
		发布日期：2004-07							
222	四川攀枝花龙洞	干流	8.01	8.46	2.4	0.04	Ⅱ	Ⅱ	
223	重庆朱沱	干流（川-渝省界）	7.66	7.72	3.3	0.18	Ⅱ	Ⅱ	
224	湖北宜昌南津关	干流（三峡水库出口）	7.94	7.82	3.2	0.16	Ⅱ	Ⅱ	
225	湖南岳阳城陵矶	干流	7.66	8.46	4.2	0.36	Ⅲ	Ⅱ	
226	江西九江河西水厂	干流（鄂-赣省界）	7.31	6.88	2.6	0.16	Ⅱ	Ⅱ	
227	安徽安庆皖河口	干流	7.19	6.04	1.7	0.22	Ⅱ	Ⅱ	
228	江苏南京林山	干流（皖-苏省界）	7.45	5.88	1.8	0.05	Ⅲ	Ⅱ	
229	四川乐山岷江大桥	岷江（与大渡河汇合前）	7.6	5.33	4.6	1.03	Ⅳ	Ⅲ	氨氮

序号	点位名称	断面情况	主要监测项目(单位:mg/L)				水质类别		主要污染指标
			pH	DO	CODMn	NH₃-N	本月	上月	
230	四川宜宾凉姜沟	岷江(入长江前)	7.78	7.96	4.6	0.15	III	II	
231	四川泸州沱江二桥	沱江(入长江前)	7.45	7.47	5.2	0.14	III	II	
232	湖北丹江口胡家岭	丹江口水库(库体)	7.95	9.31	1.7	0.09	I	I	
233	湖南长沙新港	湘江(洞庭湖入口)	7.24	7.62	4	0.96	III	III	
234	湖南岳阳岳阳楼	洞庭湖出口	7.93	7.86	6.5	0.34	IV	IV	高锰酸盐指数
235	湖北武汉宗关	汉江(入长江前)	7.9	5.86	2.7	0.19	III	III	
236	江西南昌滁槎	赣江(鄱阳湖入口)	6.68	5.54	0.4	1.19	IV	劣V	氨氮
237	江西九江蛤蟆石	鄱阳湖出口	7.38	6.85	2.1	0.22	II	II	
238	江苏扬州三江营	夹江(南水北调取水口)	7.1	7.46	3.9	0.28	II	II	
		发布日期:2004-08							
239	四川攀枝花龙洞	干流	8.33	13.9	5.8	1	III	II	
240	重庆朱沱	干流(川-渝省界)	7.54	7.75	2	0.17	II	II	
241	湖北宜昌南津关	干流(三峡水库出口)	7.63	6.94	3.1	0.19	II	II	
242	湖南岳阳城陵矶	干流	7.42	8.26	4	0.33	II	III	
243	江西九江河西水厂	干流(鄂-赣省界)	7.28	6.28	2.3	0.24	II	II	
244	安徽安庆皖河口	干流	7.09	6	1.9	0.16	II	II	
245	江苏南京林山	干流(皖-苏省界)	7.66	6.35	1.7	0.05	II	III	
246	四川乐山岷江大桥	岷江(与大渡河汇合前)	7.44	5.78	3.1	0.25	III	IV	
247	四川宜宾凉姜沟	岷江(入长江前)	8.26	8.3	2.2	0.11	II	III	
248	四川泸州沱江二桥	沱江(入长江前)	7.16	8.1	0.6	0.04	I	III	
249	湖北丹江口胡家岭	丹江口水库(库体)	8.52	7.5	2	0.08	I	I	
250	湖南长沙新港	湘江(洞庭湖入口)	6.73	7.15	0.9	0.76	III	III	
251	湖南岳阳岳阳楼	洞庭湖出口	7.88	8.38	4.9	0.31	III	IV	
252	湖北武汉宗关	汉江(入长江前)	8.03	6.85	3.8	0.18	II	III	
253	江西南昌滁槎	赣江(鄱阳湖入口)	6.67	4.88	2.7	1.62	V	IV	氨氮
254	江西九江蛤蟆石	鄱阳湖出口	7.33	6.82	2.5	0.21	II	II	
255	江苏扬州三江营	夹江(南水北调取水口)	7.73	6.68	5.2	0.48	III	II	
		发布日期:2004-09							
256	四川攀枝花龙洞	干流	8.61	9.42	6.1	0.09	IV	III	高锰酸盐指数
257	重庆朱沱	干流(川-渝省界)	7.83	8.42	4.4	0.16	III	II	
258	湖北宜昌南津关	干流(三峡水库出口)	7.54	7.56	3.4	0.29	II	II	
259	湖南岳阳城陵矶	干流	7.9	8.56	3.9	0.3	II	II	
260	江西九江河西水厂	干流(鄂-赣省界)	7.27	6.4	1.9	0.25	II	II	
261	安徽安庆皖河口	干流	7.16	6.77	1.6	0.14	II	II	
262	江苏南京林山	干流(皖-苏省界)	7.71	6.43	2.3	0.08	II	II	
263	四川乐山岷江大桥	岷江(与大渡河汇合前)	7.44	5.76	2.9	0.3	III	III	
264	四川宜宾凉姜沟	岷江(入长江前)	8.13	8.5	2.5	0.07	II	II	
265	四川泸州沱江二桥	沱江(入长江前)	7.19	7.99	1.1	0.03	I	I	
266	湖北丹江口胡家岭	丹江口水库(库体)	8.4	7.38	1.5	0.08	II	I	
267	湖南长沙新港	湘江(洞庭湖入口)	6.64	7.24	1.7	0.37	II	III	
268	湖南岳阳岳阳楼	洞庭湖出口	8.33	8.03	3.6	0.31	II	III	

序号	点位名称	断面情况	主要监测项目（单位：mg/L）				水质类别		主要污染指标
			pH	DO	CODMn	NH₃-N	本月	上月	
269	湖北武汉宗关	汉江（入长江前）	8	6.87	2.7	0.18	Ⅱ	Ⅱ	
270	江西南昌滁槎	赣江（鄱阳湖入口）	6.65	4.97	3.4	0.63	Ⅳ	Ⅴ	溶解氧
271	江西九江蛤蟆石	鄱阳湖出口	7.57	6.92	1.8	0.2	Ⅱ	Ⅱ	
272	江苏扬州三江营	夹江（南水北调取水口）	7.79	6.77	5	0.31	Ⅲ	Ⅲ	
			发布日期：2004-10						
273	四川攀枝花龙洞	干流	7.25	9.72	0.8	0.08	Ⅰ	Ⅳ	
274	重庆朱沱	干流（川-渝省界）	8.37	9.17	1.6	0.23	Ⅱ	Ⅲ	
275	湖北宜昌南津关	干流（三峡水库出口）	8.04	8.4	3.7	0.23	Ⅱ	Ⅱ	
276	湖南岳阳城陵矶	干流	8.16	8	3.5	0.36	Ⅱ	Ⅱ	
277	江西九江河西水厂	干流（鄂-赣省界）	7.51	7.54	1.9	0.19	Ⅱ	Ⅱ	
278	安徽安庆皖河口	干流	7.48	6.06	2.1	0.17	Ⅱ	Ⅱ	
279	江苏南京林山	干流（皖-苏省界）	7.82	6.14	1.9	0.04	Ⅱ	Ⅱ	
280	四川乐山岷江大桥	岷江（与大渡河汇合前）	7.39	6.96	2.6	0.24	Ⅱ	Ⅲ	
281	四川宜宾凉姜沟	岷江（入长江前）	8.21	8.96	1	0.07	Ⅰ	Ⅰ	
282	四川泸州沱江二桥	沱江（入长江前）	7.15	9.45	1.7	0.08	Ⅰ	Ⅰ	
283	湖北丹江口胡家岭	丹江口水库（库体）	8.37	9.08	2	0.08	Ⅰ	Ⅰ	
284	湖南长沙新港	湘江（洞庭湖入口）	6.45	8.22	1.8	0.76	Ⅲ	Ⅲ	
285	湖南岳阳岳阳楼	洞庭湖出口	8.47	8.88	5.7	0.48	Ⅲ	Ⅲ	
286	湖北武汉宗关	汉江（入长江前）	7.96	7.63	3.3	0.13	Ⅱ	Ⅱ	
287	江西南昌滁槎	赣江（鄱阳湖入口）	8.44	9.18	2	7.05	劣Ⅴ	Ⅳ	氨氮
288	江西九江蛤蟆石	鄱阳湖出口	8.04	7.95	6.1	0.22	Ⅳ	Ⅱ	高锰酸盐指数
289	江苏扬州三江营	夹江（南水北调取水口）	7.88	8.13	3.1	0.27	Ⅱ	Ⅲ	
			发布日期：2004-11						
290	四川攀枝花龙洞	干流	7.93	9.34	2.8	0.06	Ⅱ	Ⅰ	
291	重庆朱沱	干流（川-渝省界）	8.29	9.89	2	0.27	Ⅱ	Ⅱ	
292	湖北宜昌南津关	干流（三峡水库出口）	7.86	9	1.9	0.24	Ⅱ	Ⅱ	
293	湖南岳阳城陵矶	干流	7.95	7.59	2.6	0.36	Ⅱ	Ⅱ	
294	江西九江河西水厂	干流（鄂-赣省界）	7.42	8.51	2.2	0.22	Ⅱ	Ⅱ	
295	安徽安庆皖河口	干流	7.43	6.75	2.2	0.12	Ⅱ	Ⅱ	
296	江苏南京林山	干流（皖-苏省界）	7.78	6.31	1.8	0.05	Ⅱ	Ⅱ	
297	四川乐山岷江大桥	岷江（与大渡河汇合前）	7.49	7.21	2.6	0.19	Ⅱ	Ⅱ	
298	四川宜宾凉姜沟	岷江（入长江前）	7.96	9.21	3	0.11	Ⅱ	Ⅰ	
299	四川泸州沱江二桥	沱江（入长江前）	8.3	8.92	3.2	0.15	Ⅱ	Ⅰ	
300	湖北丹江口胡家岭	丹江口水库（库体）	8.18	11.7	2	0.14	Ⅰ	Ⅰ	
301	湖南长沙新港	湘江（洞庭湖入口）	7.43	6.91	2.4	0.75	Ⅲ	Ⅲ	
302	湖南岳阳岳阳楼	洞庭湖出口	8.37	8.41	5	0.38	Ⅲ	Ⅲ	
303	湖北武汉宗关	汉江（入长江前）	7.93	8.77	3.9	0.14	Ⅱ	Ⅱ	
304	江西南昌滁槎	赣江（鄱阳湖入口）	8	7.36	7.1	5.37	劣Ⅴ	劣Ⅴ	氨氮
305	江西九江蛤蟆石	鄱阳湖出口	8.03	7.3	9.2	0.27	Ⅳ	Ⅳ	高锰酸盐指数

续表

序号	点位名称	断面情况	主要监测项目（单位：mg/L）				水质类别		主要污染指标
			pH	DO	CODMn	NH₃-N	本月	上月	
306	江苏扬州三江营	夹江（南水北调取水口）	7.92	9.09	2.5	0.21	Ⅱ	Ⅱ	
			发布日期：2004-12						
307	四川攀枝花龙洞	干流	7.87	10.3	1.6	0.08	Ⅰ	Ⅱ	
308	重庆朱沱	干流（川-渝省界）	8.25	10.4	1.3	0.51	Ⅲ	Ⅱ	
309	湖北宜昌南津关	干流（三峡水库出口）	8.3	9.07	2.4	0.16	Ⅱ	Ⅱ	
310	湖南岳阳城陵矶	干流	8.05	8.47	3.5	0.31	Ⅱ	Ⅱ	
311	江西九江河西水厂	干流（鄂-赣省界）	8	8.84	2.3	0.12	Ⅱ	Ⅱ	
312	安徽安庆皖河口	干流	7.42	8.65	1.7	0.14	Ⅰ	Ⅱ	
313	江苏南京林山	干流（皖-苏省界）	7.83	9.66	2	0.1	Ⅰ	Ⅱ	
314	四川乐山岷江大桥	岷江（与大渡河汇合前）	7.37	6.37	3.6	0.58	Ⅲ	Ⅱ	
315	四川宜宾凉姜沟	岷江（入长江前）	8.17	9.32	1.6	0.24	Ⅱ	Ⅱ	
316	四川泸州沱江二桥	沱江（入长江前）	8.28	7.76	2.6	0.28	Ⅱ	Ⅱ	
317	湖北丹江口胡家岭	丹江口水库（库体）	8.18	12.7	2.1	0.08	Ⅱ	Ⅰ	
318	湖南长沙新港	湘江（洞庭湖入口）	7.19	8.92	1.1	1.46	Ⅳ	Ⅲ	氨氮
319	湖南岳阳岳阳楼	洞庭湖出口	8.45	9.41	3.9	0.34	Ⅱ	Ⅲ	
320	湖北武汉宗关	汉江（入长江前）	7.86	8.89	4.2	0.15	Ⅲ	Ⅱ	
321	江西南昌滁槎	赣江（鄱阳湖入口）	9.26	9.3	4.3	11.3	劣Ⅴ	劣Ⅴ	pH、氨氮
322	江西九江蛤蟆石	鄱阳湖出口	8.36	9.24	8.5	0.34	Ⅳ	Ⅳ	高锰酸盐指数
323	江苏扬州三江营	夹江（南水北调取水口）	7.95	10.8	4.8	0.17	Ⅲ	Ⅱ	
			发布日期：2005-01						
324	四川攀枝花龙洞	干流	8.5	10.2	1.2	0.07	Ⅰ	Ⅰ	
325	重庆朱沱	干流（川-渝省界）	8.31	11.1	1.3	0.54	Ⅲ	Ⅲ	
326	湖北宜昌南津关	干流（三峡水库出口）	8.11	9.2	1.9	0.22	Ⅱ	Ⅱ	
327	湖南岳阳城陵矶	干流	8.12	8.35	5.1	0.42	Ⅲ	Ⅱ	
328	江西九江河西水厂	干流（鄂-赣省界）	6.89	11.3	2.4	0.21	Ⅱ	Ⅱ	
329	安徽安庆皖河口	干流	7.35	9.05	2.6	0.2	Ⅱ	Ⅰ	
330	江苏南京林山	干流（皖-苏省界）	7.78	11.1	2.5	0.22	Ⅱ	Ⅰ	
331	四川乐山岷江大桥	岷江（与大渡河汇合前）	7.43	6.41	4.6	1.6	Ⅴ	Ⅲ	氨氮
332	四川宜宾凉姜沟	岷江（入长江前）	8.35	11.3	0.9	0.35	Ⅱ	Ⅱ	
333	四川泸州沱江二桥	沱江（入长江前）	8.35	8.8	2.7	0.22	Ⅱ	Ⅱ	
334	湖北丹江口胡家岭	丹江口水库（库体）	8.37	11.5	1.8	0.08	Ⅰ	Ⅱ	
335	湖南长沙新港	湘江（洞庭湖入口）	7.07	10.2	2.1	0.92	Ⅲ	Ⅳ	
336	湖南岳阳岳阳楼	洞庭湖出口	8.39	11.2	5.4	0.84	Ⅲ	Ⅱ	
337	湖北武汉宗关	汉江（入长江前）	8.06	9.21	4.3	0.22	Ⅲ	Ⅲ	
338	江西南昌滁槎	赣江（鄱阳湖入口）	7.52	7.2	4.5	6.02	劣Ⅴ	劣Ⅴ	氨氮
339	江西九江蛤蟆石	鄱阳湖出口	7.84	11.2	3.1	0.47	Ⅱ	Ⅳ	
340	江苏扬州三江营	夹江（南水北调取水口）	7.9	11.2	2.6	0.42	Ⅱ	Ⅲ	
			发布日期：2005-02						
341	四川攀枝花龙洞	干流	8.52	9.38	0.9	0.15	Ⅰ	Ⅰ	
342	重庆朱沱	干流（川-渝省界）	8.24	10.7	1.8	0.55	Ⅲ	Ⅲ	
343	湖北宜昌南津关	干流（三峡水库出口）	7.93	10.4	2	0.18	Ⅱ	Ⅱ	

序号	点位名称	断面情况	主要监测项目(单位:mg/L)				水质类别		主要污染指标
			pH	DO	CODMn	NH₃-N	本月	上月	
344	湖南岳阳城陵矶	干流	7.81	9.65	3.2	0.43	Ⅱ	Ⅲ	
345	江西九江河西水厂	干流(鄂-赣省界)	6.99	11.2	3.1	0.13	Ⅱ	Ⅱ	
346	安徽安庆皖河口	干流	7.36	9.45	2.7	0.18	Ⅱ	Ⅱ	
347	江苏南京林山	干流(皖-苏省界)	7.66	10.5	2.3	0.31	Ⅱ	Ⅱ	
348	四川乐山岷江大桥	岷江(与大渡河汇合前)	7.42	5.62	4	1.98	Ⅴ	Ⅴ	氨氮
349	四川宜宾凉姜沟	岷江(入长江前)	8.32	10.2	1.3	0.4	Ⅱ	Ⅱ	
350	四川泸州沱江二桥	沱江(入长江前)	8.27	8.31	2.5	0.29	Ⅱ	Ⅱ	
351	湖北丹江口胡家岭	丹江口水库(库体)	8.1	12	2	0.06	Ⅰ	Ⅰ	
352	湖南长沙新港	湘江(洞庭湖入口)	7.24	11	2.1	1.26	Ⅳ	Ⅲ	氨氮
353	湖南岳阳岳阳楼	洞庭湖出口	8.42	14.7	6.5	0.9	Ⅳ	Ⅲ	高锰酸盐指数
354	湖北武汉宗关	汉江(入长江前)	8.04	9.4	3.4	0.17	Ⅱ	Ⅲ	
355	江西南昌滁槎	赣江(鄱阳湖入口)	7.81	6.65	1.8	3.01	劣Ⅴ	劣Ⅴ	氨氮
356	江西九江蛤蟆石	鄱阳湖出口	8.18	11.3	1.8	0.42	Ⅱ	Ⅱ	
357	江苏扬州三江营	夹江(南水北调取水口)	7.84	11.5	2.8	0.36	Ⅱ	Ⅱ	
		发布日期:2005-03							
358	四川攀枝花龙洞	干流	8.33	9.6	1.1	0.26	Ⅱ	Ⅰ	
359	重庆朱沱	干流(川-渝省界)	8.09	10.4	1.9	0.54	Ⅲ	Ⅲ	
360	湖北宜昌南津关	干流(三峡水库出口)	7.16	9.6	2.1	0.19	Ⅱ	Ⅱ	
361	湖南岳阳城陵矶	干流	7.72	10.7	4.1	0.42	Ⅲ	Ⅱ	
362	江西九江河西水厂	干流(鄂-赣省界)	8.21	9.91	1.8	0.11	Ⅰ	Ⅱ	
363	安徽安庆皖河口	干流	7.32	8.86	2.7	0.23	Ⅱ	Ⅱ	
364	江苏南京林山	干流(皖-苏省界)	7.64	10.5	1.8	0.02	Ⅱ	Ⅱ	
365	四川乐山岷江大桥	岷江(与大渡河汇合前)	7.25	5.26	4.3	0.82	Ⅲ	Ⅴ	
366	四川宜宾凉姜沟	岷江(入长江前)	8.27	8.88	1.1	0.32	Ⅱ	Ⅱ	
367	四川泸州沱江二桥	沱江(入长江前)	8.23	7.68	2.7	0.38	Ⅱ	Ⅱ	
368	湖北丹江口胡家岭	丹江口水库(库体)	8.16	12.3	1.8	0.08	Ⅰ	Ⅰ	
369	湖南长沙新港	湘江(洞庭湖入口)	6.95	11.8	4.3	0.9	Ⅲ	Ⅳ	
370	湖南岳阳岳阳楼	洞庭湖出口	7.55	7.78	5.7	0.57	Ⅲ	Ⅳ	
371	湖北武汉宗关	汉江(入长江前)	7.83	9.3	2.9	0.19	Ⅱ	Ⅱ	
372	江西南昌滁槎	赣江(鄱阳湖入口)	7.53	6.18	0.7	1.48	Ⅳ	劣Ⅴ	氨氮
373	江西九江蛤蟆石	鄱阳湖出口	7.93	10.6	3.3	0.23	Ⅱ	Ⅱ	
374	江苏扬州三江营	夹江(南水北调取水口)	7.78	11.4	3	0.31	Ⅱ	Ⅱ	
		发布日期:2005-04							
375	四川攀枝花龙洞	干流	8.28	9.03	1.1	0.1	Ⅰ	Ⅱ	
376	重庆朱沱	干流(川-渝省界)	8.12	8.59	2	0.63	Ⅲ	Ⅲ	
377	湖北宜昌南津关	干流(三峡水库出口)	7.9	8.22	2.4	0.13	Ⅱ	Ⅱ	
378	湖南岳阳城陵矶	干流	7.78	7.48	2.9	0.42	Ⅱ	Ⅲ	
379	江西九江河西水厂	干流(鄂-赣省界)	7.65	7.71	2	0.14	Ⅰ	Ⅰ	
380	安徽安庆皖河口	干流	7.25	8.65	2.3	0.15	Ⅱ	Ⅱ	
381	江苏南京林山	干流(皖-苏省界)	7.51	6.89	1.5	0.2	Ⅱ	Ⅰ	

序号	点位名称	断面情况	主要监测项目（单位：mg/L）				水质类别		主要污染指标
			pH	DO	CODMn	NH₃-N	本月	上月	
382	四川乐山岷江大桥	岷江（与大渡河汇合前）	7.15	3.61	6.9	0.86	Ⅳ	Ⅲ	高锰酸盐指数、溶解氧
383	四川宜宾凉姜沟	岷江（入长江前）	8.25	7.73	2	0.26	Ⅱ	Ⅱ	
384	四川泸州沱江二桥	沱江（入长江前）	8.03	9.67	3.4	0.14	Ⅱ	Ⅱ	
385	湖北丹江口胡家岭	丹江口水库（库体）	8.21	9.22	2	0.08	Ⅰ	Ⅰ	
386	湖南长沙新港	湘江（洞庭湖入口）	6.98	7.45	2.2	0.82	Ⅲ	Ⅲ	
387	湖南岳阳岳阳楼	洞庭湖出口	8.55	8.4	5.5	0.32	Ⅲ	Ⅲ	
388	湖北武汉宗关	汉江（入长江前）	7.93	8.3	2.2	0.08	Ⅱ	Ⅱ	
389	江西南昌滁槎	赣江（鄱阳湖入口）	7.42	6.18	0.5	0.99	Ⅲ	Ⅳ	
390	江西九江蛤蟆石	鄱阳湖出口	7.65	8.36	2.3	0.19	Ⅱ	Ⅱ	
391	江苏扬州三江营	夹江（南水北调取水口）	7.71	11.1	3.8	0.14	Ⅱ	Ⅱ	
		发布日期：2005-05							
392	四川攀枝花龙洞	干流	8.71	8.38	2.5	0.07	Ⅱ	Ⅰ	
393	重庆朱沱	干流（川-渝省界）	7.84	7.44	1.3	0.51	Ⅲ	Ⅲ	
394	湖北宜昌南津关	干流（三峡水库出口）	7.84	7.88	2.4	0.22	Ⅱ	Ⅱ	
395	湖南岳阳城陵矶	干流	7.93	11	3	0.19	Ⅱ	Ⅱ	
396	江西九江河西水厂	干流（鄂-赣省界）	7.3	7.42	2	0.07	Ⅱ	Ⅱ	
397	安徽安庆皖河口	干流	7.27	6.65	2.9	0.29	Ⅱ	Ⅱ	
398	江苏南京林山	干流（皖-苏省界）	7.58	6.07	1.4	0.04	Ⅱ	Ⅱ	
399	四川乐山岷江大桥	岷江（与大渡河汇合前）	7.37	6.21	4.7	0.41	Ⅲ	Ⅳ	
400	四川宜宾凉姜沟	岷江（入长江前）	8.57	7.13	2.2	0.12	Ⅱ	Ⅱ	
401	四川泸州沱江二桥	沱江（入长江前）	7.64	8.3	3.9	0.48	Ⅱ	Ⅱ	
402	湖北丹江口胡家岭	丹江口水库（库体）	7.91	7.87	1.9	0.07	Ⅰ	Ⅰ	
403	湖南长沙新港	湘江（洞庭湖入口）	6.99	5.63	2.4	0.53	Ⅲ	Ⅲ	
404	湖南岳阳岳阳楼	洞庭湖出口	7.07	6.15	5	0.16	Ⅲ	Ⅲ	
405	湖北武汉宗关	汉江（入长江前）	7.99	5.91	2.4	0.12	Ⅲ	Ⅱ	
406	江西南昌滁槎	赣江（鄱阳湖入口）	6.34	4.79	1.7	0.72	Ⅳ	Ⅲ	溶解氧
407	江西九江蛤蟆石	鄱阳湖出口	7.34	6.59	1.8	0.08	Ⅱ	Ⅱ	
408	江苏扬州三江营	夹江（南水北调取水口）	8.3	6.08	3.7	0.15	Ⅱ	Ⅱ	
		发布日期：2005-06							
409	四川攀枝花龙洞	干流	8.54	8.8	2.9	0.08	Ⅱ	Ⅱ	
410	重庆朱沱	干流（川-渝省界）	8.21	10.1	1.7	0.17	Ⅱ	Ⅲ	
411	湖北宜昌南津关	干流（三峡水库出口）	8.07	7.1	2.1	0.17	Ⅱ	Ⅱ	
412	湖南岳阳城陵矶	干流	7.93	10.7	4.7	0.16	Ⅲ	Ⅲ	
413	江西九江河西水厂	干流（鄂-赣省界）	7.38	6.72	2.8	0.08	Ⅱ	Ⅱ	
414	安徽安庆皖河口	干流	7.48	7.98	2.6	0.28	Ⅱ	Ⅲ	
415	江苏南京林山	干流（皖-苏省界）	7.49	6.8	1.4	0.1	Ⅱ	Ⅱ	
416	四川乐山岷江大桥	岷江（与大渡河汇合前）	7.36	6.31	2.9	0.34	Ⅱ	Ⅲ	
417	四川宜宾凉姜沟	岷江（入长江前）	8.65	7.87	2.3	0.17	Ⅱ	Ⅱ	
418	四川泸州沱江二桥	沱江（入长江前）	7.46	7.9	3.1	0.16	Ⅱ	Ⅱ	
419	湖北丹江口胡家岭	丹江口水库（库体）	7.86	8.08	2	0.08	Ⅰ	Ⅰ	
420	湖南长沙新港	湘江（洞庭湖入口）	7.33	6.95	1.5	0.47	Ⅱ	Ⅲ	
421	湖南岳阳岳阳楼	洞庭湖出口	7.53	7.62	3.9	0.35	Ⅱ	Ⅲ	

序号	点位名称	断面情况	主要监测项目（单位：mg/L）				水质类别		主要污染指标
			pH	DO	CODMn	NH$_3$-N	本月	上月	
422	湖北武汉宗关	汉江（入长江前）	7.9	4.38	5.9	0.12	IV	III	溶解氧
423	江西南昌滁槎	赣江（鄱阳湖入口）	6.35	4.4	1.6	1.18	IV	IV	氨氮、溶解氧
424	江西九江蛤蟆石	鄱阳湖出口	7.44	6.32	2.3	0.07	II	II	
425	江苏扬州三江营	夹江（南水北调取水口）	8.3	5.48	5.3	0.39	III	II	
		发布日期：2005-07							
426	四川攀枝花龙洞	干流	8.19	8.62	4	0.08	II	II	
427	重庆朱沱	干流（川-渝省界）	8.45	8.16	2.7	0.18	II	II	
428	湖北宜昌南津关	干流（三峡水库出口）	7.7	7	2.6	0.15	II	II	
429	湖南岳阳城陵矶	干流	7.92	8.7	3.1	0.41	II	III	
430	江西九江河西水厂	干流（鄂-赣省界）	7.41	7.18	3.1	0.07	II	II	
431	安徽安庆皖河口	干流	7.23	7.12	3.2	0.25	II	II	
432	江苏南京林山	干流（皖-苏省界）	7.47	6.95	3.8	0.1	II	II	
433	四川乐山岷江大桥	岷江（与大渡河汇合前）	7.33	5.23	4.2	0.34	III	II	
434	四川宜宾凉姜沟	岷江（入长江前）	8.5	7.14	3.3	0.06	II	II	
435	四川泸州沱江二桥	沱江（入长江前）	7.8	6.71	2.3	0.1	II	II	
436	湖北丹江口胡家岭	丹江口水库（库体）	7.86	7.63	2	0.07	I	I	
437	湖南长沙新港	湘江（洞庭湖入口）	7.03	6.45	1.8	0.59	III	II	
438	湖南岳阳岳阳楼	洞庭湖出口	7.99	7.94	3.1	0.39	III	II	
439	湖北武汉宗关	汉江（入长江前）	7.88	5.4	3.8	0.13	III	IV	
440	江西南昌滁槎	赣江（鄱阳湖入口）	6.53	3.38	2.2	1.18	IV	IV	氨氮、溶解氧
441	江西九江蛤蟆石	鄱阳湖出口	7.31	6.38	2.9	0.15	II	II	
442	江苏扬州三江营	夹江（南水北调取水口）	7.77	6.25	2.4	0.15	II	III	
		发布日期：2005-08							
443	四川攀枝花龙洞	干流	8.04	8.93	2.6	0.09	II	II	
444	重庆朱沱	干流（川-渝省界）	8.4	8.29	2.9	0.17	II	II	
445	湖北宜昌南津关	干流（三峡水库出口）	7.78	6.5	1.3	0.63	III	II	
446	湖南岳阳城陵矶	干流	8.02	7.83	4.2	0.25	III	II	
447	江西九江河西水厂	干流（鄂-赣省界）	7.4	7.27	2.3	0.07	II	II	
448	安徽安庆皖河口	干流	7.42	7.18	2.7	0.22	II	II	
449	江苏南京林山	干流（皖-苏省界）	7.53	6.16	3.3	0.04	II	II	
450	四川乐山岷江大桥	岷江（与大渡河汇合前）	7.23	6.38	5.4	0.32	III	II	
451	四川宜宾凉姜沟	岷江（入长江前）	8.61	7.63	3.1	0.08	II	II	
452	四川泸州沱江二桥	沱江（入长江前）	7.77	6.7	3.2	0.05	II	II	
453	湖北丹江口胡家岭	丹江口水库（库体）	7.59	7.98	2	0.1	I	I	
454	湖南长沙新港	湘江（洞庭湖入口）	6.7	5.73	1.4	0.61	III	III	
455	湖南岳阳岳阳楼	洞庭湖出口	7.76	7.74	3	0.34	II	II	
456	湖北武汉宗关	汉江（入长江前）	7.99	6.22	3.9	0.14	II	II	
457	江西南昌滁槎	赣江（鄱阳湖入口）	6.8	3.87	2.2	0.97	IV	IV	溶解氧
458	江西九江蛤蟆石	鄱阳湖出口	7.21	7.2	2.8	0.13	II	II	
459	江苏扬州三江营	夹江（南水北调取水口）	7.12	5.52	2.5	0.07	III	II	

续表

序号	点位名称	断面情况	主要监测项目（单位：mg/L）				水质类别		主要污染指标
			pH	DO	CODMn	NH₃-N	本月	上月	
		发布日期：2005-09							
460	四川攀枝花龙洞	干流	8.46	8.5	4	0.08	Ⅱ	Ⅱ	
461	重庆朱沱	干流（川-渝省界）	8.5	8.2	2.9	0.11	Ⅱ	Ⅱ	
462	湖北宜昌南津关	干流（三峡水库出口）	8.13	6.51	3.2	0.2	Ⅱ	Ⅲ	
463	湖南岳阳城陵矶	干流	7.99	11.2	4.9	0.41	Ⅲ	Ⅲ	
464	江西九江河西水厂	干流（鄂-赣省界）	7.48	6.87	2.3	0.06	Ⅱ	Ⅱ	
465	安徽安庆皖河口	干流	7.48	7.12	2.7	0.16	Ⅱ	Ⅱ	
466	江苏南京林山	干流（皖-苏省界）	7.26	6.08	3.5	0.1	Ⅱ	Ⅱ	
467	四川乐山岷江大桥	岷江（与大渡河汇合前）	7.39	6.6	2.1	0.32	Ⅱ	Ⅲ	
468	四川宜宾凉姜沟	岷江（入长江前）	8.79	8.19	2.1	0.09	Ⅱ	Ⅱ	
469	四川泸州沱江二桥	沱江（入长江前）	8.18	8.84	3.7	0.22	Ⅱ	Ⅱ	
470	湖北丹江口胡家岭	丹江口水库（库体）	8.67	8.28	2	0.07	Ⅰ	Ⅰ	
471	湖南长沙新港	湘江（洞庭湖入口）	6.76	6.07	3.9	0.57	Ⅲ	Ⅲ	
472	湖南岳阳岳阳楼	洞庭湖出口	7.43	8.51	2.6	0.64	Ⅲ	Ⅲ	
473	湖北武汉宗关	汉江（入长江前）	8.05	6.68	2.3	0.13	Ⅱ	Ⅱ	
474	江西南昌滁槎	赣江（鄱阳湖入口）	6.39	3.39	1.1	0.92	Ⅳ	Ⅳ	溶解氧
475	江西九江蛤蟆石	鄱阳湖出口	7.64	7.39	2.3	0.11	Ⅱ	Ⅱ	
476	江苏扬州三江营	夹江（南水北调取水口）	7.67	7.25	3.6	0.29	Ⅱ	Ⅲ	

注：本数据来源于国家环保局的政府网站（www.zhb.gov.cn）的水质报告。其中，pH表示酸碱度；DO表示溶解氧；CODMn表示高锰酸盐指数；NH₃-N表示氨氮。

长江干流主要观测站点的基本数据如表 11-2 所示，其给出干流上 7 个观测站一年基本数据（站点距离、水流量和水流速）。

表 11-2 长江干流主要观测站点的基本数据

观测站点		四川攀枝花	重庆朱沱	湖北宜昌	湖南岳阳	江西九江	安徽安庆	江苏南京
站点间距离		0	950	1728	2123	2623	2787	3251
2004.04	水流量	3690	13 800	21 000	25 600	28 100	29 500	29 800
	水流速	3.7	2.1	0.9	0.9	1.0	1.1	1.2
2004.05	水流量	3720	13 100	19 800	20 500	29 800	34 000	34 500
	水流速	3.7	1.9	0.8	0.9	1.1	1.1	1.2
2004.06	水流量	4010	14 200	20 300	22 600	29 500	32 100	33 100
	水流速	3.9	2.1	1.2	1.3	1.5	1.5	1.6
2004.07	水流量	4660	16 400	22 700	24 100	27 000	31 900	32 100
	水流速	4.1	2.3	1.4	1.5	1.5	1.6	1.7
2004.08	水流量	3740	10 600	24 000	25 900	32 100	33 400	35 100
	水流速	3.8	2.1	1.4	1.4	1.5	1.7	1.7
2004.09	水流量	6280	47 600	53 500	53 800	72 800	74 200	81 000
	水流速	5.1	4.8	1.7	1.9	2.1	3.4	3.4
2004.10	水流量	3260	16 200	19 100	22 300	24 800	31 000	38 400
	水流速	3.1	2.3	1.5	1.6	1.6	1.7	1.9

观测站点		四川攀枝花	重庆朱沱	湖北宜昌	湖南岳阳	江西九江	安徽安庆	江苏南京
2004.11	水流量	1500	8170	10 600	12 000	14 600	17 000	19 600
	水流速	2.7	1.9	0.7	0.8	0.9	0.9	1.0
2004.12	水流量	951	6550	7400	10 700	13 200	14 100	14 900
	水流速	3.1	1.5	0.7	0.8	0.8	0.8	0.9
2005.01	水流量	712	4020	4570	8190	10 900	12 300	14 400
	水流速	2.1	1.5	0.5	0.6	0.7	0.7	0.8
2005.02	水流量	612	3603	4510	7980	10 300	13 700	15 100
	水流速	2.0	1.0	0.4	0.6	0.7	0.7	0.8
2005.03	水流量	623	4740	5180	7040	14 300	21 400	21 500
	水流速	1.9	0.9	0.4	0.6	0.8	0.8	0.9
2005.04	水流量	642	3650	5400	7240	15 100	20 200	22 100
	水流速	2.1	1.2	0.4	0.5	0.7	0.8	0.8

注：表中的水流量和水流速均为年平均值；距离单位为 km,水流量单位为 m^3/s,水流速单位为 m/s。此数据主要参考《长江年鉴》中公布的相关资料整理。

通常认为一个观测站(地区)的水质污染主要来自于本地区的排污和上游的污水。

一般来说,江河自身对污染物都有一定的自然净化能力,即污染物在水环境中通过物理降解、化学降解和生物降解等使水中污染物的浓度降低。反映江河自然净化能力的指标称为降解系数。事实上,长江干流的自然净化能力可以认为是近似均匀的。根据检测可知,主要污染物高锰酸盐指数和氨氮的降解系数通常介于 $0.1\sim0.5$ 之间,例如可以考虑取 0.2(单位：L/天)。

表 11-3 所示是国标(GB 3838—2002)给出的《地表水环境质量标准》中 4 个主要项目标准限值,其中Ⅰ、Ⅱ、Ⅲ类为可饮用水。

表 11-3 《地表水环境质量标准》(GB 3838—2002)中 4 个主要项目标准限值 (单位：mg/L)

序号	项　　目	分　　类					
		Ⅰ类	Ⅱ类	Ⅲ类	Ⅳ类	Ⅴ类	劣Ⅴ类
1	溶解氧(DO)≥	7.5 (或饱和率 90%)	6	5	3	2	0
2	高锰酸盐指数 (CODMn)≤	2	4	6	10	15	∞
3	氨氮(NH₃-N)≤	0.15	0.5	1.0	1.5	2.0	∞
4	pH 值(无量纲)	6～9					

请研究下列问题：

(1) 对长江两年的水质情况做出定量的综合评价,并分析各地区水质的污染状况。

(2) 研究、分析长江干流一年主要污染物高锰酸盐指数和氨氮的污染源主要在哪些地区。

(3) 假如不采取更有效的治理措施,依照过去 10 年的主要统计数据(如表 11-4 所示),对长江未来水质污染的发展趋势做出预测分析,如研究未来 10 年的情况。

表 11-4　污水排放 1995—2004 年的测量值

年份	1995	1996	1997	1998	1999	2000	2001	2002	2003	2004
污水排放量（亿吨）	174	179	183	189	207	234	220.5	256	270	285
总流量（亿立方米）	9205	9513	9171	13 127	9513	9924	8893	10 210	9980	9405

（4）根据你的预测分析，如果未来 10 年内每年都要求长江干流的 Ⅳ 类和 Ⅴ 类水的比例控制在 20% 以内，且没有劣 Ⅴ 类水，那么每年需要处理多少污水？

11.2　数学模型

水质数学模型是反映水污染特性的数学方程。它是表征将水体中污染物的物理、化学和生物学等复杂现象与过程，以及各影响因素的相互作用的变化规律。有简单模型和复杂模型两类。模型的复杂性与参数的个数成正比例，但模型的实用性不决定于参数的复杂程度，而在于模型是否符合实际情况与能否解决实际问题。

11.2.1　问题分析

针对上一节所列问题，首先做如下几个假设：

（1）假设污染物检测浓度都是在每个月的第 1 天测得的，而且在整个月都不变。因为计算发现水流经过相邻两个观测站的时间一般为几天，而污染物浓度每隔一个月才测一次，为了能够处理数据，这种假设是合理的。

（2）假设题中水流量和水流速也是在整个月都不改变的，相邻两个观测站的水流速取这两个站点的平均值。

（3）假设 17 个观测站（地区）分别编号为 1～17；4 种污染物分别编号为 1～4。

（4）假设 1995—2014 年分别编号为第 1～20 年。

同时设定 $p(j)$ 表示第 j 个断面（观测站）的综合水质指数；$p(i,j)$ 表示第 j 个断面（观测站）第 i 项监测数据（$i=1$、2、3、4 时分别对应 pH 值、溶解氧浓度、高锰酸盐指数浓度、氨氮浓度）的综合水质指数；$q(j)$ 表示第 j 个断面（观测站）的综合水质类别（Ⅰ、Ⅱ、Ⅲ、Ⅳ 和劣 Ⅳ 分别对应 1、2、3、4、5 和 6）；$c(i,j)$ 表示第 j 个断面（观测站）的第 i 项监测数据（$i=1$、2、3、4 时分别对应 pH 值、溶解氧浓度、高锰酸盐指数浓度、氨氮浓度）；$x(i)$ 表示第 i 年废水排放总量；$y(i)$ 表示第 i 年长江总流量；$z(i,j)$ 表示第 i 年干流中 j 类水所占的百分比。

11.2.2　模型建立

1. 问题 1：需要确定长江水质定量的综合评价模型

首先建立断面综合水质指数公式：

$$p(j) = q(j) + r \times \sum_{i=1}^{4} w(i) \times p(i,j), \quad j = 1, 2, \cdots, 17$$

其中,系数 r(其经验值如表 11-5 所示)的作用是使 $r \times \sum_{i=1}^{4} w(i) \times p(i,j) < 1$；如果表 11-5 中的 r 值不满足 $r \times \sum_{i=1}^{4} w(i) \times p(i,j) < 1$,那么 $r \times \sum_{i=1}^{4} w(i) \times p(i,j) = 0.999$。

表 11-5　r 的经验值

水质类别	Ⅰ	Ⅱ	Ⅲ	Ⅳ	Ⅴ	劣 Ⅴ
r 的经验值	1.00	0.47	0.45	0.41	0.18	0.17

$w(i)$ 为第 i 种污染指数的权重,它的计算方法是：设 Ⅰ 类水标准值为 $s(i)$,Ⅴ 类水标准值为 $f(i)$。令 $\tilde{w}(i) = \dfrac{f(i)}{s(i)}$,取 $w(i) = \dfrac{v(i)}{\sum_{i=1}^{4} \tilde{w}(i)}$。

$$p(1,j) = |c(1,j) - 7| + p(j)$$
$$p(2,j) = \frac{1}{c(2,j)}$$
$$p(3) = c(3,j)$$
$$p(4,j) = c(4,j)$$

根据以上公式,可以计算出各种污染物的权重结果如表 11-6 所示。

表 11-6　各种污染物的权重

污染物	pH 值	溶解氧	高锰酸盐指数	氨氮
权重	0.0497	0.1450	0.2899	0.5154

根据 $p(j) = q(j) + r \times \sum_{i=1}^{4} w(i) \times p(i,j), j = 1, 2, \cdots, 17$,用 MATLAB 计算 17 个主要观测站(地区)水质定量的综合评价。

2. 问题 2：长江干流主要污染物排放量计算模型

因为要计算近一年的数据,所以首先假设：

(1) 设 2004 年 4 月至 2005 年 4 月分别编号为第 1~13 月。

(2) $t(i,j)$ 为第 i 个月水流从 $j-1$ 地区到 j 地区所用时间。

(3) $B(i,j)$ 为第 i 个月,第 j 个地区的排污量。

(4) $Q(i,j)$ 为第 i 个月,第 j 个地区的水流量。

然后确定干流污染物自然降解方程。设污染物浓度 $c = c(t)$,a 为降解系数,得到微分方程：$\mathrm{d}C/\mathrm{d}t = -aC$,初始条件为 $c(0) = c_0$。

当 a 取 0.2 时,得到 $c = c_0 \cdot e^{-0.2t}$。

根据下面排污量计算公式,可以计算得到高锰酸盐和氨氮排放量。

$$B(i,j) = (c(i,j) - c(i-1,j-i) \times e^{-0.2 \times t(i-1,j)}) \times Q(i,j)$$
$$i = 1, 2, \cdots, 13; \quad j = 2, 3, \cdots, 6$$

3. 问题 3：未来 10 年长江水质发展趋势预测模型

依照过去 10 年的主要统计数据，对废水排放量可以建立如下所示的二次回归模型：
$$x(i) = \beta_0 + \beta_1 i + \beta_2 i^2 + \varepsilon$$
由此可以计算得到未来 10 年的废水排放量。

而根据题中过去 10 年长江总流量与年份的对应关系，可以发现总流量 y 有明显的周期性，即每 4 年出现一次流量极大值。按此规律，并使用过去 10 年的数据，预测出未来 10 年长江总流量如表 11-7 所示。

表 11-7   未来 10 年长江总流量预测

年份	2005	2006	2007	2008	2009	2010	2011	2012	2013	2014
总流量（亿立方米）	9171.26	13 127	9513	9924	8892.8	10 210	9980	9405	9205	9513

以废水排放量和总流量为决策因素，建立预测各类水所占的百分比 $Z(i,j)$ 的回归模型：
$$\boldsymbol{Z}(i,j) = \beta_0 + \beta_1 x(i) + \beta_2 y(i) + \beta_3 y^2(i) + \beta_4 x(i)y(i) + \varepsilon$$
根据 $\boldsymbol{Z}(i,j)$ 公式和过去的数据，可以计算未来 10 年长江干流中各类水在枯水期、丰水期和水文年所占的百分比。

4. 问题 4：预测未来污水处理量的模型

根据要求未来 10 年内每年都将长江干流的Ⅳ类和Ⅴ类水的比例控制在 20% 以内，且没有劣Ⅴ类水，可得
$$\begin{cases} \boldsymbol{Z}(i,4) + \boldsymbol{Z}(i,5) < 0.2 \\ \boldsymbol{Z}(i,6) = 0 \end{cases}$$

11.3   水质评价与预测问题中 MATLAB 实现

根据上一节对题中的问题分析和模型，可以在 MATLAB 中编写对应的程序，求解模型结果。

对于问题 1，可以在 MATLAB 中编写以下程序实现断面综合水质指数公式。

```
function pollute_index
load sample.mat          %长江流域主要城市水质检测报告中数据
w = [0.0497 0.1450 0.2899 0.5154];
p = zeros(1, size(data, 1));
score = zeros(28, 17);
for i = 1:size(data, 1)
    data(i, 2) = 1/data(i, 2);
    data(i, 1) = abs(data(i, 1) - 7) + 7;
    switch data(i, 5)
    case 1
        r = 1;
    case 2
```

```
            r = 0.47;
        case 3
            r = 0.45;
        case 4
            r = 0.41;
        case 5
            r = 0.18;
        case 6
            r = 0.17;
end
b = r * w * data(i,1:4)';
if b > 1
        b = 0.9999;
end
p(1,i) = data(i,5) + b;
end
c = [1:17];
for i = 1:28
        score(i,:) = p(1,c + 17 * (i − 1));
end
score
avertime = zeros(1,28);
for i = 1:28
        avertime(1,i) = mean(score(i,:));
end
averdistrict = zeros(1,17);
for i = 1:17
        averdistrict(1,i) = mean(score(:,i));
end
bar(avertime);
bar(averdistrict);
title('17 个主要观测站(地区)水质的定量综合评价')
xlabel('17 个主要观测站(地区)')
ylabel('水质分类')
```

运行程序后,得到 17 个主要观测站(地区)水质的定量综合评价如图 11-1 所示。由图 11-1 可以看出,第 15 个观测站(江西南昌滁槎)的水质明显差于其他 16 个观测站。

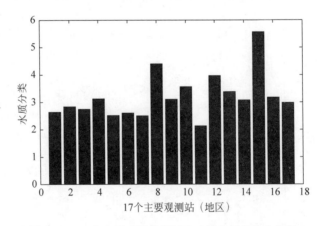

图 11-1　17 个主要观测站(地区)水质的定量综合评价

对于问题 2,相邻两个观测站的水流速取这两个站点的平均值,利用 MATLAB 编程可以计算得到时间 $t(i,j)$。

```
function time
a = [0 950 1728 2123 2623 2787 3251];
b = [3.7  2.1  0.9  0.9  1.0  1.1  1.2;
     3.7  1.9  0.8  0.9  1.1  1.1  1.2;
     3.9  2.1  1.2  1.3  1.5  1.5  1.6;
     4.1  2.3  1.4  1.5  1.5  1.6  1.7;
     3.8  2.1  1.4  1.4  1.5  1.7  1.7;
     5.1  4.8  1.7  1.9  2.1  3.4  3.4;
     3.1  2.3  1.5  1.6  1.6  1.7  1.9;
     2.7  1.9  0.7  0.8  0.9  0.9  1.0;
     3.1  1.5  0.7  0.8  0.8  0.8  0.9;
     2.1  1.5  0.5  0.6  0.7  0.7  0.8;
     2.0  1.0  0.4  0.6  0.7  0.7  0.8;
     1.9  0.9  0.4  0.6  0.8  0.8  0.9;
     2.1  1.2  0.4  0.5  0.7  0.8  0.8];
dist = 1000 * diff(a);
speed = zeros(13,6);
for i = 1:13
    speed(i,:) = diff(b(i,:))/2 + b(i,1:6);
end
time = zeros(13,6);
for i = 1:13
 time(i,:) = dist./(speed(i,:) * 60 * 60 * 24);
end
time
```

运行后得到结果如下:

```
>> time

time =

    3.7915    6.0031    5.0797    6.0916    1.8078    4.6699
    3.9269    6.6701    5.3785    5.7870    1.7256    4.6699
    3.6651    5.4574    3.6574    4.1336    1.2654    3.4648
    3.4361    4.8674    3.1529    3.8580    1.2246    3.2548
    3.7272    5.1455    3.2655    3.9911    1.1863    3.1590
    2.2213    2.7707    2.5399    2.8935    0.6902    1.5795
    4.0724    4.7393    2.9495    3.6169    1.1504    2.9835
    4.7806    6.9266    6.0957    6.8083    2.1091    5.6530
    4.7806    8.1860    6.0957    7.2338    2.3727    6.3181
    6.1085    9.0046    8.3123    8.9031    2.7116    7.1605
    7.3302   12.8638    9.1435    8.9031    2.7116    7.1605
    7.8538   13.8533    9.1435    8.2672    2.3727    6.3181
    6.6639   11.2558   10.1595    9.6451    2.5309    6.7130
```

根据式 $B(i,j)=(c(i,j)-c(i-1,j-i)\times e^{-0.2\times t(i-1,j)})\times Q(i,j)$,其中 $i=1,2,\cdots,13$;$j=2,3,\cdots,6$,假设最上游的四川攀枝花的排污量 $B(i,1)=0$,那么可以用如下 MATLAB 代码计算高锰酸盐和氨氮排放量:

```
function comprehensive_evaluation
data = [2.3000    4.3000    0.1500    0.0700;
        3.5000    2.2000    0.2100    0.2700;
        2.2000    3.0000    0.2700    0.3000;
        3.3000    3.6000    0.2600    0.3200;
        2.9000    3.1000    0.2700    0.2200;
        2.8000    3.2000    0.2200    0.2500;
        1.5000    1.8000    0.0200    0.0900;

        4.3000    2.5000    0.0700    0.0400;
        2.2000    3.0000    0.2700    0.1800;
        3.0000    3.8000    0.3000    0.3400;
        3.6000    3.5000    0.3200    0.3500;
        3.1000    2.6000    0.2200    0.1500;
        3.2000    1.6000    0.2500    0.1700;
        1.8000    2.0000    0.0900    0.0600;

        2.5000    2.4000    0.0400    0.0400;
        3.0000    3.3000    0.1800    0.1800;
        3.8000    3.2000    0.3400    0.1600;
        3.5000    4.2000    0.3500    0.3600;
        2.6000    2.6000    0.1500    0.1600;
        1.6000    1.7000    0.1700    0.2200;
        2.0000    1.8000    0.0600    0.0500;

        2.4000    5.8000    0.0400    1.0000;
        3.3000    2.0000    0.1800    0.1700;
        3.2000    3.1000    0.1600    0.1900;
        4.2000    4.0000    0.3600    0.3300;
        2.6000    2.3000    0.1600    0.2400;
        1.7000    1.9000    0.2200    0.1600;
        1.8000    1.7000    0.0500    0.0500;

        5.8000    6.1000    1.0000    0.0900;
        2.0000    4.4000    0.1700    0.1600;
        3.1000    3.4000    0.1900    0.2900;
        4.0000    3.9000    0.3300    0.3000;
        2.3000    1.9000    0.2400    0.2500;
        1.9000    1.6000    0.1600    0.1400;
        1.7000    2.3000    0.0500    0.0800;

        6.1000    0.8000    0.0900    0.0800;
        4.4000    1.6000    0.1600    0.2300;
        3.4000    3.7000    0.2900    0.2300;
        3.9000    3.5000    0.3000    0.3600;
        1.9000    1.9000    0.2500    0.1900;
        1.6000    2.1000    0.1400    0.1700;
        2.3000    1.9000    0.0800    0.0400;

        0.8000    2.8000    0.0800    0.0600;
```

```
                1.6000      2.0000      0.2300      0.2700;
                3.7000      1.9000      0.2300      0.2400;
                3.5000      2.6000      0.3600      0.3600;
                1.9000      2.2000      0.1900      0.2200;
                2.1000      2.2000      0.1700      0.1200;
                1.9000      1.8000      0.0400      0.0500;

                2.8000      1.6000      0.0600      0.0800;
                2.0000      1.3000      0.2700      0.5100;
                1.9000      2.4000      0.2400      0.1600;
                2.6000      3.5000      0.3600      0.3100;
                2.2000      2.3000      0.2200      0.1200;
                2.2000      1.7000      0.1200      0.1400;
                1.8000      2.0000      0.0500      0.1000;

                1.6000      1.2000      0.0800      0.0700;
                1.3000      1.3000      0.5100      0.5400;
                2.4000      1.9000      0.1600      0.2200;
                3.5000      5.1000      0.3100      0.4200;
                2.3000      2.4000      0.1200      0.2100;
                1.7000      2.6000      0.1400      0.2000;
                2.0000      2.5000      0.1000      0.2200;

                1.2000      0.9000      0.0700      0.1500;
                1.3000      1.8000      0.5400      0.5500;
                1.9000      2.0000      0.2200      0.1800;
                5.1000      3.2000      0.4200      0.4300;
                2.4000      3.1000      0.2100      0.1300;
                2.6000      2.7000      0.2000      0.1800;
                2.5000      2.3000      0.2200      0.3100;

                0.9000      1.1000      0.1500      0.2600;
                1.8000      1.9000      0.5500      0.5400;
                2.0000      2.1000      0.1800      0.1900;
                3.2000      4.1000      0.4300      0.4200;
                3.1000      1.8000      0.1300      0.1100;
                2.7000      2.7000      0.1800      0.2300;
                2.3000      1.8000      0.3100      0.0200;

                1.1000      1.1000      0.2600      0.1000;
                1.9000      2.0000      0.5400      0.6300;
                2.1000      2.4000      0.1900      0.1300;
                4.1000      2.9000      0.4200      0.4200;
                1.8000      2.0000      0.1100      0.1400;
                2.7000      2.3000      0.2300      0.1500;
                1.8000      1.5000      0.0200      0.2000];
time = [3.7915      6.0031      5.0797      6.0916      1.8078      4.6699;
                3.9269      6.6701      5.3785      5.7870      1.7256      4.6699;
                3.6651      5.4574      3.6574      4.1336      1.2654      3.4648;
                3.4361      4.8674      3.1529      3.8580      1.2246      3.2548;
```

```
         3.7272      5.1455      3.2655      3.9911      1.1863      3.1590;
         2.2213      2.7707      2.5399      2.8935      0.6902      1.5795;
         4.0724      4.7393      2.9495      3.6169      1.1504      2.9835;
         4.7806      6.9266      6.0957      6.8083      2.1091      5.6530;
         4.7806      8.1860      6.0957      7.2338      2.3727      6.3181;
         6.1085      9.0046      8.3123      8.9031      2.7116      7.1605;
         7.3302     12.8638      9.1435      8.9031      2.7116      7.1605;
         7.8538     13.8533      9.1435      8.2672      2.3727      6.3181];
flow = [13800 21000 25600 28100 29500 29800;
        13100 19800 20500 29800 34000 34500;
        14200 20300 22600 29500 32100 33100;
        10600 24000 25900 32100 33400 35100;
        47600 53500 53800 72800 74200 81000;
        16200 19100 22300 24800 31000 38400;
         8170 10600 12000 14600 17000 19600;
         6550  7400 10700 13200 14100 14900;
         4020  4570  8190 10900 12300 14400;
         3603  4510  7980 10300 13700 15100;
         4740  5180  7040 14300 21400 21500;
         3650  5400  7240 15100 20200 22100];
cod = zeros(12,6);
nh3 = zeros(12,6);
for i = 1:12
    [cod(i,:),nh3(i,:)] = calculate(data([7 * (i - 1) + 1:7 * i],:),time(i,:));
end
cod = cod. * flow;
nh3 = nh3. * flow;
cod(cod < 0) = 0;
nh3(nh3 < 0) = 0;
cod
nh3
figure(1)
bar([0 sum(nh3,1)]);
title('一年内 7 个干流观测站氨氮排放量')
xlabel('7 个干流观测站')
ylabel('氨氮排放量(L/s)')
figure(2)
bar([0 sum(cod,1)]);
title('一年内 7 个干流观测站高锰酸盐排放量')
xlabel('7 个干流观测站')
ylabel('高锰酸盐排放量(L/s)')

function [x,y] = calculate(data,time)
p = 1;
x = zeros(1,6);
y = zeros(1,6);
for i = 1:6
    x(i) = data(i + 1,p + 1) - data(i,p) * exp( - 0.2 * time(i));
    y(i) = data(i + 1,p + 3) - data(i,p + 2) * exp( - 0.2 * time(i));
end
```

运行后得到 2004 年 4 月到 2005 年 4 月长江干流 7 个地区高锰酸盐和氨氮的排放量如下所示:

```
>> calculated_missions

cod =
  1.0e + 05 *


    0.1549    0.4088    0.7177    0.5969    0.3481    0.2085
    0.1362    0.6377    0.5077    0.4376         0    0.2561
    0.2980    0.4451    0.5359    0.3153         0    0.3310
    0.0840    0.4448    0.5948    0.1151         0    0.2855
    0.7843    1.4367    1.2302    0.0724         0    1.0448
         0    0.2238    0.3243         0    0.1379    0.2816
    0.1345    0.1357    0.0659    0.0733    0.1174    0.1262
    0.0147    0.1406    0.3144    0.2157    0.0363    0.1922
    0.0275    0.0753    0.3596    0.1718    0.1438    0.2908
    0.0521    0.0805    0.2266    0.2308    0.1787    0.2535
    0.0802    0.1017    0.2660    0.1803    0.1921    0.2484
    0.0647    0.1232    0.1855    0.1835    0.2384    0.1629


nh3 =
  1.0e + 04 *


    0.2756    0.4973    0.5689    0.4021    0.1827    0.0106
    0.1940    0.5324    0.5077    0.1473    0.0483         0
    0.2283    0.2021    0.4438    0.0203    0.3324         0
    0.1589    0.2928    0.6341    0.2362    0.1161         0
         0    1.2265    1.0820    0.7386         0         0
    0.2791    0.2637    0.4137    0.0541         0         0
    0.1916    0.1599    0.2790    0.0662         0         0
    0.3189    0.0684    0.2558    0.0366         0    0.0913
    0.2047    0.0552    0.3053    0.1494    0.1542    0.2598
    0.1907    0.0410    0.3098    0.0610    0.0793    0.3960
    0.2395    0.0767    0.2753    0.0537    0.3305         0
    0.2102    0.0519    0.2820    0.0900    0.1648    0.2983
```

高锰酸盐和氨氮的排放量数据直方图如图 11-2 所示。

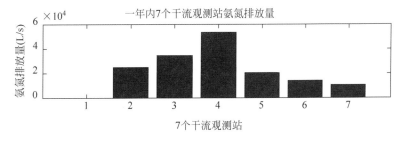

图 11-2 高锰酸盐和氨氮的排放量数据直方图

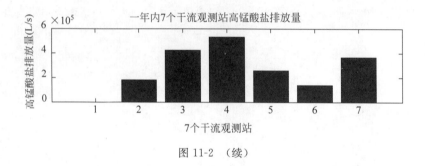

图 11-2 （续）

从图 11-2 中可以看出，在 7 个干流观测站中，第 4 个观测站（湖南岳阳）的高锰酸盐和氨氮排放量最多，即长江干流近一年主要污染物高锰酸盐指数和氨氮的污染源主要在湖南岳阳地区。

对于问题 3，对废水排放量可以建立的二次回归模型为 $x(i) = \beta_0 + \beta_1 i + \beta_2 i^2 + \varepsilon$，编写 MATLAB 代码如下所示：

```
function popredict1 = pollute
year = [1:10];
a = [174 179 183 189 207 234 220.5 256 270 285];
[b,bint,r,rint,stats] = regress(a',[ones(1,10);year;year.^2]');
pollute = polyval(fliplr(b'),[11:20])
```

运行后，得到未来 10 年的废水排放量为：

```
>> pollute
pollute =
  308.8750   331.7614   356.3182   382.5455   410.4432   440.0114   471.2500   504.1591
538.7386   574.9886
```

根据废水排放量和总流量预测值，以及建立的回归模型，编写未来 10 年长江干流中各类水在枯水期、丰水期和水文年所占的百分比的计算程序如下所示：

```
function pre
p = [308.8750   331.7614   356.3182   382.5455   410.4432   440.0114   471.2500   504.1591
538.7386   574.9886];
%计算长江干流中各类水在枯水期所占百分比
k1 = [27.3 9.3 12.5 11.8 0 16.1 3.7 0 2.1 1.1];
k2 = [58.3 18.1 17.4 20.5 52.6 32 27.3 26.4 20.8 25.1];
k3 = [14.4 72.6 43 67.7 34.5 26.5 35.9 37.1 40.2 39.1];
k4 = [0 0 27.1 0 10.6 25.4 19.1 20.4 27.6 11.1];
k5 = [0 0 0 0 2.3 0 8.1 8.1 9.3 9.4];
k6 = [0 0 0 0 0 0 6.9 7.9 0 14.2];
k = yuce(k1,k2,k3,k4,k5,k6,p)

%计算长江干流中各类水在丰水期所占百分比
```

```
f1 = [15.0 20.8 19.6 2.7 0 9.5 0.6 1.5 1.9 1.3];
f2 = [17.7 40.5 33.3 8.2 58.5 33.5 34.1 27.9 34.1 24.2];
f3 = [48.9 36.1 47.1 84.9 30.9 31.6 38.2 41.5 39.7 41.5];
f4 = [8.7 18.3 0 0 10.6 25.4 14.1 15.2 17.8 16.3];
f5 = [5.6 1.1 0 4.2 0 0 7.9 9.1 6.5 7.4];
f6 = [4.0 1.5 0 0 0 0 5.1 4.8 0 9.3];
f = yuce(f1,f2,f3,f4,f5,f6,p)

% 计算长江干流中各类水在水文年所占百分比
s1 = [24.7 25.6 14.6 10.3 0 9.5 2.3 3.1 8 1.1];
s2 = [35.7 29.5 27.6 20.1 56.4 35.9 30.1 35.4 17.8 25.8];
s3 = [30 44.1 44.5 69.6 30.8 29.1 35.3 30.3 68 40.6];
s4 = [2.9 0 13.3 0 5.5 25.4 18.7 17.4 1.5 15.7];
s5 = [6.7 0.8 0 0 7.3 0 7.8 5.1 4.6 7.8 ];
s6 = [0 0 0 0 0 0 5.8 8.7 0 9];
s = yuce(s1,s2,s3,s4,s5,s6,p)

% yuce 为 pre 的子函数 %
function d = yuce(a1,a2,a3,a4,a5,a6,p)
c1 = mm(a1,p);
c2 = mm(a2,p);
c3 = mm(a3,p);
c4 = mm(a4,p);
c5 = mm(a5,p);
c6 = mm(a6,p);
d = [c1;c2;c3;c4;c5;c6];

for k = [1:10],
d(1 + (k - 1) * 6:6 + (k - 1) * 6) = d(1 + (k - 1) * 6:6 + (k - 1) * 6)/sum(d(1 + (k - 1) * 6:6 +
(k - 1) * 6));
end
d = d. * 100;

% mm 为 yuce 的子函数 %
function c = mm(a,p)
i = [174 179 183 189 207 234 220.5 256 270 285];
f = [92.05 95.13 91.7126 131.27 95.13 99.24 88.928 102.10 99.80 94.05];
j = i. * f;
f2 = [91.7126 131.27 95.13 99.24 88.928 102.10 99.80 94.05 92.05 95.13];
n = f2. * p;
[b,bint,r,rint,stats] = regress(a',[ones(1,10);i;f;f.^2;j]');
c = ones(1,10) * b(1) + p * b(2) + f2 * b(3) + f2.^2 * b(4) + n. * b(5);
c(c < 0) = 0;
```

运行后,得到未来10年长江干流中各类水在枯水期所占的百分比如图11-3所示,在丰水期所占的百分比如图11-4所示,在水文年所占的百分比如图11-5所示。

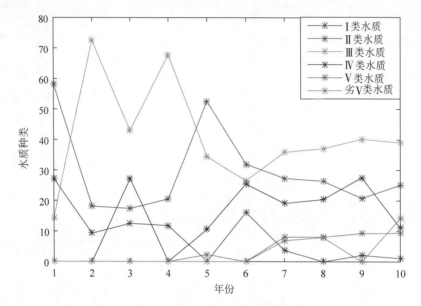

图 11-3　未来 10 年长江干流中各类水在枯水期所占的百分比

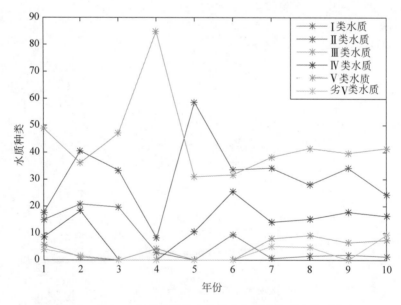

图 11-4　未来 10 年长江干流中各类水在丰水期所占的百分比

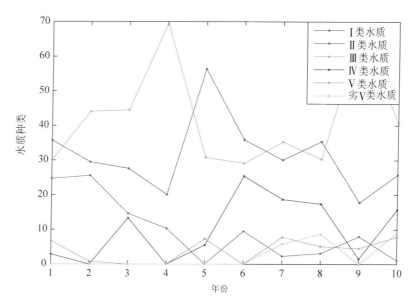

图 11-5　未来 10 年长江干流中各类水在水文年所占的百分比

对于问题 4,根据公式和过去数据,可以在 MATLAB 中编写以下代码:

```
function sewage
p = [308.8750  331.7614  356.3182  382.5455  410.4432  440.0114  471.2500  504.1591
538.7386  574.9886];

for j = [1:10],
    for m = [1:400],
        p(j) = p(j) - 1;
        s1 = [24.7 25.6 14.6 10.3 0 9.5 2.3 3.1 8 1.1];
        s2 = [35.7 29.5 27.6 20.1 56.4 35.9 30.1 35.4 17.8 25.8];
        s3 = [30 44.1 44.5 69.6 30.8 29.1 35.3 30.3 68 40.6];
        s4 = [2.9 0 13.3 0 5.5 25.4 18.7 17.4 1.5 15.7];
        s5 = [6.7 0.8 0 0 7.3 0 7.8 5.1 4.6 7.8];
        s6 = [0 0 0 0 0 0 5.8 8.7 0 9];
        s = yuce(s1, s2, s3, s4, s5, s6, p);
        if s(4 + (j - 1) * 6) + s(5 + (j - 1) * 6) < 20 & s(6 + (j - 1) * 6) == 0
            q = p                     % 每年需要处理的污水量
            s                         % 处理污水后长江干流每类水质所占比例
            break
        end
    end
end

function d = yuce(a1, a2, a3, a4, a5, a6, p)
c1 = mm(a1, p);
c2 = mm(a2, p);
c3 = mm(a3, p);
c4 = mm(a4, p);
c5 = mm(a5, p);
```

```
c6 = mm(a6,p);

d = [c1;c2;c3;c4;c5;c6];

for k = [1:10],
    d(1 + (k - 1) * 6:6 + (k - 1) * 6) = d(1 + (k - 1) * 6:6 + (k - 1) * 6)/sum(d(1 + (k - 1) *
6:6 + (k - 1) * 6));
end
d = d. * 100;

function c = mm(a,p)
i = [174 179 183 189 207 234 220.5 256 270 285];
f = [92.05 95.13 91.7126 131.27 95.13 99.24 88.928 102.10 99.80 94.05];
j = i. * f;
f2 = [91.7126 131.27 95.13 99.24 88.928 102.10 99.80 94.05 92.05 95.13];
n = f2. * p;
[b,bint,r,rint,stats] = regress(a',[ones(1,10);i;f;f.^2;j]');
c = ones(1,10) * b(1) + p * b(2) + f2 * b(3) + f2.^2 * b(4) + n. * b(5);
c(c < 0) = 0;
```

运行后,得到:

```
q =

  170.8750  187.7614  194.3182  213.5455  144.4432  221.0114  215.2500  188.1591
173.7386  194.9886


s =

   18.9798   10.0616   15.2230   13.1700   24.2866   12.9546   13.0831   16.0840
18.4609   15.0981
   32.7751   21.9044   40.1457   41.9440   20.8857   40.6525   41.8316   38.4854
33.0115   40.0809
   37.4730   67.7284   33.6639   34.4161   44.9572   36.8053   34.7757   34.3836
36.8731   33.7440
    7.0767    0.3056    8.2951    8.6818    5.1263    8.3331    8.6363    8.0615
7.2648    8.3688
    3.6954        0    2.6723    1.7881    4.7441    1.2545    1.6734    2.9855
3.5896    2.7083
        0        0        0        0        0        0        0        0
    0         0
```

即未来10年内每年需要处理污水量为170.8750、187.7614、194.3182、213.5455、144.4432、221.0114、215.2500、188.1591、173.7386、194.9886亿立方米。

11.4 模糊神经网络在水质预测中的应用

模糊理论和神经网络技术是近年来人工智能研究较为活跃的两个领域。人工神经网络是模拟人脑结构的思维功能,具有较强的自学习和联想功能,人工干预少,精度较高,对专家知识的利用也较少。

模糊神经网络有如下三种形式:

- 逻辑模糊神经网络;
- 算术模糊神经网络;
- 混合模糊神经网络。

模糊神经网络就是具有模糊权系数或者输入信号是模糊量的神经网络。上面三种形式的模糊神经网络中所执行的运算方法不同。

模糊神经网络无论作为逼近器,还是模式存储器,都是需要学习和优化权系数的。学习算法是模糊神经网络优化权系数的关键。

对于逻辑模糊神经网络,可采用基于误差的学习算法,也就是监视学习算法。对于算术模糊神经网络,则有模糊 BP 算法、遗传算法等。

对于混合模糊神经网络,目前尚未有合理的算法。不过,混合模糊神经网络一般是用于计算而不是用于学习的,它不必一定学习。

一种基于 T-S 模型的模糊神经网络由前件网络和后件网络两部分组成。前件网络用来匹配模糊规则的前件,它相当于每条规则的适用度。后件网络用来实现模糊规则的后件。总的输出为各模糊规则后件的加权和,加权系数为各条规则的适用度。

模糊神经网络具有局部逼近功能,且具有神经网络和模糊逻辑两者的优点。它既可以容易地表示模糊和定性的知识,又具有较好的学习能力。

水质评价指按照评价目标,选择相应的水质参数、水质标准和评价方法,对水体的质量利用价值及水的处理要求做出评定。水质评价是合理开发利用和保护水资源的一项基本工作。根据不同评价类型,采用相应的水质标准。

评价水环境质量,采用地面水环境质量标准;评价养殖水体的质量,采用渔业用水水质标准;评价集中式生活饮用水取水点的水源水质,用地面水卫生标准;评价农田灌溉用水,采用农田灌溉水质标准。

一般都以国家或地方政府颁布的各类水质标准作为评价标准。在无规定水质标准情况下,可采用水质基准或本水系的水质背景值作为评价标准。

现采取江水样本对江水水质进行评价,采取的取水口分别记为 A、B 和 C 厂。三个水厂水中的氨氧含量变化趋势如图 11-6~图 11-8 所示。

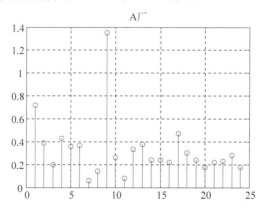

图 11-6　A 厂水中的氨氧含量变化趋势

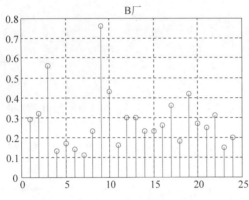

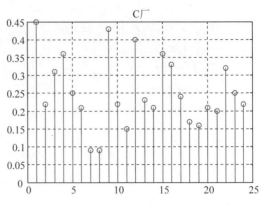

图 11-7　B 厂水中的氨氧含量变化趋势　　　　　图 11-8　C 厂水中的氨氧含量变化趋势

从图 11-6～图 11-8 可以看出，C 厂水中的氨氧含量低于 A 和 B 厂的。

【例 11-1】　应用模糊神经网络算法，实现江水水质的评价。

解　根据训练输入/输出数据维数确定网络结构，初始化模糊神经网络隶属于函数参数和系数，归一化训练数据。

从数据库文件 data1 中导出数据。其中，因为江水水质评价的真实数据比较难找，这里随机给出 5 类数据作为江水水质评价的 5 种因素。

建立 MATLAB 程序如下所示：

```
clear all
clc
%参数初始化
xite = 0.002;
alfa = 0.04;
%网络节点
I = 6;                          %输入节点数
M = 10;                         %隐含节点数
O = 1;                          %输出节点数


%系数初始化
p0 = 0.3 * ones(M,1);p0_1 = p0;p0_2 = p0_1;
p1 = 0.3 * ones(M,1);p1_1 = p1;p1_2 = p1_1;
p2 = 0.3 * ones(M,1);p2_1 = p2;p2_2 = p2_1;
p3 = 0.3 * ones(M,1);p3_1 = p3;p3_2 = p3_1;
p4 = 0.3 * ones(M,1);p4_1 = p4;p4_2 = p4_1;
p5 = 0.3 * ones(M,1);p5_1 = p5;p5_2 = p5_1;
p6 = 0.3 * ones(M,1);p6_1 = p6;p6_2 = p6_1;


%参数初始化
c = 1 + rands(M,I);c_1 = c;c_2 = c_1;
b = 1 + rands(M,I);b_1 = b;b_2 = b_1;

maxgen = 120;  %进化次数


%网络测试数据,并对数据归一化
```

```
load data1 input_train output_train input_test output_test

%样本输入/输出数据归一化
[inputn, inputps] = mapminmax(input_train);
[outputn, outputps] = mapminmax(output_train);
[n, m] = size(input_train);

%%%%%% 网络训练 %%%%%%%%%%
%循环开始,进化网络
for iii = 1:maxgen
    iii
    for k = 1:m
        x = inputn(:, k);

        %输出层结算
        for i = 1:I
            for j = 1:M
                u(i, j) = exp( - (x(i) - c(j, i))^2/b(j, i));
            end
        end
        %模糊规则计算
        for i = 1:M
            w(i) = u(1, i) * u(2, i) * u(3, i) * u(4, i) * u(5, i) * u(6, i);
        end
        addw = sum(w);
        for i = 1:M
         yi(i) = p0_1(i) + p1_1(i) * x(1) + p2_1(i) * x(2) + p3_1(i) * x(3) + p4_1(i) * x(4)
 + p5_1(i) * x(5) + p6_1(i) * x(6);
        end
        addyw = yi * w';
        %网络预测计算
        yn(k) = addyw/addw;
        e(k) = outputn(k) - yn(k);
        %计算 p 的变化值
        d_p = zeros(M, 1);
        d_p = xite * e(k) * w./addw;
        d_p = d_p';

        %计算 b 的变化值
        d_b = 0 * b_1;
        for i = 1:M
            for j = 1:I
                d_b(i, j) = xite * e(k) * (yi(i) * addw - addyw) * (x(j) - c(i, j))^2 * w(i)/(b
(i, j)^2 * addw^2);
            end
        end
        %更新 c 变化值
        for i = 1:M
            for j = 1:I
```

```
                    d_c(i,j) = xite * e(k) * (yi(i) * addw - addyw) * 2 * (x(j) - c(i,j)) * w(i)/
(b(i,j) * addw^2);
            end
        end
        p0 = p0_1 + d_p + alfa * (p0_1 - p0_2);
        p1 = p1_1 + d_p * x(1) + alfa * (p1_1 - p1_2);
        p2 = p2_1 + d_p * x(2) + alfa * (p2_1 - p2_2);
        p3 = p3_1 + d_p * x(3) + alfa * (p3_1 - p3_2);
        p4 = p4_1 + d_p * x(4) + alfa * (p4_1 - p4_2);
        p5 = p5_1 + d_p * x(5) + alfa * (p5_1 - p5_2);
        p6 = p6_1 + d_p * x(6) + alfa * (p6_1 - p6_2);
        b = b_1 + d_b + alfa * (b_1 - b_2);
        c = c_1 + d_c + alfa * (c_1 - c_2);
        p0_2 = p0_1; p0_1 = p0;
        p1_2 = p1_1; p1_1 = p1;
        p2_2 = p2_1; p2_1 = p2;
        p3_2 = p3_1; p3_1 = p3;
        p4_2 = p4_1; p4_1 = p4;
        p5_2 = p5_1; p5_1 = p5;
        p6_2 = p6_1; p6_1 = p6;
        c_2 = c_1; c_1 = c;
        b_2 = b_1; b_1 = b;

    end
    E(iii) = sum(abs(e));
end

figure(1);
plot(outputn,'r')
hold on
plot(yn,'b')
hold on
plot(outputn - yn,'g');
legend('实际输出','预测输出','误差','fontsize',12)
title('训练数据预测','fontsize',12)
xlabel('样本序号','fontsize',12)
ylabel('水质等级','fontsize',12)

%%%%%%%%%%% 网络预测 %%%%%%%%%%%%%%%%%%%
% 数据归一化处理
inputn_test = mapminmax('apply', input_test, inputps);
[n,m] = size(inputn_test)
for k = 1:m
    x = inputn_test(:,k);
    % 计算输出中间层
    for i = 1:I
        for j = 1:M
            u(i,j) = exp( - (x(i) - c(j,i))^2/b(j,i));
        end
    end
```

```
        end
        for i = 1:M
            w(i) = u(1,i) * u(2,i) * u(3,i) * u(4,i) * u(5,i) * u(6,i);
        end
        addw = 0;
        for i = 1:M
            addw = addw + w(i);
        end
        for i = 1:M
            yi(i) = p0_1(i) + p1_1(i) * x(1) + p2_1(i) * x(2) + p3_1(i) * x(3) + p4_1(i) * x(4)
    + p5_1(i) * x(5) + p6_1(i) * x(6);
        end


        addyw = 0;
        for i = 1:M
            addyw = addyw + yi(i) * w(i);
        end

        % 计算输出
        yc(k) = addyw/addw;
end

%%%%%%%%% 预测结果反归一化 %%%%%%%%%%%%%%%%%%%%
test_simu = mapminmax('reverse',yc,outputps);
% 作图
figure(2)
plot(output_test,'r')
hold on
plot(test_simu,'b')
hold on
plot(test_simu - output_test,'g')
legend('实际输出','预测输出','误差','fontsize',12)
title('测试数据预测','fontsize',12)
xlabel('样本序号','fontsize',12)
ylabel('水质等级','fontsize',12)

%%%%%%%%%%%%%%% 江水实际水质预测 %%%%%%%%%%%%%%%%%%%%%
load   data2 C B A
%%%%%%%%%%%%%%%%%%%%%%%% C 厂 %%%%%%%%%%%%%%%%%%%%%%%%
zssz = C;
% 数据归一化
inputn_test = mapminmax('apply',zssz,inputps);
[n,m] = size(zssz);
for k = 1:1:m
    x = inputn_test(:,k);

    % 计算输出中间层
    for i = 1:I
        for j = 1:M
```

```
                u(i,j) = exp( - (x(i) - c(j,i))^2/b(j,i));
        end
    end

    for i = 1:M
        w(i) = u(1,i) * u(2,i) * u(3,i) * u(4,i) * u(5,i) * u(6,i);
    end
    addw = 0;
    for i = 1:M
        addw = addw + w(i);
    end
    for i = 1:M
        yi(i) = p0_1(i) + p1_1(i) * x(1) + p2_1(i) * x(2) + p3_1(i) * x(3) + p4_1(i) * x(4) +
p5_1(i) * x(5) + p6_1(i) * x(6);
    end
    addyw = 0;
    for i = 1:M
        addyw = addyw + yi(i) * w(i);
    end
    % 计算输出
    szzb(k) = addyw/addw;
end
szzbz1 = mapminmax('reverse',szzb,outputps);

for i = 1:m
    if szzbz1(i)<= 1.5
        szpj1(i) = 1;
    elseif szzbz1(i)>1.5&&szzbz1(i)<= 2.5
        szpj1(i) = 2;
    elseif szzbz1(i)>2.5&&szzbz1(i)<= 3.5
        szpj1(i) = 3;
    elseif szzbz1(i)>3.5&&szzbz1(i)<= 4.5
        szpj1(i) = 4;
    else
        szpj1(i) = 5;
    end
end
%%%%%%%%%%%%%%%%%%%%%%%%%%%B厂 %%%%%%%%%%%%%%%%%%%%%%%%%%%%%
zssz = B;
inputn_test = mapminmax('apply',zssz,inputps);
[n,m] = size(zssz);
for k = 1:1:m
    x = inputn_test(:,k);

    % 计算输出中间层
    for i = 1:I
        for j = 1:M
```

```
                u(i,j) = exp( - (x(i) - c(j,i))^2/b(j,i));
            end
        end
        for i = 1:M
            w(i) = u(1,i) * u(2,i) * u(3,i) * u(4,i) * u(5,i) * u(6,i);
        end
        addw = 0;
        for i = 1:M
            addw = addw + w(i);
        end
        for i = 1:M
            yi(i) = p0_1(i) + p1_1(i) * x(1) + p2_1(i) * x(2) + p3_1(i) * x(3) + p4_1(i) * x(4) +
p5_1(i) * x(5) + p6_1(i) * x(6);
        end
        addyw = 0;
        for i = 1:M
            addyw = addyw + yi(i) * w(i);
        end
        %计算输出
        szzb(k) = addyw/addw;
    end
    szzbz2 = mapminmax('reverse',szzb,outputps);
    for i = 1:m
        if szzbz2(i)<= 1.5
            szpj2(i) = 1;
        elseif szzbz2(i)>1.5&&szzbz2(i)<= 2.5
            szpj2(i) = 2;
        elseif szzbz2(i)>2.5&&szzbz2(i)<= 3.5
            szpj2(i) = 3;
        elseif szzbz2(i)>3.5&&szzbz2(i)<= 4.5
            szpj2(i) = 4;
        else
            szpj2(i) = 5;
        end
    end
    %%%%%%%%%%%%%%%%%%%%%%%A 厂 %%%%%%%%%%%%%%%%%%%%%%%
    zssz = A;
    inputn_test = mapminmax('apply',zssz,inputps);
    [n,m] = size(zssz);

    for k = 1:1:m
        x = inputn_test(:,k);
        %计算输出中间层
        for i = 1:I
            for j = 1:M
                u(i,j) = exp( - (x(i) - c(j,i))^2/b(j,i));
            end
```

```
        end
    for i = 1:M
            w(i) = u(1,i) * u(2,i) * u(3,i) * u(4,i) * u(5,i) * u(6,i);
    end
    addw = 0;
    for i = 1:M
            addw = addw + w(i);
    end
    for i = 1:M
            yi(i) = p0_1(i) + p1_1(i) * x(1) + p2_1(i) * x(2) + p3_1(i) * x(3) + p4_1(i) * x(4) +
p5_1(i) * x(5) + p6_1(i) * x(6);
    end
    addyw = 0;
    for i = 1:M
            addyw = addyw + yi(i) * w(i);
    end
    %计算输出
    szzb(k) = addyw/addw;
end
szzbz3 = mapminmax('reverse',szzb,outputps);
for i = 1:m
    if szzbz3(i)< = 1.5
        szpj3(i) = 1;
    elseif szzbz3(i)>1.5&&szzbz3(i)< = 2.5
        szpj3(i) = 2;
    elseif szzbz3(i)>2.5&&szzbz3(i)< = 3.5
        szpj3(i) = 3;
    elseif szzbz3(i)>3.5&&szzbz3(i)< = 4.5
        szpj3(i) = 4;
    else
        szpj3(i) = 5;
    end
end
figure(3)
plot(szzbz1,'o - r')
hold on
plot(szzbz2,' * - g')
hold on
plot(szzbz3,' * :b')
xlabel('时间','fontsize',12)
ylabel('预测水质','fontsize',12)
legend('C','B','A','fontsize',12)
```

运行上述程序,得到训练数据预测结果如图 11-9 所示,测试数据预测如图 11-10 所示。

得到模糊神经网络对 A、B 和 C 厂的水质评价如图 11-11 所示。其中,图 11-11 中横坐标 0~25 表示从开始计算水质的月份到之后的第 25 个计算的水质月份。

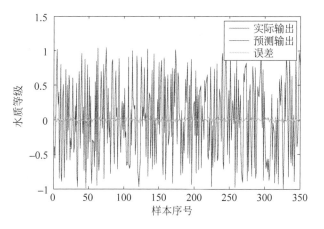

图 11-9　训练数据预测结果

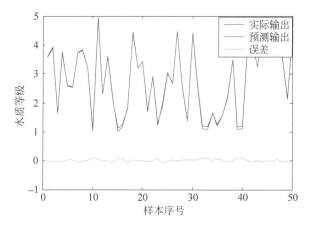

图 11-10　测试数据预测

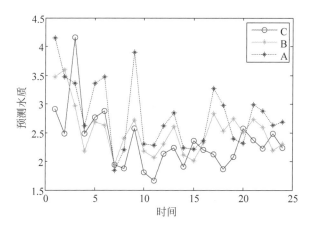

图 11-11　模糊神经网络对 A、B 和 C 厂的水质评价

从图 11-11 中可以看出，A 厂水质要好于 B 和 C 厂水质，这与前面有关氨氧含量的比较结果相符，这说明了模糊神经网络预测结果的有效性。

本章小结

　　本章研究了近年来长江流域水质监测指标和主要的统计数据，建立了长江水质定量的综合评价模型、干流各地区污染物排放量的计算模型和未来十年水质的预测模型等三个数学模型。最后对于模糊神经网络在水质预测中的应用也做了详细介绍。

对市场上的多种风险投资和一种无风险资产(存银行)进行组合投资策略的设计需要考虑的首要目标,就是总体收益尽可能大和总体风险尽可能小。然而,这两目标并不是相辅相成的,在一定意义上是对立的。

本章主要介绍了投资收益与风险的建模及其 MATLAB 实现。

学习目标:

- 了解投资收益与风险的基本问题
- 掌握投资收益与风险的建模分析
- 熟悉利用 MATLAB 实现投资收益与风险问题模型

12.1 问题简介

市场上有 n 种资产(如股票、债券等)$S_i(i=1,\cdots,n)$ 供投资者选择。某公司有数额为 M 的一笔相当大的资金可用作一个时期的投资。公司财务分析人员对这 n 种资产进行了评估,估算出在这一时期内购买 S_i 的平均收益率为 r_i 并预测出购买 S_i 的风险损失率为 q_i。

考虑到投资越分散,总的风险越小,公司确定,当用这笔资金购买若干种资产时,总体风险用所投资的 S_i 中最大的一个风险来度量。

购买 S_i 要付交易费,费率为 p_i,并且当购买额不超过给定值 u_i 时,交易费按购买 u_i 计算(不买当然无须付费)。另外,假定同期银行存款利率是 $r_0(r_0=5\%)$,且既无交易费又无风险。

已知 $n=4$ 时的相关数据如表 12-1 所示。

表 12-1　4 种资产的相关数据

S_i	$r_i(\%)$	$q_i(\%)$	$p_i(\%)$	$u_i(元)$
S_1	28	2.5	1	103
S_2	21	1.5	2	198
S_3	23	5.5	4.5	52
S_4	25	2.6	6.5	40

(1)试给该公司设计一种投资组合方案,即用给定的资金 M,有选择地购买若干种资产或存银行生息,使净收益尽可能大,而总体风

险尽可能小。

（2）试就一般情况，对以上问题进行讨论，并利用如表 12-2 所示数据进行计算。

表 12-2　15 种资产的相关数据

S_i	r_i	q_i	p_i	u_i
S_1	9.6	42	2.1	181
S_2	18.5	54	3.2	407
S_3	49.4	60	6.0	428
S_4	23.9	42	1.5	549
S_5	8.1	1.2	7.6	270
S_6	14	39	3.4	397
S_7	40.7	68	5.6	178
S_8	31.2	33.43	3.1	220
S_9	33.6	53.5	2.7	475
S_{10}	36.8	40	2.9	248
S_{11}	11.8	31	5.1	195
S_{12}	9	5.5	5.7	320
S_{13}	35	46	2.7	267
S_{14}	9.4	5.3	4.5	328
S_{15}	15	23	7.6	131

该问题是一个比较明显的策略优化问题，由于投资的风险及收益受社会、经济等因素的影响，而影响投资的盈亏趋势的直接重要因素是每种投资项目的收益概率和风险概率的大小关系，因此在建立模型时不可能也没有必要考虑所有因素，只能抓住关键因素，进行合理的假设和建模。

12.2　数学模型

建立模型对投资风险收益问题进行定量安排，就是根据现有的资产评估资料和原始数据，从当前实际的准备投资情况出发，并对待定的投资项目进行合理的评估，提出合理的投资要求和假定，应用科学的方法，预测出该项目资产投资所能获得的收益及出现投资失败的可能性大小，以使投资取得最好的效果。

在进行问题建模之前，需要对模型有以下四个假设：

（1）每种投资是否收益是相互独立的。

（2）在短时期内所购买的各种资产（如股票、证券等）不进行买卖交易，即在买入后就不再卖出。

（3）在投资的过程中，无论盈利与否必须先付交易费。

（4）在短时期内所给出的平均收益率、损失率和交易的费率不变。

12.2.1　问题分析

因为资产预期收益的不确定性，导致它的风险特性，假如投资 S_i 项的资金为 x_i，那么投资 S_i 的平均收益率为 $x_i r_i$，风险损失为 $x_i q_i$。

为了达到投资者的净收益尽可能大,而风险损失尽可能小的目的,第一个解决方法就是进行投资组合,分散风险,以期待获得较高的收益。

模型的目的就在于求解最优投资组合,当然最优投资还决定于个人的因素,即投资者对风险、收益的偏好程度,怎样解决二者的相互关系也是模型要解决的一个重要问题。

本题所给的投资问题是利用已知的数据,通过计算分析得到一种尽量让人满意的投资方案,并推广到一般情况,利用第二问题进行验证。下面是实际要考虑的两点情况:

(1) 在风险一定的情况下,取得最大的收益。

(2) 在收益一定的情况下,所冒的风险最小。

当然,不同的投资者对利益和风险的侧重点不同,将在一定的范围内视为正常,所以只需要给出一种尽量好的模型,即风险尽量小,收益尽量大,这是一般投资者的心理。

对于模型①,在问题①的情况下,公司可对五种项目投资,其中银行的无风险,收益 $r_0 = 5\%$ 为定值,在投资期间是不会变动的,其他的投资项目虽都有一定的风险,但其收益可能大于银行的利率。

拟建立一个模型,这个模型对一般的投资者都适用,并根据他们风险承受能力的不同提出多个适用于各种类型人的投资方案(一般投资者分为冒险型与保守型,越冒险的人对风险损失的承受能力越强)。

对于模型②,由于资产预期收益的不确定性,导致它的风险特性,将资产的风险预期收益率用一定的表达式表示出来,即投资 S_i 的平均收益为 $x_i r_i$,风险损失为 $x_i q_i$。要使投资者的净收益尽可能大,而风险损失尽可能小。

12.2.2 模型建立

投资者的净收益为购买各种资产及银行的收益减去此过程中的交易费用。

在对资产 S_i 进行投资时,对于投资金额 x_i 的不同,所付的交易费用也有所不同,不投资时不付费,投资额大于 u_i 时交易费为 $x_i p_i$,否则交易费为 $u_i p_i$,即交易费有以下表达式:

$$\varphi_i = \begin{cases} 0, & x_i = 0 \\ u_i p_i, & 0 < x_i \leqslant u_i \\ x_i p_i, & x_i > u_i \end{cases}$$

题目里所说明的交易费计算数额是一个分段函数,在实际的计算中不方便处理,但由表 12-1 可以看出,u_i 的数值非常小,$\sum u_i = 103 + 198 + 52 + 40 = 393$ 元,其中最大的值为 $u_2 = 198 < 200$ 元。

已知 M 是一笔相当大的资金,而交易费率 p_i 的值很小,即使在 $x_i < u_i$ 时,以 u_i 来计算交易费与用 x_i 直接计算交易费相差不大,所以,为了简化后续模型,以 x_i 来代替 u_i 计算交易费。交易费的表达式简化为

$$c_i = x_i p_i$$

对于题中两个问题,可以建立多目标数学规划模型进行求解。

设购买 S_i 的金额为 x_i,则该项投资的交易费为

$$c_i(x_i) = p_i x_i, \quad i = 1 \sim n$$

对 S_i 投资的净收益为

$$R_i(x_i) = r_i x_i - c_i(x_i) = (r_i - p_i) x_i$$

对 S_i 投资的风险：

$$Q_i(x_i) = q_i x_i$$

对 S_i 投资所需资金（投资金额 x_i 与所需的交易费 $c_i(x_i)$ 之和），即

$$f_i(x_i) = x_i + c_i(x_i) = (1 + p_i)x_i$$

当购买 S_i 的金额为 $x_i (i = 1 \sim n)$，投资组合 $x = (x_0, x_1, \cdots, x_n)$ 的净收益总额为

$$R(x) = \sum_{i=0}^{n} R_i(x_i)$$

投资整体风险：

$$Q(x) = \max_{1 \leqslant i \leqslant n} Q_i(x_i)$$

整体投资的资金约束：

$$F(x) = \sum_{i=0}^{n} f_i(x_i) = M$$

问题要求净收益总额 $R(x)$ 尽可能大，而整体风险 $Q(x)$ 又要尽可能小，则该问题的数学模型可建立为多目标规划模型，即

$$
\begin{cases}
\max R(x) \\
\min Q(x) \\
\text{s. t. } F(x) = M \\
x \geqslant 0
\end{cases}
$$

由多目标规划理论可知，模型非劣解的必要条件为，存在 $\lambda_1, \lambda_2, \mu > 0$ 使

$$
\begin{cases}
\lambda_1 \nabla R(x) + \lambda_2 (-\nabla Q(x)) + \mu(F(x) - M) = 0 \\
\mu(F(x) - M) = 0, \quad x \geqslant 0
\end{cases}
$$

问题在于如何求式 $Q(x) = \max\limits_{1 \leqslant i \leqslant n} Q_i(x_i)$ 中 $Q(x)$ 的导数。

为了对多目标规划模型求解，也可把多目标规划转化为单目标规划。

假定投资的平均风险水平为 $\bar{q}$，则投资 M 的风险 $k = \bar{q}M$，若要求整体风险 $Q(x)$ 限制在风险 k 以内，即 $Q(x) \leqslant k$，则多目标规划模型可转化为以下单目标规划：

$$
\begin{cases}
\max R(x) \\
\text{s. t. } Q(x) \leqslant k \\
F(x) = M \\
x \geqslant 0
\end{cases}
$$

由于单目标规划模型中的约束条件 $Q(x) \leqslant k$，即

$$\max Q_i(x_i) \leqslant k$$

所以此约束条件可转化为

$$Q_i(x_i) \leqslant k (i = 1 \sim n)$$

单目标规划模型可转化为如下的线性规划：

$$
\begin{cases}
\max \sum_{i=0}^{n} (r_i - p_i)x_i \\
\text{s. t. } \sum_{i=0}^{n} (1 + p_i)x_i = M \\
q_i x_i \leqslant k (i = 1 \sim n) \\
x \geqslant 0
\end{cases}
$$

如果给定 k,就可以方便地求解模型。

12.3 MATLAB 在投资收益与风险问题中的应用

在 12.2 节,通过对两个问题的分析,建立了多目标数学规划。下面通过 MATLAB 实现两个问题的求解。

在具体计算时,为了方便,可以假设 $M=1$,$(1+p_i)x_i$ 可视作投资 S_i 的比例。

下面针对 $n=4$,$M=1$ 的情形,按原问题给定的数据,单目标线性规划模型可变为

$$\begin{cases} \max 0.05x_0 + 0.27x_1 + 0.19x_2 + 0.185x_3 + 0.185x_4 \\ \text{s.t. } x_0 + 1.01x_1 + 1.02x_2 + 1.045x_3 + 1.065x_4 = 1 \\ 0.025x_1 \leqslant k \\ 0.015x_2 \leqslant k \\ 0.055x_3 \leqslant k \\ 0.026x_4 \leqslant k \\ x_i \geqslant 0 (i = 0,1,2,3,4) \end{cases}$$

1. 问题 1

根据以上原则,在 $n=4$ 时,编写以下 MATLAB 代码:

```
clear all
clc
f = -[0.05,0.27,0.19,0.185,0.185]';            %目标向量
A = [0,0.025,0,0,0;0,0,0.015,0,0;0,0,0,0.055,0;0,0,0,0,0.026];  %不等式左端的系数矩阵
aeq = [1,1.01,1.02,1.045,1.065];               %等式左端的系数矩阵
beq = [1];                                     %等式右端
lb = zeros(5,1);
i = 1;
%将风险百分比设定为 0.1%到 5%之间
for k = 0.001:0.002:0.05
    b = [k,k,k,k]';
    [x,fval,exitflag,options,output] = linprog(f,A,b,aeq,beq,lb);
    x
    y(i) = -fval
    i = i + 1;
end
k = 0.001:0.002:0.05;
plot(k,y);
xlabel('风险');
ylabel('收益');
title('风险收益图(n = 4)')
k
y
```

运行后,得到 $n=4$ 时投资收益与风险的关系曲线如图 12-1 所示。

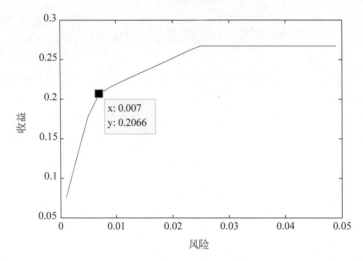

图 12-1 $n=4$ 时投资收益与风险的关系图

通过以上结果可以看出,在风险值为 0.007 以前,收益随着风险上限的增加而急剧增加,之后随着风险的增加,收益增长速度明显变慢,即在 $k=0.007$ 时,得出一个较优的投资组合:收益 $y=0.2066$。

运行以下代码:

```
k = 0.007;
b = [k,k,k,k]';
[x,fval,exitflag,options,output] = linprog(f,A,b,aeq,beq,lb);
x
```

得到:

```
Optimization terminated.

x =

    0.0000
    0.2800
    0.4667
    0.1273
    0.1016
```

在收益为 $y=0.2066$ 时,4 种资产的投资比例分别为 28%、46.67%、12.73% 和 10.16%。

2. 问题 2

在 $n=15$ 时,编写以下 MATLAB 代码:

```
clear all
clc
f =- [0.05,0.075,0.153,0.434,0.224,0.005,0.106,0.351,...
    0.281,0.309,0.339,0.067,0.033,0.323,0.049,0.074]';         %目标向量
A = zeros(15,15);
a = [0.42,0.54,0.6,0.42,0.012,0.39,0.68,0.3343,0.533,0.4,0.31,0.055,0.46,0.053,0.23];
B = diag(a,0);
a = zeros(15,1);
A = [a,B];                                                    %不等式左端的系数矩阵
aeq = [1,1.021,1.032,1.06,1.015,1.076,1.034,1.056,1.031,...
    1.027,1.029,1.051,1.057,1.027,1.045,1.076];
beq = [1];
lb = zeros(16,1);
i = 1;
for k = 0.01:0.04:0.62
    b = [k,k,k,k,k,k,k,k,k,k,k,k,k,k,k]';
    [x,fval,exitflag,options,output] = linprog(f,A,b,aeq,beq,lb);
    x
    y(i) =- fval
    i = i + 1;
end
k = 0.01:0.04:0.62;
plot(k,y);
xlabel('风险');
ylabel('收益');
title('风险收益图(n = 15)')
```

运行后,得到 $n=15$ 时投资收益与风险的关系曲线如图 12-2 所示。

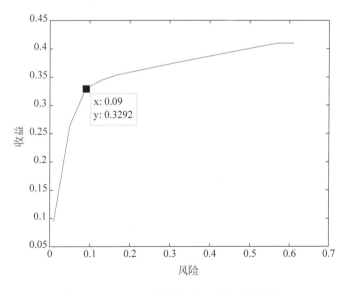

图 12-2　$n=15$ 时投资收益与风险的关系图

通过以上结果可以看出,在风险值为 0.09 以前,收益随着风险上限的增加而急剧增加,之后随着风险的增加,收益增长速度明显变慢,即在 $k=0.09$ 时,得出一个较优的投资组合:收益 $y=0.3292$。

运行以下代码：

```
k = 0.09;
b = [k, k, k, k, k, k, k, k, k, k, k, k, k, k, k]';
[x, fval, exitflag, options, output] = linprog(f, A, b, aeq, beq, lb);
x
```

得到：

```
Optimization terminated.

x =

    0.0000
    0.0000
    0.0000
    0.1500
    0.0000
    0.0000
    0.0000
    0.1324
    0.0925
    0.1689
    0.2250
    0.0000
    0.0000
    0.1957
    0.0000
    0.0000
```

在收益为 $y=0.3292$ 时，15 种资产的投资比例分别为 0、0、0、15％、0、0、0、13.24％、9.25％、16.89％、22.5％、0、0、19.57％、0、0。

通过以上的求解可知，收益和风险是离散的关系。随着投资风险 k 的增加，收益 y 也逐渐增大，投资者可以根据自己的偏好，选择满足要求的 k 和 y，进行有效资产组合投资，同时必须考虑到 y 要尽量大，k 要尽量小。

在分析风险收益曲线时，某个阶段有收益随风险增大急骤上升的情况，这是由于随着风险增大，收益逐渐增大，人们对风险的厌恶程度减缓，投资者逐渐走向风险型。当上升曲线渐趋平缓，这是由于当风险大到一定程度时，风险、收益大的资产均已投资，收益变化不大。

在日常生活中，还有很多投资收益与风险的预测问题。

【例 12-1】 某厂生产甲乙两种口味的饮料，每百箱甲饮料需用原料 6 千克，工人 10 名，可获利 10 万元；每百箱乙饮料需用原料 5 千克，工人 20 名，可获利 9 万元。

今工厂共有原料 50 千克，工人 160 名，又由于其他条件所限甲饮料产量不超过 800 箱。问如何安排生产计划，即两种饮料各生产多少使获利最大？若投资 0.8 万元可增加原料 1 千克，问应否做这项投资？

解 根据题意，首先假设生产甲饮料 x_1 百箱，生产乙饮料 x_2 百箱，获利最大值为 z

万元。建立模型如下：

目标函数：$\max z = 10x_1 + 9x_2$

原料数量：$6x_1 + 5x_2 \leqslant 60$

工人数量：$10x_1 + 20x_2 \leqslant 150$

产量限制：$x_1 \leqslant 8$

非负约束：$x_1 \geqslant 0, x_2 \geqslant 0$

由此得出预测模型为

$$\max z = 10x_1 + 9x_2$$
$$\text{s. t.} \begin{cases} 6x_1 + 5x_2 \leqslant 60 \\ 10x_1 + 20x_2 \leqslant 150 \\ x_1 \leqslant 8 \\ x_1 \geqslant 0, x_2 \geqslant 0 \end{cases}$$

根据建立的模型，编写以下 MATLAB 代码：

```
clear all
clc
c = [ - 10  - 9];
A = [6 5;10 20;1 0];
b = [60;150;8];
Aeq = [];
beq = [];
vlb = [0;0];
vub = [];
[x, fval] = linprog(c, A, b, Aeq, beq, vlb, vub)
```

运行后得到结果为：

```
Optimization terminated.

x =

    2.8571
    6.5714


fval =

  - 87.7143
```

即表示甲饮料生产 285 箱，乙饮料生产 657 箱时，获利最大为 87.7 万元。

由以上结果可以计算，增加原料 1 千克时可增加利润 1.75 万元，因此投资 0.8 万元可增加原料 1 千克时，应做这项投资。

【例 12-2】 设有 8 种投资选择：5 只股票、2 种债券和 1 类黄金。投资者收集到这些投资项目的年收益率的历史数据如表 12-3 所示。投资者需要控制风险、获得最大化收益，应如何确定这 8 种投资的最佳投资分配比例。

表 12-3　8 种投资项目的年收益率历史数据

年份	债券1	债券2	股票1	股票2	股票3	股票4	股票5	黄金
1973	1.075	0.942	0.852	0.815	0.698	1.023	0.851	1.677
1974	1.084	1.020	0.735	0.716	0.662	1.002	0.768	1.722
1975	1.061	1.056	1.371	1.385	1.318	1.123	1.354	0.760
1976	1.052	1.175	1.236	1.266	1.280	1.156	1.025	0.960
1977	1.055	1.002	0.926	0.974	1.093	1.030	1.181	1.200
1978	1.077	0.982	1.064	1.093	1.146	1.012	1.326	1.295
1979	1.109	0.978	1.184	1.256	1.307	1.023	1.048	2.212
1980	1.127	0.947	1.323	1.337	1.367	1.031	1.226	1.296
1981	1.156	1.003	0.949	0.963	0.990	1.073	0.977	0.688
1982	1.117	1.465	1.215	1.187	1.213	1.311	0.981	1.084
1983	1.092	0.985	1.224	1.235	1.217	1.080	1.237	0.872
1984	1.103	1.159	1.061	1.030	0.903	1.150	1.074	0.825
1985	1.080	1.366	1.316	1.326	1.333	1.213	1.562	1.006
1986	1.063	1.309	1.186	1.161	1.086	1.156	1.694	1.216
1987	1.061	0.925	1.052	1.023	0.959	1.023	1.246	1.244
1988	1.071	1.086	1.165	1.179	1.165	1.076	1.283	0.861
1989	1.087	1.212	1.316	1.292	1.204	1.142	1.105	0.977
1990	1.080	1.054	0.968	0.938	0.830	1.083	0.766	0.922
1991	1.057	1.193	1.304	1.342	1.594	1.161	1.121	0.958
1992	1.036	1.079	1.076	1.090	1.174	1.076	0.878	0.926
1993	1.031	1.217	1.100	1.113	1.162	1.110	1.326	1.146
1994	1.045	0.889	1.012	0.999	0.968	0.965	1.078	0.990

解　设投资的期限是一年,并设投资总数为 1 个单位,用于第 i 项投资的资金比例为 x_i,$x=(x_1,x_2,\cdots,x_n)$ 称为投资组合向量,即有

$$\begin{cases} x_1+x_2+x_3+\cdots+x_n=1 \\ 0 \leqslant x_i \end{cases}$$

每种投资项目的收益率可以看成一个随机变量,其均值可以用样本均值(历史均值)来近似。设 r_{jk} 代表第 j 种投资在第 k 年的收益率,则预计第 j 种投资的平均收益率为

$$\overline{r_j}=\Big(\sum_{k=1}^{T} r_{jk}\Big)\Big/T$$

根据 Markowitz 风险的定义,可得第 j 种投资的风险为

$$q_j=\Big(\sum_{k=1}^{T}(r_{jk}-\overline{r_j})^2\Big)\Big/T$$

假设 $R_k(x)$ 为投资组合 x 在第 k 年的收益率,$R(x)$ 为投资组合 x 的平均收益率,$Q(x)$ 为投资组合 x 的风险。

根据以上的定义和规定,完成每种投资的平均收益率和风险表达式,从而做出优化的投资组合。优化目标分别设定为单目标和双目标,其中单目标又分为收益的最大化和风险的最小化,双目标则为高收益和低风险化。

投资组合 $x=(x_1,x_2,\cdots,x_n)$ 在第 k 年的收益率为

$$R_k(x) = \sum_{j=1}^{8} x_j r_{jk}$$

投资组合 $x = (x_1, x_2, \cdots, x_n)$ 的平均收益率为

$$R(x) = \frac{1}{T} \sum_{k=1}^{T} R_k(x) = \frac{1}{T} \sum_{k=1}^{T} \sum_{j=1}^{8} x_j r_{jk}$$

投资组合 $x = (x_1, x_2, \cdots, x_n)$ 的风险为

$$Q(x) = \frac{1}{T} \sum_{k=1}^{T} \left[R_k(x) - R(x) \right]^2$$

$$= \frac{1}{T} \sum_{k=1}^{T} \left[\sum_{j=1}^{8} x_j r_{jk} - \frac{1}{T} \sum_{k=1}^{T} \sum_{j=1}^{8} x_j r_{jk} \right]^2$$

$$= \frac{1}{T} \sum_{k=1}^{T} \left(\sum_{j=1}^{8} x_j (r_{jk} - \overline{r_j}) \right)^2$$

对于需要控制风险、获得最大化收益的情况,建立模型1:

$$\begin{cases} \max R(x) \\ \text{s.t.} \begin{cases} Q(x) \leqslant \sigma \\ x_1 + x_2 + \cdots + x_8 = 1 \\ x_i \geqslant 0 \end{cases} \end{cases}$$

首先,对表12-3中的各项投资收益率求平均,得如表12-4所示结果。

表 12-4　各项投资历史平均收益

债券 1	债券 2	股票 1	股票 2	股票 3	股票 4	股票 5	黄金
1.078 136	1.092 909	1.119 773	1.123 636	1.121 318	1.091 773	1.141 227	1.128 955

所以组合投资 x 的平均收益为

$$R(x) = 1.078\,136 * x_1 + 1.092\,909 * x_2 + 1.119\,773 * x_3$$
$$+ 1.123\,636 * x_4 + 1.121\,318 * x_5 + 1.091\,773 * x_6 + 1.141\,227 * x_7$$
$$+ 1.128\,955 * x_8$$

计算表12-3中,各项投资每年的收益和平均的差值,得到如表12-5所示结果。

表 12-5　各项投资每年的收益和平均的差值

年份	债券 1	债券 2	股票 1	股票 2	股票 3	股票 4	股票 5	黄金
1973	−0.003 14	−0.150 91	−0.267 77	−0.308 64	−0.423 32	−0.068 77	−0.290 23	0.548 045
1974	0.005 864	−0.072 91	−0.384 77	−0.407 64	−0.459 32	−0.089 77	−0.373 23	0.593 045
1975	−0.017 14	−0.036 91	0.251 227	0.261 364	0.196 682	0.031 227	0.212 773	−0.368 95
1976	−0.026 14	0.082 091	0.116 227	0.142 364	0.158 682	0.064 227	−0.116 23	−0.168 95
1977	−0.023 14	−0.090 91	−0.193 77	−0.149 64	−0.028 32	−0.061 77	0.039 773	0.071 045
1978	−0.001 14	−0.110 91	−0.055 77	−0.030 64	0.024 682	−0.079 77	0.184 773	0.166 045
1979	0.030 864	−0.114 91	0.064 227	0.132 364	0.185 682	−0.068 77	−0.093 23	1.083 045
1980	0.048 864	−0.145 91	0.203 227	0.213 364	0.245 682	−0.060 77	0.084 773	0.167 045

年份	债券 1	债券 2	股票 1	股票 2	股票 3	股票 4	股票 5	黄金
1981	0.077 864	−0.089 91	−0.170 77	−0.160 64	−0.131 32	−0.018 77	−0.164 23	−0.440 95
1982	0.038 864	0.372 091	0.095 227	0.063 364	0.091 682	0.219 227	−0.160 23	−0.044 95
1983	0.013 864	−0.107 91	0.104 227	0.111 364	0.095 682	−0.011 77	0.095 773	−0.256 95
1984	0.024 864	0.066 091	−0.058 77	−0.093 64	−0.218 32	0.058 227	−0.067 23	−0.303 95
1985	0.001 864	0.273 091	0.196 227	0.202 364	0.211 682	0.121 227	0.420 773	−0.122 95
1986	−0.015 14	0.216 091	0.066 227	0.037 364	−0.035 32	0.064 227	0.552 773	0.087 045
1987	−0.017 14	−0.167 91	−0.067 77	−0.100 64	−0.162 32	−0.068 77	0.104 773	0.115 045
1988	−0.007 14	−0.006 91	0.045 227	0.055 364	0.043 682	−0.015 77	0.141 773	−0.267 95
1989	0.008 864	0.119 091	0.196 227	0.168 364	0.082 682	0.050 227	−0.03 623	−0.151 95
1990	0.001 864	−0.038 91	−0.151 77	−0.185 64	−0.291 32	−0.008 77	−0.375 23	−0.206 95
1991	−0.021 14	0.100 091	0.184 227	0.218 364	0.472 682	0.069 227	−0.020 23	−0.170 95
1992	−0.042 14	−0.013 91	−0.043 77	−0.033 64	0.052 682	−0.015 77	−0.263 23	−0.202 95
1993	−0.047 14	0.124 091	−0.019 77	−0.010 64	0.040 682	0.018 227	0.184 773	0.017 045
1994	−0.033 14	−0.203 91	−0.107 77	−0.124 64	−0.153 32	−0.126 77	−0.063 23	−0.138 95

处理完数据以后,取 $\sigma=0.2$,可以编写以下 MATLAB 程序:

```
clear all
clc
A = ones(1,8);
b = [1];
x0 = [0.1;0.1;0.1;0.1;0.1;0.1;0.1;0.1];
L = zeros(8,1);
[x favl] = fmincon(@R,x0,[],[],A,b,L,[],@non1)


function [c ceq] = non1(x)
global E
q = 0.2;
E = [ − 0.003136364   − 0.150909091   − 0.267772727   − 0.308636364   − 0.423318182
 − 0.068772727   − 0.290227273   0.548045455;
0.005863636   − 0.072909091   − 0.384772727   − 0.407636364   − 0.459318182
 − 0.089772727   − 0.373227273   0.593045455;
 − 0.017136364   − 0.036909091   0.251227273   0.261363636   0.196681818   0.031227273
0.212772727   − 0.368954545;
 − 0.026136364   0.082090909   0.116227273   0.142363636   0.158681818   0.064227273
 − 0.116227273   − 0.168954545;
 − 0.023136364   − 0.090909091   − 0.193772727   − 0.149636364   − 0.028318182
 − 0.061772727   0.039772727   0.071045455;
 − 0.001136364   − 0.110909091   − 0.055772727   − 0.030636364   0.024681818
 − 0.079772727   0.184772727   0.166045455;
0.030863636   − 0.114909091   0.064227273   0.132363636   0.185681818   − 0.068772727
 − 0.093227273   1.083045455;
0.048863636   − 0.145909091   0.203227273   0.213363636   0.245681818   − 0.060772727
0.084772727   0.167045455;
```

```
  0. 077863636   − 0. 089909091   − 0. 170772727   − 0. 160636364   − 0. 131318182
  − 0. 018772727   − 0. 164227273   − 0. 440954545;
  0. 038863636  0. 372090909  0. 095227273  0. 063363636  0. 091681818  0. 219227273
  − 0. 160227273   − 0. 044954545;
  0. 013863636   − 0. 107909091  0. 104227273  0. 111363636  0. 095681818   − 0. 011772727
  0. 095772727   − 0. 256954545;
  0. 024863636  0. 066090909   − 0. 058772727   − 0. 093636364   − 0. 218318182  0. 058227273
  − 0. 067227273   − 0. 303954545;
  0. 001863636  0. 273090909  0. 196227273  0. 202363636  0. 211681818  0. 121227273
  0. 420772727   − 0. 122954545;
  − 0. 015136364  0. 216090909  0. 066227273  0. 037363636   − 0. 035318182  0. 064227273
  0. 552772727  0. 087045455;
  − 0. 017136364   − 0. 167909091   − 0. 067772727   − 0. 100636364   − 0. 162318182
  − 0. 068772727  0. 104772727  0. 115045455;
  − 0. 007136364   − 0. 006909091  0. 045227273  0. 055363636  0. 043681818   − 0. 015772727
  0. 141772727   − 0. 267954545;
  0. 008863636  0. 119090909  0. 196227273  0. 168363636  0. 082681818  0. 050227273
  − 0. 036227273   − 0. 151954545;
  0. 001863636   − 0. 038909091   − 0. 151772727   − 0. 185636364   − 0. 291318182
  − 0. 008772727   − 0. 375227273   − 0. 206954545;
  − 0. 021136364  0. 100090909  0. 184227273  0. 218363636  0. 472681818  0. 069227273
  − 0. 020227273   − 0. 170954545;
  − 0. 042136364   − 0. 013909091   − 0. 043772727   − 0. 033636364  0. 052681818
  − 0. 015772727   − 0. 263227273   − 0. 202954545;
  − 0. 047136364  0. 124090909   − 0. 019772727   − 0. 010636364  0. 040681818  0. 018227273
  0. 184772727  0. 017045455;
  − 0. 033136364   − 0. 203909091   − 0. 107772727   − 0. 124636364   − 0. 153318182
  − 0. 126772727   − 0. 063227273   − 0. 138954545];
c = sum((E * x). ^2) − q;
ceq = [ ];

function f = R(x)
f = − (1. 078136 * x(1) + 1. 092909 * x(2) + 1. 119773 * x(3) + 1. 123636 * x(4) + 1. 121318 * x(5)
+ 1. 091773 * x(6) + 1. 141227 * x(7) + 1. 128955 * x(8));
```

进行模型的求解，得到结果如下：

```
x =

  0. 0000
  0. 0000
  0. 0000
  0. 2117
  0. 0000
  0. 3774
  0. 2228
  0. 1880


favl =

  − 1. 1165
```

即每项投资比例如表 12-6 所示。

表 12-6　模式 1 每项投资比例

债券 1	债券 2	股票 1	股票 2	股票 3	股票 4	股票 5	黄金
0.0000	−0.0000	0.0000	0.2117	0.0000	0.3774	0.2228	0.1880

得到的最优收益率为 1.1165。

本章小结

本章针对日常生活中的投资组合问题的一般特点和要求,提出假设和建立优化模型,建立了遵循题目要求的多目标规划模型,并使用 MATLAB 完成模型求解,最终得到最优的投资组合方案。

旅行商问题是组合优化领域里的一个易于描述却难以处理的、典型的 NP 难题,其可能的路径数目与城市数目是呈指数倍数的增长,想要准确求解非常困难。

本章首先介绍了旅行商问题,给出了其数学描述,并运用 MATLAB 语言实现了该算法,并将其运用到解决旅行商问题的优化之中。

学习目标:

■ 了解旅行商问题

■ 熟悉蚁群算法

■ 掌握旅行商问题的建模过程

13.1 问题简介

旅行商问题(traveling salesman problem,TSP),是威廉·哈密尔顿爵士和英国数学家克克曼(T. P. Kirkman)于 19 世纪初提出的一个数学问题,也是著名的组合优化问题。

该问题是这样描述的:一名商人要到若干城市去推销商品,已知城市个数和各城市间的路程(或旅费),要求找到一条从城市 1 出发,经过所有城市且每个城市只能访问一次,最后回到城市 1 的路线,使总的路程(或旅费)最小。

TSP 问题已经被证明是一个 NP-hard 问题,由于 TSP 问题代表一类组合优化问题,因此对其近似解的研究一直是算法设计的一个重要问题。

TSP 刚提出时,不少人认为这个问题很简单。后来人们才逐步意识到这个问题只是表述简单,易为人们所理解,而其计算复杂性却是问题的输入规模的指数函数,属于相当难解的问题。

TSP 问题从描述上来看是一个非常简单的问题,给定 n 个城市和各城市之间的距离,寻找一条遍历所有城市且每个城市只被访问一次的路径,并保证总路径距离最短。其数学描述如下:

设 $G = (V, E)$ 为赋权图,$V = \{1, 2, \cdots, n\}$ 为顶点集,E 为边集,各

顶点间距离为 C_{ij}，已知 $C_{ij} > 0$，且 $i, j \in V$，并设定：

$$x_{ij} = \begin{cases} 1 & \text{最优路径} \\ 0 & \text{其他情况} \end{cases}$$

那么整个 TSP 问题的数学模型表示如下：

$$\min Z = \sum_{i \neq j} C_{ij} x_{ij}$$

$$\begin{cases} \sum_{i \neq j} x_{ij} = 1, & j \in v \\ \sum_{i,j \in s} x_{ij} \leqslant |k| - 1, & k \subset v \end{cases} \qquad \text{其中 } x_{ij} \in \{0, 1\}, i \in v, j \in v$$

其中，k 是 v 的全部非空子集，$|k|$ 是集合 k 中包含图 G 的全部顶点的个数。

13.2 使用蚁群算法求解旅行商问题

根据上节关于旅行商问题的介绍，可以假设有 n 个城市 $C = (1, 2, \cdots, n)$，任意两个城市 i、j 之间的距离为 d_{ij}，求一条经过每个城市的路径 $l = (l_1, l_2, \cdots, l_n)$，使得该路径 l 值最小。

在用蚁群算法求解之前，首先设定 C 为 n 个城市的坐标（$n \times 2$ 的矩阵），Alpha 为表征信息素重要程度的参数，R_best 为各代最佳路线，Q 为信息素增加强度系数，m 为蚂蚁个数，Beta 为表征启发式因子重要程度的参数，Rho 为信息素蒸发系数，NC_max 表示最大迭代次数，L_best 为各代最佳路线的长度。

求解 TSP 问题的蚂蚁算法中，每只蚂蚁是一个独立的用于构造路线的过程，若干蚂蚁过程之间通过自适应的信息素值来交换信息，合作求解，并不断优化。

蚂蚁算法求解 TSP 问题的过程如下：

（1）设迭代的次数为 NC。初始化 NC＝0。

（2）将 m 个蚂蚁置于 n 个顶点上。

（3）m 只蚂蚁按概率函数选择下一座城市，完成各自的周游。

每个蚂蚁按照状态变化规则逐步地构造一个解，即生成一条回路。蚂蚁的任务是访问所有的城市后返回到起点，生成一条回路。设蚂蚁 k 当前所在的顶点为 i，那么，蚂蚁 k 由点 i 向点 j 移动要遵循规则而不断迁移，按不同概率来选择下一点。

（4）记录本次迭代最佳路线。

（5）更新全局信息素值。应用全局信息素更新规则来改变信息素值。当所有 m 个蚂蚁生成了 m 个解，其中有一条最短路径是本代最优解，将属于这条路线上的所有弧相关联的信息素值进行更新。全局信息素更新的目的是在最短路线上注入额外的信息素，即只有属于最短路线的弧上的信息素才能得到加强，这是一个正反馈的过程，也是一个强化学习的过程。在图中各弧上，伴随着信息素的挥发，全局最短线上各弧的信息素值得到增加。

（6）终止判定。若终止条件满足，则结束；否则 NC＝NC＋1，转入步骤（2）进行下一代进化。终止条件可指定进化的代数，也可限定运行时间，或设定最短路长的下限。

根据以上分析,编写如下所示的蚁群算法求解旅行商问题的 MATLAB 代码:

```
function yy = ACATSP
x = [41 37 54 25 7 2 68 71 54 83 64 18 22 83 91 25 24 58 71 74 87 18 13 82 62 58 45 41 44 4]';
y = [94 84 67 62 64 99 58 44 62 69 60 54 60 46 38 38 42 69 71 78 76 40 40 7 32 35 21 26 35 50]';
C = [x y];
NC_max = 50;
m = 30;
Alpha = 1.5;
Beta = 2;
Rho = 0.1;
Q = 10 ^ 6;
%初始化变量
n = size(C,1);                       %n表示问题的规模(城市个数)
D = zeros(n,n);                      %D表示完全图的赋权邻接矩阵
for i = 1:n
    for j = 1:n
        if i~ = j
            D(i,j) = ((C(i,1) - C(j,1))^2 + (C(i,2) - C(j,2))^2)^0.5;
        else
            D(i,j) = eps;    %i = j时不计算,应该为0,但后面的启发因子要取倒数,用 eps(浮
%点相对精度)表示
        end
        D(j,i) = D(i,j);             %对称矩阵
    end
end
Eta = 1./D;                          %Eta为启发因子,这里设为距离的倒数
Tau = ones(n,n);                     %Tau为信息素矩阵
Tabu = zeros(m,n);                   %存储并记录路径的生成
NC = 1;                              %迭代计数器,记录迭代次数
R_best = zeros(NC_max,n);            %各代最佳路线
L_best = inf. * ones(NC_max,1);      %各代最佳路线的长度
L_ave = zeros(NC_max,1);             %各代路线的平均长度
while NC < = NC_max                   %停止条件之一:达到最大迭代次数,停止
%将 m 只蚂蚁放到 n 个城市上
Randpos = [];                        %随即存取
for i = 1:(ceil(m/n))
    Randpos = [Randpos,randperm(n)];
end
Tabu(:,1) = (Randpos(1,1:m))';
%m 只蚂蚁按概率函数选择下一座城市,完成各自的周游
for j = 2:n                          %所在城市不计算
    for i = 1:m
        visited = Tabu(i,1:(j-1));   %记录已访问的城市,避免重复访问
        J = zeros(1,(n-j+1));        %待访问的城市
        P = J;                       %待访问城市的选择概率分布
        Jc = 1;
```

```
    for k = 1:n
        if length(find(visited == k)) == 0      % 开始时置 0
            J(Jc) = k;
            Jc = Jc + 1;                         % 访问的城市个数自加 1
        end
    end
% 计算待选城市的概率分布
    for k = 1:length(J)
        P(k) = (Tau(visited(end),J(k))^Alpha) * (Eta(visited(end),J(k))^Beta);
    end
        P = P/(sum(P));
% 按概率原则选取下一个城市
        Pcum = cumsum(P);                        % cumsum,元素累加即求和
        Select = find(Pcum >= rand);             % 若计算的概率大于原来的就选择这条路线
        to_visit = J(Select(1));
        Tabu(i,j) = to_visit;
    end
end
if NC >= 2
    Tabu(1,:) = R_best(NC - 1,:);
end
% 记录本次迭代最佳路线
L = zeros(m,1);                                   % 开始距离为 0,m * 1 的列向量
for i = 1:m
    R = Tabu(i,:);
for j = 1:(n - 1)
    L(i) = L(i) + D(R(j),R(j+1));                 % 原距离加上第 j 个城市到第 j + 1 个城市的距离
end
L(i) = L(i) + D(R(1),R(n));                       % 一轮下来后走过的距离
end
L_best(NC) = min(L);                             % 最佳距离取最小
pos = find(L == L_best(NC));
R_best(NC,:) = Tabu(pos(1),:);                    % 此轮迭代后的最佳路线
L_ave(NC) = mean(L);                             % 此轮迭代后的平均距离
NC = NC + 1;                                      % 迭代继续
% 信息素更新
Delta_Tau = zeros(n,n);                          % 开始时信息素为 n * n 的 0 矩阵
for i = 1:m
    for j = 1:(n - 1)
        Delta_Tau(Tabu(i,j),Tabu(i,j+1)) = Delta_Tau(Tabu(i,j),Tabu(i,j+1)) + Q/L(i);
% 此次循环在路径(i,j)上的信息素增量
    end
Delta_Tau(Tabu(i,n),Tabu(i,1)) = Delta_Tau(Tabu(i,n),Tabu(i,1)) + Q/L(i);
% 此次循环在整个路径上的信息素增量
end
Tau = (1 - Rho) .* Tau + Delta_Tau;              % 考虑信息素挥发,更新后的信息素
Tabu = zeros(m,n);                               % 直到最大迭代次数
```

```
end
% 输出结果
Pos = find(L_best == min(L_best));          % 找到最佳路径(非 0 为真)
Shortest_Route = R_best(Pos(1),:)           % 最大迭代次数后最佳路径
Shortest_Length = L_best(Pos(1))            % 最大迭代次数后最短距离
subplot(1,2,1);                             % 绘制第一个子图形
DrawRoute(C,Shortest_Route);                % 画路线图的子函数
subplot(1,2,2);                             % 绘制第二个子图形
plot(L_best);
hold on                                     % 保持图形
plot(L_ave,'r');
title('平均距离和最短距离')                    % 标题
function DrawRoute(C,R)
% 画路线图的子函数
N = length(R);
scatter(C(:,1),C(:,2));
hold on
plot([C(R(1),1),C(R(N),1)],[C(R(1),2),C(R(N),2)],'g');
hold on
for ii = 2:N
    plot([C(R(ii-1),1),C(R(ii),1)],[C(R(ii-1),2),C(R(ii),2)],'g');
    hold on
end
title('旅行商问题优化结果 ')
```

运行后得到:

```
>> yiqun

Shortest_Route =

  Columns 1 through 22

    12    13     4     6     1     2    18     3     9    11     7    19    20    21
    10     8    14    15    24    25    26    27


  Columns 23 through 30

    28    29    16    17    22    23    30     5


Shortest_Length =

  429.4154
```

即旅行商问题最短距离为 429.4154,旅行商问题优化结果与平均距离和最短距离如图 13-1 所示。

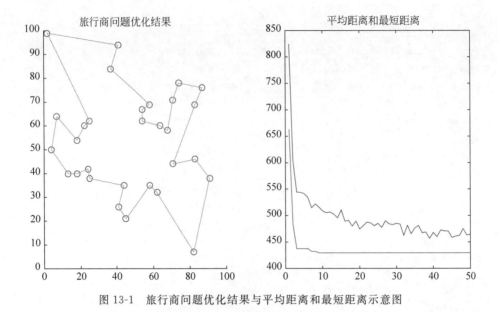

图 13-1　旅行商问题优化结果与平均距离和最短距离示意图

13.3　多种模型在旅行商问题上的应用

自从旅行商问题提出以来,多种算法模型均被应用于旅行商问题的求解,并取得了较好的效果。本节分别介绍 Hopfield 网络、遗传算法和免疫算法模型在旅行商问题上的应用。

13.3.1　Hopfield 网络在 TSP 中的应用

Hopfield 网络可以推广到输入和输出都取连续数值的情形。这时网络的基本结构不变,状态输出方程形式上也相同。若定义网络中第 i 个神经元的输入总和为 n_i,输出状态为 a_i,则网络的状态转移方程可写为

$$u_i = f\left(\sum_{j=1}^{r} w_{ij} p_j + b_i\right)$$

其中,神经元的激活函数 f 为 S 型的函数:

$$f = \tanh(\lambda(n_i + b_i))$$

通过下面 MATLAB 程序:

```
x =-5:0.01:5;
y = tanh(x);
plot(x,y)
grid on
```

得到连续 Hopfield 神经网络的激活函数 tanh 图形如图 13-2 所示。

连续型 Hopfield 神经网络很适合求解 TSP 问题。

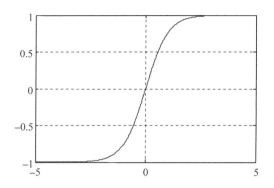

图 13-2　连续 Hopfield 网络激活函数

【例 13-1】 应用连续型 Hopfield 神经网络求解 TSP 问题。

解　如果已知城市 A,B,C,D,… 之间的距离为 $d_{AB}, d_{BC}, d_{CD}, \cdots$；那么总的距离 $d = d_{AB} + d_{BC} + d_{CD} + \cdots$，对于这种动态规划问题，要去求其 $\min(d)$ 的解。

因为对于 n 个城市的全排列共有 n 种，而 TSP 并没有限定路径的方向，即为全组合，所以对于固定的城市数 n 的条件下，其路径总数 S_n 为 $S_n = n!/2n$（$n \geqslant 4$），例如 $n=4$ 时，$S_n=3$，即有三种方式，如图 13-3 所示。

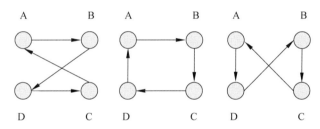

图 13-3　$n=4$ 时的 TSP 路径图

由斯特林(Stirlin)公式，路径总数可写为

$$S_n = \frac{1}{2n} \left[\sqrt{2\pi n} \cdot e^{n(\ln(n-1))} \right]$$

若采用穷举搜索法，则需要考虑所有可能的情况，找出所有的路径，再分别对其进行比较，以找出最佳路径，因其计算复杂程度随城市数目的增加呈指数增长，可能达到无法进行的地步。

从表 13-1 中可以看到，当城市数为 12 时，旅行方案数已达 19 958 400 种。而每增加一个城市，所增加的方案数为

$$\frac{(n+1)!}{2(n+1)} \bigg/ \frac{n!}{2n} = n$$

这类问题称为完全非确定性多项式问题(nondeterministic polynomial complete, NP 完全问题)。

由于求解最优解的负担太重，通常比较现实的做法是求其次优解。Hopfield 网络正是一种合适的方法。因为它可以保证其解向能量函数的最小值方向收敛，但不能确保达到全局最小值点。

表 13-1 城市数和对应的旅行方案数

城 市 数	旅行方案数＝$n!/2n$	城 市 数	旅行方案数＝$n!/2n$
3	1	9	20 160
4	3	10	181 440
5	12	11	1 814 400
6	60	12	19 958 400
7	360	...	...
8	2520		

Hopfield 神经网络的设计步骤如图 13-4 所示。

图 13-4 Hopfield 神经网络设计步骤

采用连续时间的 Hopfield 网络模型来求解 TSP,开辟了一条解决这一问题的新途径。其基本思想是把 TSP 映射到 CHNN 上,通过网络状态的动态演化逐步趋向稳态而自动地搜索出优化解。

1. 模型映射

为了便于神经模型的实现,必须首先找到过程的一个合适的表达方法。TSP 的解是若干城市的有序排列,任何一个城市在最终路径上的位置可用一个 n 维的 0、1 矢量表示,对于所有 n 个城市,则需要一个 $n×n$ 维矩阵。

以 5 个城市为例,一种可能的排列矩阵如表 13-2 所示。

表 13-2 5 个城市可能的排列矩阵

	1	2	3	4	5
A	0	1	0	0	0
B	0	0	0	1	0
C	1	0	0	0	0
D	0	0	1	0	0
E	0	0	0	0	1

其中,行矢量表示城市名,列矢量表示城市中在旅行中排的序号。该矩阵唯一地确定了一条有效的行程路径:

$$C→A→D→B→E$$

很明显,为了满足约束条件,该矩阵中每一行以及每一列中只能有一个元素为 1,其余元素均为 0。这个矩阵称为关联阵。若用 d_{xy} 表示从城市 x 到城市 y 的距离,则上面路径的总长度为

$$d_{xy} = d_{CE} + d_{AD} + d_{DB} + d_{BE}$$

TSP 的最优解是求长度 d_{xy} 为最短的一条有效的路径。为了解决 TSP,必须构造这样一个网络:在网络运行时,其能量能不断降低。在运行稳定后,网络输出能代表城市被

访问的次序,即构成上述的关联矩阵。

2. 构造网络能量函数

网络能量的最小值对应于最佳(或次最佳)的路径距离。所以解决问题的关键,仍然是构造合适的能量函数。

对于一个 n 城市的 TSP,需要 $n \times n$ 节点的 CHNN。假设每个神经元的输出记为 V_{xi}、V_{yi},行下标 x 和 y 表示不同的城市名,列下标 i 和 j 表示城市在路径中所处的次序位置,通过 V_{xi}、V_{yi} 取 0 或 1,可以通过关联矩阵确定出不同种的访问路径。用 d_{xy} 表示两个不同的城市之间的距离,对于选定的任一 V_{xi} 和它相邻的另一个城市 y 的状态可以有 $V_{y(i+1)}$ 和 $V_{y(i-1)}$。那么,目标函数 $f(V)$ 可选为

$$f(V) = \frac{D}{2} \sum_{x=1}^{N} \sum_{y=1}^{N} \sum_{i=1}^{N} d_{xy} V_{xi} V_{y(i+1)}$$

这里所选择的 $f(V)$ 表示的是对应于所经过的所有路径长度的总量,其数值为一次有效路径总长度的倍数,当路径为最佳时,$f(V)$ 达到最小值,它是输出的函数。

当 $V_{xi}=0$ 时,则有 $f(V)=0$,此输出对 $f(V)$ 没有贡献;当 $V_{xi}=1$ 时,则通过与 i 相邻位置的城市 $i+1$ 和 $i-1$ 的距离,如在关联矩阵中 $V_{D3}=1$,那么,与 $i=3$ 相邻位上的两个城市分别为 V_{A2} 和 V_{B4},此时在 $f(V)$ 中可得到 d_{AD} 和 d_{DB} 两个相加的量,依此类推,把旅行商走过的全部距离全加起来,即得 $f(V)$。

约束条件要保证关联矩阵的每一行每一列中只有一个值为 1,其他值均为 0,用两项表示为

$$g(V) = \frac{A}{2} \sum_{x=1}^{N} \left(\sum_{i=1}^{N} V_{xi} - 1 \right)^2 + \frac{A}{2} \sum_{i=1}^{N} \left(\sum_{x=1}^{N} V_{xi} - 1 \right)^2$$

总的能量函数 E 为

$E = g(V) + f(V)$

$$= \frac{A}{2} \sum_{x=1}^{N} \left(\sum_{i=1}^{N} V_{xi} - 1 \right)^2 + \frac{A}{2} \sum_{i=1}^{N} \left(\sum_{x=1}^{N} V_{xi} - 1 \right)^2 + \frac{D}{2} \sum_{x=1}^{N} \sum_{y=1}^{N} \sum_{i=1}^{N} d_{xy} V_{xi} V_{y(i+1)}$$

实现能量函数的函数代码如下所示:

```
function E = energy(V,d)
global A D
n = size(V,1);
sum_x = sumsqr(sum(V,2) - 1);
sum_i = sumsqr(sum(V,1) - 1);
V_temp = V(:,2:n);
V_temp = [V_temp V(:,1)];
sum_d = d * V_temp;
sum_d = sum(sum(V. * sum_d));
E = 0.5 * (A * sum_x + A * sum_i + D * sum_d);
```

Hopfield 神经网络动态方程为

$$\frac{dU_{xi}}{dt} = -\frac{\partial E}{\partial V_{xi}} = -A\left(\sum_{i=1}^{N} V_{xi} - 1 \right) - A\left(\sum_{y=1}^{N} V_{yi} - 1 \right) - D\left(\sum_{y=1}^{N} d_{xy} V_{y(i+1)} \right)$$

实现动态方程的函数代码如下所示：

```
function du = diu(V,d)
global A D
n = size(V,1);
sum_x = repmat(sum(V,2) - 1,1,n);
sum_i = repmat(sum(V,1) - 1,n,1);
V_temp = V(:,2:n);
V_temp = [V_temp V(:,1)];
sum_d = d * V_temp;
du = - A * sum_x - A * sum_i - D * sum_d;
```

3. 初始化网络

用连续 Hopfield 网络求解像 TSP 这样的约束优化问题时，系统参数的取值对求解过程有很大影响。Hopfield（霍普菲尔德）和 Tank（泰克）经过实验，认为取初始值为：$A = 500, D = 200$ 时，其求解 10 个城市的 TSP 得到良好的效果。

网络输入初始化选取如下：

$$U_{xi}(t) = U_0 \ln(N-1) + \delta_{xi} \quad (x,i = 1,2,\cdots,N; t = 0)$$

其中，$U_0 = 0.2$，N 为城市个数 10，δ_{xi} 为 $(-1,1)$ 区间的随机值。

在本次网络迭代过程中，采样时间设置为 0.0005，迭代次数为 5000。

4. 优化计算

当 Hopfield 神经网络的结构和参数确定后，迭代优化计算的过程就变得非常简单。

解决本题 TSP 问题的 MATLAB 代码如下：

```
clear all
clc
% 定义全局变量
global A D
% 导入城市位置
load location
% 计算相互城市间距离
distance = dist(citys,citys');
% 初始化网络
N = size(citys,1);
A = 500;
D = 200;
U0 = 0.2;
step = 0.00005;
delta = 2 * rand(N,N) - 1;
U = U0 * log(N - 1) + delta;
V = (1 + tansig(U/U0))/2;
iter_num = 5000;
E = zeros(1,iter_num);
% 寻优迭代
```

```matlab
for k = 1:iter_num
    % 动态方程计算
    dU = diu(V,distance);
    % 输入神经元状态更新
    U = U + dU * step;
    % 输出神经元状态更新
    V = (1 + tansig(U/U0))/2;
    % 能量函数计算
    e = energy(V,distance);
    E(k) = e;
end
% 判断路径有效性
[rows,cols] = size(V);
V1 = zeros(rows,cols);
[V_max,V_ind] = max(V);
for j = 1:cols
    V1(V_ind(j),j) = 1;
end
C = sum(V1,1);
R = sum(V1,2);
flag = isequal(C,ones(1,N)) & isequal(R',ones(1,N));
% 结果显示
if flag == 1
    % 计算初始路径长度
    sort_rand = randperm(N);
    citys_rand = citys(sort_rand,:);
    Length_init = dist(citys_rand(1,:),citys_rand(end,:)');
    for i = 2:size(citys_rand,1)
        Length_init = Length_init + dist(citys_rand(i-1,:),citys_rand(i,:)');
    end
    % 绘制初始路径
    figure(1)
    plot([citys_rand(:,1);citys_rand(1,1)],[citys_rand(:,2);citys_rand(1,2)],'o-')
    for i = 1:length(citys)
        text(citys(i,1),citys(i,2),['    ' num2str(i)])
    end
    text(citys_rand(1,1),citys_rand(1,2),['       起点'])
    text(citys_rand(end,1),citys_rand(end,2),['       终点'])
    title(['优化前路径(长度: ' num2str(Length_init) ')'])
    axis([0 1 0 1])
    grid on
    xlabel('城市位置横坐标')
    ylabel('城市位置纵坐标')
    % 计算最优路径长度
    [V1_max,V1_ind] = max(V1);
    citys_end = citys(V1_ind,:);
    Length_end = dist(citys_end(1,:),citys_end(end,:)');
    for i = 2:size(citys_end,1)
        Length_end = Length_end + dist(citys_end(i-1,:),citys_end(i,:)');
```

```
        end

        %绘制最优路径
        figure(2)
        plot([citys_end(:,1);citys_end(1,1)],...
            [citys_end(:,2);citys_end(1,2)],'o-')
        for i = 1:length(citys)
            text(citys(i,1),citys(i,2),['  'num2str(i)])
        end
        text(citys_end(1,1),citys_end(1,2),['    起点'])
        text(citys_end(end,1),citys_end(end,2),['    终点'])
        title(['优化后路径(长度: 'num2str(Length_end)')'])
        axis([0 1 0 1])
        grid on
        xlabel('城市位置横坐标')
        ylabel('城市位置纵坐标')
        %绘制能量函数变化曲线
        figure(3)
        plot(1:iter_num,E);
        ylim([0 1000])
        title(['能量函数变化曲线(最优能量: 'num2str(E(end))')']);
        xlabel('迭代次数');
        ylabel('能量函数');
    else
        disp('寻优路径无效');
    end
```

5. 仿真结果分析

运行 MATLAB 代码，随机产生的初始路径如图 13-5 所示。

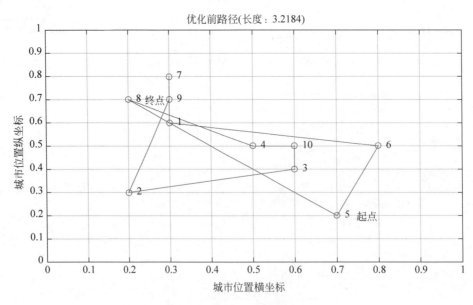

图 13-5   随机产生的初始路径

由图 13-5 可知,随机产生的路径为 3→4→9→5→7→8→6→10→1→2,其长度为 4.0043。

经过连续型 Hopfield 神经网络优化后,查找到的优化路径如图 13-6 所示,优化路径具体为 4→5→6→3→10→9→7→8→1→2,其长度为 2.4206。

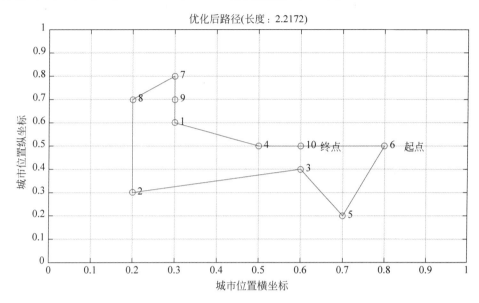

图 13-6　优化路径

能量函数随迭代过程变化的曲线如图 13-7 所示。

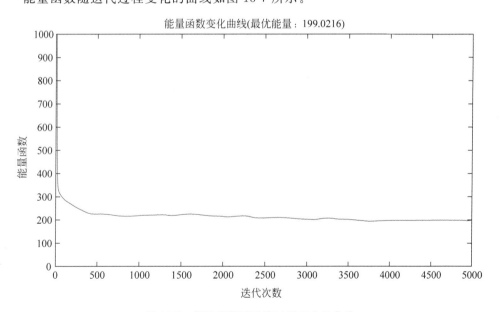

图 13-7　能量函数随迭代过程变化的曲线

从图 13-7 中可以看出,网络的能量随着迭代不断减少。当网络能量小到一定程度后,网络神经元的状态也趋于平衡点,此时对应的城市顺序即为待求的优化路径。

注意:因为函数中有随机数,所以每次运行程序得到的结果不一定完全一致。

13.3.2 遗传算法在 TSP 中的应用

遗传算法求解 TSP 的基本步骤:

(1) 种群初始化。个体编码方法有二进制编码和实数编码,在解决 TSP 问题过程中个体编码方法为实数编码。对于 TSP 问题,实数编码为 $1\sim n$ 的实数的随机排列,初始化的参数有种群个数 M、染色体基因个数 N(即城市的个数)、迭代次数 C、交叉概率 P_c、变异概率 P_{mutation}。

(2) 适应度函数。在 TSP 问题中,对于任意两个城市之间的距离 $D(i,j)$ 已知,每个染色体(即 n 个城市的随机排列)可计算出总距离,因此可将一个随机全排列的总距离的倒数作为适应度函数,即距离越短,适应度函数越好,满足 TSP 要求。

(3) 选择操作。遗传算法选择操作有轮盘赌法、锦标赛法等多种方法,用户根据实际情况选择最合适的算法。

(4) 交叉操作。遗传算法中交叉操作有多种方法。一般对于个体,可以随机选择两个个体,在对应位置交换若干个基因片段,同时保证每个个体依然是 $1\sim n$ 的随机排列,防止进入局部收敛。

(5) 变异操作。对于变异操作,随机选取个体,同时随机选取个体的两个基因进行交换以实现变异操作。

【例 13-2】　随机生成一组城市种群,利用遗传算法寻找一条遍历所有城市且每个城市只被访问一次的路径,且总路径距离最短的方法。

解　根据分析,完成 MATLAB 主函数如下:

```
%%%%%%%%%%%% 主函数 %%%%%%%%%%%%%
clear;
clc;
%%%%%%%%%%%%% 输入参数 %%%%%%%%%%%%%
N = 10;                          % 城市的个数
M = 20;                          % 种群的个数
C = 100;                         % 迭代次数
C_old = C;
m = 2;                           % 适应值归一化淘汰加速指数
Pc = 0.4;                        % 交叉概率
Pmutation = 0.2;                 % 变异概率


%%%%%%%%% 生成城市的坐标 %%%%%%%%%%%%%%%%%
pos = randn(N,2);

%%%%%%%% 生成城市之间距离矩阵 %%%%%%%%%%%%%%
D = zeros(N,N);
for i = 1:N
    for j = i+1:N
        dis = (pos(i,1) - pos(j,1)).^2 + (pos(i,2) - pos(j,2)).^2;
        D(i,j) = dis^(0.5);
```

```
            D(j,i) = D(i,j);
        end
    end

    %%%%%%%% 生成初始群体 %%%%%%%%%%%%%%%%%%%%%%
    popm = zeros(M,N);
    for i = 1:M
        popm(i,:) = randperm(N);
    end

    %%%%%%%% 随机选择一个种群 %%%%%%%%%%%%%%%%%%
    R = popm(1,:);
    figure(1);
    subplot(2,1,1)
    scatter(pos(:,1),pos(:,2),'k.');
    xlabel('横轴')
    ylabel('纵轴')
    title('随机产生的种群图')
    axis([-3 3 -3 3]);
    subplot(2,1,2)
    plot_route(pos,R);
    xlabel('横轴')
    ylabel('纵轴')
    title('随机生成种群中城市路径情况')
    axis([-3 3 -3 3]);

    %%%%%%%% 初始化种群及其适应度函数 %%%%%%%%%%%%
    fitness = zeros(M,1);
    len = zeros(M,1);
    for i = 1:M
        len(i,1) = myLength(D,popm(i,:));
    end
    maxlen = max(len);
    minlen = min(len);
    fitness = fit(len,m,maxlen,minlen);
    rr = find(len == minlen);
    R = popm(rr(1,1),:);
    for i = 1:N
    fprintf('%d ',R(i));
    end
    fprintf('\n');
    fitness = fitness/sum(fitness);
    distance_min = zeros(C+1,1);            % 各次迭代的最小的种群的距离
    while C >= 0
    fprintf('迭代第%d次\n',C);
    %%%% 选择操作 %%%%
    nn = 0;
    for i = 1:size(popm,1)
        len_1(i,1) = myLength(D,popm(i,:));
```

```
            jc = rand * 0.3;
            for j = 1:size(popm,1)
                if fitness(j,1)>= jc
                nn = nn + 1;
                popm_sel(nn,:) = popm(j,:);
                break;
                end
            end
        end
end
%%%% 每次选择都保存最优的种群 %%%%
popm_sel = popm_sel(1:nn,:);
[len_m len_index] = min(len_1);
popm_sel = [popm_sel;popm(len_index,:)];
%%%% 交叉操作 %%%%
nnper = randperm(nn);
A = popm_sel(nnper(1),:);
B = popm_sel(nnper(2),:);
for i = 1:nn * Pc
[A,B] = cross(A,B);
popm_sel(nnper(1),:) = A;
popm_sel(nnper(2),:) = B;
end
%%%% 变异操作 %%%%
for i = 1:nn
    pick = rand;
    while pick == 0
            pick = rand;
    end
    if pick <= Pmutation
        popm_sel(i,:) = Mutation(popm_sel(i,:));
    end
end
%%%% 求适应度函数 %%%%
NN = size(popm_sel,1);
len = zeros(NN,1);
for i = 1:NN
    len(i,1) = myLength(D,popm_sel(i,:));
end
maxlen = max(len);
minlen = min(len);
distance_min(C + 1,1) = minlen;
fitness = fit(len,m,maxlen,minlen);
rr = find(len == minlen);
fprintf('minlen = % d\n',minlen);
R = popm_sel(rr(1,1),:);
for i = 1:N
fprintf(' % d ',R(i));
end
fprintf('\n');
```

```
popm = [];
popm = popm_sel;
C = C - 1;
% pause(1);
end
figure(2)
plot_route(pos,R);
xlabel('横轴')
ylabel('纵轴')
title('优化后的种群中城市路径情况')
axis([-3 3 -3 3]);
```

主函数中用到的函数代码如下：

1）适应度函数代码

```
%%%%%%%% 适应度函数 %%%%%%%%%%%%%%%%%%%%%%
function fitness = fit(len,m,maxlen,minlen)
    fitness = len;
    for i = 1:length(len)
        fitness(i,1) = (1 - (len(i,1) - minlen)/(maxlen - minlen + 0.0001)).^m;
    end
end
```

2）计算个体距离函数代码

```
%%%%%%%% 计算个体距离函数 %%%%%%%%%%%%%%
function len = myLength(D,p)
    [N,NN] = size(D);
    len = D(p(1,N),p(1,1));
    for i = 1:(N - 1)
        len = len + D(p(1,i),p(1,i + 1));
    end
end
```

3）交叉操作函数代码

```
%%%%%%%% 交叉操作函数 %%%%%%%%%%%%%%%%%%%%%
function [A,B] = cross(A,B)
    L = length(A);
    if L < 10
        W = L;
    elseif ((L/10) - floor(L/10)) >= rand&&L > 10
        W = ceil(L/10) + 8;
    else
        W = floor(L/10) + 8;
    end
    p = unidrnd(L - W + 1);
    fprintf('p = %d ',p);
    for i = 1:W
```

```
        x = find(A == B(1, p + i - 1));
        y = find(B == A(1, p + i - 1));
        [A(1, p + i - 1), B(1, p + i - 1)] = exchange(A(1, p + i - 1), B(1, p + i - 1));
        [A(1, x), B(1, y)] = exchange(A(1, x), B(1, y));
    end
end
```

4）对调函数代码

```
%%%%%%%% 对调函数 %%%%%%%%%%%%%%%%%%%%%
function [x, y] = exchange(x, y)
    temp = x;
    x = y;
        y = temp;
end
```

5）变异函数代码

```
%%%%%%%% 变异函数 %%%%%%%%%%%%%%%%%%%%%%
function a = Mutation(A)
    index1 = 0; index2 = 0;
    nnper = randperm(size(A, 2));
    index1 = nnper(1);
    index2 = nnper(2);
    % fprintf('index1 = % d ', index1);
    % fprintf('index2 = % d ', index2);
    temp = 0;
    temp = A(index1);
    A(index1) = A(index2);
    A(index2) = temp;
    a = A;
end
```

6）绘制连点曲线函数代码

```
%%%%%%%% 连点画图函数 %%%%%%%%%%%%%%%%%%%%%%%%%
function plot_route(a, R)
    scatter(a(:, 1), a(:, 2), 'rx');
    hold on;
    plot([a(R(1), 1), a(R(length(R)), 1)], [a(R(1), 2), a(R(length(R)), 2)]);
    hold on;
    for i = 2:length(R)
        x0 = a(R(i - 1), 1);
        y0 = a(R(i - 1), 2);
        x1 = a(R(i), 1);
        y1 = a(R(i), 2);
        xx = [x0, x1];
        yy = [y0, y1];
        plot(xx, yy);
        hold on;
    end
end
```

运行主程序,得到随机产生的城市种群图、随机生成种群中城市路径情况如图 13-8 所示。

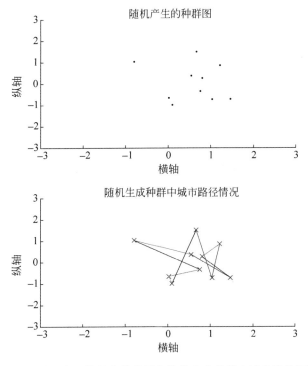

图 13-8   随机产生的城市种群图和随机生成种群中城市路径情况

从图 13-8 中可以看出,随机产生的种群城市点不对称,也没有规律,用一般的方法很难得到其最优路径。随机产生的路径长度很长,空行浪费比较多。

运行遗传算法,得到如图 13-9 所示的城市路径。从图中可以看出,该路径明显优于图 13-8 中的路径,且每个城市只经过一次。

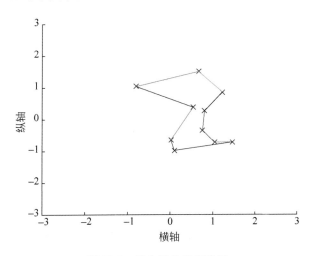

图 13-9   优化后的城市路径

13.3.3 免疫算法在 TSP 中的应用

免疫算法求解 TSP 问题流程图如图 13-10 所示。

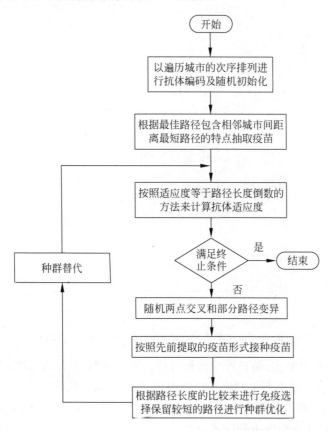

图 13-10 免疫算法求解 TSP 问题流程图

其具体过程如下。

1. 个体编码和适应度函数

（1）算法实现中,将 TSP 问题的目标函数对应于抗原,问题的解对应于抗体。

（2）抗体采用以遍历城市的次序排列进行编码,每一抗体码串形如:$V_1, V_2, \cdots, V_n$,其中,V_i 表示遍历城市的序号。适应度函数取路径长度 T_d 倒数:

$$\text{Fitness}(i) = 1/T_d(i)$$

其中,$T_d(i) = \sum_{i=1}^{n-1} d(v_i, v_{i+1}) + d(v_n, v_1)$ 表示第 i 个抗体所表示的遍历路径长度。

2. 交叉与变异算子

采用单点交叉,其中交叉点的位置随机确定。算法中加入了对遗传个体基因型特征的继承性和对进一步优化所需个体特征的多样性进行评测的环节,在此基础上设计了一种部分路径变异法。

该方法每次选取全长路径的一段,路径子段的起点与终点由评测的结果估算确定。具体操作为采用连续 n 次的调换方式,其中 n 的大小由遗传代数 K 决定。

3. 免疫算子

免疫算子有两种类型,即全免疫(非特异性免疫)和目标免疫(特异性免疫),其中全免疫即群体中的每个个体在进化算子作用后,对其每一环节都进行一次免疫操作的免疫类型;目标免疫即在进行了进化操作后,经过一定的判断,个体仅在作用点处发生免疫反应的一种类型。

对于 TSP 问题,要找到适用于整个抗原(即全局问题求解)的疫苗极为困难,所以这里采用目标免疫。

在求解问题之前先从每个城市点的周围各点中选取一个路径最近的点,以此作为算法执行过程中对该城市点进行目标免疫操作时所注入的疫苗。

每次遗传操作后,随机抽取一些个体注射疫苗,然后进行免疫检测,即对接种了疫苗的个体进行检测:若适应度提高,则继续;反之,若其适应度仍不如父代,则说明在交叉、变异的过程中出现了严重的退化现象,这时该个体将被父代中所对应的个体所取代。

在选择阶段,先计算其被选中的概率,然后进行相应的条件判断。

这里选取 10 个城市的规模,使用 MATLAB 编写代码完成免疫算法解决 TSP 问题如下所示:

```matlab
%清空命令窗口和内存
clear
clc
N = 10;
%城市的个数
M = N - 1;
%种群的个数
pos = randn(N, 2);
%生成城市的坐标
global D;
%城市距离数据
D = zeros(N, N);
for i = 1:N
    for j = i + 1:N
        dis = (pos(i, 1) - pos(j, 1)).^2 + (pos(i, 2) - pos(j, 2)).^2;
        D(i, j) = dis^(0.5);
        D(j, i) = D(i, j);
    end
end

% 中间结果保存
global TmpResult;
TmpResult = [];
global TmpResult1;
```

```
TmpResult1 = [];

% 参数设定
[M, N] = size(D);                                    % 集群规模
pCharChange = 1;                                     % 字符换位概率
pStrChange = 0.4;                                    % 字符串移位概率
pStrReverse = 0.4;                                   % 字符串逆转概率
pCharReCompose = 0.4;                                % 字符重组概率
MaxIterateNum = 100;                                 % 最大迭代次数

% 数据初始化
mPopulation = zeros(N-1,N);
mRandM = randperm(N-1);                              % 最优路径
mRandM = mRandM + 1;
for rol = 1:N-1
    mPopulation(rol,:) = randperm(N);               % 产生初始抗体
    mPopulation(rol,:) = DisplaceInit(mPopulation(rol,:)); % 预处理
end

% 迭代
count = 0;
figure(2);
while count < MaxIterateNum
    % 产生新抗体
    B = Mutation(mPopulation, [pCharChange pStrChange pStrReverse pCharReCompose]);
    % 计算所有抗体的亲和力与所有抗体和最优抗体的排斥力
    mPopulation = SelectAntigen(mPopulation,B);
    hold on
    plot(count,TmpResult(end),'o');
    drawnow
display(TmpResult(end));
display(TmpResult1(end));
    count = count + 1;
end

hold on
plot(TmpResult,'-r');
title('最佳适应度变化趋势')
xlabel('迭代数')
ylabel('最佳适应度')
% mRandM

function result = CharRecompose(A)
global D;
index = A(1,2:end);
tmp = A(1,1);
result = [tmp];
[m,n] = size(index);
while n >= 2
```

```
        len = D(tmp,index(1));
        tmpID = 1;
        for s = 2:n
            if len > D(tmp,index(s))
                tmpID = s;
                len = D(tmp,index(s));
            end
        end
        tmp = index(tmpID);
        result = [result,tmp];
        index(:,tmpID) = [];
        [m,n] = size(index);
    end
result = [result,index(1)];

%预处理
function result = DisplaceInit(A)
[m,n] = size(A);
tmpCol = 0;
for col = 1:n
    if A(1,col) == 1
        tmpCol = col;
        break;
    end
end
if tmpCol == 0
    result = [];
else
    result = [A(1,tmpCol:n), A(1,1:(tmpCol-1))];
end

function result = DisplaceStr(inMatrix, startCol, endCol)
[m,n] = size(inMatrix);
if n <= 1
    result = inMatrix;
    return;
end
switch nargin
    case 1
        startCol = 1;
        endCol = n;
    case 2
        endCol = n;
end
mMatrix1 = inMatrix(:,(startCol + 1):endCol);
result = [mMatrix1, inMatrix(:, startCol)];

function result = InitAntigen(A, B)
[m,n] = size(A);
```

```
global D;
Index = 1:n;
result = [B];
tmp = B;
Index(:,B) = [];
for col = 2:n
    [p,q] = size(Index);
    tmplen = D(tmp,Index(1,1));
    tmpID = 1;
    for ss = 1:q
        if D(tmp,Index(1,ss)) < tmplen
            tmpID = ss;
            tmplen = D(tmp,Index(1,ss));
        end
    end
    tmp = Index(1,tmpID);
    result = [result tmp];
    Index(:,tmpID) = [];
End

function result = Mutation(A, P)
[m,n] = size(A);
% 字符换位
n1 = round(P(1) * m);
m1 = randperm(m);
cm1 = randperm(n-1)+1;
B1 = zeros(n1,n);
c1 = cm1(n-1);
c2 = cm1(n-2);
for s = 1:n1
    B1(s,:) = A(m1(s),:);
    tmp = B1(s,c1);
    B1(s,c1) = B1(s,c2);
    B1(s,c2) = tmp;
end

% 字符串移位
n2 = round(P(2) * m);
m2 = randperm(m);
cm2 = randperm(n-1)+1;
B2 = zeros(n2,n);
c1 = min([cm2(n-1),cm2(n-2)]);
c2 = max([cm2(n-1),cm2(n-2)]);
for s = 1:n2
    B2(s,:) = A(m2(s),:);
    B2(s,c1:c2) = DisplaceStr(B2(s,:),c1,c2);
end

% 字符串逆转
```

```
n3 = round(P(3) * m);
m3 = randperm(m);
cm3 = randperm(n - 1) + 1;
B3 = zeros(n3, n);
c1 = min([cm3(n - 1), cm3(n - 2)]);
c2 = max([cm3(n - 1), cm3(n - 2)]);
for s = 1:n3
    B3(s, :) = A(m3(s), :);
    tmp1 = [[c2: -1:c1]', B3(s, c1:c2)'];
    tmp1 = sortrows(tmp1, 1);
    B3(s, c1:c2) = tmp1(:, 2)';
end

% 字符重组
n4 = round(P(4) * m);
m4 = randperm(m);
cm4 = randperm(n - 1) + 1;
B4 = zeros(n4, n);
c1 = min([cm4(n - 1), cm4(n - 2)]);
c2 = max([cm4(n - 1), cm4(n - 2)]);
for s = 1:n4
    B4(s, :) = A(m4(s), :);
    B4(s, c1:c2) = CharRecompose(B4(s, c1:c2));
end

result = [B1; B2; B3; B4];

function result = SelectAntigen(A, B)
global D;
[m, n] = size(A);
[p, q] = size(B);
index = [A; B];
rr = zeros((m + p), 2);
rr(:, 2) = [1:(m + p)]';
for s = 1:(m + p)
    for t = 1:(n - 1)
        rr(s, 1) = rr(s, 1) + D(index(s, t), index(s, t + 1));
    end
    rr(s, 1) = rr(s, 1) + D(index(s, n), index(s, 1));
end
rr = sortrows(rr, 1);
ss = [];
tmplen = 0;
for s = 1:(m + p)
    if tmplen ~= rr(s, 1)
        tmplen = rr(s, 1);
        ss = [ss; index(rr(s, 2), :)];
    end
end
```

```
global TmpResult;
TmpResult = [TmpResult;rr(1,1)];
global TmpResult1;
TmpResult1 = [TmpResult1;rr(end,1)];
result = ss(1:m,:);
```

运行以上代码,得到如图 13-11 所示的最佳适应度变化趋势。

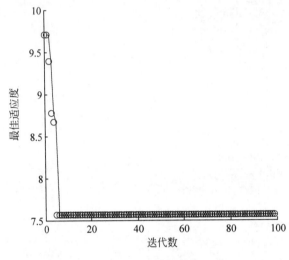

图 13-11　最佳适应度变化趋势

在 MATLAB 命令行窗口输入最优路径变量 mRandM,可以得到:

```
>> mRandM
mRandM =

    10     4     5     9     3     8     6     7     2
```

以上结果说明,10 个城市的最优路径为 1→10→4→5→9→3→8→6→7→2。

本章小结

旅行商问题是物流领域中的典型问题,它的求解具有十分重要的理论和现实意义。采用一定的物流配送方式,可以大大节省人力、物力,完善整个物流系统。对于旅行商问题的求解,本章使用了四种经典的算法分别进行建模仿真,仿真结果显示效果良好。

在社会经济生活中,需要合理地开发资源,且使得商业活动在一段时期内有最大收益。这需要我们不仅要考虑商业活动的当前经济效益,还要考虑生态效益及由此产生的对整体经济效益的影响。

本章对渔业这类可再生资源的开发问题进行研究,利用相关MATLAB软件,对最优捕鱼策略问题进行求解,得到较为准确的结果。

学习目标:

- 了解最优捕鱼策略问题
- 熟悉最优捕鱼策略问题建模过程

14.1　问题简介

为了保护人类赖以生存的自然环境,可再生资源(如渔业、林业)的开发必须适度。一种合理、简化的策略是:在实现可持续收获的前提下,追求最大产量或最佳效益。现在考虑对一种鱼(黄花鱼)的最优捕捞策略。

渔业管理部门规定,每年只允许在产卵孵化期前的8个月进行捕捞作业。如果每年投入的捕捞能力(如渔船数、下网次数等)固定不变,这时单位时间捕捞量将与各年龄组鱼群条数成正比,比例系数不妨设为捕捞强度系数。通常使用13mm网眼的拉网,这种网只能捕捞3龄鱼和4龄鱼,其两个捕捞系数之比为0.42∶1,渔业上称这种方式为固定努力量捕捞。

考虑对黄花鱼的最优捕捞策略:假设这种鱼分4个年龄组,称为1龄鱼、2龄鱼、3龄鱼、4龄鱼。各年龄组每条鱼的平均质量分别为5.07、11.55、17.86、22.99(g),各年龄组的自然死亡率为0.8(1/年),这种鱼为季节性集中产卵繁殖,平均每条4龄鱼的产卵量为$1.109×10^5$(个),3龄鱼的产卵量为这个数的一半,2龄鱼和1龄鱼不产卵,产卵和孵化期为每年的最后4个月,卵孵化并成活为1龄鱼,成活率(1龄鱼条数与产卵量n之比)为$1.22×10^{11}/(1.22×10^{11}+n)$,其中,$n$为产卵总量。

（1）建立数学模型分析在采用固定努力量的捕捞方式的前提下,如何实现可持续捕捞(即每年开始捕捞时渔场中各年龄组鱼群条数不变),得到最高的年收获量(捕捞总质量)。

（2）某渔业公司承包这种鱼的捕捞业务5年,合同要求5年后鱼群的生产能力不能受到太大破坏。已知承包时各年龄组鱼群的数量分别为122、29.7、10.1、3.29(×10⁹条),如果仍用固定努力量的捕捞方式,该公司应采取怎样的策略才能使总收获量最高?

14.2   数学模型

上一节介绍的问题,实质上是给出了各年龄组鱼群之间数量的变化规律、它们的自然死亡率及捕捞和产卵的时间分布。

问题1是在固定3、4龄鱼捕捞能力的比值条件下,要求选择一定的捕捞能力系数,使得各年龄组鱼的数量在各年开始的第一天条数不变,且年收获量最大;问题2是在固定3、4龄鱼捕捞能力的比值条件下,要求选择一定的捕捞能力系数,且5年后鱼群的生产能力不会有太大的破坏,在此条件下,求取最大捕获量。

14.2.1   模型假设

依题意,可以有如下假设:

(1) 这种鱼在一年内的任何时间都会发生自然死亡,即死亡是一个连续的过程。

(2) 捕捞也是一个连续的过程,不是在某一时刻突然发生。

(3) 1、2龄鱼体形太小,不能被捕。

(4) 3、4龄鱼在一年中的后4个月的第一天集中一次产卵。

(5) i 龄鱼到来年分别长一岁成为 $i+1$ 龄鱼,$i=1,2,3$,其中上一年存活下来的4龄鱼仍是4龄鱼。

在问题分析之前,设定 T 为年份,$x_i(t)$ 为 t 时刻 i 龄鱼的条数,r 为自然死亡率,n 为年产卵数量,f 为年捕捞量,k 为捕捞强度系数。

14.2.2   问题分析

本题中给出的鱼的自然死亡率是指平均死亡率,即单位时间鱼群死亡数量与现有鱼群数量的比例系数,它与环境等其他外在因素无关;这是一个有量纲的量,它既不是简单的百分率又不是简单的变化速率,实际上它是百分比率的变化率。它应该理解为以每年死亡80%的速率减少,并不是在一年内恰好死亡80%。

另外,鱼群的数量是连续变化的,且1、2龄鱼在全年及3、4龄鱼在后4个月的数量只与死亡率有关。由此可知,各龄鱼的变化满足:

$$\frac{\mathrm{d}x_i(t)}{\mathrm{d}t} = -rx_i(t), \quad i=1,2,3,4$$

捕捞强度系数是单位时间内捕捞量与各年龄组鱼群条数的比例系数,单位时间4龄鱼捕捞量与 4 龄鱼群总数成正比,捕捞强度系数是一定的,且只在捕捞期内(即每年的前 8 个月)捕捞 3、4 龄鱼。

捕捞强度系数 k 影响了 3、4 龄鱼在捕捞期内的数量变化:

假设:

$$k_4 = k,$$

那么

$$k_3 = 0.42k$$

且

$$\frac{\mathrm{d}x_i(t)}{\mathrm{d}t} = -(r + k_i)x(t), \quad i = 3, 4$$

1、2 龄鱼不产卵,3、4 龄鱼在每年的后 4 个月产卵,假设在 9 月初一次产卵,因此可将每年的产卵量 n 表示为

$$n = 1.109 \times 10^5 \times \left[0.5 x_3 \left(\frac{2}{3} \right) + x_4 \left(\frac{2}{3} \right) \right]$$

题中有成活率为 $\dfrac{1.22 \times 10^{11}}{1.22 \times 10^{11} + n}$,所以每年第一天 1 龄鱼的数量为

$$x_1(0) = n \times \frac{1.22 \times 10^{11}}{1.22 \times 10^{11} + n}$$

对于问题 1,要实现可持续捕获,即每年开始捕捞时渔场中各年龄组鱼群条数不变,因此要算出每年初各龄鱼组的数量。

题中说明 1、2 龄鱼仅受自然死亡率的影响;而 3、4 龄鱼不仅受自然死亡率的影响,还受捕捞强度系数的影响;因为该种鱼的最高寿命为 4,所以在后 4 月中 4 龄鱼都不存活,而对于 1 龄鱼的数量,是 3、4 龄鱼在前年的后 4 年产卵所存活下来的数量。

对于捕捞量,题中规定只在 1～8 月才能捕捞,而且 1、2 龄鱼不被捕捞,所以主要来源于对 3、4 龄鱼的捕捞。根据这些关系可列出一系列的方程,其中捕捞量作为目标函数,其他的作为约束条件,建立一个非线性规划模型,然后用 MATLAB 软件进行求解。

对于问题 2,合同要求 5 年后鱼群的生产能力不能受到太大破坏,又要使总收益最高,这就有可能发生满足了前者满足不了后者之类的情况。

处理方法是先确定一个策略使其收益最高,再检验此捕鱼策略是否能保证 5 年后鱼群的生产能力不受到太大的破坏,若它让鱼群的生产能力受到了严重破坏,则再寻求另外一种策略。

从理论分析可知,5 年后将在鱼群尽可能接近可持续鱼群的情况下来使捕捞量达到最大。对于破坏大小,采用 1 龄鱼群数量变化率来衡量,即以第 6 年初 1 龄鱼群数量的变化量与承包时鱼群数量初值之比表示。

因为 2、3、4 龄鱼群的数量在很大程度上受承包初 1 龄鱼影响,根据关系,可以知道 5 年后 2、3、4 龄鱼群的数量肯定会有较大变化。只要该比值小于 5%,就认为鱼群的生产能力没有受到太大破坏。

题中已经给了各年龄组的初始值,而问题 1 中也已得出一组迭代方程,利用这些迭代方程,求出各年的鱼量分布;同样可以根据问题 1 中捕捞量的表达式求出 5 年的总捕捞量,以此来确定最优捕捞策略。然后通过验证来确定其 5 年后鱼群的生产能力有没有

受到太大破坏。

14.2.3 模型建立

针对两个问题,分别建立以下两个模型。

1. 问题1模型

由式

$$\frac{\mathrm{d}x_i(t)}{\mathrm{d}t} = -rx_i(t), \quad i = 1,2,3,4$$

可知,1、2龄鱼的生长只受自然死亡率的影响,即1、2龄鱼的生长的微分方程满足

$$\frac{\mathrm{d}x_i}{\mathrm{d}t} = -rx_i, \quad i = 1,2,3,4$$

得到

$$x_i(t) = x_0 \mathrm{e}^{-rt}$$

其中,x_0为每年第一天i龄鱼的数量。

由于T年的i龄鱼在$T+1$年变为$i+1$龄鱼,可以得到

$$x_{i+1}(T+1) = \mathrm{e}^{-r}x_i(T)$$

对于3、4龄鱼的生长,在前8个月,它们的生长不仅受自然生长率的影响,还受捕捞强度系数的影响,而后4个月仅受自然生长率的影响。

这里以一年为一个时间单位,则这一时间单位可以分为两个阶段,具体如图14-1所示。

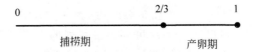

图 14-1　时间阶段示意图

在图14-1中,前2/3阶段(即8个月)3、4龄鱼生长的微分方程满足

$$\frac{\mathrm{d}x_i}{\mathrm{d}t} = -(r+k_i)x_i, \quad i = 3,4$$

从而得到

$$x_i(t) = x_0 \mathrm{e}^{-(r+k_i)t}$$

其中,x_0为每年第一天i龄鱼的数量。

由于每年的捕捞只在1~8月进行,并且只能捕到3、4龄鱼,所以任意一个时刻的捕捞量为$k_i x_i(t)$,则年捕捞量为

$$\int_0^{\frac{2}{3}} k_i x_i(t)\,\mathrm{d}t = \frac{k_i}{k_i + r}x_0\left(1 - \mathrm{e}^{-\frac{2}{3}(k_i+r)}\right)$$

后4个月3、4龄鱼生长的微分方程满足

$$\frac{\mathrm{d}x_i}{\mathrm{d}t} = -rx_i, \quad i = 1,2,3,4$$

可得
$$x_i(t) = x_0 e^{-rt}$$

其中，x_0 为每年第一天 i 龄鱼的数量。

产卵量
$$n = 0.5mx_3 e^{-\frac{2}{3}(r+0.42k)} + mx_4 e^{-\frac{2}{3}(r+k)}$$

孵化存活率
$$\varepsilon = \frac{1.22 \times 10^{11}}{1.22 \times 10^{11} + n}$$

年初 1 龄鱼的总量
$$x_1(T+1) = \varepsilon n(T)$$

根据以上分析，可以建立非线性规划模型。

目标函数：
$$\max = 17.86 \int_0^{\frac{2}{3}} k_3 x_3(t) \mathrm{d}t + 22.99 \int_0^{\frac{2}{3}} k_4 x_4(t) \mathrm{d}t$$

约束条件：
$$\begin{cases} n = 0.5mx_3 e^{-\frac{2}{3}(0.42k+r)} + mx_4 e^{-\frac{2}{3}(k+r)} \\ x_1 = \varepsilon n \\ x_2 = \varepsilon n e^{-r} \\ x_3 = \varepsilon n e^{-2r} \\ x_4 = \varepsilon n e^{-\left(\frac{2}{3} \times 0.42k + 3r\right)} / (1 - e^{-\left(\frac{2}{3}k + r\right)}) \end{cases}$$

2. 问题 2 模型

针对渔业公司的 5 年捕捞计划，利用已得到的迭代方程在已知各个年龄组的鱼的初始值的前提下，可迭代求出各年龄鱼群第 i 年的鱼量的分布函数。

整个生存过程满足的关系式为
$$\begin{cases} n(t+1) = m/2 x_3(t) e^{-\frac{2}{3}(k_3+r)} + mx_4(t) e^{-\frac{2}{3}(k_3+r)} \\ x_1(t+1) = \frac{1.22 \times 10^{11} n(t+1)}{1.22 \times 10^{11} + n(t+1)} \\ x_2(t+1) = e^{-r} x_1(t) \\ x_3(t+1) = e^{-r} x_2(t) \\ x_4(t+1) = x_3(t) e^{-\left(\frac{2}{3}k_3+r\right)} + x_4(t) e^{-\left(\frac{2}{3}k_4+r\right)} \\ k_3 = 0.42k_4 \end{cases}$$

同时写出目标函数：
$$\max = \left(\sum_{t=1}^{5} x_3(t)\right) \times 17.86 \times \frac{k_3}{k_3+r}(1 - e^{-\frac{2}{3}(k_3+r)}) +$$
$$\sum_{t=1}^{5} x_4(t) \times 22.99 \times \frac{k_4}{k_4+r}(1 - e^{\frac{2}{3}(k_4+r)})$$

14.3　MATLAB 在最优捕鱼策略问题中的应用

针对以上问题分析,使用 MATLAB 编程,求解问题,具体如下所示。

14.3.1　问题 1 求解

根据 14.2.3 节建立的问题 1 模型,可将目标函数和约束条件转化为如下所示方程:
目标函数为

$$\max = 17.86 \frac{0.42k}{0.42k+0.8} \varepsilon n e^{-1.6} (1 - e^{-\frac{2}{3}(0.8+0.42k)}) +$$

$$22.99 \frac{k}{0.8+k} \varepsilon n e^{(-0.28k-2.4)} / (1 - e^{(-\frac{2}{3}k-0.8)})(1 - e^{-\frac{2}{3}(0.8+k)})$$

约束条件为

$$\begin{cases} \varepsilon = \dfrac{1.22 \times 10^{11}}{1.22 \times 10^{11} + n} \\ n = 1.22 \times 10^{11} \times \left(m \times \left(0.5 e^{-\left(0.28k + \frac{6.4}{3}\right)} + \dfrac{e^{-\left(\frac{2}{3}k + 0.28k + \frac{8.8}{3}\right)}}{1 - e^{-\left(\frac{2}{3}k + 0.8\right)}} \right) - 1 \right) \end{cases}$$

首先编写如下 MATLAB 程序:

```
clear all
clc
k = linspace(1,20,20);
n = 1.22 * 10^11 * (1.109 * 10^5 * (0.5 * exp( - 0.28 * k - 6.4/3) + exp( - (0.28 + 2/3) * k -
8.8/3)/(1 - exp( - 2/3 * k - 0.8))) - 1);
figure
plot(k,n)
xlabel('k')
ylabel('n')
```

运行上述程序,画出 n 关于 k 的图像,如图 14-2 所示。

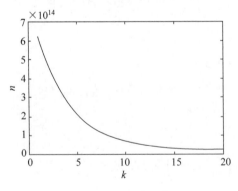

图 14-2　n-k 关系图

由图 14-2 可以大概看出，随着 k 值的增加，n 值越来越小，即捕捞强度系数越大，鱼的年产卵量越小。这与实际情况相符。

问题 1 需要求出年捕捞量 f 最大时的捕捞强度系数 k，根据上述问题分析可以编写以下 MATLAB 程序：

```
clear all
clc
for k = 1:1:20
    n = fun1(k);
    f = max1(n,k);
    K(k) = k;
    F(k) = f;
end
plot(K,F);
xlabel('K');
ylabel('F');

j = 2;
for i = 1:19
    if F(j)>= F(i)
        maxK = j;
        maxF = F(j);
        j = j + 1;
    else
        j = j - 1;
        break
    end
end
maxK
```

运行上述代码，得到 $K = 17$ 时，最大捕获量 $F = 3.8865e + 11$。K 与 F 关系图如图 14-3 所示。

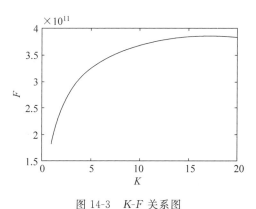

图 14-3 K-F 关系图

为得到更精确的捕捞强度系数，使用如下 MATLAB 程序：

```
%获得小数点后一位精度
clear all
```

```
clc
a = 1;
for k = 16:0.1:18
    n = fun1(k);
    f = max1(n,k);
    K(a) = a;
    F(a) = f;
    a = a + 1;
end
plot(K,F);
xlabel('K');
ylabel('F');

j = 1;
for i = 16:0.1:19
    if F(j + 1)> = F(j)
        maxK = i + 0.1;
        maxF = F(j);
        j = j + 1;
    else
        maxK = i;
        maxF = F(j - 1);
        break
    end
end
maxK
maxF
```

运行后得到 K 值为 17.4，此时最大捕获量为 $3.8871e+11$。

继续运行以下代码，获得捕鱼强度系数小数点后两位的精度。

```
% 获得小数点后两位精度
clear all
clc
a = 1;
for k = 17.3:0.01:17.5
    n = fun1(k);
    f = max1(n,k);
    K(a) = a;
    F(a) = f;
    a = a + 1;
end
plot(K,F);
xlabel('K');
ylabel('F');

j = 1;
for i = 17.3:0.01:17.5
    if F(j + 1)> = F(j)
```

```
            maxK = i + 0.01;
            maxF = F(j);
            j = j + 1;
        else
            maxK = i;
            maxF = F(j - 1);
            break
        end
    end
maxK
maxF
```

运行后得到 K 值为 17.36,此时最大捕获量为 3.8871e+11。

即对于问题 1,在固定努力量的捕捞方式的前提下,捕捞强度系数采用 17.3,可以实现可持续捕捞(即每年开始捕捞时渔场中各年龄组鱼群条数不变),得到最高的年收获量(捕捞总质量)为 3.8871e+11。

14.3.2 问题 2 求解

将目标函数转化为

$$\max = \frac{0.42k}{0.42k+r}(1 - e^{-\frac{2}{3}(r+0.42k)})\Big(10.1 + 29.7\, e^{-r} + 122\, e^{-2r} +$$

$$\cdots \frac{1.22 \times 10^{11} \times n(2)}{1.22 \times 10^{11} + n(2)}\, e^{-2r} + \frac{1.22 \times 10^{11} \times n(3)}{1.22 \times 10^{11} + n(3)}\, e^{-2r}\Big) +$$

$$\cdots \frac{k}{k+r}(1 - e^{-\frac{2}{3}(r+k)})\Big(3.29 + 10.1\, e^{-(r+\frac{2}{3}\times 0.42k)} + 3.29\, e^{-(r+\frac{2}{3}k)} +$$

$$\cdots 29.7\, e^{-(2r+\frac{2}{3}\times 0.42k)} + 10.1\, e^{-(2r+\frac{2}{3}\times 0.42k+\frac{2}{3}k)} + 3.29\, e^{-(2r+\frac{4}{3}k)} +$$

$$\cdots 122\, e^{-(3r+\frac{2}{3}\times 0.42k)} + 29.7\, e^{-(3r+\frac{2}{3}\times 0.42k+\frac{2}{3}k)} +$$

$$10.1\, e^{-(3r+\frac{2}{3}\times 0.42k+\frac{4}{3}k)} + 3.29\, e^{-(3r+2k)} +$$

$$\cdots \frac{1.22 \times 10^{11} \times n(2)}{1.22 \times 10^{11} + n(2)}\, e^{-(3r+\frac{2}{3}\times 0.42k)} +$$

$$122\, e^{-(4r+\frac{2}{3}\times 0.42k+\frac{2}{3}k)} + 29.7\, e^{-(4r+\frac{2}{3}\times 0.42k+\frac{4}{3}k)} +$$

$$\cdots 10.1\, e^{-(3r+\frac{2}{3}\times 0.42k+2k)} + 3.29\, e^{-(3r+\frac{8}{3}k)}\Big)$$

其中

$$n(2) = 10.2m/2e^{-\frac{2}{3}(0.42k+r)} + 3.29me^{-\frac{2}{3}(k+r)}$$

$$n(3) = 29.7m/2e^{-(0.28k+\frac{5}{3}r)} + 10.1me^{-(0.28k+\frac{2}{3}k+\frac{5}{3}r)} + 3.29me^{-(\frac{4}{3}k+\frac{5}{3}r)}$$

由此,$\max$ 就变为关于 k 的函数,易于求解。

首先利用 MATLAB 软件,建立如下函数代码:

```
function y = fun(k3, k, m, l1, l2, l3)
m1 = 10.1 * 10 ^ 9 + 29.7 * 10 ^ 9 * exp( - 0.8) + 122 * 10 ^ 9 * exp( - 1.6) + l1 * exp( - 1.6) +
l2 * exp( - 1.6);
```

```
m21 = 3.29 * 10 ^9 + 10.1 * 10 ^9 * exp( - (0.8 + 2/3 * k3)) + ...
    3.29 * 10 ^9 * exp( - (0.8 + 2/3 * k)) + 29.7 * 10 ^9 * exp( - (1.6 + 2/3 * k3)) + ...
    13 * exp( - (0.8 + 2/3 * k)) + 122 * 10 ^9 * exp( - (2.4 + 2/3 * k3)) + ...
    13 * exp( - 2 * (0.8 + 2/3 * k)) + 29.7 * 10 ^9 * exp( - (2.4 + 2/3 * k3 + 2/3 * k));
m22 = 11 * exp( - (2.4 + 2/3 * k3)) + 122 * 10 ^9 * exp( - (3.2 + 2/3 * k3 + 2/3 * k)) + ...
    29.7 * 10 ^9 * exp( - (3.2 + 2/3 * k3 + 4/3 * k)) + 13 * exp( - 3 * (0.8 + 2/3 * k));
y = 17.86 * k3 * (1 - exp( - (0.8 + k3) * 2/3)) * m1/(0.8 + k3) + ...
    22.99 * k * (1 - exp( - (0.8 + k) * 2/3)) * (m21 + m22)/(0.8 + k);
```

对于 $k \in (1,20)$，建立主程序如下所示：

```
clear all
clc
for   k = 0:1:20
    m = 1.109 * 10 ^5;
    k3 = 0.42 * k;
    a = 29.7 * 10 ^9 * 0.5 * exp( - 1/3 * (4 + 2 * k3)) + 10.1 * 10 ^9 * exp( - (4/3 + 2/3 * k3
+ 2/3 * k)) + ...
        3.29 * 10 ^9 * exp( - 1/3 * (4 + 4/3 * k));
    l1 = 1.22 * 10 ^11 * m * (10.1 * 10 ^9 * 0.5 * exp( - 2/3 * (0.8 + k3)) + ...
        3.29 * 10 ^9 * exp( - 2/3 * (0.8 + k)))/(1.22 * 10 ^11 + ...
        m * (10.1 * 10 ^9 * 0.5 * exp( - 2/3 * (0.8 + k3)) + 3.29 * 10 ^9 * exp( - 2/3 * (0.8 +
k))));
    l2 = 1.22 * 10 ^11 * m * a/(1.22 * 10 ^11 + m * a);
    l3 = 10.1 * 10 ^9 * exp( - (0.8 + 2/3 * k3)) + 3.29 * 10 ^9 * exp( - (0.8 + 2/3 * k));
    y = fun(k3, k, m, l1, l2, l3);
    Y(k + 1) = y;
end

for i = 1:20
    YY(i) = Y(i + 1);
end

[m, n] = size(YY);
i = 1;
j = 2;
for i = 1:n
    if YY(j) > = YY(i)
        j = j + 1;
    else
        j = i;
        break
    end
end

if YY(j - 1) > = YY(j + 1)
    i = j - 1;
else
    i = j + 1;
```

```
    end
%最大值位置介于 i 和 j 之间
i
j
b = i;

%将最大值位置精确到小数点后一位
kk = 1;
for   k = i:0.1:j
    m = 1.109 * 10 ^ 5;
    k3 = 0.42 * k;
    a = 29.7 * 10 ^ 9 * 0.5 * exp( - 1/3 * (4 + 2 * k3)) + 10.1 * 10 ^ 9 * exp( - (4/3 + 2/3 * k3
+ 2/3 * k))...
          + 3.29 * 10 ^ 9 * exp( - 1/3 * (4 + 4/3 * k));
    l1 = 1.22 * 10 ^ 11 * m * (10.1 * 10 ^ 9 * 0.5 * exp( - 2/3 * (0.8 + k3)) + ...
        3.29 * 10 ^ 9 * exp( - 2/3 * (0.8 + k)))/(1.22 * 10 ^ 11 + ...
        m * (10.1 * 10 ^ 9 * 0.5 * exp( - 2/3 * (0.8 + k3)) + ...
        3.29 * 10 ^ 9 * exp( - 2/3 * (0.8 + k))));
    l2 = 1.22 * 10 ^ 11 * m * a/(1.22 * 10 ^ 11 + m * a);
    l3 = 10.1 * 10 ^ 9 * exp( - (0.8 + 2/3 * k3)) + 3.29 * 10 ^ 9 * exp( - (0.8 + 2/3 * k));
    y = fun(k3,k,m,l1,l2,l3);
    YYY(kk) = y;
    kk = kk + 1;
end

[m,n] = size(YYY);
i = 1;
j = 2;
for i = 1:n
    if YYY(j)> = YYY(i)
        j = j + 1;
    else
        j = i;
        break
    end
end

if YYY(j - 1)> = YYY(j + 1)
    i = j - 1;
else
    i = j + 1;
end
%最大值位置
k = b + i * 0.1
```

运行得到 k 为 17.6 时，f 值最大为 1.6056e+12。

为了使得 k 值精确到小数点后两位，可以使用以下程序：

```
clear all
clc
```

```
i = 1;
for   k = 17.5:0.01:17.8
    m = 1.109 * 10 ^ 5;
    k3 = 0.42 * k;
    a = 29.7 * 10 ^ 9 * 0.5 * exp( - 1/3 * (4 + 2 * k3)) + 10.1 * 10 ^ 9 * exp( - (4/3 + 2/3 * k3
+ 2/3 * k))...
         + 3.29 * 10 ^ 9 * exp( - 1/3 * (4 + 4/3 * k));
    l1 = 1.22 * 10 ^ 11 * m * (10.1 * 10 ^ 9 * 0.5 * exp( - 2/3 * (0.8 + k3)) + ...
        3.29 * 10 ^ 9 * exp( - 2/3 * (0.8 + k)))/(1.22 * 10 ^ 11 + ...
        m * (10.1 * 10 ^ 9 * 0.5 * exp( - 2/3 * (0.8 + k3)) + 3.29 * 10 ^ 9 * exp( - 2/3 * (0.8 +
k))));
    l2 = 1.22 * 10 ^ 11 * m * a/(1.22 * 10 ^ 11 + m * a);
    l3 = 10.1 * 10 ^ 9 * exp( - (0.8 + 2/3 * k3)) + 3.29 * 10 ^ 9 * exp( - (0.8 + 2/3 * k));
    y = fun(k3,k,m,l1,l2,l3);
    K(i) = k;
    Y(i) = y;
    i = i + 1;
end

[m,n] = size(K);
i = 1;
j = 2;
for i = 1:n
    if Y(j)> Y(i)
        j = j + 1;
    else
        j = i;
        break
    end
end
K(j)
Y(i)
```

运行上述程序得到 k 为 17.58 时，f 值最大值为 1.6056e+12。

本章小结

本章主要介绍了使用 MATLAB 求解最优捕鱼策略问题。主要采用了非线性规划的思想建立模型，通过求解有约束的非线性最大值问题，找到一组最优解。本模型采用连续模型的方法，成功地解决了可持续捕捞问题，得到了较为精确且合理的结果。

裁剪与复原在司法物证复原、历史文献修复以及军事情报获取等领域都有着重要的应用。为了解决人工复原效率低下的问题,本章通过建立匹配模型对破碎文件的拼接复原建模及其 MATLAB 实现做了详细介绍,最后通过经典案例对线段的裁剪也做了说明。

学习目标:
- 掌握破碎文件的复原模型的建立及其求解
- 熟悉线段裁剪的 MATLAB 实现

15.1　问题简介

传统上,破碎文件的拼接复原工作需由人工完成,准确率较高,但效率很低。特别是当碎片数量巨大时,人工拼接很难在短时间内完成任务。随着计算机技术的发展,人们试图开发碎纸片的自动拼接技术,以提高拼接复原效率。

(1) 对于给定的来自同一页印刷文字文件的碎纸机破碎纸片(仅纵切),建立碎纸片拼接复原模型和算法,并针对 19 张类似图 15-1 所示的中文文件碎片数据、19 张类似图 15-2 所示的英文文件碎片数据进行拼接复原。如果复原过程需要人工干预,请写出干预方式及干预的时间节点。复原结果以图片形式及表格形式表达。

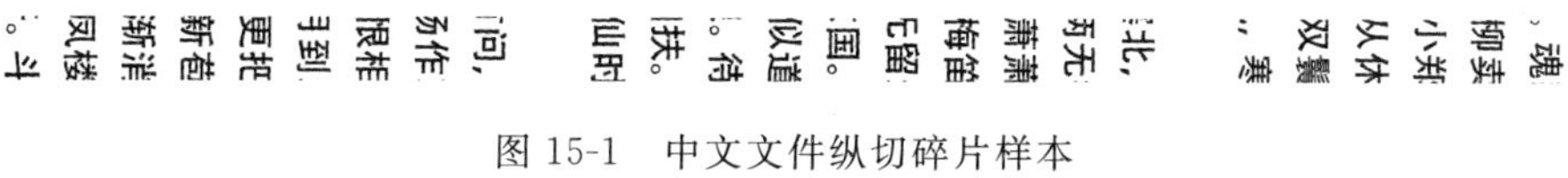

图 15-1　中文文件纵切碎片样本

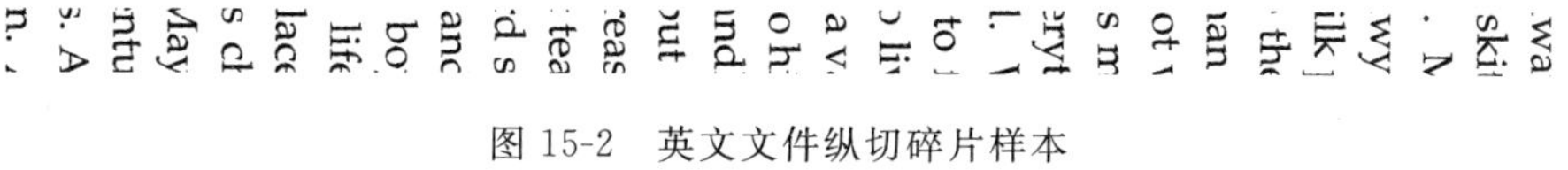

图 15-2　英文文件纵切碎片样本

(2) 对于碎纸机既纵切又横切的情形,请设计碎纸片拼接复原模型和算法,并针对 209 张类似图 15-3 所示的中文文件碎片数据、209 张类似图 15-4 所示的英文文件碎片数据进行拼接复原。如果复原过程需要人工干预,请写出干预方式及干预的时间节点。复原结果表达要求同上。

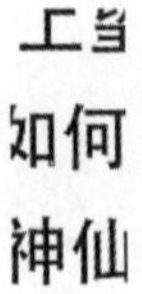

图 15-3　中文文件纵切和横切碎片样本 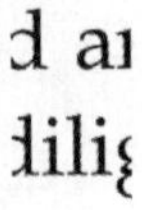　　　　图 15-4　英文文件纵切和横切碎片样本

（3）上述所给碎片数据均为单面打印文件，从现实情形出发，还可能有双面打印文件的碎纸片拼接复原问题需要解决。针对类似图 15-4 所示的一页英文印刷文字双面打印文件的碎片数据，请尝试设计相应的碎纸片拼接复原模型与算法，并就碎片数据给出拼接复原结果，结果表达要求同上。

15.2　数学模型

15.2.1　模型假设

对于 15.1 节问题，首先做如下假设：

（1）假设题目所给的附件中的碎纸片文件图片的切口是完全水平的。

（2）假设碎纸片与碎纸片之间不存在错位的情况。

（3）假设碎纸片切口是干净的，没有污渍，也没有噪声的污染。

（4）假设中文、英文在间距、高度以及宽度上的差异对像素匹配模型没有影响。

（5）假设在图片二值化时的灰色像素可以近似按最佳阈值归化为白色或黑色。

（6）假设英文的笔画均匀，且可以量化为固定像素值。

（7）假设一张英文碎纸片中最多可以容纳 4 个完整的英文字母。

为了便于后续建模，再设定以下几个变量：

- x_{ij}^m——第 m 个像素值量化矩阵的第 i 行 j 列交叉位置上的元素的值。
- $f(x,y)$——点 (x,y) 的灰度值。
- T——阈值。
- N_1^j, N_2^j——第 j 次迭代时区域 C_1 和 C_2 像素个数。
- d——两像素量化矩阵的欧氏距离值。
- x——像素值。
- X^m——第 m 个像素量化矩阵。
- h_n^m——像素矩阵中第 m 行第 n 列碎纸片基线的纵坐标。
- β_i——像素矩阵中第 i 行黑色像素所占总像素比例。
- u_i——像素量化矩阵中第 i 行 0 的个数。
- U_i——像素量化矩阵中第 i 行像素点总数。

15.2.2　模型建立

对于 19 张仅纵切的中文碎纸片图片，首先将每个图片按像素值进行二值化量化，可以得到 19 个 1980×72 的矩阵,再提取每个矩阵的最左与最右的像素值用绝对值距离法建立像素匹配模型,从边界第一张编号为 008 入手,依次得出中文图片的顺序。由于英文和中文一样可以量化为像素,故同理可得英文拼接方案。

二值化是图像处理的基本技术,目的是将图像增强结果转换成黑白二值图像,从而能清晰地得到边缘特征线,更好地为边缘提取、图像分割以及目标识别等后续工作服务。

其原理是将所有灰度大于或等于阈值的像素判定为属于特定物体,其灰度值用 1 表示,否则这些像素点被排除在物体区域以外,用灰度值 0 表示背景或者例外的物体区域。

用 x_{ij}^k 表示第 k 个像素值量化矩阵的第 i 行 j 交叉位置上的元素值,利用二值化处理可得

$$x_{ij}^k = \begin{cases} 1(\text{白}) & f(x,y) \geqslant T \\ 0(\text{黑}) & f(x,y) < T \end{cases} \quad (i=1,2,\cdots,1980; j=1,2,\cdots,72; k=1,2,\cdots,19)$$

接下来用迭代法确定阈值 T:

(1) 选择图像的平均灰度值作为初始阈值 $T_j = 224$,其中 j 为迭代次数,初始值 $j=0$。

(2) 用 T_j 分割图像,将图像分割为两个区域 C_1^j 和 C_2^j。

(3) 计算两区域的平均灰度值。

$$u_1^{(j)} = \frac{1}{N_1^{(j)}} \sum_{f(x,y) \in C_1^{(j)}} f(x,y)$$

$$u_2^{(j)} = \frac{1}{N_2^{(j)}} \sum_{f(x,y) \in C_2^{(j)}} f(x,y)$$

(4) 再计算新的阈值,即

$$T_{j+1} = \frac{u_1^{(j)} + u_2^{(j)}}{2}$$

(5) 重复(2)~(4),直到 T_j 与 T_{j+1} 的差几乎为 0 时,停止迭代,显示最佳阈值 T。

这里首先提取每个矩阵最左边与最右边的像素值作为每个碎纸片图片的特征,利用这 1980×1 的矩阵建立像素匹配模型。

由于在碎纸片边缘是连续关联的,则断裂处的像素点理论上应该是完全吻合,故提取的最右边的像素值与最左边的像素值用欧氏距离法建立像素匹配模型:

$$d = \min(d_k) \quad (k=1,2,\cdots,18)$$

其中

$$d_k = \sqrt{\sum_{i=1}^{1980} (x_{i72}^k - x_{i1}^{k+1})} \quad (k=1,2,\cdots,18)$$

15.3 模型求解

根据上一节所做模型,可以使用 MATLAB 编写代码求解,具体如下。

根据像素匹配模型,可以编写如下所示 MATLAB 代码:

```
clear
clc

% 图像导入
for i = 1:19
    if(i < 11)
        F(:,:,i) = imread(['00',num2str(i-1),'.bmp']);
    else
        F(:,:,i) = imread(['0',num2str(i-1),'.bmp']);
    end
    % 二值化
    B(:,:,i) = im2bw(F(:,:,i),250/255);
    % 取首位列
    Q(:,1,i) = B(:,1,i);
    Q(:,2,i) = B(:,72,i);
end
% 结果
result = zeros(19,1);

% 生成全 255 矩阵
y = ones(1980,1);
% y = y. * 255;
% 找首列
% Q(:,1,i) == y
for i = 1:19
    if(Q(:,1,i) == y)
        result(1) = i; % 记录序号
    end
end


% 找尾列

for i = 1:19
    if(Q(:,2,i) == y)
        result(19) = i; % 记录序号
    end
end


% 中间(17 张)匹配,从首至尾的方向
 for i = 1:17
     % 可能情况,人为干预
% may = zeros(19,1);
% n = 1;
    d = ones(19,1);
    d = d. * (-1);
    for j = 1:19
        fg = 0;
        for t = 1:19
            if(j == result(t))
                fg = 1;
            end
```

```
            end
        if(fg == 0)
            if(i == 17)
                result(i + 1) = j;
                break;
            end
            r = 0; % 和
            for k = 1:1980
                r = r + (double(Q(k, 2, result(i))) - double(Q(k, 1, j)))^2;
            end
        % 欧氏距离
            d(j) = sqrt(double(r));
        end
    end
    % 最小距离
    if(i ~ = 17)
        dmax = max(d);
        for k = 1:19
            if(d(k) == ( - 1))
                d(k) = dmax;
            end
        end
        dmin = min(d);
        for k = 1:19
            if(d(k) == dmin)
                result(i + 1) = k;
                break;
            end
        end
    end
    end
 end

disp('最后碎片正确序列: ');
result
% 图片的保存和显示
picture = [ ];
for i = 1:19
    picture = [picture, F(:, :, result(i))];
end
imshow(picture)
```

运行后,在 MATLAB 命令窗口得到:

```
最后碎片正确序列:
result =
     9
    15
    13
    16
     4
    11
     3
```

```
        17
         2
         5
         6
        10
        14
        19
        12
         8
        18
         1
         7
```

通过 MATLAB 循环匹配程序可直接得出拼接完善的中文图片，且不需要人工干预。最终拼接的中文文件图片如图 15-5 所示。

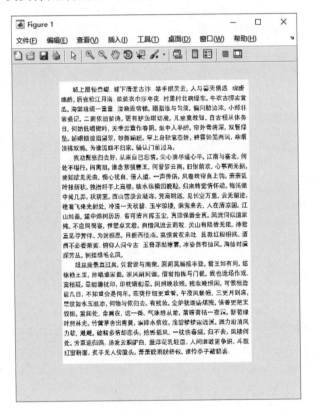

图 15-5 拼接完成的中文文件图片

由于英文与中文一样是可以用像素量化的图片，故英文碎片可以直接用上述模型代码进行复原。运行代码后得到结果为：

```
最后碎片正确序列：

result =
```

```
    4
    7
    3
    8
   16
   19
   12
    1
    6
    2
   10
   14
   11
    9
   13
   15
   18
   17
        5
```

通过 MATLAB 编程可以直接得出拼接完善的英文图片，且不需要人工干预。最终拼接的英文文件图片如图 15-6 所示。

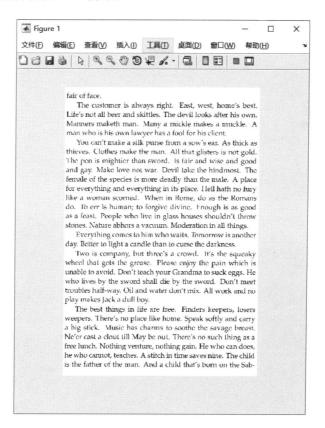

图 15-6 拼接完成的英文文件图片

通过对英文图片的自动拼接,可以验证像素匹配模型对碎片拼接的适用性较好。

15.4 线段的裁剪

在使用计算机处理图形信息时,计算机内部存储的图形往往比较大,而屏幕显示的只是图的一部分。因此需要确定图形中哪些部分落在显示区之内,哪些落在显示区之外,以便只显示落在显示区内的那部分图形。这个选择过程称为裁剪。

最简单的裁剪方法是把各种图形扫描转换为点之后,再判断各点是否在窗内。但那样太费时,一般不可取。这是因为有些图形组成部分全部在窗口外,可以完全排除,不必进行扫描转换。所以一般采用先裁剪再扫描转换的方法。

【例 15-1】 通过编写 MATLAB 代码,生成一个可以设定边界和线段数量的图形,并对生成的图形进行可以设定方式的裁剪。

解 首先要设定裁剪窗口,即如下所示的矩形区域:

$$\begin{cases} x = x_{\min}, & x = x_{\max} \\ y = y_{\min}, & y = y_{\max} \end{cases}$$

如果线段两端点均落在窗口内,则线段可见;若线段两端点分别落在窗口的内外两侧,则计算线段与窗口边界的交点(1 个),确定可见部分线段;若线段两端点均落在窗口外,则计算线段与窗口交点(0 个或 2 个),若无交点,则线段不可见,否则线段部分可见。

根据以上分析,编写以下 MATLAB 代码:

```
%程序主菜单界面
function MainMenu()
leftbase = 30;
bottombase = -100;
%初始化线段矩阵 lines
setappdata(0,'lines',[]);
figure(1);
uicontrol('Style','pushbutton','string','生成线段','position',[200 + leftbase 350 +
bottombase 100 50],...
    'callback','generate_callback');
uicontrol('Style','pushbutton','string','裁剪','position',[200 + leftbase 280 + bottombase
100 50],...
    'callback','sutherland_callback');
end


%裁剪算法回调函数
function sutherland_callback()
lines = getappdata(0,'lines');
if isempty(lines)
    errordlg('当前尚未生成线段!\n请先生成线段','错误提示');
    return;
end

while true
```

```
        prompt = {'窗口参数 Xwl','窗口参数 Xwr','窗口参数 Ywb','窗口参数 Ywt'};% 设置提示字符串
        title = '窗口参数';% 设置标题
        numline = 1;% 指定输入数据行数
        defdata = {'0','1000','0','1000'};% 指定数据的默认值
        Resize = 'on';% 设置对话框大小为可调节的
        answer = inputdlg(prompt,title,numline,defdata,Resize);
        data = str2num(char(answer));
        if data(1)> data(2) || data(3)> data(4)
            errordlg('窗口参数必须满足 Xwl <= Ywr 且 Ywb <= Ywt','错误提示');
        else
            break;
        end
    end
    % 开始进行裁剪
    SutherlandedLines = Cohen_Sutherland(lines,data);
    DrawSutherlandGraph(lines,data,SutherlandedLines);
end


% 随机生成线段函数
function Lines = GenerateLines(count,MaxX,MaxY)
line = rand(count,4);
line(:,[1,3]) = rand(count,2) * MaxX;
line(:,[2,4]) = rand(count,2) * MaxY;
Lines = line;
end


% 生成线段回调函数
function generate_callback()
prompt = {'输入线段条数','x 最大值','y 最大值'};        % 设置提示字符串
title = '生成线段';                                   % 设置标题
numline = 1;                                          % 指定输入数据行数
defdata = {'50','100','100'};                         % 指定数据的默认值
Resize = 'on';                                        % 设置对话框大小为可调节的
answer = inputdlg(prompt,title,numline,defdata,Resize);

% 将输入对话框的输入值转化为浮点数
data = str2num(char(answer));
lines = GenerateLines(round(data(1)),data(2),data(3));
setappdata(0,'lines',lines);
DrawOriginalGraph();
end


% 绘制编码裁剪算法裁剪后线段函数
function DrawSutherlandGraph(OriginalLines,Rectangle,SutherlandedLines)
% 绘制裁剪前后线段对比图
% OriginalLines 是初始线段矩阵,Rectangle 是裁剪窗口参数,SutherlandedLines 是裁剪后的线
% 段矩阵
figure('name','线段原始图形与裁剪后的对比图');
% 在第一个小图里绘制原始线段图形以及裁剪窗口
```

453

```
subplot(2,1,1);
hold on;
% 绘制原始线段
for i = 1:length(OriginalLines(:,1))
    plot(OriginalLines(i,[1,3]),OriginalLines(i,[2,4]));
end
% 绘制裁剪窗口
R = Rectangle;
RLines = [
    R(1),R(3),R(2),R(3);
    R(2),R(3),R(2),R(4);
    R(2),R(4),R(1),R(4);
    R(1),R(4),R(1),R(3);
    ];
for i = 1:length(RLines(:,1))
    plot(RLines(i,[1,3]),RLines(i,[2,4]),'-r');
end
hold off;


% 在第二个小图里绘制裁剪后的图形及裁剪窗口
subplot(2,1,2);
hold on;
for i = 1:length(SutherlandedLines(:,1))
    plot(SutherlandedLines(i,[1,3]),SutherlandedLines(i,[2,4]));
end
% 绘制裁剪窗口
for i = 1:length(RLines(:,1))
    plot(RLines(i,[1,3]),RLines(i,[2,4]),'-r');
end
hold off;
end


% 绘制原始线段图形函数
function DrawOriginalGraph()
lines = getappdata(0,'lines');
if isempty(lines)
    errordlg('当前尚未生成线段,无法显示!');
    return;
end
figure('name','原始线段图形');
hold on;
for i = 1:length(lines(:,1))
    plot(lines(i,[1,3]),lines(i,[2,4]));
end
hold off;
end


% 编码裁剪算法
function Lines = Cohen_Sutherland(line,Rectangle)
```

```
% 首先检测参数是否合法
[row column] = size(line);
if column < 4 || length(Rectangle) < 4
    Lines = [];
    fprintf('参数不合法');
    return ;
end

% 依次处理 line 的各个线段
k = 0;
Lines = [];
for i = 1:length(line(:,1))
    % 取出第 i 条线段
    P1 = line(i,[1,2]);
    P2 = line(i,[3,4]);
    % 计算斜率
    PP = P1 - P2;
    if PP(1) == 0
        k = inf;
    else
        k = PP(2)/PP(1);
    end
    finished = false;
    while(~finished)
        % 对点 P1 和 P2 进行编码
        code = [
            P1(1)< Rectangle(1),P1(1)> Rectangle(2),P1(2)< Rectangle(3),P1(2)> Rectangle(4);
            P2(1)< Rectangle(1),P2(1)> Rectangle(2),P2(2)< Rectangle(3),P2(2)> Rectangle(4);
            ];
        test = code(1,:)|code(2,:);
        if isempty(find(test > 0,1))
            Lines = [Lines;[P1,P2]];
            finished = true;
        end
        % 若当前线段处理完成,则退出
        if finished
            break;
        end
        % 判断是否剪切
        test = code(1,:)&code(2,:);
        if ~isempty(find(test > 0, 1))
            finished = true;
        end
        if finished
            break;
        end
        % 确保 P1 在窗口之外
        if isempty(find(code(1,:)> 0,1))
            % 交换 P1,P2 的坐标值和编码
            PT = P1;P1 = P2;P2 = PT;
            PT = code(1,:);code(1,:) = code(2,:);code(2,:) = PT;
        end
        % 从低位开始找编码值为 1 的地方
```

```
            D = find(code(1, :) > 0,1);
            if D <= 2
                % 此时 P1 位于窗口的左边或右边
                if k == 0
                    % 若线段是水平线,则 y 不变,x 变为窗口的左边界或右边界
                    % 且此时 k 不会等于 inf
                    P1(1) = Rectangle(D);
                    % P1(2) = Rectangle(find(code(1,[3,4]) > 0,1));
                else
                    % 若线段是斜线,则计算 y 值,x 值变为窗口的左边界或右边界
                    P1 = [Rectangle(D),P1(2) + k * (Rectangle(D) - P1(1))];
                end
            else
                % 此时 P1 位于窗口的上方或下方
                if k == inf
                    % 若线段是竖直线,则 x 不变,y 变为窗口的上边界或下边界
                    % 且此时 k 不会等于 0
                    P1(2) = Rectangle(D);
                else
                    % 若线段是斜线,则计算 x 值,y 值变为窗口的上边界或下边界
                    P1 = [P1(1) + (Rectangle(D) - P1(2))/k,Rectangle(D)];
                end
            end
        end
    end
end
% 对最终点进行取整运算
% Lines = round(Lines);
end
```

　　运行以上代码,生成如图 15-7 所示的 MATLAB 的 GUI 界面,单击"线段生成窗口"按钮,可以生成如图 15-8 所示的线段设置图形。

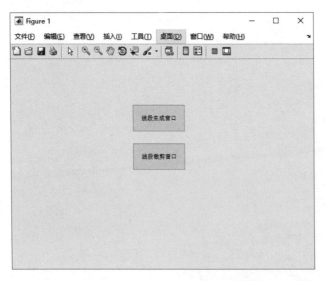

图 15-7　MATLAB 的 GUI 选择界面　　　　　　图 15-8　线段设置图形

按照图15-8中的设置,单击"确定"按钮后,即生成100条线段,且矩形区域 x 和 y 坐标范围均为 $0\sim100$,具体如图15-9所示。

继续在图15-7中,单击"线段裁剪"按钮,生成如图15-10所示的裁剪线段设置图形。按照图15-10中的数值矩形设置后,单击"确定"按钮,得到如图15-11所示裁剪前后效果比较图,其中裁剪的矩形区域 x 和 y 坐标范围均为 $0\sim50$。

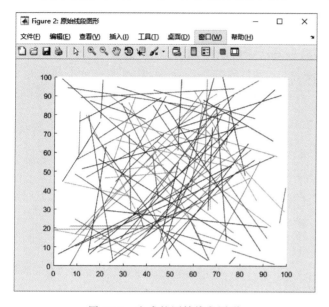

图15-9　生成的原始线段图形

图15-10　裁剪线段设置图形

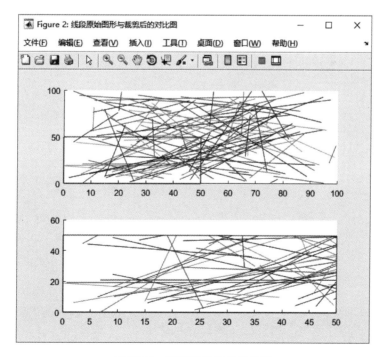

图15-11　裁剪前后窗口对比图

本章小结

关于破碎文件的拼接复原是现实生活中的实际问题,主要就是根据碎纸片边缘的字迹、文字之间的行高、间距等特征,确定合理的拼接方案。碎纸片的拼接复原问题分为纵切和横切两种,本章主要通过建立合理模型,采用二值化和像素匹配模型,进行计算机计算,最终得到完整的拼接结果。

对于线段的裁剪模型,直线段裁剪算法比较简单,但非常重要,是复杂图元裁剪的基础。本章通过例题中的裁剪窗口设置,对每条线段进行裁剪,最终实现整个线段窗口的裁剪。

本章介绍的是一个关于 DNA 序列分类的问题。问题 1 是针对人工序列建立分类模型,并分析模型的优劣。问题 2 是对自然序列利用问题 1 中的分类方法进行分类,它是问题 1 的推广。通过问题分析,最终使用 MATLAB 实现了问题的求解。

学习目标:

- 了解 DNA 序列分类问题
- 掌握运用 MATLAB 实现 DNA 序列的分类

16.1 问题简介

2000 年 6 月,人类基因组计划中 DNA 全序列草图完成,当科学家完成精确的全序列图后,人类将拥有一本记录着自身生老病死及遗传进化的全部信息的"天书"。这本大自然写成的"天书"是由 4 个字符 A、T、C、G 按一定顺序排成的长约 30 亿的序列,其中没有"断句"也没有标点符号,除了这 4 个字符表示 4 种碱基以外,人们对它包含"内容"知之甚少,难以读懂。

破译这部世界上最巨量信息的"天书"是 21 世纪最重要的任务之一。在这个目标中,研究 DNA 全序列具有什么结构,由这 4 个字符排成的看似随机的序列中隐藏着什么规律,又是解读这部天书的基础,是生物信息学(bioinformatics)最重要的课题之一。

虽然人类对这部"天书"知之甚少,但也发现了 DNA 序列中的一些规律性和结构。例如,在全序列中有一些是用于编码蛋白质的序列片段,即由这 4 个字符组成的 64 种不同的字符串,其中大多数用于编码构成蛋白质的 20 种氨基酸。

又如,在不用于编码蛋白质的序列片段中,A 和 T 的含量特别多些,于是以某些碱基特别丰富作为特征去研究 DNA 序列的结构也取得了一些结果。此外,利用统计的方法还发现序列的某些片段之间具有相关性,等等。

这些发现让人们相信,DNA 序列中存在着局部的和全局性的结构,充分发掘序列的结构对理解 DNA 全序列是十分有意义的。目前在这项研究中最普通的思想是省略序列的某些细节,突出特征,然后将其表示成适当的数学对象。这种被称为粗粒化和模型化的方法往往有助于研究规律性和结构。

作为研究 DNA 序列的结构的尝试,提出以下对序列集合进行分类的问题:

(1) 请从 20 个已知类别的人工制造的序列(其中序列标号 1~10 为 A 类,11~20 为 B 类)中提取特征,构造分类方法,并用这些已知类别的序列,衡量你的方法是否足够好。然后用你认为满意的方法,对另外 20 个未标明类别的人工序列(标号 21~40)进行分类,把结果用序号(按从小到大的顺序)标明它们的类别(无法分类的不写入)。

其中,所有 40 个人工序列如下所示:

1. aggcacggaaaaacgggaataacggaggaggacttggcacggcattacacggaggacgaggtaaaggaggcttgtctacggccgg
   aagtgaagggggatatgaccgcttgg

2. cggaggacaaacgggatggcggtattggaggtggcggactgttcggggaattattcggtttaaacgggacaaggaaggcggctgga
   acaaccggacggtggcagcaaagga

3. gggacggatacggattctggccacggacgaaaggaggacacggcggacatacacggcggcaacggacggaacggaggaaggaggg
   cggcaatcggtacggaggcggcgga

4. atggataacggaaacaaaccagacaaacttcggtagaaatacagaagcttagatgcatatgttttttaaataaaatttgtattatt
   atggtatcataaaaaaaggttgcga

5. cggctggcggacaacggactggcggattccaaaaacggaggaggcggacggaggctacaccaccgtttcggcggaaaggcggaggg
   ctggcaggaggctcattacggggag

6. atggaaaattttcggaaaggcggcaggcaggaggcaaaggcggaaaggaaggaaacggcggatatttcggaagtggatattaggag
   ggcggaataaaggaacggcggcaca

7. atgggattattgaatggcggaggaagatccgaataaaatatggcggaaagaacttgttttcggaaatggaaaaaggactaggaat
   cggcggcaggaaggatatggaggcg

8. atgccgatcggcttaggctggaaggaacaaataggcggaattaaggaaggcgttctcgcttttcgacaaggaggcggaccatagg
   aggcggattaggaacggttatgagg

9. atggcggaaaaaggaaatgtttggcatcggcgggctccggcaactggaggttcggccatggaggcgaaaatcgtgggcggcggcag
   cgctggcggagtttgaggagcgcg

10. tggccgcggaggggcccgtcgggcgcggatttctacaagggcttcctgttaaggaggtggcatccaggcgtcgcacgctcggcg
    cggcaggaggcacgcgggaaaaaacg

11. gttagaltttaacgttttttatgggatttatggaattatataatttaaaaatttatatttttttaggtaagtaatccaacgttttta
    ttactttttaaaattaaatatttatt

12. gtttaattactttatcatttaatttaggttttaattttaaatttaatttaggtaagatgaatttggtttttttttaaggtagtta
    tttaattatcgttaaggaaagttaaa

13. gtattacaggcagaccttatttaggttattattattatttggattttttttttttttttttttttttaagttaaccgaattattttct
    ttaaagacgttacttaatgtcaatgc

14. gttagtctttttttagattaaattattagattatgcagtttttttttacataagaaaatttttttttttcggagttcatattctaatct
    gtctttattaaatcttagagatatta

15. gtattatattttttttattttttattatttttagaatataatttgaggtatgtgtttaaaaaaaatttttttttttttttttttttttt
    ttttttttaaaatttataaatttaa

16. gttatttttaaatttaattttaattttaaaatacaaaattttttactttctaaaattggtctctggatcgataatgtaaacttat
    tgaatctatagaattacattattgat

17. gtatgtctatttcacggaagaatgcaccactatatgatttgaaattatctatggctaaaaaccctcagtaaaatcaatccctaa
    acccttaaaaaacggcggcctatccc

18. gttaattatttattccttacgggcaattaattatttattacgttttttatttacaatttttttttttttttgtcctatagagaaatta
    cttacaaaacgttattttacatactt

19. gttacattatttattattatccgttatcgataattttttaacctctttttttcgctgagtttttattcttactttttttttcttcttt
    atataggatctcatttaatatcttaa

20. gtatttaactctctttactttttttttcactctctacattttcatcttctaaaactgtttgatttaaacttttgtttctttaag
gattttttttacttatcctctgttat

21. tttagctcagtccagctagctagtttacaatttcgacaccagtttcgcaccatcttaaatttcgatccgtaccgtaatttagct
tagatttggatttaaaggatttagattga

22. tttagtacagtagctcagtccaagaacgatgtttaccgtaacgtacgtaccgtacgctaccgttaccggattccggaaagccga
ttaaggaccgatcgaaaggg

23. cgggcgggatttaggccgacggggacccgggattcgggacccgaggaaattcccggattaaggtttagcttcccgggatttaggg
cccggatggctgggacccc

24. tttagctagctactttagctattttttagtagctagccagcctttaaggctagctttagctagcattgttctttattgggcccca
agttcgacttttacgatttagttttgaccgt

25. gaccaaaggtgggctttagggacccgatgctttagtcgcagctggaccagttccccagggtattaggcaaaagctgacgggcaa
ttgcaatttaggcttaggcca

26. gatttactttagcattttttagctgacgttagcaagcattagctttagccaatttcgcatttgccagtttcgcagctcagtttta
acgcgggatctttagcttcaagctttttac

27. ggattcggatttacccgggggattggcggaacgggacctttaggtcgggacccattaggagtaaatgccaaaggacgctggttta
gccagtccgttaaggcttag

28. tccttagatttcagttactatatttgacttacagtctttgagatttcccttacgattttgacttaaaatttagacgttagggct
tatcagttatggattaatttagcttattttcga

29. ggccaattccggtaggaaggtgatggcccgggggttcccgggaggattaggctgacgggccggccatttcggtttagggaggg
ccgggacgcgttagggc

30. cgctaagcagctcaagctcagtcagtcacgtttgccaagtcagtaatttgccaaagttaaccgttagctgacgctgaacgctaa
acagtattagctgatgactcgta

31. ttaaggacttaggctttagcagttactttagtttagttccaagctacgtttacgggaccagatgctagctagcaatttattatc
cgtattaggcttaccgtaggtttagcgt

32. gctaccgggcagtctttaacgtagctaccgtttagtttgggcccagccttgcggtgtttcggattaaattcgttgtcagtcgct
cttgggtttagtcattcccaaaagg

33. cagttagctgaatcgtttagccatttgacgtaaacatgattttacgtacgtaaattttagccctgacgtttagctaggaattta
tgctgacgtagcgatcgactttagcac

34. cggttagggcaaaggttggatttcgacccaggggggaaagcccgggacccgaacccagggctttagcgtaggctgacgctaggct
taggttggaacccggaaa

35. gcggaagggcgtaggtttgggatgcttagccgtaggctagctttcgacacgatcgattcgcaccacaggataaaagttaaggga
ccggtaagtcgcggtagcc

36. ctagctacgaacgctttaggcgcccccgggagtagtcgttaccgttagtatagcagtcgcagtcgcaattcgcaaaagtcccca
gctttagccccagagtcgacg

37. gggatgctgacgctggttagctttaggcttagcgtagctttagggccccagtctgcaggaaatgcccaaaggaggcccaccggg
tagatgccasagtgcaccgt

38. aacttttagggcatttccagtttttacgggttattttcccagttaaactttgcaccattttacgtgttacgatttacgtataatt
tgaccttattttggacactttagtttgggttac

39. ttagggccaagtcccgaggcaaggaattctgatccaagtccaatcacgtacagtccaagtcaccgtttgcagctaccgtttacc
gtacgttgcaagtcaaatccat

40. ccattagggtttatttacctgtttatttttttcccgagaccttaggtttaccgtactttttaacggtttacctttgaaatttttg
gactagcttaccctggatttaacggccagttt

(2) 对 182 个自然 DNA 序列进行分类,像第一问一样地给出分类结果(因为 182 个
自然 DNA 序列较长,在此不再累述,读者可以自行在网上下载 2000 建模题)。

16.2 数学模型

从上一节问题介绍中可以知道,DNA序列分为编码区与非编码区。编码区是用于编码蛋白质的序列片段,即由这4个字符组成的64种不同的字符串,其中大多数用于编码构成蛋白质的20种氨基酸。

在不用于编码蛋白质的序列片段中,A和T的含量特别多些,于是以某些碱基特别丰富作为特征去研究DNA序列的结构也取得了一些结果。

利用统计的方法还发现序列的某些片段之间具有相关性。

这些发现说明DNA序列中存在着局部的和全局性的结构,充分发掘序列的结构对理解DNA全序列有十分重要的意义。目前在这项研究中最普通的思想是省略序列的某些细节,突出特征,然后将其表示成适当的数学对象。

16.2.1 问题分析

首先假设较长的182个自然序列与已知类别的20个样本序列具有共同的特征,同时忽略除A、C、G、T以外的字母。

DNA序列分类问题要求在对DNA序列的一些规律和结构有所了解的基础上,从20个已知类别的人工制造的DNA序列中提取特征,构造分类方法,并用所选择的分类方法对其余未知类别的20个人工制造的DNA序列以及182个自然DNA序列进行分类。

DNA序列分类是一个复杂的统计分析问题,数据量大,影响因素多,无法直接从20条已知类别的人工制造的DNA序列中提取出所有的有效特征,因此有必要对这20条DNA序列进行预处理。

观察并分析数据预处理结果,归纳总结出A类和B类的有效特征,将其表示成适当的数学对象,并选择适当的分类方法,建立普遍意义下数学模型,再用得到的模型对其余未知类别的20个人工制造的DNA序列以及182个自然DNA序列进行分类。

由题意,建立的数学模型应该保证分类结果具有以下特点:

(1) 类别间差异尽量大。

(2) 类别内差异尽量小。

(3) 样品能够尽可能地落入A、B范围,且只能落入其中的一个。

16.2.2 模型建立

在建立模型之前,需要对建立模型使用到的变量进行以下说明:

- x_1——A字符在序列中出现的频率。
- x_2——C字符在序列中出现的频率。
- x_3——G字符在序列中出现的频率。
- x_4——T字符在序列中出现的频率。
- n_1——A类总体样本的数目。

- n_2——B 类总体样本的数目。
- $\overline{x_1^{(1)}}$——A 类总体中 A 字符在序列中出现频率的平均值。
- $\overline{x_2^{(1)}}$——A 类总体中 C 字符在序列中出现频率的平均值。
- $\overline{x_3^{(1)}}$——A 类总体中 G 字符在序列中出现频率的平均值。
- $\overline{x_4^{(1)}}$——A 类总体中 T 字符在序列中出现频率的平均值。
- $X=(x_1,\cdots,x_4)'$——实测指标值。
- $\overline{X}^{(1)}=(\overline{x_1^{(1)}},\cdots,\overline{x_4^{(1)}})'$——A 类总体的均值向量。
- $\overline{X}^{(2)}=(\overline{x_1^{(2)}},\cdots,\overline{x_4^{(2)}})'$——B 类总体的均值向量。
- s_1——A 类总体的样本离差阵。
- s_2——B 类总体的样本离差阵。
- $\hat{\Sigma}$——协有效期阵。
- $w(x)$——欧氏距离判别法中的线性判别函数。
- y——Fisher 判别法中的线性判别函数。
- a——欧氏距离判别法中的线性判别系数。
- c——Fisher 判别法中的线性判别系数。
- y_0——Fisher 判别法的判别临界值。
- f——Bayes 判别法中的线性判别函数。

根据之前的问题分析,可以按照以下步骤建立模型。

1. 分析已知类别的 DNA 序列 1~20 的结构并提取出相应的特征

主要的特征有碱基的丰度、碱基或碱基序列的重复出现情况、碱基或碱基序列之间的相邻情况、不同碱基的丰度之比(如碱基 A 与碱基 T 的丰度之比)等。

2. 用欧氏距离判别法求出线性判别函数

1) 欧氏距离判别函数

要想求出欧氏距离判别函数,可按下列步骤进行:

(1) 确定均值及均值向量。求出均值 $\overline{x_1^{(1)}}$、$\overline{x_2^{(1)}}$、$\overline{x_3^{(1)}}$、$\overline{x_4^{(1)}}$、$\overline{x_1^{(2)}}$、$\overline{x_2^{(2)}}$、$\overline{x_3^{(2)}}$、$\overline{x_4^{(2)}}$,则 $\overline{X}^{(1)}$ 与 $\overline{X}^{(2)}$ 可知。

(2) 确定样本离差阵及协有效期阵。由

$$S_1=\sum_{a=1}^{n_1}(X_a^{(1)}-\overline{X^{(1)}})(X_a^{(1)}-\overline{X^{(1)}})',\quad S_2=\sum_{a=1}^{n_2}(X_a^{(2)}-\overline{X^{(2)}})(X_a^{(2)}-\overline{X^{(2)}})'$$

求出 A、B 类总体的样本离差阵 S_1、S_2,再由

$$\hat{\Sigma}=\frac{1}{n_1+n_2-2}(S_1+S_2)$$

求出协有效期阵 $\hat{\Sigma}$ 与协有效期阵的逆 $\hat{\Sigma}^{(-1)}$。

(3) 确定线性判别函数。由

$$W(X)=a'(X-\overline{X})=a'\left[X-\frac{1}{2}(\overline{X}^{(1)}+\overline{X}^{(2)})\right]$$

其中

$$a = \hat{\Sigma}^{-1}(\overline{X}^{(1)} - \overline{X}^{(2)})$$

求出线性判别函数。

（4）对已知类别的序列判别分类。

2）Fisher 判别函数

利用前面计算的结果，可按下列步骤进行计算：

（1）确定系数 c 及判别函数 y。由

$$\begin{bmatrix} c_1 \\ c_2 \\ c_3 \\ c_4 \end{bmatrix} = (S_1 + S_2)^{-1} \begin{bmatrix} d_1 \\ d_2 \\ d_3 \\ d_4 \end{bmatrix}$$

可求得 Fisher 判别函数的系数 c_1、c_2、c_3、c_4。

（2）确定判别临界值 y_0。由

$$y_0 = \frac{n_1 \overline{y}^{(1)} + n_2 \overline{y}^{(2)}}{n_1 + n_2}$$

计算判别临界值。

（3）确定判别准则。因 $\overline{y}^{(1)} > \overline{y}^{(2)}$，故判别准则为：当 $y > y_0$ 时，判 $x \in A$ 类；当 $y < y_0$ 时，判 $x \in B$ 类；当 $y = y_0$ 时，待判。

（4）对已知类别的序列判别分类。

3）Bayes 判别函数

利用前面计算的结果，可按下列步骤进行计算：

（1）计算先验概率。由

$$q_1 = \frac{n_1}{n}, \quad q_2 = \frac{n_2}{n}$$

其中

$$n_1 + n_2 = n$$

求出 q_1、q_2，进而求出 $\ln q_1$、$\ln q_2$。

（2）确定判别函数。由

$$f(g/x) = \ln q_g - \frac{1}{2}\mu^{(g)'}\Sigma^{-1}\mu^{(g)} + x'\Sigma^{-1}\mu^{(g)} \quad (g = 1,2)$$

并将数据带入，可得到判别函数。

（3）确定判别原则。若序列的 $f_1 > f_2$，则属于 A 类；若 $f_1 < f_2$，则属于 B 类。

（4）对已知类别的序列判别分类。

3. 对 20 个未标明类别的人工序列进行分类

对第 2 步中的判别函数进行比较，选取较好的一种判别函数对 20 个未标明类别的人工序列（标号 21～40）进行分类。

因为问题 2 与问题 1 之间的区别在于序列的长度发生了变化，所以与问题 1 类似，问题 2 也可以采用问题 1 中的判别函数对 182 个自然 DNA 序列（它们都较长）进行分类即可。

16.3 模型求解

对于已知标号 1~10 的 A 类人工序列,在 MATLAB 中写出相应的程序,计算 A、C、G、T 在序列中出现的频率。编写的 MATLAB 代码如下所示:

```
%计算A、C、G、T在序列中出现的频率
clear all
clc
a = [    33      44      19      15
         30      46      18      17
         30      50      24       7
         47      20      12      32
         26      47      26      12
         39      44      14      14
         39      40      11      21
         31      41      18      21
         23      48      23      17
         20      45      30      15]

b = zeros(10,4);
   for i = 1:10
     for j = 1:4
        b(i,j) = a(i,j)/(a(i,1) + a(i,2) + a(i,3) + a(i,4));
     end
   end
   b
```

运行后,得到标号 1~10 的 A 类人工序列中,计算 A、C、G、T 在序列中出现的频率为:

```
b =

    0.297297297297297    0.396396396396396    0.171171171171171    0.135135135135135
    0.270270270270270    0.414414414414414    0.162162162162162    0.153153153153153
    0.270270270270270    0.450450450450450    0.216216216216216    0.063063063063063
    0.423423423423423    0.180180180180180    0.108108108108108    0.288288288288288
    0.234234234234234    0.423423423423423    0.234234234234234    0.108108108108108
    0.351351351351351    0.396396396396396    0.126126126126126    0.126126126126126
    0.351351351351351    0.360360360360360    0.099099099099099    0.189189189189189
    0.279279279279279    0.369369369369369    0.162162162162162    0.189189189189189
    0.207207207207207    0.432432432432432    0.207207207207207    0.153153153153153
    0.181818181818182    0.409090909090909    0.272727272727273    0.136363636363636
```

另外,标号 11~20 的 B 类人工序列中 A、C、G、T 在序列中出现的频率计算,也可以参考上述代码。

在欧氏距离判别函数中,确定线性判别函数的 MATLAB 代码如下所示:

```
% 距离判别法中的线性判别函数
clear all
clc
a = [   0.2973     0.3964     0.1712     0.1351
        0.2703     0.4144     0.1622     0.1532
        0.2703     0.4505     0.2162     0.0631
        0.4234     0.1802     0.1081     0.2883
        0.2342     0.4234     0.2342     0.1081
        0.3514     0.3964     0.1261     0.1261
        0.3514     0.3604     0.0991     0.1892
        0.2793     0.3694     0.1622     0.1892
        0.2072     0.4324     0.2072     0.1532
        0.1818     0.4091     0.2727     0.1364];
b = [   0.3545     0.1000     0.0455     0.5000
        0.3273     0.1455     0.0273     0.5000
        0.2545     0.1273     0.1000     0.5182
        0.3000     0.1182     0.0818     0.5000
        0.2909     0.0636          0     0.6455
        0.3636     0.0909     0.0818     0.4636
        0.3545     0.1364     0.2455     0.2636
        0.2909     0.0909     0.1182     0.5000
        0.2182     0.0727     0.1455     0.5636
        0.2000     0.0636     0.1727     0.5636 ];
x = mean(a)';
y = mean(b)';
d = a';
for i = 1:10
    for j = 1:4
d(j, i) = (d(j, i) - d(j, 1));
    end
end
s1 = d * d'
e = b';
for i = 1:10
    for j = 1:4
        e(j, i) = (e(j, i) - e(j, 1));
    end
end
s2 = e * e'
s = s1 + s2;
f = s/(10 + 10 - 2);
njz = inv(f);
u = (njz * (x - y))'
v = u * (x + y)/2;
u * v
```

运行后,得到:

```
s1 =

     0.781196870000000    0.942320030000000    0.419847140000000    0.426029670000000
     0.942320030000000    1.364227260000000    0.630026890000000    0.499742950000000
     0.419847140000000    0.630026890000000    0.308914520000000    0.229252000000000
     0.426029670000000    0.499742950000000    0.229252000000000    0.251824040000000

s2 =

     0.776627610000000    0.270412230000000    0.276370000000000    1.276466530000000
     0.270412230000000    0.099852570000000    0.099598680000000    0.439235620000000
     0.276370000000000    0.099598680000000    0.149364800000000    0.447443800000000
     1.276466530000000    0.439235620000000    0.447443800000000    2.354901330000000

u =

     0.076469219863885    7.704653110435423   - 2.848257539220162   - 4.486260400384762

ans =

     0.001559370853303    0.157114346355452   - 0.058082059647884   - 0.091484439374970
```

即线性判别函数

$$W(X) = 0.0765x_1 + 7.7047x_2 - 2.8483x_3 - 4.4863x_4 + 0.0204$$

对 20 个已知类别的人工制造的序列用线性判别函数进行判别归类,$w(x) > 0$ 为 A 类,$w(x) < 0$ 为 B 类,在 MATLAB 中写出如下代码:

```
function y = fun3(x1,x2,x3,x4)
y = 0.0765 * x1 + 7.7047 * x2 - 2.8483 * x3 - 4.4863 * x4 + 0.0204;
clear all
clc
m = [0.2973    0.3964    0.1712    0.1351
     0.2703    0.4144    0.1622    0.1532
     0.2703    0.4505    0.2162    0.0631
     0.4234    0.1802    0.1081    0.2883
     0.2342    0.4234    0.2342    0.1081
     0.3514    0.3964    0.1261    0.1261
     0.3514    0.3604    0.0991    0.1892
     0.2793    0.3694    0.1622    0.1892
     0.2072    0.4324    0.2072    0.1532
     0.1818    0.4091    0.2727    0.1364];
a = [0.3545    0.1000    0.0455    0.5000
     0.3273    0.1455    0.0273    0.5000
     0.2545    0.1273    0.1000    0.5182
     0.3000    0.1182    0.0818    0.5000
     0.2909    0.0636         0    0.6455
     0.3636    0.0909    0.0818    0.4636
```

```
       0.3545    0.1364    0.2455    0.2636
       0.2909    0.0909    0.1182    0.5000
       0.2182    0.0727    0.1455    0.5636
       0.2000    0.0636    0.1727    0.5636 ];
  for i = 1:10
    b(i,1) = fun3(a(i,1),a(i,2),a(i,3),a(i,4));
    c(i,1) = fun3(m(i,1),m(i,2),m(i,3),m(i,4));
  end
c
b
```

运行后得到：

```
c =
    2.003558440000000
    2.084610210000000
    2.613157310000000
  - 0.160124480000000
    2.148445390000000
    2.176532120000000
    1.692981490000000
    1.577080410000000
    2.090294160000000
    1.797637740000000


b =

  - 1.554758400000000
  - 1.154436290000000
  - 1.588953100000000
  - 1.522095400000000
  - 2.363233880000000
  - 1.564266990000000
  - 0.783406000000000
  - 1.836807980000000
  - 2.345682340000000
  - 2.494661170000000
```

由 c 和 b 的值，可以得到如表 16-1 所示的对 20 个已知类别的人工制造的序列的判别结果。

表 16-1　对 20 个已知类别的人工制造的序列的判别结果

序 列 号	判别函数 $w(x)$ 的值	原 类 别	判 归 类 别
1	2.0	A	A
2	2.1	A	A
3	2.6	A	A
4	−0.16	A	B

序　列　号	判别函数 $w(x)$ 的值	原　类　别	判　归　类　别
5	2.1	A	A
6	2.2	A	A
7	1.7	A	A
8	1.6	A	A
9	2.0	A	A
10	1.8	A	A
11	−1.6	B	B
12	−1.2	B	B
13	−1.6	B	B
14	−1.5	B	B
15	−2.3	B	B
16	−1.6	B	B
17	−0.8	B	A
18	−1.8	B	B
19	−2.3	B	B
20	−2.5	B	B

上述判别结果表明,原 B 类总体中只有第 17 个序列判归类别为 A,与原类别不同,其余序列与原类别相同;原 A 类总体中只有第 4 个序列判归类别为 B,与原类别不同,其余序列与原类别相同。

因为第 4 个序列和第 17 个序列属于错分序列,所以总的判对率达 90%。

对于 Fisher 判别函数,由

$$\begin{bmatrix} c_1 \\ c_2 \\ c_3 \\ c_4 \end{bmatrix} = (S_1 + S_2)^{-1} \begin{bmatrix} d_1 \\ d_2 \\ d_3 \\ d_4 \end{bmatrix}$$

求 Fisher 判别函数的系数的 MATLAB 代码如下所示:

```
% Fisher 判别法
clear all;
clc;

x = [0.2973    0.3964    0.1712    0.1351
     0.2703    0.4144    0.1622    0.1532
     0.2703    0.4505    0.2162    0.0631
     0.4234    0.1802    0.1081    0.2883
     0.2342    0.4234    0.2342    0.1081
     0.3514    0.3964    0.1261    0.1261
     0.3514    0.3604    0.0991    0.1892
     0.2793    0.3694    0.1622    0.1892
     0.2072    0.4324    0.2072    0.1532
     0.1818    0.4091    0.2727    0.1364];
```

```
x1 = [0.3545      0.1000      0.0455      0.5000
      0.3273      0.1455      0.0273      0.5000
      0.2545      0.1273      0.1000      0.5182
      0.3000      0.1182      0.0818      0.5000
      0.2909      0.0636           0      0.6455
      0.3636      0.0909      0.0818      0.4636
      0.3545      0.1364      0.2455      0.2636
      0.2909      0.0909      0.1182      0.5000
      0.2182      0.0727      0.1455      0.5636
      0.2000      0.0636      0.1727      0.5636];
a = mean(x)';
b = mean(x1)';
x = x';
x1 = x1';
for i = 1:4
    for j = 1:10
        x(i, j) = x(i, j) - a(i, 1);
        x1(i, j) = x1(i, j) - b(i, 1);
    end
end
s = x * x';
s1 = x1 * x1';
c = 1/18 * (s + s1)
m = inv(c);
for i = 1:4
    n(i, 1) = a(i, 1) - b(i, 1);
end
z = 1/18 * m * n
y = 0;
y1 = 0;
for i = 1:4
    y = a(i, 1) * z(i, 1) + y;
    y1 = b(i, 1) * z(i, 1) + y1;
end
y0 = (10 * y + 10 * y1)/20;
y0
```

运行后,得到结果为:

```
c =

    0.004294140444444   - 0.001708313333333   - 0.002327454111111   - 0.000257616000000
  - 0.001708313333333     0.003361235166667     0.001391755833333   - 0.003044047500000
  - 0.002327454111111     0.001391755833333     0.004249280944444   - 0.003314958388889
  - 0.000257616000000   - 0.003044047500000   - 0.003314958388889     0.006616614333333


    z =

      1.0e + 02  *
```

```
        - 8.730364179741592
        - 8.694538550022990
        - 8.754649256961420
        - 8.755246586129069


    y0 =

        - 8.733312655206959e + 02
```

即判别函数为

$$y = -873.0364x_1 - 869.4539x_2 - 875.4649x_3 - 875.5247x_4$$

对 20 个已知类别的人工制造的序列用线性判别函数进行判别归类,$y > y_0$ 为 A 类,$y < y_0$ 为 B 类,其 MATLAB 实现程序如下所示:

```
function y = fun5(x1,x2,x3,x4);
y = - 873.0364 * x1 - 869.4539 * x2 - 875.4649 * x3 - 875.5247 * x4;
clear all
clc
f = [0.2973     0.3964     0.1712     0.1351
     0.2703     0.4144     0.1622     0.1532
     0.2703     0.4505     0.2162     0.0631
     0.4234     0.1802     0.1081     0.2883
     0.2342     0.4234     0.2342     0.1081
     0.3514     0.3964     0.1261     0.1261
     0.3514     0.3604     0.0991     0.1892
     0.2793     0.3694     0.1622     0.1892
     0.2072     0.4324     0.2072     0.1532
     0.1818     0.4091     0.2727     0.1364];
m = [0.3545     0.1000     0.0455     0.5000
     0.3273     0.1455     0.0273     0.5000
     0.2545     0.1273     0.1000     0.5182
     0.3000     0.1182     0.0818     0.5000
     0.2909     0.0636     0          0.6455
     0.3636     0.0909     0.0818     0.4636
     0.3545     0.1364     0.2455     0.2636
     0.2909     0.0909     0.1182     0.5000
     0.2182     0.0727     0.1455     0.5636
     0.2000     0.0636     0.1727     0.5636];
for i = 1:10
    b(i,1) = fun5(f(i,1),f(i,2),f(i,3),f(i,4));
    h(i,1) = fun5(m(i,1),m(i,2),m(i,3),m(i,4));
end
    b
    h
```

运行后得到：

```
b =

   1.0e+02 *

  -8.723682255300000
  -8.724142259000001
  -8.721918408200001
  -8.733707312400000
  -8.722700057899999
  -8.722363054799999
  -8.725440213499999
  -8.726650171999999
  -8.723717197600001
  -8.725724553200001


h =

   1.0e+02 *

  -8.740327967500001
  -8.739128979400000
  -8.741126348100000
  -8.740557498000001
  -8.744147506499999
  -8.739756742899999
  -8.737998596299999
  -8.742419494500000
  -8.745317048800001
  -8.745430571900002
```

由 c 和 b 的值，可以得到如表 16-2 所示的对 20 个已知类别的人工制造的序列的判别结果。

表 16-2　对 20 个已知类别的人工制造的序列的判别结果

序　列　号	判别函数 y 的值	原　类　别	判　归　类　别
1	-872.4	A	A
2	-872.4	A	A
3	-872.2	A	A
4	-873.4	A	B
5	-872.2	A	A
6	-872.2	A	A
7	-872.5	A	A
8	-872.7	A	A
9	-872.4	A	A
10	-872.6	A	A

序 列 号	判别函数 y 的值	原 类 别	判 归 类 别
11	-874.0	B	B
12	-873.9	B	B
13	-874.1	B	B
14	-874.1	B	B
15	-874.4	B	B
16	-874.0	B	B
17	-873.8	B	B
18	-874.2	B	B
19	-874.5	B	B
20	-874.5	B	B

从以上判别结果可知,原 A 类总体中只有第 4 个序列判归类别为 B,与原类别不同,其余序列与原类别相同;第二组中的各序列类别都是 B,即与原类别完全相同。

因为第 4 号序列属于错分序列,所以总的判对率达 95%。

对于 Bayes 判别函数,根据

$$f(g/x) = \ln q_g - \frac{1}{2}\mu^{(g)'}\Sigma^{-1}\mu^{(g)} + x'\Sigma^{-1}\mu^{(g)} \quad (g = 1, 2)$$

编写 MATLAB 代码如下所示:

```
S1 =
    0.047844604000000   -0.038483366000000   -0.033547372000000    0.024193846000000
   -0.038483366000000    0.052477944000000    0.023659578000000   -0.037652004000000
   -0.033547372000000    0.023659578000000    0.028745496000000   -0.018869928000000
    0.024193846000000   -0.037652004000000   -0.018869928000000    0.032330489000000

ans =
   -1.669180909793939e+08

ans =
   1.0e+08 *
   3.338252801347814
   3.337305896514849
   3.339984105524180
   3.338688604633735

ans =
   -1.669338109421733e+08

ans =
   1.0e+08 *
   3.338409947903050
   3.337462398208750
   3.340141689210806
   3.338846199072286
```

可得到判别函数为

$$f_1 = -1.6692 \times 10^8 + 3.3383 \times 10^8 x_1 + 3.3373 \times 10^8 x_2 +$$
$$3.3400 \times 10^8 x_3 + 3.3387 \times 10^8 x_4$$
$$f_2 = -1.6693 \times 10^8 + 3.3384 \times 10^8 x_1 + 3.3375 \times 10^8 x_2 +$$
$$3.3401 \times 10^8 x_3 + 3.3388 \times 10^8 x_4$$

对 20 个已知类别的人工制造的序列用线性判别函数进行判别归类，$y > y_0$ 为 A 类，$y < y_0$ 为 B 类。

```
clear all
clc
format long;
a = [0.2973    0.3964    0.1712    0.1351
     0.2703    0.4144    0.1622    0.1532
     0.2703    0.4505    0.2162    0.0631
     0.4234    0.1802    0.1081    0.2883
     0.2342    0.4234    0.2342    0.1081
     0.3514    0.3964    0.1261    0.1261
     0.3514    0.3604    0.0991    0.1892
     0.2793    0.3694    0.1622    0.1892
     0.2072    0.4324    0.2072    0.1532
     0.1818    0.4091    0.2727    0.1364];
b = [0.3545    0.1000    0.0455    0.5000
     0.3273    0.1455    0.0273    0.5000
     0.2545    0.1273    0.1000    0.5182
     0.3000    0.1182    0.0818    0.5000
     0.2909    0.0636    0         0.6455
     0.3636    0.0909    0.0818    0.4636
     0.3545    0.1364    0.2455    0.2636
     0.2909    0.0909    0.1182    0.5000
     0.2182    0.0727    0.1455    0.5636
     0.2000    0.0636    0.1727    0.5636];
for i = 1:10

        c(i,1) = fun7_1(a(i,1),a(i,2),a(i,3),a(i,4));
        d(i,1) = fun7_2(a(i,1),a(i,2),a(i,3),a(i,4));
        e(i,1) = fun7_1(b(i,1),b(i,2),b(i,3),b(i,4));
        f(i,1) = fun7_2(b(i,1),b(i,2),b(i,3),b(i,4));
end
c
d
e
f
```

运行后得到：

```
c =

   1.669048680000000
```

```
    1.669356450000000
    1.669376110000000
    1.669218890000000
    1.668784150000000
    1.668968410000000
    1.669317580000000
    1.669415850000000
    1.669081120000000
    1.669209050000000


d =

    1.669088320000000
    1.669397900000000
    1.669421170000000
    1.669236910000000
    1.668826480000000
    1.669008050000000
    1.669353630000000
    1.669452800000000
    1.669124360000000
    1.669249960000000


e =

    1.669277350000000
    1.669534740000000
    1.669349980000000
    1.669320860000000
    1.669294600000000
    1.668999770000000
    1.669486390000000
    1.669410040000000
    1.669500090000000
    1.669221600000000


f =

    1.669287350000000
    1.669549300000000
    1.669362710000000
    1.669332680000000
    1.669300960000000
    1.669008850000000
    1.669500030000000
    1.669419130000000
    1.669507360000000
    1.669227950000000
```

根据以上结果和判定方法,可以得到如表 16-3 所示的对 20 个已知类别的人工制造的序列的判别结果。

表 16-3 对 20 个已知类别的人工制造的序列的判别结果

序　列　号	判别函数 f_1 的值	判别函数 f_2 的值	原　类　别	判归类别
1	1.6690×10^8	1.6691×10^8	A	B
2	1.66936×10^8	1.66930×10^8	A	A
3	1.6694×10^8	1.6693×10^8	A	A
4	1.6692×10^8	1.6691×10^8	A	A
5	1.66878×10^8	1.66882×10^8	A	B
6	1.6690×10^8	1.6689×10^8	A	A
7	1.6693×10^8	1.6694×10^8	A	B
8	1.6694×10^8	1.6693×10^8	A	A
9	1.6691×10^8	1.6690×10^8	A	A
10	1.6692×10^8	1.6694×10^8	A	B
11	1.66928×10^8	1.66929×10^8	B	B
12	1.66953×10^8	1.66955×10^8	B	B
13	1.66935×10^8	1.66936×10^8	B	B
14	1.66932×10^8	1.66933×10^8	B	B
15	1.66929×10^8	1.66930×10^8	B	B
16	1.66899×10^8	1.66900×10^8	B	B
17	1.66949×10^8	1.66950×10^8	B	B
18	1.66941×10^8	1.66942×10^8	B	B
19	1.66950×10^8	1.66951×10^8	B	B
20	1.66922×10^8	1.66923×10^8	B	B

以上判别结果表明,原 A 类总体中有第 1、5、7、10 个序列判归类别为 B,与原类别不同,其余序列与原类别相同;第二组中的各序列类别都是 B,即与原类别完全相同。

因为第 1、5、7、10 号序列为错分序列,所以总的判对率为 80%。

由前面的计算可知欧氏距离判别法、Fisher 判别法、Bayes 判别法这三种方法的判对率依次为 90%、95%、80%,故用 Fisher 判别法对 DNA 序列判别分类比较好。

现在用 Fisher 判别法对 20 个未标明类别的人工序列(标号 21~40)进行分类,在 MATLAB 中写出以下程序:

```
function y = fun8(x1,x2,x3,x4);
y = - 873.0364 * x1 - 869.4539 * x2 - 875.4649 * x3 - 875.5247 * x4;
clear all
clc
l = [0.2743    0.1681    0.1947    0.3628
      0.2885    0.2500    0.2404    0.2212
      0.1765    0.3824    0.2549    0.1863
      0.2087    0.1913    0.1913    0.4087
      0.2476    0.3048    0.2286    0.2190
      0.2193    0.1842    0.2105    0.3860
      0.2308    0.3365    0.2019    0.2308
```

```
          0.2564        0.1538        0.1453        0.4444
          0.1485        0.4455        0.2178        0.1881
          0.2897        0.2150        0.2430        0.2523
          0.2411        0.2232        0.1786        0.3571
          0.1743        0.2661        0.2294        0.3303
          0.2703        0.2072        0.1892        0.3333
          0.2353        0.3627        0.2353        0.1667
          0.2427        0.3398        0.2136        0.2039
          0.2286        0.2571        0.3048        0.2095
          0.2136        0.3301        0.2524        0.2039
          0.2222        0.1709        0.1709        0.4359
          0.2736        0.2075        0.2830        0.2358
          0.1983        0.1724        0.1983        0.4310];
for i = 1:20
    h(i,1) = fun8(l(i,1),l(i,2),l(i,3),l(i,4));
end
for i = 1:20
    if h(i,1)> - 873.3313            %标准为 - 873.3313,大于为 A 类,小于为 B 类
        c(i,1) = 'A';
    else
        c(i,1) = 'B';
    end
end
h                                   %判别函数
c                                   %判别类别
```

运行程序后,得到:

```
h =

  1.0e + 02  *

  - 8.737224623000000
  - 8.733623020000000
  - 8.728363505800001
  - 8.738326080100000
  - 8.730445467999999
  - 8.738481865500001
  - 8.728955025400001
  - 8.738567694300000
  - 8.723500691400000
  - 8.734840860900000
  - 8.735590880299998
  - 8.735493837800000
  - 8.735829285900000
  - 8.727232529100000
  - 8.728451584699998
  - 8.733768449000001
  - 8.729741345200001
```

```
  - 8.738365277300000
  - 8.734797342500000
  - 8.739728058499999


c =

B
B
A
B
A
B
A
B
B
B
B
B
B
A
A
B
A
B
B
B
```

与问题 1 类似,现在用问题 1 中选出的正确率比较高的分类方法即 Fisher 判别法对 182 个自然 DNA 序列(它们都较长)进行分类即可。编写如下所示 MATLAB 代码:

```
function y = fun9(x1,x2,x3,x4);
y = - 873.0364 * x1 - 869.4539 * x2 - 875.4649 * x3 - 875.5247 * x4;
% 函数调用
clear all
clc
    q = [271        314        247        289
         340        282        298        359
         304        236        292        307
         271        355        352        334
         186        363        374        169
         375        331        336        330
         390        152        233        365
         267        493        429        269
         313        252        302        276
         405        191        216        343
         321        399        410        428
         414        178        229        319
         176        437        376        157
```

236	310	371	263
256	428	402	162
169	514	449	148
359	263	321	317
253	392	390	272
284	360	390	299
372	419	489	339
314	314	382	340
460	267	379	528
514	283	341	540
489	304	388	510
449	344	451	461
483	335	370	519
224	549	429	171
429	264	307	398
350	461	459	481
492	371	365	532
383	440	533	413
221	567	445	197
438	413	508	410
525	219	284	406
384	443	533	411
407	304	385	353
458	466	404	454
388	332	376	374
400	457	533	421
453	287	250	345
399	452	537	427
340	375	450	331
558	170	220	550
393	446	541	438
276	424	450	350
550	362	417	512
441	349	400	400
500	461	394	581
283	564	541	254
523	311	361	501
537	365	387	421
408	432	470	414
500	366	462	449
542	382	423	612
375	547	614	447
512	463	492	581
547	438	495	592
439	496	504	361
367	730	649	367
570	477	566	501
339	592	563	322
510	680	626	462

517	398	420	503
449	675	695	552
720	216	371	546
616	586	597	613
450	790	800	387
584	813	856	603
502	1031	942	523
434	1140	1062	464
409	612	530	327
822	825	714	799
379	596	565	346
811	279	337	488
735	243	301	669
787	644	670	1076
565	398	518	491
827	875	812	860
378	673	623	330
700	362	375	579
618	1082	896	884
678	1036	1005	765
661	372	459	560
650	318	471	661
1056	541	762	1202
623	372	443	686
702	518	495	484
634	479	541	624
437	632	744	417
566	1290	1107	674
673	1159	1179	669
1096	685	678	1320
725	527	617	520
1171	906	797	1023
986	1031	1022	1028
1311	1136	1028	1069
817	438	552	661
835	341	567	735
832	443	623	659
519	796	805	505
1088	1133	1292	1108
824	545	471	728
1358	859	975	1472
395	981	889	369
1125	1228	1215	1150
627	667	866	677
1348	857	960	1602
1232	1296	1226	1241
420	948	985	494
1095	466	513	906
844	1291	1159	1017

412	1042	1036	410
1315	1121	1415	1449
1253	331	516	890
994	1642	1627	1115
848	626	664	896
453	1019	1096	432
953	1735	1772	1060
921	739	562	1109
678	1048	947	527
1075	708	790	1043
1640	959	1098	1833
1471	1110	1230	1731
1325	1957	1852	1262
2075	1267	1341	1800
1757	1472	1498	1807
1274	587	834	1147
1295	393	638	1034
1285	657	821	1140
1298	632	845	1128
2103	1327	1179	2000
1420	1834	1845	1595
1685	1599	1745	1856
1543	2216	2141	1630
1843	1939	1922	1933
797	1250	1223	707
793	1054	1072	1189
1447	606	764	1187
1825	2141	2126	1936
2440	1654	1802	2394
821	1420	1200	767
1444	679	874	1234
1429	644	901	1288
2664	1432	1675	2756
2105	2225	2229	2099
1439	739	909	1273
1424	1083	1102	1130
1072	1356	1318	1139
2408	1973	2406	2665
1615	1101	1071	1094
2244	901	1062	1635
1870	1403	1336	1452
2505	2208	2318	2426
2526	2646	2664	2067
1148	1952	2270	1071
2719	1759	2220	3217
2482	2612	2408	2577
786	1835	1833	919
2756	2004	2077	3276
2165	1686	1685	2103
3380	1788	1740	3430
3107	2097	2001	3409
3457	2279	2128	4175
3715	3338	3217	3936

```
                3769          3530          3507          4210
                5847          3589          3322          5285
                4918          4535          4335          4899
                5716          3380          4201          5565
                5067          4795          4615          5558
                6838          3864          3582          6962
                1149          1952          2269          1073
                5908          6786          6485          5803
                 485           309           392           505
                 492           319           393           494
                 498           310           390           501
                 917          1404          1389          1052
                1424          1272          1309          1416
                6420          5261          5151          6304
                3385          2213          2487          3313
                3384          2251          2515          3343
                6915          4056          4825          6770
                8611          4512          4843          8867];
        for i = 1:182
            for j = 1:4
                l(i,j) = q(i,j)/(q(i,1) + q(i,2) + q(i,3) + q(i,4));
            end
        end


for i = 1:182
    h(i,1) = fun9(l(i,1),l(i,2),l(i,3),l(i,4));
end
for i = 1:182
    if h(i,1)> - 873.3313      % 标准为 - 873.3313,大于为 A 类,小于为 B 类
        c(i,1) = 'A';
    else
        c(i,1) = 'B';
    end
end
c
```

运行后可以得到自然 DNA 分类序列,在 182 个自然序列中,第 1、5、8、13、15、16、18、27、32、37、49、58、59、61、62、64、67、68、69、70、71、72、73、78、79、81、82、87、89、90、91、96、100、104、108、109、111、112、115、117、118、120、124、132、134、136、139、141、148、150、154、155、157、158、171、172、176 为 A 类,其余为 B 类。

本章小结

本章问题是一个关于 DNA 序列分类的统计分析的问题。通过欧氏距离判别法、Fisher 判别法、Bayes 判别法这三种分类方法分别求出线性判别函数,得到判对率分别为 90%、95%、80%,最终选用判对率较高的 Fisher 判别法,求解 DNA 序列分类模型。

卫星和飞船在国民经济和国防建设中有着重要的作用,本章通过对卫星或飞船运行过程中测控站需要的数目进行求解,从而实现能够对卫星或飞船进行全程跟踪测控的目标。

学习目标:

- 了解卫星和飞船的跟踪测控问题
- 熟悉卫星和飞船的跟踪测控模型建立及其 MATLAB 实现

17.1 问题简介

卫星和飞船在国民经济和国防建设中有着重要的作用,对它们的发射和运行过程进行测控是航天系统的一个重要组成部分,理想的状况是对卫星和飞船(特别是载人飞船)进行全程跟踪测控。

通过测控设备只能观测到所在点切平面以上的空域,且在与地平面夹角 3°的范围内测控效果不好,实际上每个测控站的测控范围只考虑与地平面夹角 3°以上的空域。在一个卫星或飞船的发射与运行过程中,往往有多个测控站联合完成测控任务。

请利用模型分析卫星或飞船的测控情况,具体问题如下:

(1) 在所有测控站都与卫星或飞船的运行轨道共面的情况下至少应该建立多少个测控站才能对其进行全程跟踪测控?

(2) 如果一个卫星或飞船的运行轨道与地球赤道平面有固定的夹角,且在离地面高度为 H 的球面 S 上运行。考虑到地球自转时该卫星或飞船在运行过程中相继两圈的经度有一些差异,问至少应该建立多少个测控站才能对该卫星或飞船可能飞行的区域全部覆盖以达到全程跟踪测控的目的?

(3) 收集我国一个卫星或飞船的运行资料和发射时测控站点的分布信息,分析这些测控站点对该卫星所能测控的范围。

17.2 数学模型

在对 17.1 节的问题进行分析前,需要做如下假设:

(1) 假设地球是规则球形,半径是 6375km。

（2）卫星运行轨迹在地表的投影区域展开近似为矩形。

（3）卫星沿闭合的圆形轨道或者椭圆形轨道运行。

（4）监控船的位置是灵活的，因此可以动态监控卫星的运行。

（5）每次监控卫星监控站都能在最大的监控范围内正常工作。

（6）忽略各个地面监控站的海拔差异，都认为是分布在距离地心为 $6375km$ 的地表。

同时，对所使用的符号做以下说明：

R 为地球半径；H 为卫星或飞船距地面高度；H_1 为近地点高度；H_2 为远地点高度；r 为测控站测控范围与卫星运行轨道曲面相交的半径；C_i 表示第 i 行正方形覆盖的轨道面圆周长；l 为圆内接正方形每条边在卫星轨道面上所对应的圆弧长；θ 为轨道与赤道平面夹角；S_1 是球帽面积；S_2 是卫星运行曲面的面积；S_3 是测控站测控的范围与曲面交线圆的面积；S_4 为圆内接正六边形的面积；e 为圆内接正六边形与圆的面积之比。

17.2.1　问题分析

无论在卫星或飞船的发射过程，还是在运行过程，对卫星的测控都是非常重要的，而其核心问题是测控站点的布设问题。这也是本章需要解决的问题。

问题 1 是假设所有测控站都与卫星运行轨道共面，在这种理想的情况下，要想使用最少的测控点，那它们应该是这样分布的：两个相邻测控点辐射出的圆锥的母线恰好相交于卫星轨道平面，且测控点均匀分布。

在截面中，圆锥母线、地球半径、卫星运行半径三者组成三角形，并且有一个角为 $93°$，于是利用正弦定理、余弦定理即可求解三角形，测控站数目即为 2π 与单个夹角的比值，当然应该取整。

问题 2 是对问题 1 的深入分析，考虑到了两点因素：一是卫星轨道与赤道呈固定夹角；二是地球自转对飞船相继两圈的经度位置造成的差异。这就决定了卫星的运行轨迹在地表的投影是卫星的运动和地球的自转运动的合运动。

实际上将地表展开成近似矩形，卫星的运动轨迹是若干个曲线相交成的网状，其容纳在一个矩形带中。要实现对卫星的全覆盖转化为对这个带的覆盖，需要探讨观测点的位置问题，讨论发现将测控点设置在赤道上是最节省测控点的，改进问题 1 的算法和模型，求解出最少的探测点数目。

另外的一种思路是，将两个运动合成，类比于一个新的卫星绕一个不动的地球在转，求出新卫星的参数，进而求解出要设置的观测点数目。

问题 1、问题 2 是理论的问题分析，而问题 3 则是问题 1、问题 2 的实际应用。这里选取神舟七号宇宙飞船为研究对象。

首先要收集起神舟七号的发射、运行、测控等各个方面的详细资料，然后将问题分解为两个部分，一是发射过程的测控问题，二是运行过程的测控问题。

对于测控覆盖率的求解，将神舟七号留在地表的投影带计算出来，然后将 11 个测控点加入到投影带图形中，再计算出每个测控站的测控圆的面积，它与投影带面积之比即为覆盖率。

对于发射过程，问题的难点在于对详细发射过程、进入预定轨道的轨迹等资料的了解,但是这样的资料属于宇航局核心资料,是难以查询的,因此首先根据比较成熟的计算发射过程轨道的知识和微分方程模拟发射过程,进而以此为依据计算发射过程的测控覆盖率。

17.2.2 模型建立

1. 问题 1

在问题 1 的模型建立与求解的过程中,把卫星(飞船)的运行轨道分为圆轨道和椭圆轨道两种情况讨论。

1)圆轨道

每个测控站的监控范围都是一个以测控站为顶点的曲顶圆锥体,假设所有测控站都与卫星的运行轨道共面,那么可以取卫星运行轨道的截面作为研究的对象,该截面如图 17-1 所示。

从图 17-1 中可以看出,每个测控站的可监控范围的辐射图形为扇形。如果各个观测点均匀分布且相邻两个观测点的辐射网络在卫星运行轨道切面处恰好交汇,此时所有的测控站辐射范围恰好覆盖卫星的轨道平面,那么此时的观测点数目是最少的,且设此时最少的观测点数目为 N。

从图 17-1 中可知,在 $\triangle AOB$ 中,由正弦定理可得

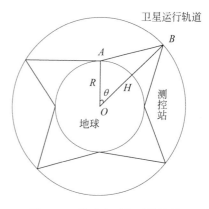

图 17-1 地球表面与卫星运行
轨道截面图

$$\frac{H+R}{\sin 93^\circ} = \frac{R}{\sin \theta_1}$$

继续求解得到

$$\theta_1 = \arcsin\left(\frac{R\sin 93^\circ}{H+R}\right)$$

因为圆锥母线、地球半径、卫星运行半径三者组成的三角形中,有一个角为 93°,从而可以得到

$$\theta_2 = \pi - \theta_1 - \frac{93^\circ}{180^\circ}\pi = \frac{87^\circ}{180^\circ}\pi - \arcsin\left(\frac{R\sin 93^\circ}{H+R}\right)$$

则可得如下关于 N' 的表达式:

$$N' = \frac{2\pi}{2\theta_2} = \frac{\pi}{\dfrac{87^\circ}{180^\circ}\pi - \arcsin\left(\dfrac{R\sin 93^\circ}{H+R}\right)}$$

而 N 值要取不小于以上计算数值 N' 的整数。

从以上公式可以知道,$N'(H)$ 是一个关于 H 的单调减函数,$H \in (0, +\infty)$,$N' \in (2, +\infty)$,而又因为 N 只能取不小于 N' 的整数,故 $N \in [3, +\infty)$。

其实际意义在于,卫星离地面越高,地面上的单个测控点辐射的区域会越大,所以需要的测控点就越少,但无论卫星离地面多么远,都至少要用 3 个测控点才能完全覆盖。

2) 椭圆轨道

卫星(或飞船)运行轨道为椭圆轨道时,其测控站数目计算结果与卫星(或飞船)运行轨道是圆轨道情形的计算结果是一致的,因为只要在近地点有站点可以探测到,那么到了远地点则一定能探测到,这是因为离地越远,测控站点的探测范围越大,因此测控站点更容易捕捉到离地远的卫星,所以在计算最小站点数目的时候,只要将 H 赋以近地点距离之值即可。

2. 问题 2

对于问题 2,根据已有的条件可以得到卫星(或飞船)的运行轨迹投影带,然后把卫星(或飞船)的运行轨道与地球赤道平面的固定夹角看作一个固定的变量,最后得到了地面观测站数目与夹角和卫星飞行高度的模型。

当然,也可以考虑采用圆内接正六边形覆盖的模型,以提高有效覆盖率。

1) 地面观测站数目与夹角和卫星飞行高度模型

为了得到卫星或飞船与地球、太阳关系轨迹图,可以编写以下 MATLAB 代码:

```
clear all
clc
figure('name','卫星或飞船与地球、太阳关系');
s1 = [0:.01:2 * pi];
hold on;axis equal;                        %建立坐标系
axis off                                   %除掉 Axis
r1 = 10;                                    %地球到太阳的平均距离
r2 = 3;                                     %卫星或飞船到地球的平均距离
w1 = 1;                                     %设置地球公转角速度
w2 = 12                                     %设置卫星或飞船绕地球公转角速度
t = 0;                                      %初始时刻为 0
pausetime = .002;                           %设置暂停时间
sita1 = 0;sita2 = 0;                        %设置开始它们都在水平线上
set(gcf,'doublebuffer','on')               %消除抖动
plot( - 20,18,'color','r','marker','.','markersize',40);
text( - 17,18,'太阳');                      %对太阳进行标识
p1 = plot( - 20,16,'color','b','marker','.','markersize',20);
text( - 17,16,'地球');                      %对地球进行标识
p1 = plot( - 20,14,'color','k','marker','.','markersize',13);
text( - 17,14,'卫星或飞船');                 %对卫星或飞船进行标识
plot(0,0,'color','r','marker','.','markersize',60);  %画太阳
plot(r1 * cos(s1),r1 * sin(s1));           %画地球公转轨道
set(gca,'xlim',[ - 20 20],'ylim',[ - 20 20]);
p1 = plot(r1 * cos(sita1),r1 * sin(sita1),'color','b','marker','.','markersize',30);
                                            %画地球初始位置
l1 = plot(r1 * cos(sita1) + r2 * cos(s1),r1 * sin(sita1) + r2 * sin(s1));
                                            %画卫星或飞船绕地球公转轨道
p2x = r1 * cos(sita1) + r2 * cos(sita2);p2y = r1 * sin(sita1) + r2 * sin(sita2);
p2 = plot(p2x,p2y,'k','marker','.','markersize',20); %画卫星或飞船的初始位置
orbit = line('xdata',p2x,'ydata',p2y,'color','r');   %画卫星或飞船的运动轨迹
while 1
```

```
set(p1,'xdata',r1 * cos(sita1),'ydata',r1 * sin(sita1)); % 设置地球的运动过程
set(l1,'xdata',r1 * cos(sita1) + r2 * cos(s1),'ydata',r1 * sin(sita1) + r2 * sin(s1));
% 设置卫星或飞船绕地球的公转轨道的运动过程
ptempx = r1 * cos(sita1) + r2 * cos(sita2);ptempy = r1 * sin(sita1) + r2 * sin(sita2);
set(p2,'xdata',ptempx,'ydata',ptempy);              % 设置卫星或飞船的运动过程
p2x = [p2x ptempx];p2y = [p2y ptempy];
set(orbit,'xdata',p2x,'ydata',p2y);                 % 设置卫星或飞船运动轨迹的显示过程
sita1 = sita1 + w1 * pausetime;                     % 地球相对太阳转过的角度
sita2 = sita2 + w2 * pausetime;                     % 卫星或飞船相对地球转过的角度
pause(pausetime);
drawnow
end
```

运行后,得到卫星或飞船与地球、太阳关系轨迹图如图 17-2 所示。根据图 17-2,可以得到图 17-3 所示卫星运行与地球表面模拟图。

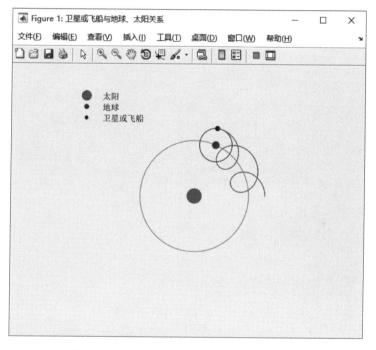

图 17-2 卫星或飞船与地球、太阳关系轨迹图

如图 17-3 所示,假设卫星的运行轨道与赤道平面的夹角为 θ,卫星在离地面高度为 H 的球面上运行。由万有引力定律,可以得到卫星运行的线速度 V 和运行周期 T。

$$V = \sqrt{\frac{GM}{R+H}}$$

$$T = 2\pi\sqrt{\frac{(R+H)^3}{GM}}$$

其中,M 表示地球质量,$M = 5.9742 \times 10^{24}$ kg;G 为万有引力常量,$G = 6.67 \times 10^{-11}$ N·m^2/kg^2。

由于夹角 θ 是固定不变的,因此在地球不发生自转的情况下,卫星的运行轨迹在地球

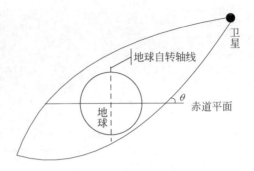

图 17-3　卫星运行与地球表面模拟图

表面的投影是一个固定的圆。但是由于在卫星绕地球运行的同时地球自身在发生自转，因此投影到地球表面的轨迹是地球的自转和卫星的旋转这两个运动的合成。

为了得到卫星的运行轨迹投影带，可以编写如下代码：

```
% 卫星或飞船地面轨迹图
clear all
clc
load('topo.mat','topo','topomap1');
whos topo topomap1
contour(0:359, -89:90,topo,[0 0],'b')
axis equal
box on
set(gca,'XLim',[0 360],'YLim',[-90 90], ...
    'XTick',[0 60 120 180 240 300 360], ...
'Ytick',[-90 -60 -30 0 30 60 90]);
hold on
x = linspace(0,500 * pi,1000);
y1 = 58 * sin(0.05 * x + 0.25 * pi);
y2 = 58 * sin(0.05 * x + 0.5 * pi);
y3 = 58 * sin(0.05 * x + 0.75 * pi);
y4 = 58 * sin(0.05 * x + pi);
y5 = 58 * sin(0.05 * x + 1.25 * pi);
y6 = 58 * sin(0.05 * x + 1.5 * pi);
y7 = 58 * sin(0.05 * x + 1.75 * pi);
y8 = 58 * sin(0.05 * x + 2 * pi);
plot(x,y1,'k',x,y2,'g',x,y3,'r',x,y4,'y',x,y5,'b',x,y6,'g',x,y7,'m',x,y8,'r')
hold on
z1 = 0 * x + 58;
z2 = -z1;
plot(x,z1,'k',x,z2,'k')
```

运行后，得到如图 17-4 所示卫星的运行轨迹投影带。图 17-4 是地球表面的一个展开图，横坐标轴是赤道，端点分别是东经 180°和西经 180°；曲线是卫星运行轨迹在地表的投影；每一条完整的曲线代表卫星绕地球运行一周的投影轨迹；曲线的数目为 $24/T$。

由图 17-4 可以看出，在卫星飞行一周后，地球已经自转了时间 T（卫星的周期），因此两条轨迹的投影会相隔一段距离 S：

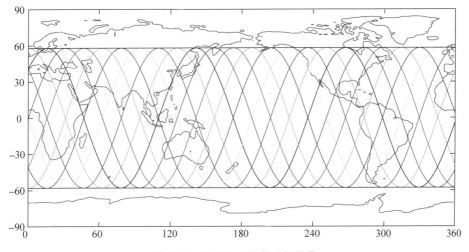

图 17-4 卫星的运行轨迹投影带

$$S = \frac{2\pi R}{360} \times 15 \times T$$

其中, R 是地球平均半径。

更深入地研究可知, 如果地球是球形的, 且质量分布均匀, 卫星绕地球按照圆轨道飞行, 则在地球自转一周的时间里, 卫星可以飞行 $24/T$ 圈, 投影到地球表面就会形成 $24/T$ 条圆形轨迹。相邻两条轨迹与赤道的交点之间的距离都为 S。

相邻两圈的经度差异为

$$\Delta = \frac{360^\circ}{24/T} = (15T)^\circ$$

由于卫星运行轨道平面与赤道平面夹角为 θ, 则卫星的运动轨迹在地面的投影必定分布在北纬 θ 和南纬 θ 之间。由图 17-5 可知, 弧长 S_0 与半径 R 的关系为

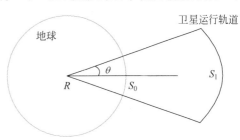

图 17-5 地球与卫星相对位置

$$S_0 = 2R\theta$$

根据两个扇形相似性, 可以得到

$$\frac{S_0}{S_1} = \frac{R}{R+H}$$

卫星在天球面 S 上的运行轨迹处在宽度为 S_1 的带状环形区域内, 并且

$$S_1 = \frac{S_0(R+H)}{R} = 2(R+H)\theta$$

测控站所选取的位置不同, 会使得监控区域的重叠和相对位置发生变化, 进而影响到所需测控站的数目。下面分别考虑把测控站建在边缘区域和赤道的两种特殊情况。

情形 1: 当观测站恰好位于这个带状环形区域的边缘时, 即处在北纬 θ 度或南纬 θ 度时, 可以计算出当观测站完全覆盖高度为 H 的卫星在这一点可能出现的地方时, θ 的最大角度, 具体如图 17-6 所示。

由余弦定理可得

$$\begin{cases} \cos(2\theta) = \dfrac{2(R+H)^2 - x^2}{2(R+H)^2} \\[2mm] \cos(2\theta) = \dfrac{R^2 + (R+H)^2 - y^2}{2R(R+H)} \\[2mm] \cos\dfrac{87\pi}{180} = \dfrac{H^2 + y^2 - x^2}{2Hy} \end{cases}$$

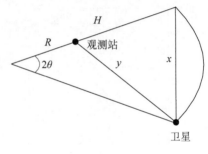

图 17-6　观测站建在宽带边缘

对上述方程组求解,可得

$$\frac{2(R+H)^2 - x^2}{2(R+H)^2} = \frac{R^2 + (R+H)^2 - y^2}{2R(R+H)}$$

即

$$(R+H)y^2 - Rx^2 = H^2(R+H)$$

$$y^2 + 2Ry\cos\left(\frac{87°\pi}{180°}\right) - H^2 = 0$$

求解得

$$y = \sqrt{R^2\cos^2\left(\frac{87°\pi}{180°}\right) + H^2} - R\cos\left(\frac{87°\pi}{180°}\right)$$

将 y 回代至方程组中,可以求得

$$\theta = \frac{1}{2}\arccos\frac{R^2 + (R+H)^2 - \left[H^2 + 2R^2\cos^2\left(\frac{87°\pi}{180°}\right) - 2R\cos\left(\frac{87°\pi}{180°}\right)\sqrt{R^2\cos^2\left(\frac{87°\pi}{180°}\right) + H^2}\right]}{2R(R+H)}$$

当 θ 大于上式的计算结果时,建在边缘的观测站无法监控到卫星运行时可能出现的全部区域;当 θ 小于上式的计算结果时,建在边缘的观测站可以完全监控到卫星在此点上空运行时可能到达的任何区域。

情形 2:当观测站建在赤道上时,如图 17-7 所示。ED 是赤道平面,C 是观测站位置,$\angle ACD$ 和 $\angle BCD$ 都等于 $87°$,$\angle GED$ 和 $\angle FED$ 为 θ。$CE=R$,$CD=H$,弧 GDF 位于球面 S 上。

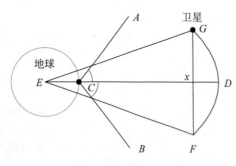

图 17-7　观测站建在赤道上

这种情形的情况是直观的,因为 θ 是卫星轨道和赤道平面的交角,所以 $0°\leqslant\theta\leqslant90°$;而且观测站的观测角度有 $87°$,因此在观测站上空的圆锥体范围内,无论卫星轨迹如何移动,都会被监控站监控到。

将两种情形作对比,若将测控站建在投影带的边缘,不妨假设测控站建在北纬 θ 度处,那么此时要达到完全覆盖的目的,就一定要覆盖到南纬 θ 度处(投影带的下边缘),那么其跨度达到了 2θ;而若将测控站建在赤道处,那么要实现完全覆盖时,就要覆盖到南北纬 θ 度处,而此时由于卫星运动轨迹在地球上投影具有的对称性,观测站可以最大限度地监控卫星在圆环带区域上空可能出现的位置,那么其跨度只有 θ。所以,很明显的,如果将测控站建在投影带的中线即赤道处是最理想的,即所需要测控站数目最少的情形。

现在继续深入探讨,考虑当卫星在离地面高度为 H 的球面 S 运行时,需要多少个站点才能完全监控住卫星可能出现的区域。由于卫星的运动轨道与地球赤道所成的角度是固定的,前面已经根据运动的合成分析过了,卫星的轨迹在地球表面的投影是一个圆环带。

卫星运行轨道面与赤道面的斜交角度为 θ,将测控站都建立在赤道上。假设最少需要 N 个观测站才能恰好完全覆盖卫星所到达的区域,这时应该恰好是当观测站 1 结束对卫星的监控时,观测站 2 恰好收到该卫星的信号,具体如图 17-8 所示。利用这个原理可以计算得到 N 和地球半径 R、轨道高度 H 的关系式。

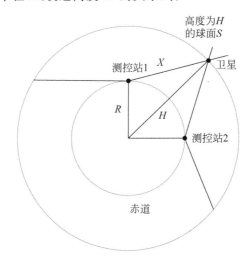

图 17-8 两个观测站和卫星之间的关系图

在图 17-8 中,由余弦定理可得

$$
\begin{cases}
\cos\left(\dfrac{93°\pi}{180°}\right) = \dfrac{x^2 + R^2 - (R+H)^2}{2xR} \\[2mm]
\cos\left(\dfrac{360°\pi}{2N \times 180°}\right) = \dfrac{R^2 + (R+H)^2 - x^2}{2R(R+H)}
\end{cases}
$$

又由正弦定理可得

$$
\frac{x}{\sin\left(\dfrac{360°\pi}{2N \times 180°}\right)} = \frac{R+H}{\sin\left(\dfrac{93°\pi}{180°}\right)}
$$

根据以上分析,求解方程组,得到一个关于半径、高度与地面测控站数目的数学模型:

$$
R = (R+H)\frac{\sin\dfrac{\pi}{N}}{\sin\dfrac{93°\pi}{180°}}\cos\frac{93°\pi}{180°} + (R+H)\cos\frac{\pi}{N}
$$

2) 圆内接正六边形覆盖模型

为使计算方便,采用内接正方形覆盖所要测控的区域,而圆内接正六边形的面积占圆面积的 82.74%,因此可以考虑采用圆内接正六边形覆盖,以提高有效覆盖率,故建立了模型 2。

为了显示圆内接正六边形覆盖效果,可以编写以下 MATLAB 代码:

```
%圆内接六边形全覆盖图
load iris_dataset
net = newsom(irisInputs,[16 3]);
plotsomtop(net);
hold on
x = −1:0.05:16.5;
y1 = 0.85 + 1.15 * sin(x);
y2 = 0.85 + 1.15 * sin(x + 0.25 * pi);
y3 = 0.85 + 1.15 * sin(x + 0.5 * pi);
y4 = 0.85 + 1.15 * sin(x + 0.75 * pi);
y5 = 0.85 + 1.15 * sin(x + pi);
y6 = 0.85 + 1.15 * sin(x + 1.25 * pi);
y7 = 0.85 + 1.15 * sin(x + 1.5 * pi);
y8 = 0.85 + 1.15 * sin(x + 1.75 * pi);
z1 = 0 * x + 2;
z2 = 0 * x − 0.3;
plot(x,y1,'k',x,y2,'g',x,y3,'r',x,y4,'y',x,y5,'b',x,y6,'g',x,y7,'m',x,y8,'r',x,z1,'k',x,
z2,'k')
title('圆内接六边形覆盖')
```

运行后,得到图 17-9 所示圆内接正六边形覆盖效果图。

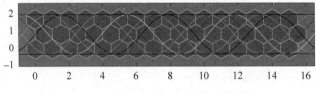

图 17-9　圆内接正六边形覆盖效果图

设卫星或飞船绕地球飞行的倾角为 θ,离地面的高度为 H,地球半径为 R,卫星或飞船飞行的轨迹为一环绕地球半径为 $R+H$ 的球面去掉两端球帽的曲面。

由于一个卫星或飞船的轨道与地球赤道平面有固定夹角,而求地球自转时该卫星或飞船在运行过程中相继两圈的经度有一些差异,因此,对卫星在地球表面的星下点轨迹进行以下分析:

- 当卫星运行角度与地球自转角速度相同时,卫星沿运行轨道运行一圈后星下点轨迹又回到起点,但其相继两圈的经度无变化,不合题意。
- 当卫星运行角速度是地球自转速度的两倍时,卫星沿运行轨道运行两圈后星下点轨迹回到起点。
- 当卫星运行角速度是地球自转速度的 3 倍时,卫星沿运行轨道运行三圈后星下点轨迹回到起点。

通过公式,计算出球帽的面积得到卫星或者飞船飞行的曲面面积。每个测控站测控的范围与曲面的交线为一个半径为 r 的圆,只有圆与圆之间有重叠才能够保证测控站的测控范围覆盖所有曲面。

取每个圆的内接正六边形作为每个测控站对卫星或飞船运行曲面的平均有效测控范围,通过圆内接六边形与圆的面积比率计算出圆内接正六边形的面积,用曲面的面积去除以正六边形的面积,就可以得到需要的最少测控站数目。

具体计算方法如下:

球帽面积为

$$S_1 = 2\pi(R+H)(1-\sin\theta)$$

球面面积为

$$S = 4\pi(R+H)^2$$

卫星运行曲面的面积为

$$S_2 = S - S_1$$

圆内接正六边形与圆的面积之比为

$$e = \frac{S_{正六边形}}{S_{圆}} = 0.827$$

测控站测控的范围与曲面交线圆的面积为

$$S_3 = \pi r^2$$

对应的圆内接正六边形的面积为

$$S_4 = S_3 \times e$$

其中,测控站测控的范围与曲面的交线圆半径为

$$r = (R+H)\sin\left(87° - \arcsin\left(\frac{R\sin93°}{R+H}\right)\right)$$

需要的测控站数目至少为

$$n = \left[\frac{S_2}{S_4}\right] + 1$$

3. 问题 3

神舟七号载人飞船是中国神舟号飞船系列之一,于 2008 年 9 月 25 日 21 点 10 分 04 秒 988 毫秒从中国酒泉卫星发射中心载人航天发射场用长征二号 F 火箭发射升空。飞船于 2008 年 9 月 28 日 17 点 37 分成功着陆于中国内蒙古四子王旗主着陆场。神舟七号飞船共计飞行 2 天 20 小时 27 分钟。神舟七号飞船实现了中国人在太空中的第一次行走,具有划时代的意义。

神舟七号的运行轨道与赤道的夹角为 42°,其近地点距地面距离为 200km,远地点距地面距离为 343km。

神舟七号发射和运行过程中设立了 11 个固定站点、开动了 5 艘远望船舰对其进行跟踪测控。这 11 个站点的经纬度等详细信息如表 17-1 所示。

从神舟七号的发射日志中了解到如下关于神舟七号飞船的发射资料:

- 21 时 09 分许——火箭点火。
- 21 时 10 分——神舟七号飞船升空。
- 点火第 120 秒——火箭抛掉逃逸塔。

表 17-1　各个监控站的地理位置

站点位置	1 北京站	2 喀什站	3 和田站	4 东风站	5 青岛站	6 渭南站
经度	116°23′E	75°59′E	79°E	101°10′E	120°22′E	109°30′E
纬度	39°54′N	39°28′N	37°07′N	42°N	36°03′N	34°14′N

站点位置	7 厦门站	8 纳米比亚站	9 卡拉奇站	10 马林迪站	11 圣地亚哥站	远望一、二、三、五、六号
经度	118°04′E	18°29′E	67°02′E	40°5′E	70°27′W	没有固定位置,分布在各大洋,相继移动追踪卫星信号
纬度	24°26′N	22°57′S	24°51′N	3°17′S	33°26′S	

- 点火第 159 秒——火箭一二级分离成功。
- 点火第 200 秒——整流罩分离。
- 点火第 500 秒——二级火箭关机。
- 点火第 583 秒——飞船与火箭成功分离。

飞船在上升阶段有三个站,第一个是东风站,就是发射场;第二个是渭南站,在西安附近;第三个是青岛站。

这三个测控站负责飞船在上升段的测量,因为在上升阶段火箭一直在中国境内(更确切地说,一直在发射场附近),所以三个测控站实现了 100% 的测控覆盖率。其次是入轨阶段,有两条测量船——"远望一号"和"远望二号"进行实时跟踪测控。

飞船入轨的时候有很多动作,如捕获地球、建立正常运行姿态、太阳帆板要展开、判断轨道是否正确等,因为远望号是可以调整位置的,所以覆盖率也达到了 100%。青岛站在入轨后 1 分钟还可以看,和"远望一号"测量船可以接上。

这样,飞船入轨以后 5~6 分钟的情况地面都可以完全监测到。入轨 20 分钟以后,"远望二号"船再进一步跟踪判断飞船入轨运行情况。

因为神舟七号宇宙飞船的运行轨迹与赤道的夹角为 42°,所以由问题 2 的结论可知,飞船的轨迹在地表的投影是北纬 42° 和南纬 42° 之间的宽带,将这个宽带展开,近似地看作一个矩形,则矩形的长为赤道长度 $2\pi R$,宽度为南北纬 42° 之间的弧长,即

$$s = R\theta = R\frac{84°}{180°}\pi = 0.467\pi R$$

然后将这 11 个固定站点定位到这个长为 $2\pi R$、宽为 $0.467\pi R$ 的宽带中去。其具体方法如下:

以展开地球的南纬 42° 纬度线为横坐标轴、以 0° 经度线为纵坐标轴建立坐标系,横纵坐标均以距离为度量,单位为千米。将地球近似看作球形,则每一度经度、每一度纬度的跨越距离均为 $\pi R/180$。基于此,将上述 11 个坐标转化为如表 17-2 所示的坐标。

表 17-2　转化后的站点的坐标

序号	1	2	3	4	5	6
纵坐标	9005.4	8957.7	8699.3	9236.3	8582	8382.3
横坐标	9814	6450	6927	8267	10 701	9954

续表

序号	7	8	9	10	11
纵坐标	7350.5	4257.1	942	7304.7	2094.7
横坐标	6688	4400	22 899	11 819	1871

至此便完成了 11 个测控点到地面的投影。然后计算每个测控点的测控半径,实际上计算的是每个测控点所辐射的圆锥在地表投影的圆的半径。

神舟七号与地球之间的位置关系如图 17-10 所示。

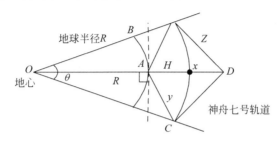

图 17-10 神舟七号与地球之间的位置关系

由图 17-10 可得方程组:

$$\begin{cases} \cos\left(\dfrac{87°\pi}{180°}\right) = \dfrac{(H+x)^2 + y^2 - z^2}{2y(H+x)} \\[2mm] \cos\left(\dfrac{93°\pi}{180°}\right) = \dfrac{R^2 + y^2 - (H+R)^2}{2Ry} \\[2mm] \cos\theta = \dfrac{H+R}{H+R+x} \end{cases}$$

由以上分析,得到

$$y^2 - 2Ry\cos\left(\frac{93°\pi}{180°}\right) + R^2 - (R+H)^2 = 0$$

解方程,可得

$$y_1 = 1303.9\text{km}, \quad y_2 = -1963.3\text{km}$$

在 $\triangle OAC$ 中,由余弦定理可得

$$\cos\theta = \frac{R^2 + (R+H)^2 - y^2}{2R(R+H)} = \frac{6375^2 + 6575^2 - 1303.9^2}{2 \times 6375 \times 6575} = 0.9802$$

进一步,得 $\theta = 0.1993$(弧度),换算成角度是 $11.4206°$。最后在扇形 AOB 中,求弦长 AB,即要求的观测站观测范围在地面投影的半径:

$$R_{gcz} = 2R\sin\left(\frac{\theta}{2}\right) = 1268.6\text{km}$$

也就是说,每个站点所辐射的圆锥投影到地面的圆的半径为 1268.6km,因此可以在宽带中以每个站点为圆心,以 1268.6km 为半径作出每一个圆。为了得到测控站点测控区域地面投影图,可以编写以下代码:

```
clear all
clc
```

```
% 由纬度计算纵坐标
guancezhan = [81.9 81.4667   79.1167   84 78.05   76.2333 66.85 38.7167   8.5667   66.4333
19.0500];
s = 6300 * 2 * pi * guancezhan/360
% 由经度计算横坐标,以 0 度经线为纵轴
jingdu = [116 + 23/60 75 + 59/60 79 101 + 10/60 120 + 22/60 109 + 30/60 67 + 2/60 40 + 5/60 250
- 27/60 118 + 4/60 18 + 29/60];
weidu = [39 + 54/60 39 + 28/60 37 + 7/60 42 36 + 3/60 34 + 14/60 24 + 51/60 3 + 17/60 33 + 26/60
24 + 26/60 22 + 57/60];
hengzuobiao = 2 * pi * 6300 * cos(weidu * pi/180). * jingdu/360
plot(hengzuobiao, s, '*');
hold on
for i = 1:11
    t = 0:.01:2 * pi;
    x11 = hengzuobiao(i) + 1269.2 * cos(t);
    y11 = s(i) + 1269.2 * sin(t);
    plot(x11, y11);
    hold on
end
hold on
m = 0:100:25000;
n = 9236.3 * ones(1, 251);
plot(m, n, '. - ')
grid on
plot(m, 0, '. - ')
title('测控站点测控区域地面投影图')
```

运行后,得到如图 17-11 所示的测控站点测控区域地面投影图。其中,图形上方实线
为北纬 42°对应线,下方点状虚线为南纬 42°对应线。

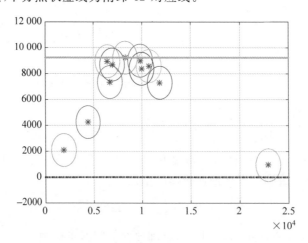

图 17-11　测控站点测控区域地面投影图

由图 17-11 可知,要计算测控站点的覆盖率,可以转化为近似的计算测控站点所辐射
的圆的面积与宽带总面积的比例。

宽带的面积为

$$S_1 = 2\pi R \times 0.467\pi R = 0.934\pi^2 R^2 = 3.74 \times 10^8 \, \text{km}^2$$

圆所覆盖面积计算如下：

从图 7-11 中可以看出，有两个完整的圆包含在宽带中且与其他圆不相交，面积为

$$S_{21} = 2\pi R^2$$

有一个圆有一部分落在了宽带内部，其方程为

$$(x - 22\,899)^2 + (y - 942)^2 = 1269^2$$

其与 x 轴交点为 $(23\,749, 0)$、$(22\,049, 0)$，并且它落入宽带中的部分圆的面积为

$$S_{22} = \pi R^2 - 2R\arcsin\left(\frac{850}{1269}\right)$$

余下的 8 个圆相互交叠，需要计算其覆盖的面积。首先得到每一个圆的方程：

$$\begin{cases} (x - 9814)^2 + (y - 9005.4)^2 = 1269^2 \\ (x - 6450)^2 + (y - 8957.7)^2 = 1269^2 \\ (x - 6927)^2 + (y - 8699.3)^2 = 1269^2 \\ (x - 8267)^2 + (y - 9236.3)^2 = 1269^2 \\ (x - 10\,701)^2 + (y - 8582)^2 = 1269^2 \\ (x - 9954)^2 + (y - 8382.3)^2 = 1269^2 \\ (x - 6688)^2 + (y - 7350.5)^2 = 1269^2 \\ (x - 11\,819)^2 + (y - 7304.7)^2 = 1269^2 \end{cases}$$

以上 8 个圆的交叠中共有 6 个关键点的交点，它们决定了覆盖区域的轮廓。又因为有两个交点非常接近，为了便于计算，将其视为同一个点。另外，还有两个重要的点是其与北纬 $42°$ 线的交点。

17.3   模型求解

17.3.1   问题 1 求解

根据 17.2 节的分析可知，问题 1 的具体的计算式为

$$N' = \frac{2\pi}{2\theta_2} = \frac{\pi}{\dfrac{87°}{180°}\pi - \arcsin\left(\dfrac{R\sin 93°}{H + R}\right)}$$

在 MATLAB 中编写如下代码：

```
clear all
clc
H = 100:100:10000;
N = pi./(87 * pi/180 - asin((6375 * sin(93 * pi/180))./(6375 + H)));
figure(1)
plot(N,H,'.-')
title('观测站点数目与卫星离地临界高度的关系图')
xlabel('监测站 n(个)')
ylabel('卫星高度 H(km)')
```

运行后,得到如图 17-12 所示观测站点数目与卫星离地高度的函数关系图。

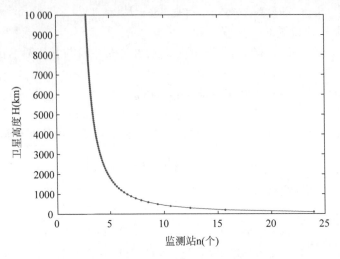

图 17-12　观测站点数目与卫星离地高度的函数关系图

17.3.2　问题 2 求解

对于地面观测站数目与夹角和卫星飞行高度模型,取地球半径为 $R=6300\mathrm{km}$,编写以下 MATLAB 代码:

```
clear all
clc
R = 6300;
n1 = 2:30;
H1 = R. /(cot(93 * pi/180) * sin(pi. /n1) + cos(pi. /n1)) - R;
n2 = 3:30;
H2 = R. /(cot(93 * pi/180) * sin(pi. /n2) + cos(pi. /n2)) - R;
subplot(1,2,1),plot(n1,H1,' * - ');
xlabel('至少所需的观测站数目 n')
ylabel('卫星离地面的高度 H')
grid on
subplot(1,2,2),plot(n2,H2,'^ - ');
xlabel('至少所需的观测站数目 n')
ylabel('卫星离地面的高度 H')
grid on
```

运行后,得到观测点最少数目与卫星离地面高度关系如图 17-13 所示。

对于圆内接正六边形覆盖模型,查阅神舟七号运行数据可知,其离地面高度 $H=343\mathrm{km}$,地球半径 $R=6300\mathrm{km}$ 以及倾角 $\theta=42.4°$,编写以下 MATLAB 代码:

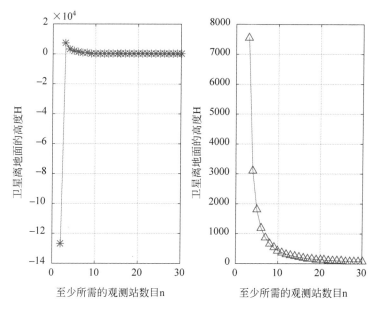

图 17-13 观测点最少数目与卫星离地面高度关系

```
R = 6300;
H = 343;
b = 42.4;
b = b./180. * pi;
s1 = 2. * pi. * (R + H). * (1 - sin(b));
s = 4. * pi. * (R + H).^2;
s2 = s - s1;
e = 0.827;
r = (R + H). * sin(87./180. * pi - asin(R. * (sin(93./180. * pi))./(R + H)));
s3 = pi. * r.^2;
s4 = s3. * e;
y = s2./s4;
y = ceil(y)                %需要监控神舟七号飞行所需测控站数目
```

运行后,得到 $n=66$,即最少需要建 66 个测控站才能全程测控神舟七号飞行。

17.3.3 问题 3 求解

计算相关方程组,可以得到 5 个边界点坐标分别为 $A(5604.5, 8011.06)$、$B(7859.71, 7838.92)$、$C(8728.24, 8054.0175)$、$D(10\,551, 7262.2)$、$E(11\,970, 8565.0)$;与北纬 42° 线的两个交点坐标为 $G(5211.55, 9236)$、$F(11\,788.4, 9236)$。

将以上重叠区域分割为 8 个部分,分别为 GKA、$KABH$、AB、$BHIC$、$ICDJ$、$JDEF$、DE、EF。因此重叠部分面积计算为

$$S_{23} = \int S_{GA} + S_{KABH} + S_{AB} + \int S_{BC} + \int S_{CD} + S_{JDEF} + S_{DE} + \int S_{EF}$$

其中,S_{AB} 代表线段 AB 下方弓形的面积,S_{DE} 代表线段 DE 下方弓形的面积。

代入实际数据,可得

$$S_2 = S_{21} + S_{22} + S_{23} = 5.08 \times 10^7 \, \mathrm{km}^2$$

所以测控覆盖率为

$$\eta = \frac{S_2}{S_1} = 13.58\%$$

另外,以上计算的只是 11 个固定的测控点的测控覆盖率,而神舟七号在发射和运行过程中还有 5 艘远望船舰。因为这 5 艘船是可以随时变动地点的,所以近似认为其测控辐射的圆都是完全落在宽带中的,则有 $S_2' = S_2 + 5\pi R_{gcz}^2$,那么此时全部 16 个测控点的覆盖率为

$$\eta = \frac{S_2'}{S_1} = \frac{S_2 + 5\pi R_{gcz}^2}{S_1} = 24.2\%$$

由以上的建模和分析,我们发现,在发射过程中,由于上升阶段火箭偏离发射中心的距离并不大而且附近布设的测控点数目又多,所以基本可以达到 100% 的测控率;而在运行阶段,测控的覆盖率维持在 13%～25% 的范围,但是由于在本次神舟七号发射过程中"天链一号"中继卫星的同时发射,使得覆盖率远远上升,达到了 60% 以上,可以较好地完成测控任务。

本章小结

现代航天工业中,通过卫星和飞船的测控设备只能观测到所在点切平面以上的空域,且在与地平面夹角 3° 的范围内测控效果不好,实际上每个测控站的测控范围只考虑与地平面夹角 3° 以上的空域。在一个卫星或飞船的发射与运行过程中,往往有多个测控站联合完成测控任务,因此需要分析卫星或飞船的测控情况。

本章对于卫星和飞船的跟踪测控问题进行了深入分析,最后建立有效模型,使用 MATLAB 对模型进行了求解。

第**18**章 中国人口增长预测

人口增长的预测是各国发展面临的重要问题,本章以中国人口发展为研究对象,首先综合分析现有的信息,结合我国人口发展现状,确立了以2000年人口普查数据为基础数据、以2006年和2007年的公报数据为结果检验参照数据的整体建模思想,并在建模过程中提出了人口年龄推移算法,最终分析说明了模型的有效性和准确性。

学习目标:
- 了解人口增长模型的建立
- 掌握人口增长预测模型的 MATLAB 实现

18.1 问题简介

中国是一个人口大国,人口问题始终是制约我国发展的关键因素之一。根据已有数据,运用数学建模的方法,对中国人口做出分析和预测是一个重要问题。

近年来中国的人口发展出现了一些新的特点,例如,老龄化进程加速、出生人口性别比持续升高,以及乡村人口城镇化等因素,这些都影响着中国人口的增长。2007年初发布的《国家人口发展战略研究报告》还做出了进一步的分析。

关于中国人口问题已有多方面的研究,并积累了大量数据资料,例如《中国人口统计年鉴》上的数据。

(1)试从中国的实际情况和人口增长的上述特点出发,参考相关数据、文献,建立中国人口增长的数学模型,并由此对中国人口增长的中短期和长期趋势做出预测;特别要指出模型中的优点与不足之处。

(2)利用所建立模型的预测结果,对反映中国人口增长特点的人口老龄化进行分析预测。

(3)根据模型的计算结果,对未来人口发展高峰进行预测并针对中国人口的调控和管理进行分析。

18.2 数学模型

对于18.1节中提出的问题,首先假设:
(1)不考虑移民对人口总数的影响。

（2）超过 90 岁的妇女（老寿星）都按 90 岁年龄计算。

（3）在较短的时间内，平均年龄变化较小，可以认为不变。

（4）社会稳定，不会发生重大自然灾害和战争，出生率和死亡率基本不变。

18.2.1　问题分析

人口的变化受到众多方面因素的影响，因此对人口的预测与控制也就十分复杂，很难在一个模型中综合考虑到各个因素的影响。

为了更好地解决人口预测和控制问题，分析了题目所给的相关信息，考虑到可以根据对人口增长不同的评价指标及不同的时期建立多个模型分别加以讨论。

在分析问题之前，首先需要确定人口增长预测中的名词含义：

总和生育率是指一定时期（如某一年）各年龄组妇女生育率的合计数，说明每名妇女按照某一年的各年龄组生育率度过育龄期，平均可能生育的子女数，是衡量生育水平最常用的指标之一。

更替水平是指这样一个生育水平，同一批妇女生育女儿的数量恰好能替代她们本身。一旦达到生育更替水平，出生和死亡将逐渐趋于均衡，在没有国际迁入与迁出的情况下，人口将最终停止增长，保持稳定状态。

人口抚养比是指人口总体中非劳动年龄人口数与劳动年龄人口数之比，通常用百分比表示。说明每 100 名劳动年龄人口大致要负担多少名非劳动年龄人口。用于从人口角度反映人口与经济发展的基本关系。根据劳动年龄人口的两种不同定义（15～59 岁人口或 15～64 岁人口），计算总抚养有两种方式。

人口老龄化是指人口中老年人比重日益上升的现象。促使人口老龄化的直接原因是生育率和死亡率降低，主要是生育率降低。一般认为，如果人口中 65 岁及以上老年人口比重超过 7%，或 60 岁及以上老年人口比重超过 10%，那么该人口就属于老年型。

出生人口性别比是活产男婴数与活产女婴数的比值，通常用女婴数量为 100 时所对应的男婴数来表示。正常情况下，出生性别比是由生物学规律决定的，保持在 103～107 之间。

从网上搜索可知，过去一些专家对中国的总人口数做出了 2010 年、2020 年分别达到 13.6 亿人和 14.5 亿人，2033 年前后达到峰值 15 亿人左右的预测。因而，也可以先对总人口的增长趋势做出自己的预测与专家预测数据进行比较，对于预测所要用到的一些相关数据，我们做了相应的补充，由此设想可以建立 Logistic 模型。

因为在实际对人口进行分析时，按年龄段分布的人口结构是非常重要的，Logistic 模型只考虑了人口总数，对人口总数进行了预测分析。但在人口总数一定时，不同年龄段的人的生育率和死亡率是不同的，它们对人口未来发展的影响也是很不一样的。

为了讨论不同年龄段的人口分布对人口增长的影响，可以按照年龄分布建立 Leslie 模型。

由 Logistic 模型和 Leslie 模型的结果，可以预测人口总数的发展趋势，由 Leslie 模型的计算结果还能够得到各年份处在各年龄段的人口数量、男女比率的预测值。根据这些预测值可以计算出反映人口增长特点的其他指标，由此可以对模型的计算结果进行进一步的分析。

18.2.2 模型建立

认识人口数量的变化规律,建立人口模型,做出较准确的预报,是有效控制人口增长的前提。长期以来许多学者在这方面做了不少的工作,提出了丰富的方法和模型。本节具体介绍 Logistic 和 Leslie 两种模型。

1. Logistic 模型

Logistic 模型的原理:Logistic 模型是考虑到自然资源、环境条件等因素对人口增长的阻滞作用,对指数增长模型的基本假设进行修改后得到的。

阻滞作用体现在对人口增长率 r 的影响上,使得 r 随着人口数量 x 的增加而下降。若将 r 表示为 x 的函数 $r(x)$,则它应是减函数,即

$$\frac{\mathrm{d}x}{\mathrm{d}t} = r(x)x, \quad x(0) = x_0$$

对 $r(x)$ 的一个最简单的假定是,设 $r(x)$ 为 x 的线性函数,即

$$r(x) = r - sx \quad (r > 0, s > 0)$$

设自然资源和环境条件所能容纳的最大人口数量为 x_m,当 $x = x_m$ 时人口不再增长,即增长率 $r(x_m) = 0$,则有

$$s = \frac{r}{x_m}, \quad r(x) = r\left(1 - \frac{x}{x_m}\right)$$

代入方程 $\dfrac{\mathrm{d}x}{\mathrm{d}t} = r(x)x$、$x(0) = x_0$ 得

$$\begin{cases} \dfrac{\mathrm{d}x}{\mathrm{d}t} = rx\left(1 - \dfrac{x}{x_m}\right) \\ x(0) = x_0 \end{cases}$$

解方程组得到

$$x(t) = \frac{x_m}{1 + \left(\dfrac{x_m}{x_0} - 1\right)\mathrm{e}^{-rt}}$$

为了对以后一定时期内的人口数做出预测,首先从中国经济统计数据库上查到我国从 1954 年到 2005 年全国总人口的数据,如表 18-1 所示。

表 18-1　各年份全国总人口数(单位:千万)

年份	1954	1955	1956	1957	1958	1959	1960	1961	1962
总人口	60.2	61.5	62.8	64.6	66.0	67.2	66.2	65.9	67.3
年份	1963	1964	1965	1966	1967	1968	1969	1970	1971
总人口	69.1	70.4	72.5	74.5	76.3	78.5	80.7	83.0	85.2
年份	1972	1973	1974	1975	1976	1977	1978	1979	1980
总人口	87.1	89.2	90.9	92.4	93.7	95.0	96.259	97.5	98.705

年份	1981	1982	1983	1984	1985	1986	1987	1988	1989
总人口	100.1	101.654	103.008	104.357	105.851	107.5	109.3	111.026	112.704
年份	1990	1991	1992	1993	1994	1995	1996	1997	1998
总人口	114.333	115.823	117.171	118.517	119.850	121.121	122.389	123.626	124.761
年份	1999	2000	2001	2002	2003	2004	2005		
总人口	125.786	126.743	127.627	128.453	129.227	129.988	130.756		

（1）将 1954 年看成初始时刻即 $t=0$，则 1955 年为 $t=1$，以此类推，以 2005 年为 $t=51$ 作为终止时刻。

用式

$$x(t) = \frac{x_m}{1 + \left(\frac{x_m}{x_0} - 1\right)e^{-rt}}$$

对表 18-1 中的数据进行非线性拟合，编写如下 MATLAB 代码：

```
clear all
clc
t = 0:51;                                    %令 1954 年为初始年
x = [60.2 61.5 62.8 64.6 66 67.2 66.2 65.9 67.3 69.1 70.4 72.5 74.5 76.3 78.5 80.7 83 85.2
87.1 89.2 90.9 92.4 93.7 95 96.259 97.5 98.705 100.1 101.654 103.008 104.357 105.851 107.5
109.3 111.026 112.704 114.333 115.823 117.171 118.517 119.85  121.121 122.389 123.626
124.761 125.786 126.743 127.627 128.453 129.227 129.988 130.756];
[c,d] = solve('c/(1 + (c/60.2 - 1) * exp( - 5 * d)) = 67.2', 'c/(1 + (c/60.2 - 1) * exp( - 20 *
d)) = 90.9','c','d') ;                        %求初始参数
b0 = [ 241.9598, 0.02985];                   %初始参数值
fun = inline('b(1)./(1 + (b(1)/60.2 - 1). * exp( - b(2). * t))','b','t');
[b1,r1,j1] = nlinfit(t,x,fun,b0)
y = 180.9871./(1 + ( 180.9871/60.2 - 1). * exp( - 0.0336. * t));   %非线性拟合的方程
figure(1)
plot(t,x,' * ',t,y,' - or')                   %对原始数据与曲线拟合后的值作图
title('原始数据与曲线拟合后曲线')
xlabel('时间')
ylabel('人口数量(单位: 千万)')
R1 = r1.^2;
R2 = (x - mean(x)).^2;
R = 1 - R1/R2';                               %可决系数
W = sum(abs(r1))                              %残差绝对值之和
```

运行后，得到：

```
b1 =

   180.9871    0.0336
```

同时得到原始数据与曲线拟合前后曲线比较图如图 18-1 所示。

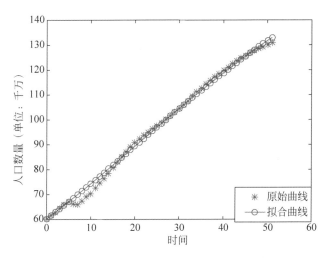

图 18-1 原始数据与曲线拟合前后曲线比较图

即表示 $x_m = 180.9871, r = 0.0336$，可以算出可决系数（判别曲线拟合效果的一个重要指标）：

$$R^2 = 1 - \frac{\sum_{i=1}^{5} (y_i - \hat{y}_i)^2}{\sum_{i=1}^{5} (y_i - \bar{y})^2} = 0.9959$$

由可决系数来看拟合的效果比较理想。所以得到中国各年份人口变化趋势的拟合曲线为

$$x(t) = \frac{180.9871}{1 + \left(\frac{180.9871}{60.2} - 1\right) e^{-0.0336t}}$$

（2）将 1963 年看成初始时刻即 $t = 0$，以 2005 年为 $t = 42$ 作为终止时刻。编写以下 MATLAB 代码：

```
clear all
clc
t = 46:3:94
y =   180.9871./(1 + ( 180.9871/60.2 - 1). * exp( -0.0336. * t))    % 对总人口进行预测
t = 0:42;                                            % 令 1963 年为初始年
x = [69.1 70.4    72.5    74.5    76.3    78.5    80.7    83 85.2    87.1    89.2
  90.9    92.4    93.7    95 96.259 97.5    98.705 100.1   101.654 103.008 104.357
105.851 107.5    109.3   111.026 112.704 114.333 115.823 117.171 118.517 119.85    121.121
122.389 123.626 124.761 125.786 126.743 127.627 128.453 129.227 129.988 130.756];
[c,d] = solve('c/(1 + (c/69.1 - 1) * exp( - 5 * d)) = 78.5','c/(1 + (c/69.1 - 1) * exp( - 20 *
d)) = 103.008','c','d');                             % 求初始参数
b0 = [  134.368,0.056610];                           % 初始参数值
fun = inline('b(1)./(1 + (b(1)/69.1 - 1). * exp( - b(2). * t))','b','t');
[b1,r1,j1] = nlinfit(t,x,fun,b0)
y = 151.4513./(1 + (151.4513/69.1 - 1). * exp( - 0.0484. * t));    % 非线性拟合的方程
figure(1)
```

```
plot(t,x,'*',t,y,'-or')                %对原始数据与曲线拟合后的值作图
title('原始数据与曲线拟合后曲线')
xlabel('时间')
ylabel('人口数量(单位:千万)')
R1 = r1.^2;
R2 = (x - mean(x)).^2;
R = 1 - R1/R2';                         %可决系数
W = sum(abs(r1))                        %残差绝对值之和
```

运行后得到:

```
b1 =

    151.4513    0.0484
```

同时得到原始数据与曲线拟合前后曲线比较图如图 18-2 所示。

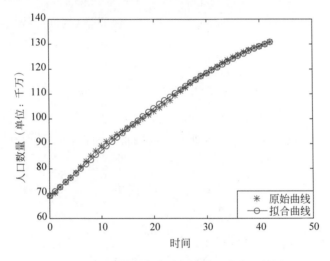

图 18-2 原始数据与曲线拟合前后曲线比较图

即 $x_m = 151.4513, r = 0.0484$,可以算出可决系数 $R^2 = 0.9994$,得到中国各年份人口变化趋势的另一拟合曲线:

$$x(t) = \frac{151.4513}{1 + \left(\frac{151.4513}{69.1} - 1\right)e^{-0.0484t}}$$

（3）从 1980—2005 年,国家计划生育政策逐渐得到完善及贯彻落实,这个时期的人口增长受到国家计划生育政策的控制,人口的增长方式与上述的两个阶段都不同,所以进一步选择 1980 年作为初始年份,2005 年作为终止时刻进行拟合。

编写以下 MATLAB 代码:

```
clear all
clc
t = 37:3:85
```

```
y = 151.4513./(1 + (151.4513/69.1 - 1). * exp( - 0.0484. * t))      %对总人口进行预测
t = 0:25;                                                            %令1980年为初始年
x = [98.705    100.1    101.654 103.008 104.357 105.851 107.5    109.3    111.026 112.704
114.333 115.823 117.171 118.517 119.85   121.121 122.389 123.626 124.761 125.786 126.743
127.627 128.453 129.227 129.988 130.756];
[c,d] = solve('c/(1 + (c/98.705 - 1) * exp( - 5 * d)) = 105.851','c/(1 + (c/98.705 - 1) * exp
( - 8 * d)) = 111.026','c','d');                                     %求初始参数
b0 = [ 109.8216, - 0.19157];                                        %初始参数值
fun = inline('b(1)./(1 + (b(1)/98.705 - 1). * exp( - b(2). * t))','b','t');
[b1,r1,j1] = nlinfit(t,x,fun,b0)
y = 153.5351./(1 + (153.5351/98.705 - 1). * exp( - 0.0477. * t));   %非线性拟合的方程
figure(1)
plot(t,x,' * ',t,y,' - or')                                         %对原始数据与曲线拟合后的值作图
title('原始数据与曲线拟合后曲线')
xlabel('时间')
ylabel('人口数量(单位:千万)')
R1 = r1.^2;
R2 = (x - mean(x)).^2;
R = 1 - R1/R2';                                                     %可决系数
 W = sum(abs(r1))                                                   %残差绝对值之和
```

运行后,得到:

```
b1 =

   153.5351    0.0477
```

同时得到原始数据与曲线拟合前后曲线比较图如图 18-3 所示。

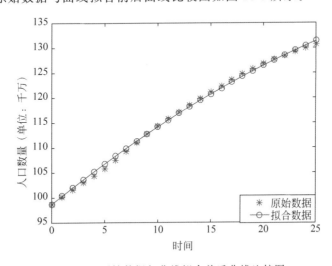

图 18-3 原始数据与曲线拟合前后曲线比较图

即 $x_m = 153.5351, r = 0.0477$,可以算出可决系数 $R^2 = 0.9987$,得到中国各年份人口变化趋势的第三条拟合曲线:

$$x(t) = \frac{153.5351}{1 + \left(\frac{153.5351}{98.705} - 1\right)e^{-0.0477t}}$$

2. Leslie 模型

因为模型要讨论在不同时间人口的年龄分布,所以可以将人口按年龄大小等间隔地划分成 m 个年龄组,对时间也加以离散化,其单位与年龄组的间隔相同。时间离散化为 $t=0,1,2,\cdots$,设在时间段 t 第 i 年龄组的人口总数为 $n_i(t)$,$i=1,2,\cdots,m$,定义向量 $n(t)=[n_1(t),n_2(t),\cdots,n_m(t)]^{\mathrm{T}}$,模型要研究的是女性的人口分布 $n(t)$ 随 t 的变化规律,从而进一步研究总人口数等指标的变化规律。

设第 i 年龄组的生育率为 b_i,即 b_i 是单位时间第 i 年龄组的每个女性平均生育女儿的人数;第 i 年龄组的死亡率为 d_i,即 d_i 是单位时间第 i 年龄组女性死亡人数与总人数之比,$s_i=1-d_i$ 称为存活率。

设 b_i、s_i 不随时间 t 变化,根据 b_i、s_i 和 $n_i(t)$ 的定义,$n_i(t)$ 和 $n_i(t+1)$ 应满足关系:

$$\begin{cases} n_i(t+1) = \sum_{i=1}^{m} b_i n_i(t) \\ n_{i+1}(t+1) = s_i n_i(t), \quad i=1,2,\cdots,m-1 \end{cases}$$

在上式中,假设 b_i 中已经扣除婴儿死亡率,即扣除了在时段 t 以后出生而活不到 $t+1$ 的那些婴儿。若记矩阵:

$$\boldsymbol{L} = \begin{bmatrix} b_1 & b_2 & \cdots & b_{m-1} & b_m \\ s_1 & 0 & & & 0 \\ 0 & s_2 & & & \vdots \\ & & \ddots & & \\ 0 & & 0 & s_{m-1} & 0 \end{bmatrix}$$

则上式可写作

$$n(t+1) = \boldsymbol{L}n(t)$$

当 $\boldsymbol{L}$、$n(0)$ 已知时,对任意的 $t=1,2,\cdots$ 有

$$n(t) = L^t n(0)$$

若矩阵 $\boldsymbol{L}$ 中的元素满足:

$$\begin{cases} s_i > 0, \quad i=1,2,\cdots,m-1 \\ b_i \geqslant 0, \quad i=1,2,\cdots,m,\text{且至少有一个 } i \text{ 值使得 } b_i > 0 \end{cases}$$

则矩阵 $\boldsymbol{L}$ 称为 Leslie 矩阵。

只要求出 Leslie 矩阵 $\boldsymbol{L}$ 并根据人口分布的初始向量 $n(0)$,就可以求出 t 时段的人口分布向量 $n(t)$。

以 2001 年为初始年份对以后各年的女性总数及总人口数进行预测,以一岁为间距对女性分组。

(1) 计算 2001 年处在各个年龄上的妇女人数的分布向量 $n_i(0)$,$(i=0,1,2,\cdots,90+)$。从网上可以查到如表 18-2 所示的 2001 年中国人口抽样调查数据。

表 18-2　2001 年中国人口抽样调查数据　　　　　　（单位：万）

城市男	147 907	镇女	77 976
城市女	147 465	乡男	394 690
镇男	80 279	乡女	372 242

根据抽样调查的结果,可以算出 2001 年城市、镇、乡人口占 2001 年全国总人口的比率分别为

$$p_s = 0.242, \quad p_z = 0.1297, \quad p_x = 0.6283$$

由表 18-1 数据可知,2001 年全国总人口 $z_0 = 127.627$ 千万,因此可以算出 2001 年城市、镇、乡的总人口（单位：千万）分别为

$$z_s = p_s \times z_0 = 30.885$$
$$z_z = p_z \times z_0 = 16.553$$
$$z_x = p_x \times z_0 = 80.188$$

根据 2001 年城市、镇、乡各个年龄段的女性比率,可以分别算出 2001 年城市、镇、乡处在第 $i(i=0,1,2,\cdots,90+)$ 年龄段的女性的总数分别为 $n_{1i}(0), n_{2i}(0), n_{3i}(0)$。

以某个城市为例,设 2001 年城市中处在 i 年龄段妇女占城市总人口比率为 P_i,则 $n_{1i}(0) = P_i \times Z_s$（镇、乡与城市计算方式类似）。于是可以算出 2001 年处在第 $i(i=0,1,2,\cdots,90+)$ 年龄段上的妇女总人数为 $n_i(0) = n_{1i}(0) + n_{2i}(0) + n_{3i}(0)$。

(2) 计算处在第 $i(i=0,1,2,\cdots,90+)$ 年龄段的每个女性平均生育女儿的人数 $b_i(i=0,1,2,\cdots,90+)$,则可以分别算出 2001 年处在第 $i(i=0,1,2,\cdots,90+)$ 年龄段的城市、镇、乡育龄妇女总共生育的小孩数（包含男孩和女孩）,记为

$$H_{1i}(i=15,16,\cdots,49), \quad H_{2i}(i=15,16,\cdots,49), \quad H_{3i}(i=15,16,\cdots,49)$$

则可知

$$\begin{cases} H_{1i}(i=15,16,\cdots,49) = b_{1i} * n_{1i}(0) \quad (i=15,16,\cdots,49) \\ H_{2i}(i=15,16,\cdots,49) = b_{2i} * n_{2i}(0) \quad (i=15,16,\cdots,49) \\ H_{3i}(i=15,16,\cdots,49) = b_{3i} * n_{3i}(0) \quad (i=15,16,\cdots,49) \end{cases}$$

设 2001 年市、镇、乡的男女出生人口性别比为 c_1、c_2、c_3,据此可以分别计算出城市、镇、乡女孩的出生率 $v_i = \dfrac{c_i}{100+c_i}(i=1,2,3)$。由此就可以求出 2001 年处在第 $i(i=15,16,\cdots,49)$ 年龄段的每个女性平均生育女儿的人数为

$$b_i = \frac{H_{1i} \times v_1 + H_{2i} \times v_2 + H_{3i} \times v_3}{n_i(0)} \quad (i=15,16,\cdots,49)$$

由于总和生育率为

$$S = \sum_{i=15}^{49} b_i = 1.389$$

经计算得到总和生育率小于 1.8,误差很大,对生育率进行修正,则有

$$b_i = ((1.8 \times v_1 - S)/S + 1) * b_i$$

(3) 计算第 i 年龄段的女性总存活率。记第 $i(i=0,1,2,\cdots,90+)$ 年龄段的女性的死亡率为 d_i。城市、镇、乡处在第 $i(i=0,1,2,\cdots,90+)$ 年龄段的女性死亡率分别为 d_{1i},

$d_{2i}, d_{3i}(i=0,1,2,\cdots,90+)$，则处在第 i 年龄段的女性总死亡率 d_i($i=0,1,2,\cdots,$ $90+$)为

$$d_i = \frac{b_{1i} \times n_{1i}(0) + b_{2i} \times n_{2i}(0) + b_{3i} \times n_{3i}(0)}{n_i(0)} \quad (i=0,1,2,\cdots,90+)$$

于是总存活率为

$$s_i = 1 - d_i$$

18.3 模型求解

下面使用 Logistic 和 Leslie 两种模型对题目所述三个问题进行求解。

18.3.1 问题 1 求解

使用 Logistic 模型对问题 1 进行求解。

（1）将 1954 年看成初始时刻即 $t=0$，则 1955 年为 $t=1$，以此类推，以 2005 年为 $t=51$ 作为终止时刻。根据曲线

$$x(t) = \frac{180.9871}{1 + \left(\frac{180.9871}{60.2} - 1\right) e^{-0.0336t}}$$

可以对 2010 年($t=56$)、2020 年($t=66$)及 2033 年($t=79$)编写以下 MATLAB 代码：

```
clear all
clc
t = 0:51;                                              %令 1954 年为初始年
x = [60.2 61.5 62.8 64.6 66 67.2 66.2 65.9 67.3 69.1 70.4 72.5 74.5 76.3 78.5 80.7 83 85.2
87.1 89.2 90.9 92.4 93.7 95 96.259 97.5 98.705 100.1 101.654 103.008 104.357 105.851 107.5
109.3 111.026 112.704 114.333 115.823 117.171 118.517 119.85   121.121 122.389 123.626
124.761 125.786 126.743 127.627 128.453 129.227 129.988 130.756];
[c,d] = solve('c/(1 + (c/60.2 - 1) * exp( - 5 * d)) = 67.2','c/(1 + (c/60.2 - 1) * exp( - 20 *
d)) = 90.9','c','d') ;                                 %求初始参数
b0 = [ 241.9598, 0.02985];                             %初始参数值
fun = inline('b(1)./(1 + (b(1)/60.2 - 1). * exp( - b(2). * t))','b','t');
[b1,r1,j1] = nlinfit(t,x,fun,b0)
y = 180.9871./(1 + ( 180.9871/60.2 - 1). * exp( - 0.0336. * t));       %非线性拟合的方程
t = 56;
y56 = 180.9871./(1 + ( 180.9871/60.2 - 1). * exp( - 0.0336. * t))      %非线性拟合的方程
t = 66;
y66 = 180.9871./(1 + ( 180.9871/60.2 - 1). * exp( - 0.0336. * t))      %非线性拟合的方程
t = 79;
y79 = 180.9871./(1 + ( 180.9871/60.2 - 1). * exp( - 0.0336. * t))      %非线性拟合的方程
```

运行后得到：

```
y56 =
   138.6161
```

```
y66 =
   148.5400

y79 =
   158.6028
```

即表示 $x(56)=138.6161$，$x(66)=148.5400$，$x(79)=158.6028$。

从表 18-1 所给信息可知从 1954 年至 1958 年为我国第一次出生人口高峰，形成了中国人口规模"由缓到快"的增长基础，因此这段时期人口波动较大，可能影响模型结果的准确性。

1959、1960、1961 年为三年自然灾害时期，这段时期人口的增长受到很大影响，1962年处于这种影响的滞后期，人口的增长也受到很大影响。

综上所述，1951—1962 年的人口增长的随机误差不是服从正态分布。

由于上面的曲线拟合是用最小二乘法，所以很难保证拟合的准确性。因此再选择1963 年作为初始年份对表 18-1 中的数据进行拟合。

（2）将 1963 年看成初始时刻即 $t=0$，以 2005 年为 $t=42$ 作为终止时刻。根据曲线

$$x(t) = \frac{151.4513}{1 + \left(\frac{151.4513}{69.1} - 1\right)e^{-0.0484t}}$$

可以对 2010 年（$t=47$）、2020 年（$t=57$）及 2033 年（$t=70$）编写以下 MATLAB 代码：

```
clear all
clc
t = 46:3:94
y =   180.9871./(1 + ( 180.9871/60.2 - 1). * exp( - 0.0336. * t))    %对总人口进行预测
t = 0:42;                                                  %令1963年为初始年
x = [69.1 70.4    72.5    74.5    76.3    78.5    80.7    83 85.2    87.1    89.2
   90.9    92.4    93.7    95 96.259 97.5    98.705 100.1    101.654 103.008 104.357
105.851 107.5    109.3    111.026 112.704 114.333 115.823 117.171 118.517 119.85    121.121
122.389 123.626 124.761 125.786 126.743 127.627 128.453 129.227 129.988 130.756];
[c,d] = solve('c/(1 + (c/69.1 - 1) * exp( - 5 * d)) = 78.5','c/(1 + (c/69.1 - 1) * exp( - 20 *
d)) = 103.008','c','d');                                     %求初始参数
b0 = [   134.368,0.056610];                                  %初始参数值
fun = inline('b(1)./(1 + (b(1)/69.1 - 1). * exp( - b(2). * t))','b','t');
[b1,r1,j1] = nlinfit(t,x,fun,b0)
y = 151.4513./(1 + (151.4513/69.1 - 1). * exp( - 0.0484. * t));     %非线性拟合的方程
t = 47;
y47 = 151.4513./(1 + (151.4513/69.1 - 1). * exp( - 0.0484. * t))    %非线性拟合的方程
t = 57;
y57 = 151.4513./(1 + (151.4513/69.1 - 1). * exp( - 0.0484. * t))    %非线性拟合的方程
t = 70;
y70 = 151.4513./(1 + (151.4513/69.1 - 1). * exp( - 0.0484. * t))    %非线性拟合的方程
```

运行得到：

```
y47 =
   134.9190
```

```
y57 =
  140.8168

y70 =
  145.5908
```

即表示 $x(47)=134.9190, x(57)=140.8168, x(70)=145.5908$。

在 1963 年到 1979 年期间,人口的增长基本上是按照自然的规律增长,特别是在农村,城市受到收入的影响,生育率较低,但都有规律可循。人口增长的外界大的干扰因素基本上没有,可以认为这一阶段随机误差服从正态分布。

1980—2005 年这一时间段,虽然人口的增长受到国家计划生育政策的控制,但计划生育的政策是基本稳定的,这一阶段随机误差也应服从正态分布(当然均值与方差可能不同),因此用最小二乘法拟合所得到的结果应有较大的可信度。

(3) 选择 1980 年作为初始年份 2005 年作为终止时刻进行拟合。根据曲线

$$x(t) = \frac{153.5351}{1 + \left(\frac{153.5351}{98.705} - 1\right) e^{-0.0477t}}$$

可以对 2010 年($t=30$)、2020 年($t=40$)及 2033 年($t=53$)编写以下 MATLAB 代码:

```
clear all
clc
t = 37:3:85
y = 151.4513./(1 + (151.4513/69.1 - 1). * exp( - 0.0484. * t))        % 对总人口进行预测
t = 0:25;                                                            % 令 1980 年为初始年
x = [98.705    100.1    101.654 103.008 104.357 105.851 107.5    109.3    111.026 112.704
114.333 115.823 117.171 118.517 119.85   121.121 122.389 123.626 124.761 125.786 126.743
127.627 128.453 129.227 129.988 130.756];
[c,d] = solve('c/(1 + (c/98.705 - 1) * exp( - 5 * d)) = 105.851', 'c/(1 + (c/98.705 - 1) * exp
( - 8 * d)) = 111.026','c','d');                                    % 求初始参数
b0 = [ 109.8216, - 0.19157];                                       % 初始参数值
fun = inline('b(1)./(1 + (b(1)/98.705 - 1). * exp( - b(2). * t))','b','t');
[b1,r1,j1] = nlinfit(t,x,fun,b0)
y = 153.5351./(1 + (153.5351/98.705 - 1). * exp( - 0.0477. * t));   % 非线性拟合的方程
t = 30;
y30 = 151.4513./(1 + (151.4513/69.1 - 1). * exp( - 0.0484. * t))    % 非线性拟合的方程
t = 40;
y40 = 151.4513./(1 + (151.4513/69.1 - 1). * exp( - 0.0484. * t))    % 非线性拟合的方程
t = 53;
y53 = 151.4513./(1 + (151.4513/69.1 - 1). * exp( - 0.0484. * t))    % 非线性拟合的方程
```

运行得到:

```
y30 =
  118.4143

y40 =
  129.2303
```

```
y53 =
  138.7359
```

即 $x(30)=118.4143$，$x(40)=129.2303$，$x(53)=138.7359$。

在这一时期,国家虽然对人口大增长进行了干预,但国家的计划生育的政策是基本稳定的,在此期间没有其他大的干扰,人口增长的随机误差应服从正态分布。所以结果应是比较可信的。

分别根据以上三种情况的拟合曲线,对各年份中国总人口进行预测得到结果如表 18-3 所示。

表 18-3　各年份全国总人口用不同拟合曲线预测数

年　份	全国总人口预测(单位:千万)		
	从 1954 年起	从 1963 年起	从 1980 年起
2000	126.7649	126.3338	126.473
2003	130.5141	129.2303	129.5168
2006	134.1	131.8447	132.2758
2009	137.516	134.1926	134.7638
2012	140.7577	136.2917	136.9971
2015	143.8231	138.1607	138.9933
2018	146.7117	139.819	140.771
2021	149.4251	141.2856	142.3489
2024	151.9662	142.579	143.7452
2027	154.3392	143.7168	144.9778
2030	156.5494	144.7157	146.0632
2033	158.6023	145.5908	138.7359
2036	160.5063	146.3562	147.8541
2039	162.267	147.0247	148.5871
2042	163.8924	147.6077	149.2284
2045	165.3903	148.1158	149.7886
2048	166.7683	148.558	150.2775

由表 18-3 中可以看出:用从 1954 年起的预测得到的数据比较大,在 2024 年总人口就已经超过了 151.9662 千万,而且一直以比较快的速度增长,到 2048 年达到了 166.7683 千万。用从 1963 年起的预测得到的数据偏小,到 2048 年人口只有 148.558 千万。

运用如下 MATLAB 代码:

```
clear all
clc
t = 0:51;                          %令 1954 年为初始年
x = [60.2 61.5 62.8 64.6 66 67.2 66.2 65.9 67.3 69.1 70.4 72.5 74.5 76.3 78.5 80.7 83 85.2
87.1 89.2 90.9 92.4 93.7 95 96.259 97.5 98.705 100.1 101.654 103.008 104.357 105.851 107.5
109.3 111.026 112.704 114.333 115.823 117.171 118.517 119.85  121.121 122.389 123.626
124.761 125.786 126.743 127.627 128.453 129.227 129.988 130.756];
[c,d] = solve('c/(1 + (c/60.2 - 1) * exp( - 5 * d)) = 67.2', 'c/(1 + (c/60.2 - 1) * exp( - 20 *
d)) = 90.9', 'c', 'd') ;          %求初始参数
```

```
b0 = [ 241.9598, 0.02985];                    %初始参数值
fun = inline('b(1)./(1 + (b(1)/60.2 - 1). * exp( - b(2). * t))', 'b', 't');
[b1, r1, j1] = nlinfit(t, x, fun, b0)
W = sum(abs(r1))                              %残差绝对值之和
%1954 年到 2005 年的总人口数进行拟合产生的残差散点图
figure(2)
t = 1954:2005;
plot(t, r1, '. - ')
title('1954 年到 2005 年的总人口数拟合残差')
xlabel('时间')
ylabel('残差')
```

运行后,得到 1954 年到 2005 年的总人口数进行拟合产生的残差为:

```
r1  =

     0.0000
   - 0.0584
   - 0.1316
     0.2812
     0.2804
     0.0666
   - 2.3595
   - 4.0972
   - 4.1460
   - 3.8050
   - 3.9736
   - 3.3510
   - 2.8365
   - 2.5293
   - 1.8285
   - 1.1334
   - 0.3432
     0.3430
     0.7261
     1.3068
     1.4860
     1.4647
     1.2436
     1.0236
     0.7645
     0.4903
     0.1838
     0.0717
     0.1240
   - 0.0176
   - 0.1572
   - 0.1441
     0.0325
```

```
        0.3694
        0.6422
        0.8778
        1.0757
        1.1467
        1.0884
        1.0414
        0.9953
        0.9016
        0.8200
        0.7228
        0.5396
        0.2628
       -0.0652
       -0.4489
       -0.8731
       -1.3313
       -1.7843
       -2.2119

W =
       57.9992
```

并作出残差的散点图如图 18-4 所示。

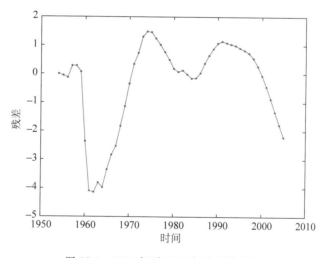

图 18-4　1954 年到 2005 年残差散点图

从图 18-4 中可知,残差在坐标轴 $y=0$ 上下波动,但是,不是呈现正态分布,并且残差绝对值之和为 57.9992,比较大,因此拟合的效果不太好。

再利用 1963 年到 2005 年的总人口数,根据 Logistic 模型的形式,用 MATLAB 软件编写如下代码:

```
clear all
clc
```

```
t = 46:3:94
y =   180.9871./(1 + ( 180.9871/60.2 - 1). * exp( - 0.0336. * t))    % 对总人口进行预测
t = 0:42;                                                            % 令 1963 年为初始年
x = [69.1 70.4    72.5    74.5    76.3    78.5    80.7    83    85.2    87.1    89.2
    90.9    92.4    93.7    95   96.259   97.5    98.705   100.1   101.654 103.008 104.357
105.851 107.5   109.3   111.026 112.704 114.333 115.823 117.171 118.517 119.85   121.121
122.389 123.626 124.761 125.786 126.743 127.627 128.453 129.227 129.988 130.756];
[c,d] = solve('c/(1 + (c/69.1 - 1) * exp( - 5 * d)) = 78.5','c/(1 + (c/69.1 - 1) * exp( - 20 *
d)) = 103.008','c','d');                                            % 求初始参数
b0 = [    134.368,0.056610];                                        % 初始参数值
fun = inline('b(1)./(1 + (b(1)/69.1 - 1). * exp( - b(2). * t))','b','t');
[b1,r1,j1] = nlinfit(t,x,fun,b0)
W = sum(abs(r1))                                                    % 残差绝对值之和
plot(t,r1,'. - ')
title('1963 年到 2005 年的总人口数拟合残差')
xlabel('时间')
ylabel('残差')
```

得到拟合后的残差序列为：

```
r1 =
         0
  - 0.5208
  - 0.2471
  - 0.0770
  - 0.1082
    0.2614
    0.6340
    1.1116
    1.4963
    1.5903
    1.8956
    1.8140
    1.5476
    1.0982
    0.6675
    0.2163
  - 0.2309
  - 0.6905
  - 0.9352
  - 0.9946
  - 1.2264
  - 1.4347
  - 1.4683
  - 1.3165
  - 0.9823
  - 0.6901
  - 0.4134
  - 0.1526
```

```
           0.0027
           0.0497
           0.1287
           0.2287
           0.3007
           0.4039
           0.5099
           0.5476
           0.5088
           0.4352
           0.3213
           0.1817
           0.0220
         - 0.1193
         - 0.2228

W =
      27.8046
```

并作出残差散点图如图 18-5 所示。

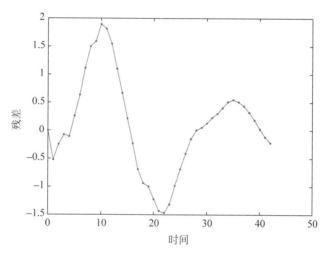

图 18-5 1963 年到 2005 年的残差散点图

通过图 18-5 可以得到,残差值大致分布在坐标轴 $y=0$ 的上下,呈现对称分布,又由 MATLAB 代码计算得到的拟合的残差绝对值之和为 27.8046,因此效果较好。

继续利用 1980 年到 2005 年的人口总数据,同样编写如下 MATLAB 代码:

```
clear all
clc
t = 37:3:85
y = 151.4513./(1 + (151.4513/69.1 - 1). * exp( - 0.0484. * t))    % 对总人口进行预测
t = 0:25;                                              % 令 1980 年为初始年
x = [98.705    100.1    101.654 103.008 104.357 105.851 107.5    109.3    111.026 112.704
114.333 115.823 117.171 118.517 119.85   121.121 122.389 123.626 124.761 125.786 126.743
127.627 128.453 129.227 129.988 130.756];
```

```
[c,d] = solve('c/(1 + (c/98.705 - 1) * exp( - 5 * d)) = 105.851', 'c/(1 + (c/98.705 - 1) * exp
( - 8 * d)) = 111.026', 'c', 'd');                    % 求初始参数
b0 = [ 109.8216, - 0.19157];                          % 初始参数值
fun = inline('b(1)./(1 + (b(1)/98.705 - 1). * exp( - b(2). * t))', 'b', 't');
[b1,r1,j1] = nlinfit(t,x,fun,b0)
W = sum(abs(r1))                                      % 残差绝对值之和
% 1954 年到 2005 年的总人口数进行拟合产生的残差散点图
figure(2)
t = 1980:2005;
title('1980 年到 2005 年的总人口数拟合残差')
xlabel('时间')
ylabel('残差')
```

运行后,得到拟合后的残差序列为:

```
r1 =
         0
  - 0.2759
  - 0.3685
  - 0.6354
  - 0.8804
  - 0.9525
  - 0.8406
  - 0.5479
  - 0.2984
  - 0.0656
    0.1502
    0.2596
    0.2598
    0.2912
    0.3431
    0.3666
    0.4207
    0.4775
    0.4658
    0.3775
    0.2544
    0.0912
  - 0.0975
  - 0.3061
  - 0.4959
  - 0.6475

W =
   10.1699
```

并得到残差散点图如图 18-6 所示。

通过 MATLAB 运行得到拟合的残差绝对值之和为 10.1699,如图 18-6 所示,图形基本关于坐标轴 $y=0$ 对称,所以拟合效果比较好。

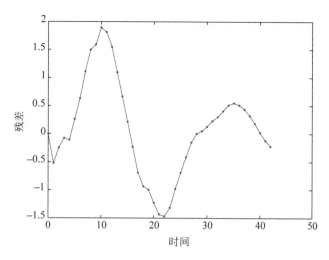

图 18-6　1980 年到 2005 年的残差散点图

本题求解模型的优点在于：用 Logistic 模型对各年全国人口总数预测时，结合实际情况，分别用不同时间段的数据拟合确定了三个预测函数，并对三个函数预测的数据进行了对比分析，使模型的计算结果更加准确。

本题求解模型的不足在于：在模型假设中假设出生率和死亡率不随时间和外部因素的改变而改变，这是一个理想的状态，因为出生率及死亡率会随时间的变化而有所改变，由于没有建立出生率与死亡率随时间变化的动态模型，因而存在一定的误差。

18.3.2　问题 2 求解

我国人口发展形势复杂，目前人口的低生育水平面临着严峻的挑战，这里分别从如下方面分析预测我国人口发展将要面临的复杂局面。

根据考虑种群结构的 Leslie 离散模型，利用 2001 年的数据建立人口预测模型，编写如下 MATLAB 代码，分析人口老龄化情况：

```
clear all
clc
% 计算 2001 年到 2051 年的人口总数程序
p = 0.464429182;                    % 女性占总人口的比例
N  = [ 0.680891272   0.58459172   0.584558207   0.692220217   0.72411021   0.775536041
0.847368918  0.834418703  0.917922042  0.951466819  1.070015717  1.249256063  1.199263988
1.202198525  1.274218917  1.111050839  0.992314425  0.893797544  0.874657347  0.984356877
0.859576778  0.85215346   0.90864418   0.897944807  0.880539323  1.019086724  1.04218667
1.114823731  1.192867199  1.203566572  1.272973995  1.328513576  1.254992403  1.333819445
1.103186123  1.22470307   1.220643442  1.236736319  1.390726415  0.980765111  0.646684069
0.785660623  0.701627592  0.910420112  0.960157646  0.914258713  0.953980568  0.927429956
0.851007759  0.825482359  0.807942823  0.736552002  0.69043204   0.60580295   0.615510624
0.554785663  0.50370135   0.480051762  0.468722817  0.455364059  0.484386541  0.447344681
0.420164498  0.44238033   0.426529091  0.428183875  0.39132953   0.380409129  0.385339967
```

```
0.327924574  0.334697711  0.307330012  0.262864834  0.270663183  0.235872165  0.208725495
0.212001549  0.178456772  0.164260316  0.149842833  0.138734916  0.109899949  0.097358277
0.0765762  0.0638135  0.055794123  0.049396016  0.0382881  0.033544777  0.023870616
0.070211606];
N0 = N'/10;                          %第 0 年(2001 年)的女性各个年龄段的人口数(千万)
N00 = N0/10                          %把单位化成亿(人)
A = eye(90);
b  = [ 0.974906966  0.999321231  0.99772433  0.999247616  0.999567418  0.999180663
0.999887948  0.999387596  0.999618586  0.999985672  0.999389434  0.999724354  0.999801796
0.999627626  0.999704795  0.999639686  0.999728462  0.999974533  0.999173327  0.998954118
0.999441067  0.999357392  0.999290675  0.998999176  0.999881604  0.998896347  0.998355939
0.999135339  0.999074527  0.998872652  0.999180794  0.998918159  0.999046112  0.999042354
0.999396027  0.998624972  0.998252716  0.999597855  0.998710945  0.999003274  0.999443444
0.999141415  0.998772101  0.998940505  0.997905005  0.998374562  0.997783774  0.997596666
0.997344906  0.996954499  0.996669784  0.996030759  0.995006639  0.996157488  0.994647744
0.995779435  0.995652313  0.99577713  0.992477806  0.994969564  0.988130537  0.989284868
0.988703961  0.988302563  0.98420824  0.984495416  0.985298735  0.980062089  0.978928307
0.977358446  0.971126989  0.969303899  0.969979818  0.96405059  0.961740312  0.96729706
0.948302346  0.946571559  0.949641387  0.935949391  0.912489482  0.9261805  0.923757863
0.928757906  0.918230333  0.887761389  0.885306858  0.875178086  0.882495752
0.824428701];
for i = 1:90
    A(i,:) = A(i,:) * b(1,i);
end
A;
c = [0 0 0 0 0 0 0 0 0 0 0 0 0 0  4.478E - 05  0.000322169  0.000358246  0.001004604
0.004683367  0.011011165  0.033616492  0.057875394  0.074871727  0.069182006  0.076039141
0.06724895  0.052429406  0.043732464  0.034350502  0.024632733  0.023252532  0.018343847
0.014701275  0.011039961  0.007117557  0.005094843  0.00359291  0.002514858  0.002484781
0.001764709  0.001471644  0.000676953  0.000265476  0.000401474  0.000408779  0.000110447
0.000192401  0.000389421  0.000224069 0 0 0 0 0 0 0 0 0 0 0 0 0 0 0 0 0 0 0 0 0 0 0 0 0
0 0 0 0 0 0 0 0 0 0 0 0 0];
                                     %由 2001 年原始数据得到的生育率
c1 = 1.295274487 * c;                %修正后的生育率
M = sum(c1');                        %总合生育率
d = zeros(91,1);
B = [c1;A];
L = [B,d];                           %构造的 leslie 矩阵
for i = 0:1:50
X = L^i * N0;                        %第 i 年后女性各个年龄段的人口数(千万)
Z = X./p;                            %第 i 年在各个年龄段的人口总数预测
K(i + 1,1) = sum(Z);
S1 = sum(Z([1:15],:));               %第 i 年 0~14 岁的总人数
D(1,i + 1) = S1;
S2 = sum(Z([16:65],:));              %第 i 年 15~64 岁的总人数
S3 = sum(Z([61:91],:));              %第 i 年 60~90 岁的总人数
G(1,i + 1) = S3;
E(1,i + 1) = S2;
S4 = sum(Z([66:91],:));              %第 i 年 65~90 岁的总人数
```

```
F(1, i + 1) = S4;
end
K                              %2001—2051 的人口总数
D                              %年龄在 0～14 岁总人数(包括男女)
E                              %年龄在 15～64 岁总人数(包括男女)
F                              %年龄在 65 岁及 65 岁以上总人数(包括男女)
G                              %年龄在 60 岁及 60 岁以上总人数(包括男女)
%我国全国总人口与劳动年龄人口
x = 2001:2051;
y1 = K;
y2 = E';
figure(1)
plot(x, y1, '*', x, y2, '-or')
title('我国全国总人口与劳动年龄人口变化趋势');
xlabel('时间');
ylabel('人口变化趋势')
%我国 60 岁以上与 65 岁以上的老龄人口数
x = 2001:2051;
y1 = G';
y2 = F';
figure(2)
plot(x, y1, '*', x, y2, '-or')
title('我国 60 岁以上与 65 岁以上的老龄人口数');
xlabel('时间');
ylabel('老龄人口数')
%我国老龄人口占总人口预测比例
x = 2001:2051;
y1 = G'/K;
y2 = F'/K;
figure(3)
plot(x, y1(:,23), '*', x, y2(:,23), '-or')
title('我国老龄人口占总人口预测比例');
xlabel('时间');
ylabel('老龄人口比重')
```

运行后,得到全国劳动年龄人口与总人口的折线图如图 18-7 所示。我国 60 岁以上与 65 岁以上的老龄人口数变化趋势如图 18-8 所示。我国老龄人口占总人口预测比例变化趋势如图 18-9 所示。

根据图 18-7 可知,从 2001 年到 2023 年预测我国全国总人口是呈现上升趋势的,随后几年呈现缓慢下降的趋势。总人口在 2010 年、2020 年分别达到 14.2609 亿人和 14.9513 亿人,在 2023 年达到峰值 14.985 亿人,在 2033 年达到 14.7455 亿人。

我国劳动年龄人口庞大,15～64 岁的劳动年龄人口 2010 年为 10.4421 亿人,2013 年达到高峰 10.4852 亿人,随后劳动年龄人口呈现下降的趋势。由此,可知在相当长的时间内,我国不缺劳动力,但需要加强劳动力结构性的调整,经过较长的时期,我国的劳动年龄人口将有所降低。

从图 18-8 中可以看出,我国老龄人口在持续增加,说明我国老龄化进程在加速。而在图 18-9 中,也显示了我国老龄人口占总人口比例逐年增加。

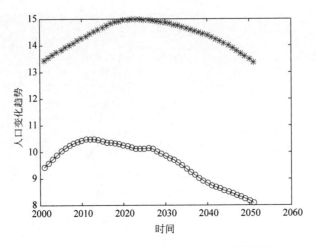

图 18-7　全国劳动年龄人口与总人口的折线图

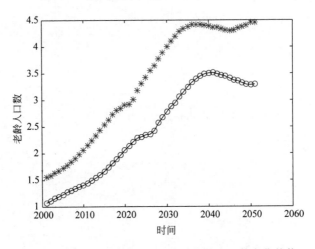

图 18-8　60 岁以上与 65 岁以上的老龄人口数变化趋势

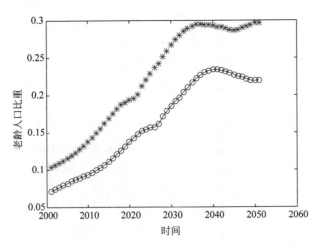

图 18-9　我国老龄人口占总人口预测比例变化趋势

从图 18-8 和图 18-9 中得到,2001 年我国 60 岁以上老年人口已达到 1.5538 亿人,占总人口的 11.5693%。到 2020 年,60 岁以上老年人口将达到 2.907 亿人,比重为 19.443%;65 岁以上老年人口将达到 2.0628 亿人,比重从 2000 年的 8.009% 增长到 13.797%。

预计 21 世纪 40 年代中后期形成老龄人口高峰平台,60 岁以上老年人口达 4.45 亿人,比重达 33.277%;65 岁以上老年人口达 3.51 亿人,比重达 25.53%。综上可知,我国老龄人口数量大,老龄化速度快,高龄趋势明显,加上我国人口基数大,所以我国是个老龄人口多的国家。

18.3.3 问题 3 求解

对于在不同的总合生育率 k 下预测全国老龄化变化趋势,可以编写以下 MATLAB 代码:

```
function W = compare(x)
p = 0.464429182;                %女性占总人口的比例
N = [ 0.680891272  0.58459172  0.584558207  0.692220217  0.72411021  0.775536041
0.847368918 0.834418703 0.917922042 0.951466819 1.070015717 1.249256063 1.199263988
1.202198525 1.274218917 1.111050839 0.992314425 0.893797544 0.874657347 0.984356877
0.859576778 0.85215346 0.90864418 0.897944807 0.880539323 1.019086724 1.04218667
1.114823731 1.192867199 1.203566572 1.272973995 1.328513576 1.254992403 1.333819445
1.103186123 1.22470307 1.220643442 1.236736319 1.390726415 0.980765111 0.646684069
0.785660623 0.701627592 0.910420112 0.960157646 0.914258713 0.953980568 0.927429956
0.851007759 0.825482359 0.807942823 0.736552002 0.69043204 0.60580295 0.615510624
0.554785663 0.50370135 0.480051762 0.468722817 0.455364059 0.484386541 0.447344681
0.420164498 0.44238033 0.426529091 0.428183875 0.39132953 0.380409129 0.385339967
0.327924574 0.334697711 0.307330012 0.262864834 0.270663183 0.235872165 0.208725495
0.212001549 0.178456772 0.164260316 0.149842833 0.138734916 0.109899949 0.097358277
0.0765762 0.0638135 0.055794123 0.049396016 0.0382881 0.033544777 0.023870616
0.070211606];
NO = N';
A = eye(90);
b = [ 0.974906966  0.999321231  0.99772433  0.999247616  0.999567418  0.999180663
0.999887948 0.999387596 0.999618586 0.999985672 0.999389434 0.999724354 0.999801796
0.999627626 0.999704795 0.999639686 0.999728462 0.999974533 0.999173327 0.998954118
0.999441067 0.999357392 0.999290675 0.998999176 0.999881604 0.998896347 0.998355939
0.999135339 0.999074527 0.998872652 0.999180794 0.998918159 0.999046112 0.999042354
0.999396027 0.998624972 0.998252716 0.999597855 0.998710945 0.999003274 0.999443444
0.999141415 0.998772101 0.998940505 0.997905005 0.998374562 0.997783774 0.997596666
0.997344906 0.996954499 0.996669784 0.996030759 0.995006639 0.996157488 0.994647744
0.995779435 0.995652313 0.99577713 0.992477806 0.994969564 0.988130537 0.989284868
0.988703961 0.988302563 0.98420824 0.984495416 0.985298735 0.980062089 0.978928307
0.977358446 0.971126989 0.969303899 0.969979818 0.96405059 0.961740312 0.96729706
0.948302346 0.946571559 0.949641387 0.935949391 0.912489482 0.9261805 0.923757863
0.928757906 0.918230333 0.887761389 0.885306858 0.875178086 0.882495752
0.824428701];
```

```
b1 = [ 0.974906966  0.999321231  0.99772433  0.999247616  0.999567418  0.999180663
0.999887948  0.999387596  0.999618586  0.999985672  0.999389434  0.999724354
0.999801796  0.999627626  0.999704795  0.999639686  0.999728462  0.999974533
0.999173327  0.998954118  0.999441067  0.999357392  0.999290675  0.998999176
0.999881604  0.998896347  0.998355939  0.999135339  0.999074527  0.998872652
0.999180794  0.998918159  0.999046112  0.999042354  0.999396027  0.998624972
0.998252716  0.999597855  0.998710945  0.999003274  0.999443444  0.999141415
0.998772101  0.998940505  0.997905005  0.998374562  0.997783774  0.997596666
0.997344906  0.996954499  0.996669784  0.996030759  0.995006639  0.996157488
0.994647744  0.995779435  0.995652313  0.99577713  0.992477806  0.994969564  0.988130537
0.989284868  0.988703961  0.988302563  0.98420824  0.984495416  0.985298735  0.980062089
0.978928307  0.977358446  0.971126989  0.969303899  0.969979818  0.96405059  0.961740312
0.96729706  0.948302346  0.946571559  0.949641387  0.935949391  0.912489482  0.9261805
0.923757863  0.928757906  0.918230333  0.887761389  0.885306858  0.875178086
0.882495752  0.824428701  0.7717624];
for i = 1:90
    A(i,:) = A(i,:) * b(1,i);
end
A;
c1 = [0 0 0 0 0 0 0 0 0 0 0 0 0 4.478E-05  0.000322169  0.000358246  0.001004604
0.004683367  0.011011165  0.033616492  0.057875394  0.074871727  0.069182006
0.076039311  0.06724895  0.052429406  0.043732464  0.034350502  0.024632733  0.023252532
0.018343847  0.014701275  0.011039961  0.007117557  0.005094843  0.00359291  0.002514858
0.002484781  0.001764709  0.001471644  0.000676953  0.000265476  0.000401474
0.000408779  0.000110447  0.000192401  0.000389421  0.000224069 0 0 0 0 0 0 0 0 0 0 0
0 0 0 0 0 0 0 0 0 0 0 0 0 0 0 0 0 0 0 0 0 0 0 0 0 0 0 0 0];
% 由 2001 年原始数据得到的生育率
t = sum(c1);
c = ((x*p-t)/t+1)*c1                    % 修正后的生育率
M = sum(c');                            % 总合生育率
d = zeros(91,1);
B = [c;A];
L = [B,d];                              % 构造的 leslie 矩阵
[V,d] = eig(L);                         % 求特征根与特征向量
p = d(42,42);                           % 特征根
Q = -V(:,42);                           % 对应的特征向量
for i = 0:49
    D = L^i*N0;                         % 第 i 年女性人口分布
    E(i+1,1) = sum(D)/p                 % 第 i 年总人口(2001 年为第 0 年)
    for j = 0:90                        % 大于 90 岁的按 90 岁算
        F(j+1,1) = j*D(j+1,1)/p;
        T(j+1,1) = exp(-b1(1,j+1));
    end
    Y(i+1) = sum(F)/E(i+1,1);           % 平均年龄
end
Y                                       % 输出 2001 - 2050 年平均年龄矩阵
T = 0;
s = 0;
 for i = 0:90                           % 大于 90 岁的按 90 岁算

    T = T + exp(b1(1,j+1)-1);           % 求平均寿命,不随年份而变化
 end
T
W = Y/T;                                % 社会老龄化指数
```

```
x = 2001:2050;
W1 = compare(1.6);
W2 = compare(1.8);
W3 = compare(2.0);
W4 = compare(2.2);
plot(x,W1,'-r')
hold on
plot(x,W2,'-G')
plot(x,W3,'-B')
plot(x,W4,'-Y')
title('2001年到2050年全国老龄化变化趋势')
xlabel('时间')
ylabel('全国总人口')
```

运行后,得到在不同的生育率下,按照前面的方法分别计算从 2001 年到 2050 年全国老龄化变化趋势如图 18-10 所示。

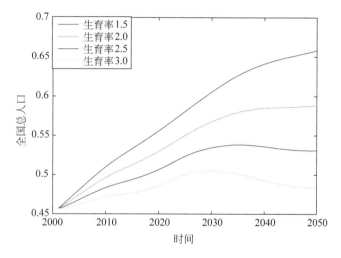

图 18-10　从 2001 年到 2050 年全国老龄化变化趋势

由图 18-10 中可以看出,生育率值越小,老龄化增大的速度越快;生育率值越大,老龄化指数增长平缓,年龄结构稳定,有利于社会发展。

由以上分析可以看出,国家在制定人口政策时需要多方面的考虑,如果只看重对人口总数的控制可能导致社会老龄化严重、劳动力不足,这显然是不利于社会经济发展的;相反,如果只是为了防止社会老龄化加快而放任人口的增长,也会导致社会人口过多对资源和环境带来巨大压力。因此只有掌握好一个"平衡点",正确制定政策才能使国民经济持续增长,人民生活水平不断提高。

本章小结

本章通过问题分析,建立了我国人口增长的预测模型,对各年份全国人口总量增长的中短期和长期趋势做出了预测,还对人口老龄化、人口抚养比等一系列评价指标进行了预测,并对预测结果进行了分析说明。

附录 MATLAB 基本命令

MATLAB 提供的基本命令及其说明如下所示。

类　　型	命　　令	说　　明
管理命令和函数	help	在线帮助文件
	doc	装入超文本说明
	what	M、MAT、MEX 文件的目录列表
	type	列出 M 文件
	lookfor	通过 help 条目搜索关键字
	which	定位函数和文件
	Demo	运行演示程序
	Path	控制 MATLAB 的搜索路径
管理变量和工作空间	Who	列出当前变量
	Whos	列出当前变量(长表)
	Load	从磁盘文件中恢复变量
	Save	保存工作空间变量
	Clear	从内存中清除变量和函数
	Pack	整理工作空间内存
	Size	矩阵的尺寸
	Length	向量的长度
	disp	显示矩阵
与文件和操作系统有关的命令	cd	改变当前工作目录
	Dir	目录列表
	Delete	删除文件
	Getenv	获取环境变量值
	!	执行 DOS 操作系统命令
	Unix	执行 UNIX 操作系统命令并返回结果
	Diary	保存 MATLAB 任务
控制命令窗口	Cedit	设置命令行编辑
	Clc	清命令窗口
	Home	光标置左上角
	Format	设置输出格式
	Echo	底稿文件内使用的回显命令
	more	在命令窗口中控制分页输出
启动和退出	Quit	退出 MATLAB
	Startup	引用 MATLAB 时所执行的 M 文件
	Matlabrc	主启动 M 文件

类　　　型	命　　令	说　　明
指数函数	exp	E 为底指数
	log	自然对数
	log10	10 为底的对数
	log2	2 为底的对数
	pow2	2 的幂
	sqrt	平方根
圆整函数和求余函数	ceil	向＋∞圆整
	fix	向 0 圆整
	floor	向－∞圆整
	rem	求余数
	round	向靠近整数圆整
	sign	符号函数
矩阵变换函数	fiplr	矩阵左右翻转
	fipud	矩阵上下翻转
	fipdim	矩阵特定维翻转
	Rot90	矩阵反时针 90°翻转
	diag	产生或提取对角阵
	tril	产生下三角
	triu	产生上三角
	det	行列式的计算
其他函数	min	最小值
	mean	平均值
	std	标准差
	sort	排序
	norm	欧氏长度
	max	最大值
	median	中位数
	diff	相邻元素的差
	length	个数
	sum	总和
三角函数	sin	正弦
	sinh	双曲正弦
	asin	反正弦
	asinh	反双曲正弦
	cos	余弦
	cosh	双曲余弦
	acos	反余弦
	acosh	反双曲余弦
	tan	正切
	tanh	双曲正切
	acsch	反双曲余割
	cot	余切

续表

类　　型	命　　令	说　　明
三角函数	coth	双曲余切
	atan	反正切
	atan2	四象限反正切
	atanh	反双曲正切
	sec	正割
	sech	双曲正割
	asec	反正割
	asech	反双曲正割
	csc	余割
	csch	双曲余割
	acsc	反余割
	acot	反余切
	acoth	反双曲余切
复数函数	abs	绝对值
	argle	相角
	conj	复共轭
	imaginary	复数虚部
	real	复数实部
数值函数	fix	朝零方向取整
	floor	朝负无穷大方向取整
	ceil	朝正无穷大方向取整
	round	朝最近的整数取整
	rem	除后余数
	sign	符号函数
操作符和特殊字符	zeros	零矩阵
	ones	全"1"矩阵
	eye	单位矩阵
	rand	均匀分布的随机数矩阵
	n	正态分布的随机数矩阵
	linspace	线性间隔的向量
	logspace	对数间隔的向量
	meshgrid	三维图形的 x 和 y 数组
	:	规则间隔的向量
特殊变量和常数	ans	当前的答案
	eps	相对浮点精度
	realmax	最大浮点数
	realmin	最小浮点数
	pi	圆周率值 3.141 592 653 589 7…
	i,j	虚数单位
	inf	无穷大
	nan	非数值
	flops	浮点运算次数

类 型	命 令	说 明
特殊变量和常数	nargin	函数输入变量数
	nargout	函数输出变量数
	computer	计算机类型
	isieee	采用 ieee 算术标准时的值
	why	简明的答案
x-y 图形	plot	线性图形
	loglog	对数坐标图形
	semilogx	半对数坐标图形(x 轴)
	polar	极坐标图
	bar	条形图
	stem	离散序列图或杆图
	stairs	阶梯图
	errorbar	误差条图
	semilogy	半对数坐标图形(y 轴)
	fill	绘制二维多边形填充图
	hist	直方图
	rose	角度直方图
	compass	区域图
	feather	箭头图
	fplot	绘图函数
	comet	星点图
图形注释	title	图形标题
	xlabel	x 轴标记
	ylabel	y 轴标记
	text	文本注释
	gtext	用鼠标设置文本
	grid	网格线

参 考 文 献

[1] MathWorks, Inc. MATLAB version 8.3(R2014a), User's Guide, 2014.

[2] MathWorks, Inc. MATLAB version 8.1(R2015a), User's Guide, 2015.

[3] 赵书兰. MATLAB 建模与仿真. 北京：清华大学出版社, 2013.

[4] 张威. MATLAB 基础与编程入门. 西安：西安电子科技大学出版社, 2004.

[5] 黄友锐. 智能优化算法及其应用. 北京：国防工业出版社, 2008.

[6] 曹弋, 赵阳. MATLAB 实用教程. 北京：电子工业出版社, 2004.

[7] 卓金武. MATLAB 在数学建模中的应用. 北京：北京航空航天大学出版社, 2011.

[8] 王志新, 等. MATLAB 程序设计及其数学建模应用. 北京：科学出版社, 2013.

[9] R. C. Dorf, R. H. Bishop, Modern Control Systems, Addison-Wesley Publishing Company, England, 2001.

[10] 周品, 赵新芬. MATLAB 数学建模与仿真. 北京：国防工业出版社, 2009.

[11] 陈桂明, 等. 应用 MATLAB 建模与仿真. 北京：科学出版社, 2001.

[12] Edward B. Magrab. MATLAB 原理与工程应用. 高会生, 李新叶, 胡智奇, 等译. 北京：电子工业出版社, 2002.

[13] G. F. Franklin, J. D. Powell, A. Emami-Naeini, Feedback Control of Dynamic Systems, Prentice Hall, New Jersey, 2002.

[14] 史峰, 等. MATLAB 智能算法 30 个案例分析. 北京：北京航空航天大学出版社, 2011.

[15] 王凌. 智能优化算法及其应用. 北京：科学出版社, 2004.

[16] S. J. Chapman. MATLAB Programming for Engineers, Brooks/Cole, CA, 2002.

[17] 张智星. MATLAB 程序设计与应用. 北京：清华大学出版社, 2002.